"十四五"时期国家重点出版物出版专项规划项目

极化成像与识别技术丛书

极化SAR图像目标检测与分类

殷君君　杨健　林慧平　金侃　著

国防工业出版社

·北京·

内容简介

极化合成孔径雷达图像处理与应用是空天信息科学中的重要研究方向。本书专注于极化SAR图像分类、目标检测与识别应用研究，介绍了极化SAR图像处理的基本知识与作者近年来在舰船检测及分类、地物分类、图像分割、城市区域分类等方面的研究成果。

本书叙述从基本理论、具体问题到一般化应用展开，给出具体推导和应用分析，可供遥感领域理论研究和技术开发科技人员，以及高等院校电子信息工程、遥感测绘等专业的师生阅读使用。

图书在版编目(CIP)数据

极化SAR图像目标检测与分类/殷君君等著．—北京：国防工业出版社，2023.7

ISBN 978-7-118-12988-5

Ⅰ.①极… Ⅱ.①殷… Ⅲ.①合成孔径雷达-目标检测-研究 Ⅳ.①TN958

中国国家版本馆CIP数据核字(2023)第115347号

※

国防工业出版社出版发行

(北京市海淀区紫竹院南路23号　邮政编码100048)

三河市众誉天成印务有限公司印刷

新华书店经售

*

开本 710×1000　1/16　**插页** 6　**印张** 18　**字数** 335千字

2023年7月第1版第1次印刷　**印数** 1—2000册　**定价** 98.00元

(本书如有印装错误，我社负责调换)

国防书店：(010)88540777　　书店传真：(010)88540776

发行业务：(010)88540717　　发行传真：(010)88540762

丛书序

极化一词源自英文 Polarization，在光学领域称为偏振，在雷达领域则称为极化。光学偏振现象的发现可以追溯到1669年丹麦科学家巴托林通过方解石晶体产生的双折射现象。偏振之父马吕斯于1808年利用波动光学理论完美解释了双折射现象，并证明了极化是光的固有属性，而非来自晶体的影响。19世纪50年代至20世纪初，学者们陆续提出 Stokes 矢量、Poincaré 球、Jones 矢量和 Mueller 矩阵等数学描述来刻画光的极化现象和特性。

相对于光学，雷达领域对极化的研究则较晚。20世纪40年代，研究者发现：目标受到电磁波照射时会出现变极化效应，即散射波的极化状态相对于入射波会发生改变，二者存在着特定的映射变换关系，其与目标的姿态、尺寸、结构、材料等物理属性密切相关，因此目标可以视为一个极化变换器。人们发现，目标变极化效应所蕴含的丰富物理属性对提升雷达的目标检测、抗干扰、分类和识别等各方面的能力都具有很大潜力。经过半个多世纪的发展，雷达极化学已经成为雷达科学与技术领域的一个专门学科专业，发展方兴未艾，世界各国雷达科学家和工程师们对雷达极化信息的开发利用已经深入到电磁波辐射、传播、散射、接收与处理等雷达探测全过程，极化对电磁正演/反演、微波成像、目标检测与识别等领域的理论发展和技术进步都产生了深刻影响。

总的来看，在80余年的发展历程中，雷达极化学主要围绕雷达极化信息获取、目标与环境极化散射机理认知以及雷达极化信息处理与应用这三个方面交融发展、螺旋上升。20世纪四五十年代，人们发展了雷达目标极化特性测量与表征、天线极化特性分析、目标最优极化等基础理论和方法，兴起了雷达极化研究的第一次高潮。六七十年代，在当时技术条件下，雷达极化测量的实现技术难度大且代价昂贵，目标极化散射机理难以被深刻揭示，相关理论研究成果难以得到有效验证，雷达极化研究经历了一个短暂的低潮期。进入80年代，随着微波器件与工艺水平、数字信号处理技术的进步，雷达极化测量技术和系统接连不断获得重大突破，例如，在气象探测方面，1978年英国的S波段雷达和1983年美国的 NCAR/CP-2 雷达先后完成极化捷变改造；在目标特性测量方面，1980年美国研制成功极化捷变雷达，并于1984年又研制成功脉内极化捷变雷达;在对地观测方面,1985 年美国研制出世界上第一部机载极化合成孔径雷达(SAR),等等。这一时期,雷达极化学理论与雷达系统充分结合、相互促进、共同进步,丰富和发展了雷达目标唯象学、极化滤波、极化目标分解等一大批经典的雷达极化信息处理理论,催生了雷达极化在气象探测、抗杂波和电磁干扰、目标分类识别及对地遥感等领域一批早期的技术验证与应用实践,让人们再次开始重视雷达极化信息的重要性和不可替代性,雷达极化学迎来了第二次发展高潮。90 年代以来,雷达极化学受到世界各发达国家的普遍重视和持续投入,雷达极化理论进一步深化,极化测量数据更加丰富多样,极化应用愈加广泛深入。进入 21 世纪后,雷达极化学呈现出加速发展态势,不断在对地观测、空间监视、气象探测等众多的民用和军用领域取得令人振奋的应用成果,呈现出新的蓬勃发展的热烈局面。

在极化雷达发展历程中,极化合成孔径雷达由于兼具极化解析与空间多维分辨能力,受到了各国政府与科技界的高度重视,几十年来机载/星载极化 SAR 系统如雨后春笋般不断涌现。国际上最早成功研制的实用化的极化 SAR 系统是 1985 年美国的 L 波段机载 AIRSAR 系统。之后典型的机载全极化 SAR 系统有美国的 UAVSAR、加拿大的 CONVAIR、德国的 ESAR 和 FSAR、法国的 RAMSES、丹麦的 EMISAR、日本的 PISAR 等。星载系统方面,美国于 1994 年搭载航天飞机运行的 C 波段 SIR - C 系统是世界上第一部星载全极化 SAR。2006 年和 2007 年,日本的 ALOS/PALSAR 卫星和加拿大的 RADARSAT - 2 卫星相继发射成功。近些年来,多部星载多/全极化 SAR 系统已在轨运行,包括日本的 ALOS - 2/PALSAR - 2、阿根廷的 SAOCOM - 1A、加拿大的 RCM、意大利的 CSG - 2 等。

1987 年,中科院电子所研制了我国第一部多极化机载 SAR 系统。近年来,在国家相关部门重大科研计划的支持下,中科院电子所、中国电子科技集团、中国航天科技集团、中国航天科工集团等单位研制的机载极化 SAR 系统覆盖了 P 波段到毫米波段。2016 年 8 月,我国首颗全极化 C 波段 SAR 卫星高分三号成功发射运行,之后分别于 2021 年 11 月和 2022 年 4 月成功发射高分三号 02 星和 03 星,实现多星协同观测。2022 年 1 月和 2 月,我国成功发射了两颗 L 波段 SAR 卫星——陆地探测一号 01 组 A 星和 B 星,二者均具备全极化模式,将组成双星编队服务于地质灾害、土地调查、地震评估、防灾减灾、基础测绘、林业调查等领域。这些系统的成功运行标志着我国在极化 SAR 系统研制方面达到了国际先进水平。总体上,我国在成像雷达极化与应用方面的研究工作虽然起步较晚,但在国家相关部门的大力支持下,在雷达极化测量的基础理论、测量体制、信号与数据处理等方面取得了不少的创新性成果,研究水平取得了长足进步。

目前，极化成像雷达在地物分类、森林生物量估计、地表高程测量、城区信息提取、海洋参数反演以及防空反导、精确打击等诸多领域中已得到广泛应用，而目标识别是其中最受关注的核心关键技术。在深刻理解雷达目标极化散射机理的基础上，将极化技术与宽带/超宽带、多维阵列、多发多收等技术相结合，通过极化信息与空、时、频等维度信息的充分融合，能够为提升成像雷达的探测识别与抗干扰能力提供崭新的技术途径，有望从根本上解决复杂电磁环境下雷达目标识别问题。一直以来，由于目标、自然环境及电磁环境的持续加速深刻演变，高价值目标识别始终被认为是雷达探测领域“永不过时”的前沿技术难题。因此，出版一套完善严谨的极化、成像与识别的学术著作对于开拓国内学术视野、推动前沿技术发展、指导相关实践工作具有重要意义。

为及时总结我国在该领域科研人员的创新成果，同时为未来发展指明方向，我们结合长期的极化成像与识别基础理论、关键技术以及创新应用的研究实践，以近年国家“863”“973”、国家自然科学基金、国家科技支撑计划等项目成果为基础，组织全国雷达极化领域的同行专家一起编写了这套“极化成像与识别技术”丛书，以期进一步推动我国雷达技术的快速发展。本丛书共 24 分册，分为 3 个专题。

（一）极化专题。着重介绍雷达极化的数学表征、极化特性分析、极化精密测量、极化检测与极化抗干扰等方面的基础理论和关键技术，共包括 10 个分册。

（1）《瞬态极化雷达理论、技术及应用》瞄准极化雷达技术发展前沿，系统介绍了我国首创的瞬态极化雷达理论与技术，主要内容包括瞬态极化概念及其表征体系、人造目标瞬态极化特性、多极化雷达波形设计、极化域变焦超分辨、极化滤波、特征提取与识别等一大批自主创新研究成果，揭示了电磁波与雷达目标的瞬态极化响应特性，阐述了瞬态极化响应的测量技术，并结合典型场景给出了瞬态极化理论在超分辨、抗干扰、目标精细特征提取与识别等方面的创新应用案例，可为极化雷达在微波遥感、气象探测、防空反导、精确制导等诸多领域中的应用提供理论指导和技术支撑。

（2）《雷达极化信号处理技术》系统地介绍了极化雷达信号处理的基础理论、关键技术与典型应用，涵盖电磁波极化及其数学表征、动态目标宽/窄带极化特性、典型极化雷达测量与处理、目标信号极化检测、极化雷达抗噪声压制干扰、转发式假目标极化识别以及极化雷达单脉冲测角与干扰抑制等内容，可为极化雷达系统的设计、研制和极化信息的处理与利用提供有益参考。

（3）《多极化矢量天线阵列》深入讨论了多极化天线波束方向图优化与自适应干扰抑制，基于方向图分集的波形方向图综合、单通道及相干信号处理，多极化主动感知，稀疏阵型设计及宽带测角等问题，是一本理论性较强的专著，对于阵列雷达的设计和信号处理具有很好的参考价值。

(4)《目标极化散射特性表征、建模与测量》介绍了雷达目标极化散射的电磁理论基础、典型结构和材料的极化散射表征方式、目标极化散射特性数值建模方法和测量技术，给出了多种典型目标的极化特性曲线、图表和数据，对于极化特征提取和目标识别系统的设计与研制具有基础支撑作用。

(5)《飞机尾流雷达探测与特征反演》介绍了飞机尾流这类特殊的分布式软目标的电磁散射特性与雷达探测技术，系统揭示了飞机尾流的动力学特征与雷达散射机理之间的内在联系，深入分析了飞机尾流的雷达可探测性，提出了一些典型气象条件下的飞机尾流特征参数反演方法，对推进我国军民航空管制以及舰载机安全起降等应用领域的技术进步具有较大的参考价值。

(6)《雷达极化精密测量》系统阐述了极化雷达测量这一基础性关键技术，分析了极化雷达系统误差机理，提出了误差模型与补偿算法，重点讨论了极化雷达波形设计、无人机协飞的雷达极化校准技术、动态有源雷达极化校准等精密测量技术，为极化雷达在空间监视、防空反导、气象探测等领域的应用提供理论指导和关键技术支撑。

(7)《极化单脉冲导引头多点源干扰对抗技术》面向复杂多点源干扰条件下的雷达导引头抗干扰需求，基于极化单脉冲雷达体制，围绕极化导引头系统构架设计、多点源干扰多域特性分析、多点源干扰多域抑制与抗干扰后精确测角算法等方面进行系统阐述。

(8)《相控阵雷达极化与波束联合控制技术》面向相控阵雷达的极化信息精确获取需求，深入阐述了相控阵雷达所特有的极化测量误差形成机理、极化校准方法以及极化波束形成技术，旨在实现极化信息获取与相控阵体制的有效兼容，为相关领域的技术创新与扩展应用提供指导。

(9)《极化雷达低空目标检测理论与应用》介绍了极化雷达低空目标检测面临的杂波与多径散射特性及其建模方法、目标回波特性及其建模方法、极化雷达抗杂波和抗多径散射检测方法及这些方法在实际工程中的应用效果。

(10)《偏振探测基础与目标偏振特性》是一本光学偏振方面理论技术和应用兼顾的专著。首先介绍了光的偏振现象及基本概念，其次在目标偏振反射/辐射理论的基础上，较为系统地介绍了目标偏振特性建模方法及经典模型、偏振特性测量方法与技术手段、典型目标的偏振特性数据及分析处理，最后介绍了一些基于偏振特性的目标检测、识别、导航定位方面的应用实例。

(二) 成像专题。着重介绍雷达成像及其与目标极化特性的结合，探讨雷达在探地、地表穿透、海洋监测等领域的成像理论技术与应用，共包括 7 个分册。

（1）《高分辨率穿透成像雷达技术》面向穿透表层的高分辨率雷达成像技术，系统讲述了表层穿透成像雷达的成像原理与信号处理方法。既涵盖了穿透成像的电磁原理、信号模型、聚焦成像等基本问题，又探讨了阵列设计、融合穿透成像等前沿问题，并辅以大量实测数据和处理实例。

（2）《极化 SAR 海洋应用的理论与方法》从极化 SAR 海洋成像机制出发，重点阐述了极化 SAR 的海浪、海洋内波、海冰、船只目标等海洋现象和海上目标的图像解译分析与信息提取方法，针对海洋动力过程和海上目标的极化 SAR 探测给出了较为系统和全面的论述。

（3）《超宽带雷达地表穿透成像探测》介绍利用超宽带雷达获取浅地表雷达图像实现埋设地雷和雷场的探测。重点论述了超宽带穿透成像、地雷目标检测与鉴别、雷场提取与标定等技术，并通过大量实测数据处理结果展现了超宽带地表穿透成像雷达重要的应用价值。

（4）《合成孔径雷达定位处理技术》在介绍 SAR 基本原理和定位模型基础上，按照 SAR 单图像定位、立体定位、干涉定位三种定位应用方向，系统论述了定位解算、误差分析、精化处理、性能评估等关键技术，并辅以大量实测数据处理实例。

（5）《极化合成孔径雷达多维度成像》介绍了利用极化雷达对人造目标进行三维成像的理论和方法，重点讨论了极化干涉成像、极化层析成像、复杂轨迹稀疏成像、大转角观测数据的子孔径划分、多子孔径多极化联合成像等新技术，对从事微波成像研究的学者和工程师有重要参考价值。

（6）《机载圆周合成孔径雷达成像处理》介绍的是基于机载平台的合成孔径雷达以圆周轨迹环绕目标进行探测成像的技术。介绍了圆周合成孔径雷达的目标特性与成像机理，提出了机载非理想环境下的自聚焦成像方法，探究了其在目标检测与三维重构方面的应用，并结合团队开展的多次飞行试验，介绍了技术实现和试验验证的研究成果，对推动机载圆周合成孔径雷达系统的实用化有重要参考价值。

（7）《红外偏振成像探测信息处理及其应用》系统介绍了红外偏振成像探测的基本原理，以及红外偏振成像探测信息处理技术，包括基于红外偏振信息的图像增强、基于红外偏振信息的目标检测与识别等，对从事红外成像探测及目标识别技术研究的学者和工程师有重要参考价值。

（三）识别专题。着重介绍基于极化特性、高分辨距离像以及合成孔径雷达图像的雷达目标识别技术，主要包括雷达目标极化识别、雷达高分辨距离像识别、合成孔径雷达目标识别、目标识别评估理论与方法等，共包括 7 个分册。

（1）《雷达高分辨距离像目标识别》详细介绍了雷达高分辨距离像极化特征提取与识别和极化多维匹配识别方法，以及基于支持向量数据描述算法的高分辨距离像目标识别的理论和方法。

（2）《合成孔径雷达目标检测》主要介绍了 SAR 图像目标检测的理论、算法及具体应用，对比了经典的恒虚警率检测器及当前备受关注的深度神经网络目标检测框架在 SAR 图像目标检测领域的基础理论、实现方法和典型应用，对其中涉及的杂波统计建模、斑点噪声抑制、目标检测与鉴别、少样本条件下目标检测等技术进行了深入的研究和系统的阐述。

（3）《极化合成孔径雷达信息处理》介绍了极化合成孔径雷达基本概念以及信息处理的数学原则与方法，重点对雷达目标极化散射特性和极化散射表征及其在目标检测分类中的应用进行了深入研究，并以对地观测为背景选择典型实例进行了具体分析。

（4）《高分辨率 SAR 图像海洋目标识别》以海洋目标检测与识别为主线，深入研究了高分辨率 SAR 图像相干斑抑制和图像分割等预处理技术，以及港口目标检测、船舶目标检测、分类与识别方法，并利用实测数据开展了翔实的实验验证。

（5）《极化 SAR 图像目标检测与分类》对极化 SAR 图像分类、目标检测与识别进行了全面深入的总结，包括极化 SAR 图像处理的基本知识以及作者近年来在该领域的研究成果，主要有目标分解、恒虚警检测、混合统计建模、超像素分割、卷积神经网络检测识别等。

（6）《极化雷达成像处理与目标特征提取》深入讨论了极化雷达成像体制、极化 SAR 目标检测、目标极化散射机理分析、目标分解与地物分类、全极化散射中心特征提取、参数估计及其性能分析等一系列关键技术问题。

（7）《雷达图像相干斑滤波》系统介绍了雷达图像相干斑滤波的理论和方法，重点讨论了单极化 SAR、极化 SAR、极化干涉 SAR、视频 SAR 等多种体制下的雷达图像相干斑滤波研究进展和最新方法，并利用多种机载和星载 SAR 系统的实测数据开展了翔实的对比实验验证。最后，对该领域研究趋势进行了总结和展望。

本套丛书是国内在该领域首次按照雷达极化、成像与识别知识体系组织的高水平学术专著丛书，是众多高等院校、科研院所专家团队集体智慧的结晶，其中的很多成果已在我国空间目标监视、防空反导、精确制导、航天侦察与测绘等国家重大任务中获得了成功应用。因此，丛书内容具有很强的代表性、先进性和实用性，对本领域研究人员具有很高的参考价值。本套丛书的出版即是对以往研究成果的提炼与总结，我们更希望以此为新起点，与广大的同行们一道开启雷达极化技术与应用研究的新征程。

在丛书的撰写与出版过程中，我们得到了郭桂蓉、何友、吕跃广、吴一戎等二十多位业界权威专家以及国防工业出版社的精心指导、热情鼓励和大力支持，在此向他们一并表示衷心的感谢！

王雪松

2022 年 7 月

前言

近年来,极化合成孔径雷达(synthetic aperture radar,SAR)技术日益成熟,如日本在2006年发射的ALOS-1卫星上搭载了首颗星载具有全极化观测模式的SAR系统PALSAR-1;随后几年发射的星载SAR系统,如Radarsat-2(加拿大,2007)、TerraSAR-X(德国,2007)和TanDEM-X(德国,2007)也都有全极化观测模式;日本于2014年再次发射了具有全极化观测模式的ALOS-2卫星;2016年我国发射了搭载有全极化SAR的高分3号卫星;其他具有全极化观测模式的卫星还有SAOCOM-SAR-1A/1B(阿根廷,2018/2020)、NovaSAR-S(印度,2018)、RCM-1/2/3(加拿大,2019)、COSMO-SkyMed-CSG 2A/2B(意大利,2019/2020)等。未来几年,发达国家还将计划发射一系列的星载极化SAR系统。国际一些著名的极化雷达专家如W. M. Boerner、J. S. Lee等在一些报告中多次提到:极化SAR迎来了它的黄金时期。

目标检测与目标分类识别一直是SAR领域中极为关注的重要研究内容,特别是加入极化信息之后,目标检测与分类识别成为了极化SAR领域的前沿研究课题。它涉及杂波的统计建模、检验统计量设计、目标极化散射特征提取、分类器设计等。

本书介绍了作者在过去10余年的部分研究成果,内容包括极化理论基础知识、目标极化特征提取、杂波建模、舰船目标检测与分类、地物分类、超像素分割等方面的研究内容。本书的第1章~第2章、第11章~第12章由殷君君执笔,第3章由杨健执笔,第4章~第7章由林慧平执笔,第8章~第10章由金侃执笔。

本书的相关研究先后得到了军委科技委基础加强重点项目、国家自然科学基金(61490693、41171317、40871157、40271077、61771043、62171023)、高分重大专项(民口)等多项课题的支持,特此致谢!在写作过程中先后得到了郭桂蓉院士、何友院士、吴一戎院士、黄培康院士、彭应宁教授、杨汝良研究员、王雪松教授、殷红成研究员、计科峰教授的关心、支持与帮助,特此致谢!特别感谢西北工业大学的林世明教授、日本新潟大学的山口芳雄教授、美国海军研究实验室Lee博士、加拿大曼尼托巴大学Moon教授、德国DLR的Hajnsek博士、Papathanassiou 博士、澳大利亚 CSIRO 的周正舒博士对杨健和殷君君的关心、指导与帮助!

本书主要面向极化微波遥感领域从事理论和应用研究的科研人员和高校师生,为他们的研究提供参考。由于本书主要介绍作者的研究成果,很多国内外的优秀成果并没有在这里介绍,加之作者水平有限,不当之处敬请谅解。

著者

2022 年 10 月

本书主要符号对照表

符号	说明
$(\vec{h},\vec{v}),(\vec{l},\vec{l}_{\perp})$	极化基
x	变量
$\boldsymbol{x},\boldsymbol{X}$	矢量、矩阵
χ	张量
$\boldsymbol{E}$	电场 Jones 矢量
$\boldsymbol{S}$	Sinclair 散射矩阵
$\boldsymbol{S}$	散射矩阵的矢量
$\boldsymbol{k}_{\mathrm{p}}$	Pauli 矢量
$\boldsymbol{C},\boldsymbol{T}$	极化相关矩阵，极化相干矩阵
$\boldsymbol{K}$	Kennaugh 矩阵
$\boldsymbol{X}^{\mathrm{T}}$	矢量、矩阵的转置
$\boldsymbol{X}^{\mathrm{H}}$	矢量、矩阵的转置共轭
$\mathrm{tr}(\boldsymbol{X})$	矩阵 $\boldsymbol{X}$ 的迹
$\det(\boldsymbol{X})$	矩阵 $\boldsymbol{X}$ 的行列式
$\mathrm{Re}(x)$	复数的实部
$\mathrm{Im}(x)$	复数的虚部
$\mathrm{var}(x)$	变量的方差
$\exp(x)$	指数函数
$\log(x)$	对数函数
$\mathrm{E}(x)$	变量的均值
A	集合 A

目录

第1章

绪　论

合成孔径雷达(synthetic aperture radar,SAR)是第二次世界大战后发展起来的一种高分辨主动微波成像雷达,所应用的雷达频率主要分布在0.43~95GHz,具有全天时、全天候、可穿透、高分辨、大面积成像等特点,可以搭载在飞行器或卫星上对地面进行观测。由于其成像不受天气状况和日照时间的影响,因此SAR在对地日常监测任务中的应用越来越广泛,尤其是星载SAR系统的应用。而光学遥感传感器即使在天气状况及光线条件良好的情况下,其平均对地观测时间也仅是星载SAR系统的4~5倍。由于其独特的成像优势,SAR遥感在农林、地质、环境、水文、海洋、灾害、测绘、军事、城市发展与规划等众多领域中都具有特殊的应用优势[1-2]。20世纪40年代之后的几十年中,波的极化概念被逐渐引入到雷达测量中,从此SAR的研究逐渐由单极化观测模式转移到对目标的多极化观测,极化SAR技术开始迅速发展。本章将简要概述极化SAR成像系统、极化SAR目标分解、地物分类与图像分割、目标检测及识别方面的发展和研究现状。

1.1 极化SAR成像系统

雷达(radar)是英文"radio detection and ranging"的缩写音译,它可以发射电磁波照射目标并接收回波,从而计算出物体的位置及形状等信息。极化是电磁波的本质属性,描述了电磁波的矢量特征,即电场矢端在传播截面上随时间变化的轨迹特性。合成孔径雷达的概念是由美国Goodyear航空公司的C. Wiley等在1951年发表的名为"用相干移动雷达信号频率分析来获得高的角分辨率"的报告中提出的,文中的"多普勒波束锐化"正是SAR的原始概念。在此之后,美国伊利诺伊大学的C. Sherwin等进一步完善了合成孔径雷达的概念,1953年,该校用X波段雷达验证了SAR原理,并获得了第一幅非聚焦SAR图像。1957 年,美国密歇根大学与美国空军合作,在实验 SAR 系统上获得了第一幅全聚焦 SAR 图像,从此 SAR 技术进入实用性阶段。

SAR 系统的发展经历了单极化、双极化、全极化观测三个阶段。单极化 SAR 系统用一种极化方式进行发射,用同一极化方式进行接收,测量的是目标的后向散射系数;传统的双极化 SAR 系统通过发射一种极化方式的电磁波,利用两个正交的极化天线进行接收,测量的是目标后向散射波的极化矢量;全极化 SAR 系统通过发射两种正交的极化方式,利用两个天线同时接收极化电磁波矢量,测量的是目标的完全后向散射特性[3]。三种极化方式测量示意图如图 1-1所示,其中 T 表示发射信号,R 表示接收信号,A 表示雷达天线,X 和 Y 表示两种正交的极化方式,S 表示测量的后向散射系数。在图 1-1 中,从上到下分别表示 SAR 测量的目标后向散射系数、后向散射波的极化矢量以及后向散射矩阵。

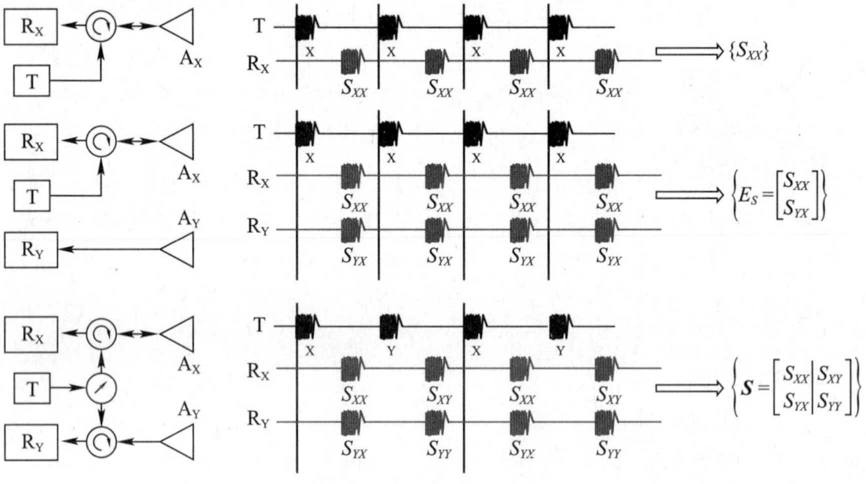

图 1-1 单、双、全极化 SAR 系统测量矩阵示意图[4]

自从 1978 年第一颗星载 SAR 系统 L 波段的 SEASAT(NASA/JPL,USA)成功发射,目前 SAR 技术正快速朝着多极化、多波段、高分辨、带干涉、星座群方向发展。典型的单极化星载 SAR 系统有 L 波段的 SEASAT(1978)、C 波段的 ERS-1(ESA,1991—2000)、L 波段的 JERS-1(NASDA,1992—1998)、C 波段的 RADARSAT-1(CSA,1995)、C 波段的 ERS-2(ESA,1995)等。典型的双极化星载 SAR 系统有 C 波段的 ENVISAT/ASAR(ESA,2002)、X 波段的 TerraSAR-X/TanDem-X(DLR,2007/2010)、C 波段的 Sentinel-1A/-1B(ESA,2014/2016)。典型的全极化 SAR 系统有航天飞机搭载的 C、L 波段的 SIR-C/X-SAR(NASAR/JPL,1994 年执行 2 次飞行任务、2000 年执行 1 次飞

行任务)，星载系统主要有L波段的ALOS/PALSAR(JAXA，2006—2011)、L波段的ALOS－2/PALSAR－2(JAXA，2014)、C波段的RADARSAT－2(CSA，2007)、C波段的RISAT－1(ISRO，2012)、我国的高分3/高分3－02星(2016/2021)、陆探一号01组A/B卫星(2022)等。

全极化SAR系统可以得到目标的完全后向散射信息，但相比于单极化成像模式，其功率消耗大、需要较高的脉冲重复频率(pulse repetition frequency，PRF)、扫描覆盖宽度仅为单/双极化系统的一半，以及成像入射角有限[5]。在各项星载极化SAR任务设计中，除了考虑雷达系统的对地观测特征描述能力外，其他各项系统要求(如稳定性、数据量、功率消耗、体积等)也同样重要。因此，双极化SAR系统是从单通道测量到全极化测量发展过程中的一种重要且有效的折中方式。双极化测量有两个观测目标，一是对后向散射波进行完全特征描述，二是对场景特征的成像几何条件具有旋转不变性。第一条要求系统的测量数据是由4个Stokes参数(或等价描述算子)描述的后向散射场；第二条表示发射的极化波是圆极化方式。人们利用双极化系统进行测量，希望它可以实现尽可能多的全极化观测效果。2002年，一种被称为π/4模式的双极化测量模式被提出[6]，区别于传统的双极化系统，它是指发射一种特殊的极化模式，之后利用两种正交的极化方式进行接收，以期获取更多的目标信息。这种“混合双极化”测量方式被称为“紧缩极化”(compact polarimetry，CP)。

一般认为有两种紧缩极化方式：π/4模式，是指发射45°线极化波，然后以正交的水平和垂直两种极化方式进行接收；CTLR模式，是指发射一种圆极化波(左旋圆或右旋圆)，然后以相干的水平和垂直线极化方式进行接收。需要注意的是，传统的圆双极化(dual circular polarization，DCP)模式，是指发射一种圆极化模式，然后以左旋圆和右旋圆极化同时进行接收，该模式所提供的信息与CTLR模式相等。其中对DCP模式的研究已经有超过40年的历史，DCP系统在地球观测中应用较少，主要应用在天体物理学和气象降雨研究中。例如，月球在轨的两个成像雷达，搭载在Chandraayan－1上的Mini－SAR和搭载在NASA月球勘探轨道飞行器(LRO)上的Mini－RF，是首次利用紧缩极化(CTLR模式)的SAR系统。目前，具有紧缩极化成像模式的SAR卫星有C波段的RADARSAT星座群(继RADARSAT－2之后的RCM－1/2/3，CSA，2019)、L波段的ALOS－2/PALSAR－2(JAXA，2014)、L波段的SAOCOM－1A(意大利－阿根廷，2018)和C波段的RISAT－1(ISRO，2012)。

我国航天工业发展起步较晚，但在SAR系统技术及研究方面也取得了很多进展。多家单位(如中国科学院电子学研究所、中国电子科技集团公司第十四研究所、中国电子科技集团公司第三十八研究所等)先后研制成功了机载多波段的全极化SAR系统;随着技术的发展,机载极化SAR的分辨率越来越高,目前Ku波段的全极化高分辨率机载SAR系统已经研制成功,其中单极化的分辨率可优于0.1m;2016年,我国发射了第一颗民用星载全极化SAR卫星高分3号(C波段),具有12种成像模式;2019年,又成功发射了高分10号全极化SAR卫星。未来,我国会有更多的SAR卫星升空,比如L波段的LT-1 SAR双基系统[7]等。这些都体现了我国SAR技术的研究水平。

1.2 极化SAR目标分解

极化分解的目的就是依据不同的简单物理散射模型,将极化测量矩阵分解成几个独立的参数和成分,对目标的散射特征进行描述。极化分解技术分成两类,即相干目标分解(coherent target decomposition,CTD)和非相干目标分解(incoherent target decomposition,ICTD)。①相干目标分解:直接对Sinclair散射矩阵进行分析,即对雷达测量的极化矢量依据目标的标准散射矢量形式进行分解,从中提取表征目标散射特性的系数。典型的CTD分解方法有Pauli分解、Krogager分解[8-9]、Cameron分解[10]和Huynen分解[11]等。此外,还有Touzi等的对称散射特征描述(symmetric scattering characterization method,SSCM)方法[12]、Yang等的相似性参数方法[13]、Yin等的散射矢量参数化表征法[14]等。②非相干目标分解:雷达发射的是相干平面波,但是由于自然地物的随机散射影响,电磁波和散射体发生了相互作用从而改变了波的极化状态和传播方向,因此雷达接收的后向散射波是部分极化波,即极化波矢量是随时间、空间而变化的。所以,需要利用非相干平均的方法求取目标的平均散射特征描述参数,由此对应的就是非相干目标分解。ICTD方法对散射相干矩阵或者散射相关矩阵进行分析,典型的极化SAR图像分解技术有基于矩阵特征值-特征向量的Cloude-Pottier分解[3,15],基于物理散射模型的Freeman-Durden三成分分解[16]、二成分分解[17]、Yamaguchi四成分分解[18-20]、Yin等的基于共极化比的物理散射机制分解[21]等。其中,Cloude-Pottier的目标分解参数具有旋转不变性且应用性能鲁棒,已经成为极化SAR图像分析的基本工具[3]。此外,还有Huynen非相干分解[11]、Touzi非相干SSCM分解[22]、Holm分解方法[23]等。

虽然目前已经发展了多种极化分解技术,但是每种分解技术的适用性不同,不同方法有不同的应用优势。典型的极化分解方法及其应用评论见表1-1。此外,还有很多其他学者发展的相关方法和成果未能在此列出,敬请谅解。

表1-1 典型的相干分解及非相干分解

目标分解方法		作者/发表年份	基本原理	适用性分析	同类型其他方法
相干分解	Pauli 分解		在标准散射基下进行目标分解,直接与物理散射机制相关	容易被相干斑噪声影响	
	Krogager 分解	E. Krogager,1990	散射矩阵被分解为球面散射、二次散射和螺旋体散射		
	Cameron 分解	W. L. Cameron, N. Youssef, L. K. Leung,1996	散射矩阵被分解为6个标准对称散射体和2个非对称散射体		R. Touzi, 2002
	相似性参数分解	J. Yang et al. ,2001	利用任意标准散射体对未知目标的主要散射形状进行描述		W. An, J. Yang, 2009
非相干分解	Huynen 分解	J. R. Huynen,1970	散射矩阵被分解为一个单秩目标和剩余目标(噪声)		J. Yang, 2006, B. You, 2013
	Freeman - Durden 三成分分解	A. Freeman, S. L. Durden,1998	后向散射完全由表面散射、体散射和二次散射贡献	目标定向角没有被考虑;散射相关矩阵中的三个元素没有被考虑	J. J. van Zyl, et al. , 2011; Oleg Antropov, et al. ,2011
	Freeman 二成分分解	A. Freeman, 2007	后向散射完全由体散射和一个确定性散射贡献	散射相关矩阵中的三个元素没有被考虑	W. An, et al. ,2010
	Yamaguchi 四成分分解	Y. Yamaguchi, T. Moriyama, M. Ishido, et al. ,2005	后向散射被分解为表面散射、二次散射、体散射和螺旋体散射	散射相干矩阵中的二个元素没有被考虑	Y. Yamaguchi, et al. ,2011; A. Sato, et al. ,2012; G. Singh, et al. ,2013
	Cloude - Pottier 分解	S. R. Cloude, E. Pottier,1997	利用特征值分解定义了平均散射机制和散射相干性	物理散射机制在高熵情况下提取不准确	
	Touzi 分解	R. Touzi,2007	散射矩阵被表征为唯一和一个散射矢量	不能分析散射单元的散射相干性	
	Yin 分解	J. Yin, W. M. Moon, J. Yang,2016	利用共极化比定义了平均散射机制和散射相干性	分解参数较少	

1.3 地物分类与图像分割

近些年,已经发展了较多极化 SAR 图像地物分类算法[24-25]。可以从如下角度进行归纳:①依照是否需要训练样本可以分为有监督方法和无监督方法两类;②依照模型类型可以分为参数化方法和非参数化方法;③依照特征类型可以分为基于统计模型的方法和基于散射特性的方法;④依照分类对象可以分为基于像素的分类方法和基于区域的分类方法。

应用于极化 SAR 图像分类最多的一类方法是基于贝叶斯框架的分类方法。在该框架下,监督分类方法包括:如 1992 年的 van Zyl 最大熵估计法、1994 年 Lee 提出的基于散射相关矩阵复 Wishart 分布的最大似然(maximum likelihood, ML)监督分类方法[26];非监督的分类方法包括:利用极化分解参数对地物进行初始分类,之后利用 ML 分类器的迭代分类方法,如 H/alpha - Wishart 分类器、H/alpha/A - Wishart 分类器、Freeman 三成分分解 - Wishart 分类器[26]等,这类方法需要对目标物理散射机制进行准确分析。在基于区域的分类方法中,利用像素邻域信息的马尔可夫随机场(Markov random field, MRF)模型也常常与贝叶斯框架相结合[27-29],从而更充分地利用空间邻域信息提高分类精度。

贝叶斯框架下的分类器精度依赖于数据的统计分布模型:对于匀质区域,常用的统计模型有多元复高斯分布和复 Wishart 分布;对于非匀质区域,一般用纹理乘积模型描述极化 SAR 数据的统计特性。Lee 等将 Yueh 等单视极化 SAR 数据的 K 分布统计模型推广到多视情况[30],它的纹理变量服从 Gamma 分布,实验证明 K 分布不但适合于均匀区域数据的描述,对一般不均匀区域数据也有很强的描述能力。2005 年,Freitas 等[31]提出了基于广义逆 Gamma 纹理分布的 G 分布模型,实验证明 G 分布对城区等极不均匀区域的描述能力要比 K 分布更好,但对森林等一般不均匀区域的描述却又不如 K 分布。2008 年,Bombrun 等[32]提出利用 Fisher 分布对纹理分量进行建模,推导出适用性更广的 KummerU 分布,该分布不仅适用于均匀区域、不均匀区域的建模,而且对极不均匀区域的建模也是有效的。在之后的研究中,为了适应高分辨率图像复杂的地物类型,多纹理乘积模型被提出,如 WGΓ分布[33]、L 分布[34]等。此外还有混合模型,如混合 Wishart 模型[29]、混合 K 分布模型、混合 WGΓ模型[28]等。

此外,其他机器学习方法也成功地扩展到极化 SAR 图像分类中,如支持向量机方法(support vector machine, SVM)[35]、人工神经网络方法、稀疏表征方法等。近年来,深度学习方法[36]也被广泛地应用于极化 SAR 图像分类中。

除基于像素的地物分类方法，还有基于图像分割的分类方法[37]，先分割后分类有助于降低统计模型的复杂度，更好地适应高分辨率非匀质图像。如基于区域的 MRF 方法[29]利用复 Wishart 分布对地物进行分类，可以得到与利用复杂统计模型（如混合复 Wishart 模型、K - Wishart 模型）的基于像素的 MRF 方法同样较好的结果。超像素分割方法为地物分类提供了有力的条件[38]，超像素既可以保证目标细节和地物的边缘信息，又可以应对非匀质区域的统计特性非平稳现象[39]。

超像素是指具有相似纹理、颜色、亮度等特征的相邻像素构成的有一定视觉意义的不规则像素块。它旨在通过均匀性标准对像素进行分组，用少量的超像素代替大量的像素来表达图像特征，将一幅像素级（pixel - level）的图划分成区域级（district - level）的图，其结果可以作为图像分类、变化检测、目标分类识别的预处理步骤。获取超像素的方法包括传统的分割方法，例如广义统计区域合并法（statistical region merging，SRM）[40]、Wishart 马尔可夫随机场[27]、分层逐步优化[41-42]、二叉分割树[43]，还有针对超像素提出的分割方法，例如 Ncut 方法[38,44]、Meanshift 方法[45]、IER（iterative edge refinement）方法[46]、拓扑分割方法[47]等。极化 SAR 图像中应用最多的超像素分割方法是简单线性迭代（simple linear iterative clustering，SLIC）方法。原始 SLIC 方法[48]在光学图像中提出，许多研究者基于极化 SAR 图像对 SLIC 方法做出改进。Xiang 等针对不均匀的城市区域采用了基于球不变随机向量（spherically invariant random vector，SIRV）统计模型的距离度量[49]，利用等效噪声视数（equivalent number of looks，ENL）估计作为距离度量的权值，结合空间信息进行超像素分割，在城市区域图像分割中效果较好。Feng 等采用复 Wishart 距离代替欧几里得距离来衡量后向散射空间中特征的相似性[50]；Xie 等采用了空间距离、复 Wishart 距离和边缘 - 梯度距离的组合作为相似性度量[51]；2015 年，Qin 等利用修正复 Wishart 距离计算像素点之间的相似性，并对 SLIC 算法进行了改进，称为 GC - SLIC 方法[52]；Zhang 等将 IER 算法应用到极化 SAR 图像中[46]，显著提高了分割速度；Yin 等[39]全面比较了典型的极化检验统计量在 SLIC 分割中的应用性能，并着重研究了 SLIC 初始化对分割结果的影响。

1.4　目标检测与目标识别

目标检测与目标识别是 SAR 系统的重要应用。相对于 SAR，极化 SAR 可以提供更为丰富的目标信息，两者在目标检测和识别应用中一些理论基础是相同的。下面就相关内容进行简单介绍。

1.4.1 目标检测

检测的主要目的就是把感兴趣的前景目标和背景区别开来，其核心是希望放大两者的差别，使其容易被区分。相对于光学图像，SAR 数据尤其是星载 SAR 数据分辨率低，反映在图像上目标像素较少，一般的车辆目标往往只有几个像素，而相对较大的舰船目标也仅由几十个或者几百个像素点组成。这导致目标本身的几何结构比较简单，仅依靠目标本身的几何结构特性所能提升的检测性能相对有限，因此需要依靠周围环境来协助判断。一种常用的方法是恒虚警检测（constant false alarm rate，CFAR），主要利用了周围环境的统计特性。假设周围环境匀质且概率密度函数形式已知，依据 Neyman Pearson（N－P）准则利用给定的虚警率（false alarm rate）确定检测阈值。根据概率密度函数参数估计的窗口大小，又分为全局恒虚警检测和局部恒虚警检测。如在舰船检测中，舰船周围的环境经常是海面这种匀质环境，尤其是中低海况情况下，非常适合用 CFAR 检测[53]。有些工作对海况的概率密度函数做了改进，从简单的高斯分布、Gamma 分布，到复杂的对数正态分布、Weibull 分布[54]、K 分布[55]、G^0 分布[56]、广义瑞利分布[57]、二维联合对数正态分布[58]，以及更加复杂的混合分布，如混合高斯分布[59]、多种分布的混合分布[60]等。除上述参数化的杂波模型外，还可以采用非参数化的方法对杂波分布进行建模，如 Parzen 窗法[61－62]、核概率密度函数估计法[63]等。为得到更好的结果，有些工作着重于研究各种先验条件，包括船的大小、图像分辨率、滑动窗口大小等，将这些先验条件作为约束提高检测率。

对于极化 SAR 图像，每个像素点用一个散射矩阵描述，同样采用 CFAR 框架，除了研究杂波分布以及先验条件之外，还有学者研究如何利用不同的极化特征得到更好的结果[64－78]。早期的研究是基于单个像素点的特征，这些特征往往利用各个极化通道组合成一个新的特征来检测舰船，包括极化白化滤波器（polarimetric whitening filter，PWF）[65]、最优极化对比增强（optimization of polarimetric contrast enhancement，OPCE）[66]、与 OPCE 思想类似的极化匹配滤波（polarimetric matched filtering，PMF）[67]器、广义最优极化对比增强（generalized OPCE，GOPCE）[68]等；还有一些重要的极化特征包括极化度（degree of polarization，DoP）[69]、反射对称性（reflection symmetry，RS）[70]等；此外，还有研究通过定义一些特殊的距离来衡量目标和杂波之间的区分度，如极化凹滤波（polarimetric notch filtering，PNF）[71－72]器。以上都是基于像素的研究，随着极化 SAR 图像分辨率的提高，还发展了基于图像块特征的算法[64,73－75]，在单点频域特征的基础上增加空间域特征，增强了特征的鲁棒性。这些方法的出发点是希望通过利用多个点的计算得到更加鲁棒的特征，使难以分辨的船和杂波之间的区别变得更明显。此外，还有学者研究了基于几何结构特征的稀疏编码方法[76-77]，以及基于深度神经网络的检测方法[79-81]。

1.4.2 目标识别

SAR 图像自动目标识别主要包括检测、鉴别、特征提取与分类[82]四个步骤。在前两个阶段，初步的目标感兴趣区域(regions of interest,ROIs)被定位，虚假的 ROIs 被剔除；后两个阶段从 ROIs 提取出具有鉴别性的特征，并对这些特征进行分类。当前，在 SAR 目标自动识别方面已经发展了较多的方法，但在极化 SAR 目标自动识别方面研究较为有限。特征提取需要提取目标的鲁棒、鉴别性特征，分类器设计需要考虑分类器的特征适用性以及泛化应用能力，一个好的目标识别算法是这两部分互相匹配共同构成的。下面分别对这两个方面进行介绍。

SAR 图像的特征提取方法大致分为三类：①使用原始图像或变换后的图像。Zhao 直接使用原始的图像作为特征[83]，Srinivas 使用图像的小波变换作为特征[84]，Dong 等使用图像的单演变换(monogenic signal transformation)作为特征[85]。通常由原始图像或变换后的图像表达的特征具有很高的维度，于是需要使用线性或非线性的降维方法。Mishra 比较了主成分分析(principal component analysis,PCA)与线性鉴别分析(linear discriminant analysis,LDA)在 SAR 自动目标识别中的性能[86]，Huang 提出了基于张量的全局与局部鉴别嵌入的特征降维方法[87]。②使用散射中心特征。Zhou 等提出使用不同目标姿态下的散射中心特征进行分类[88]。然而，该方法需要一个离线的散射模型来建立 SAR 图像的模板。③使用全局或局部统计特征。Clemente 等提出使用伪 Zernike 矩作为分类的全局统计特征[89]。局部统计特征源自图像中的局部区域，如方向梯度直方图(histogram of oriented gradients,HOG)[90]，以及经常用于 SAR 图像配准的 SIFT[91](scale - invariant feature transform)、SURF[92](speeded up robust features)、ORB[93](oriented FAST and rotated BRIEF)等。局部统计特征通常对于图像的旋转、缩放和小视角变化具有较好的不变性[94-98]。在光学图像中，局部特征的计算一般先检测关键点[94-95]，然后计算局部描述子[96-97]。一些关于局部统计特征提取的综述文章可见文献[94-98]。然而，当现有的局部特征提取方法应用于 SAR 图像时，一方面由于 SAR 图像分辨率较低，使得目标像素点有限导致关键点检测难以捕捉到目标的结构特性，另一方面相干斑存在导致基于梯度的局部统计特征提取不准确[99]。目前，局部统计特征在 SAR 图像处理中的应用比较少，主要有：Dai 等采用多级局部模式直方图进行 SAR 地物的分类[100];Cui等采用基于比值检测子的特征提取方法进行高分辨SAR图像块的检索[101];Dellinger提出了SAR-SIFT特征[102]用于图像配准。这些研究表明局部统计特征在SAR图像处理中具有极大的应用潜力。上述三类特征提取方法可以称为手动设计的特征提取方法,除此之外,卷积神经网络(convolutional neural networks,CNN)已经用于SAR自动目标识别中的特征提取[103]。然而,CNN需要大量的训练样本来达到需要的性能[104-105]。

极化SAR图像由于是多通道数据,且极化通道包含了目标的物理散射特性,在进行极化SAR图像目标特征提取时,除了可以考虑上述SAR图像的变换域特征或区域统计特征提取方法之外,更多考虑的是应用1.2节介绍的极化SAR目标分解方法进行极化特征提取。在多通道信息处理中,一种常见的方式是将多极化通道融合成一个通道的数据,之后进行目标识别。Novak研究了PWF融合方法相对于单通道数据在目标识别中的性能[106],此外还研究了包括PMF等其他极化特征在内的目标识别应用[107]。Sadjadj研究了基于收发天线最优极化状态的极化signature在车辆目标识别中的应用[108-109]。另一种方式是对目标进行极化分解,利用目标在极化特征上的差异性进行分类[110-111]。此外,在基于目标形状特征的识别研究中,利用极化信息可以精确地进行ROIs提取[112-113],之后再对潜在目标区域进行局部特征描述。

SAR自动目标识别中的分类一般是指监督分类。许多经典的分类器已经被应用到SAR和极化SAR领域,如SVM、KNN(K-nearest neighbor)等。前面提到的降维方法PCA、LDA也可以直接作为分类器[86]。近年来,Wright提出的基于稀疏表达的分类器(sparse representation classifier,SRC)[114]已经被成功用于SAR领域,如极化SAR图像分类[115]和自动目标识别[82]。SRC中的字典直接将训练样本作为字典原子,其良好的性能很大程度是由字典的过完备和字典原子间的低相关性加以保证。然而,这种方法构成的字典对于解决重构问题(如图像去噪、图像修复)和鉴别问题(如分类)都不是最优的[116]。于是,字典学习方法[117]被提出用来从训练样本中学习更具代表性和紧致的字典。一些字典学习的方法已经提出用于重构性问题,如K-SVD[118]、在线字典学习[119]等。但这些字典学习的方法不一定适用于鉴别性的工作[116,120]。因此,鉴别字典学习(discriminative dictionary learning,DDL)类型的方法被提出。比如,Ramirez等提出了非相干字典学习的方法[121]。该方法通过引入非相干约束项来激励不同类别所属子字典之间的非相干性,由此学习得到的字典更具鉴别性。Gao等[122]进一步发展了这种方法,将不同子字典之间的相似原子直接表达为不同类别之间的共享子字典。同时,该方法也对所属各类的子字典之间施加非相干约束。Mairal提出了监督字典学习(supervised dictionary learning,SDL)的方法[123],该类方法通过字典学习中利用标签信息来提高分类的准确性。例如,Zhang 等提出了鉴别 K - SVD(discriminative K - SVD,DK - SVD)的方法[124],Jiang 等进一步提出了标签一致 K - SVD(label consistent K - SVD,LCK - SVD)[125]的字典学习方法等。

国内研究 SAR 目标自动识别的单位比较多,主要有清华大学[82,126]、西安电子科技大学[127]、电子科技大学[128]、中国科学技术大学[129]、国防科技大学[130-131]、复旦大学、中国科学院空天信息创新研究院[132]等。

1.5 本书安排

本书第 1 章对极化 SAR 的成像模式、极化分解、地物分类、目标检测与识别等本书涉及的内容做了简要概述。第 2 章介绍了极化雷达的基本理论,包括散射波的极化表征以及目标散射的极化表征两部分,主要描述了极化雷达对目标进行测量的机理及所测量的信息,同时也给出了典型标准散射体的 3 种极化 signature 描述方式。第 3 章介绍了当前典型的目标分解及极化特征提取方法,经典方法包括 Huynen 分解、Krogager 分解及 Cameron 分解,以及基于散射模型的三成分、四成分分解,同时也介绍了作者提出的稳定 Huynen 分解、稳定三成分分解、极化相似性参数,以及基于去定向共极化比的 Yin 分解方法。第 4 章介绍了应用在地物分类及目标检测中常见的杂波模型,包括参数化模型,如 Gamma 分布、对数正态分布、混合对数正态分布、K 分布等,以及非参数化模型,如 Parzen 窗拟合模型;此外,还介绍了杂波建模的评价方法。第 5 章介绍了基于 CFAR 的检测方法,主要介绍了作者提出的极化交叉熵以及迭代 CFAR 检测方法。在目标比较密集时,如舰船密集的海域,CFAR 方法中的参数估计困难。第 6 章介绍了作者提出的基于变分贝叶斯推断的舰船检测方法,通过对极化 SAR 图像的多维向量化表达和张量表达,也介绍了该方法在极化 SAR 舰船检测中的扩展。第 7 章介绍了作者在舰船目标分类方面的工作,包含流行学习降维以及 SAR - HOG 特征的应用等。第 8 章介绍了卷积神经网络的基础知识。第 9 章介绍了作者在基于卷积神经网络的极化 SAR 舰船检测方面的工作,提出了一个新的网络架构 P2P - CNN,并采用跳线连接各层级语义保证检测效果。第 10 章介绍了作者基于卷积神经网络的极化 SAR 城市区域地物分类方面的工作。第 11 章介绍了作者在基于混合模型及 MRF 模型的地物分类方面的工作,其中地物统计分布模型包括 Wishart 模型、混合 Wishart 模型和 K - Wishart 模型;分类方法包括基于像素的分类方法以及基于区域的分类方法。第 12 章介绍了基于 SLIC 的极化 SAR 图像超像素分割方法,介绍了多种统计距离的性能,包括 Wishart 距离、HLT(Hotelling - Lawley trace)距离、对称 HLT 距离、修正的 Wishart 距离等;同时,还介绍了 SLIC 初始化对分割结果的影响。

近几十年来,SAR 系统在高分辨、多波段、多极化、小型化、带干涉、星座群等方面迅速发展,极化 SAR 数据的应用基础理论也随着各领域应用需求得到了广泛的关注和研究。希望本书能够为从事极化雷达遥感应用研究的同行们及相关研究生提供参考。由于篇幅限制,本书着重介绍了作者的部分工作,国内很多其他学者的优秀成果[133-156]没有被提及,敬请国内同行谅解。

参考文献

[1] Oliver C, Quegan S. Understanding synthetic aperture radar images[M]. Raleigh: SciTech Publishing, 2004.

[2] Richards J A. Remote sensing with imaging radar[M]. Berlin: Springer, 2009.

[3] Cloude S R. Polarisation: applications in remote sensing[M]. New York: Oxford University Press, 2009.

[4] Pottier E. SAR polarimetry - basic concepts [C]//Advanced Course on Radar Polarimetry. Frascati: ESA - ESRIN, 2011: 17 - 21.

[5] Charbonneau F J, Brisco B, Raney R K, et al. Compact polarimetry overview and applications assessment [J]. Canadian Journal of Remote Sensing, 2010, 36(2): 298 - 315.

[6] Souyris J C, Mingot S. Polarimetry based on one transmitting and two receiving polarizations: The pi/4 mode [C]//IEEE International Geoscience and Remote Sensing Symposium 2002. Toronto: IEEE, 2002: 629 - 631.

[7] 邓云凯,禹卫东,张衡,等. 未来星载 SAR 技术发展趋势[J]. 雷达学报,2020,9(1):1 - 33.

[8] Krogager E. A new decomposition of the radar target scattering matrix[J]. Electronics Letters, 1990, 26 (18): 1525 - 1526.

[9] Krogager E, Czyz Z H. Properties of the sphere, diplane, helix decomposition [C]//In Proc. 3rd Int. Workshop Radar Polarimetry (JIPR), IREST, Univ - Nantes, France; 1995: 106 - 114.

[10] Cameron W L, Youssef N, Leung L K. Simulated polarimetric signatures of primitive geometrical shapes [J]. IEEE Transactions on Geoscience and Remote Sensing, 1996, 34(3): 793 - 803.

[11] Huynen J R. Phenomenological theory of radar targets[D]. Rotterdam: Drukkerij Bronder - Offset N. V., 1970.

[12] Touzi R, Charbonneau F. Characterization of target symmetric scattering using polarimetric SARs[J]. IEEE Transactions on Geoscience and Remote Sensing, 2002, 40(11): 2057 - 2516.

[13] Yang J, Peng Y, Lin S. Similarity between two scattering matrices[J]. Electronics Letters, 2001, 37(3): 193 - 194.

[14] Yin J, Yang J. A new target scattering vector[J]. Electronics Letters, 2021, 57(7): 282 - 284.

[15] Cloude S R, Pottier E. An entropy based classification scheme for land applications of polarimetric SAR [J]. IEEE Transactions on Geoscience and Remote Sensing, 1997, 35(1): 68 - 78.

[16] Freeman A, Durden S L. A three - component scattering model for polarimetric SAR[J]. IEEE Transactions on Geoscience and Remote Sensing, 1998, 36(3): 963 - 973.

[17] Freeman A. Fitting a two - component scattering model to polarimetric SAR data from forests[J]. IEEE Transactions on Geoscience and Remote Sensing, 2007, 45(8): 2583 - 2592.

[18] Yamaguchi Y, Yajima Y, Yamada H. A four - component decomposition of POLSAR images based on the coherency matrix[J]. IEEE Geoscience and Remote Sensing Letters, 2006, 3(3): 292 - 296.

[19] Yamaguchi Y, Moriyama T, Ishido M, et al. Four - component scattering model for polarimetric SAR image decomposition[J]. IEEE Transactions on Geoscience and Remote Sensing, 2005, 43(8): 1699 - 1706.

[20] Yajima Y, Yamaguchi Y, Sato R, et al. POLSAR image analysis of wetlands using a modified four - component scattering power decomposition [J]. IEEE Transactions on Geoscience and Remote Sensing, 2008, 46(6): 1667 - 1673.

[21] Yin J, Moon W M, Yang J. Novel model - based method for identification of scattering mechanisms in polarimetric SAR data [J]. IEEE Transactions on Geoscience and Remote Sensing, 2016, 54(1): 520 - 532.

[22] Touzi R. Target scattering decomposition in terms of roll - invariant target parameters [J]. IEEE Transactions on Geoscience and Remote Sensing, 2007, 45(1): 73 - 84.

[23] Holm W A, Barnes R M. On radar polarization mixed target state decomposition techniques[C]//Proceedings of the 1988 IEEE National Radar Conference. Ann Arbor: IEEE, 1988: 249 - 254.

[24] 高伟. 极化合成孔径雷达图像非均匀区域的目标检测与分类研究[D]. 北京:清华大学,2016.

[25] Uhlmann S G. Advanced techniques for classification of polarimetric synthetic aperture radar data [D]. Finland: Tampere University of Technology, 2014.

[26] Lee J S, Pottier E. Polarimetric radar imaging: from basics to applications [M]. Boca Raton: CRC Press, 2009.

[27] Wu Y, Ji K, Yu W, et al. Region - based classification of polarimetric SAR images using Wishart MRF [J]. IEEE Geoscience and Remote Sensing Letters, 2008, 5(4): 668 - 672.

[28] Song W, Li M, Zhang P, et al. Mixture WGΓ - MRF model for POLSAR image classification[J]. IEEE Transactions on Geoscience and Remote Sensing, 2017(99): 1 - 16.

[29] Yin J, Liu X, Yang J, et al. POLSAR image classification based on statistical distribution and MRF [J]. Remote Sensing, 2020, 12(6): 1027 - 1049.

[30] Lee J, Schuler D, Lang R, et al. K - distribution for multi - look processed polarimetric SAR imagery[C]//IEEE International Geoscience and Remote Sensing Symposium 1994. Pasadena: IEEE, 1994: 2179 - 2181.

[31] Freitas C C, Frery A C, Correia A H. The polarimetric G distribution for SAR data analysis [J]. Environmetrics, 2005, 16(1): 13 - 31.

[32] Bombrun L, Beaulieu J M. Fisher distribution for texture modeling of polarimetric SAR Data[J]. IEEE Geoscience and Remote Sensing Letters, 2008, 5(3): 512 - 516.

[33] Song W, Li M, Zhang P, et al. The WGΓ distribution for multilook polarimetric SAR data and its application [J]. IEEE Geoscience and Remote Sensing Letters, 2015, 12(10): 2056 - 2060.

[34] Jin R, Yin J, Zhou W, et al. Level set Segmentation algorithm for High Resolution polarimetric SAR images based on a heterogeneous clutter model[J]. IEEE Journal of Selected Topics in Applied Earth Observations and Remote Sensing, 2017, 10(10): 4565 - 4579.

[35] Lardeux C, Frison P L, Tison C, et al. Support vector machine for multifrequency SAR polarimetric data classification[J]. IEEE Transactions on Geoscience and Remote Sensing, 2009, 47(12): 4143 - 4152.

[36] Hoeser T, Kuenzer C. Object detection and image segmentation with deep learning on earth observation data: a review - part I: evolution and recent trends[J]. Remote Sensing, 2020, 12(10): 1667.

[37] 杨帆. 极化SAR图像分割分类关键技术研究[D]. 北京:清华大学,2015.

[38] Liu B, Hu H, Wang H, et al. Superpixel – based classification with an adaptive number of classes for polarimetric SAR images[J]. IEEE Transactions on Geoscience and Remote Sensing, 2013, 51(2): 907 – 924.

[39] Yin J, Wang T, Du Y, et al. SLIC superpixel segmentation for polarimetric SAR images[J]. IEEE Transactions on Geoscience and Remote Sensing, 2022, 60: 1 – 17.

[40] Lang F, Yang J, Li D, et al. Polarimetric SAR image segmentation using statistical region merging[J]. IEEE Geoscience and Remote Sensing Letters, 2013, 11(2): 509 – 513.

[41] Beaulieu J M, Touzi R. Segmentation of textured polarimetric SAR scenes by likelihood approximation [J]. IEEE Transactions on Geoscience and Remote Sensing, 2004, 42(10): 2063 – 2072.

[42] Bombrun L, Vasile G, Gay M, et al. Hierarchical segmentation of polarimetric SAR images using heterogeneous clutter models[J]. IEEE Transactions on Geoscience and Remote Sensing, 2011, 49(2): 726 – 737.

[43] Alonso – González A, López – Martínez C, Salembier P. Filtering and segmentation of polarimetric SAR data based on binary partition trees[J]. IEEE Transactions on Geoscience and Remote Sensing, 2011, 50(2): 593 – 605.

[44] Ersahin K, Cumming I G, Yedlin M J. Classification of polarimetric SAR data using spectral graph partitioning[C]//IEEE International Geoscience and Remote Sensing Symposium 2006. Denver: IEEE, 2006: 1756 – 1759.

[45] Lang F, Jie Y, Wu L, et al. Superpixel segmentation of polarimetric SAR image using generalized mean shift [C]//IEEE International Geoscience and Remote Sensing Symposium 2016. Beijing: IEEE, 2016: 6324 – 6327.

[46] Zhang Y, Zou H, Luo T, et al. A fast superpixel segmentation algorithm for POLSAR images based on edge refinement and revised Wishart distance[J]. Sensors, 2016, 16(10): 1687.

[47] Guo W, Zhang Z, Zhao J, et al. Fast topology preserving POLSAR image superpixel segmentation [C]//IEEE International Geoscience and Remote Sensing Symposium 2016. Beijing: IEEE, 2016: 6894 – 6897.

[48] Achanta R, Shaji A, Smith K, et al. SLIC superpixels compared to state – of – the – art superpixel methods [J]. IEEE Transactions on Pattern Analysis & Machine Intelligence, 2012, 34(11): 2274 – 2282.

[49] Xiang D, Ban Y, Wang W, et al. Adaptive superpixel generation for polarimetric SAR images with local iterative clustering and SIRV model[J]. IEEE Transactions on Geoscience and Remote Sensing, 2017, 55(6): 3115 – 3131.

[50] Feng J, Cao Z, Pi Y. Polarimetric contextual classification of POLSAR images using sparse representation and superpixels[J]. Remote Sensing, 2014, 6(8): 7158 – 7181.

[51] Xie L, Zhang H, Wang C, et al. Superpixel – based POLSAR images change detection[C]//IEEE 5th Asia – Pacific Conference on Synthetic Aperture Radar 2015. Singapore: IEEE, 2015: 792 – 796.

[52] Qin F, Guo J, Lang F. Superpixel segmentation for polarimetric SAR imagery using local iterative clustering [J]. IEEE Geoscience and Remote Sensing Letters, 2015, 12(1): 13 – 17.

[53] Crisp D J. The state – of – the – art in ship detection in synthetic aperture radar imagery[R]. Defence Science and Technology Organisation Salisbury (Australia) Info Sciences Lab, 2004.

[54] Goldstein G B. False – alarm regulation in log – normal and Weibull clutter[J]. IEEE Transactions on Aerospace and Electronic Systems, 1973, 9(1): 84 – 92.

[55] 艾加秋,齐向阳. 一种基于局部K分布的新的SAR图像舰船检测算法[J]. 中国科学院研究生院学报, 2010, 27(1): 36 – 42.

[56] Frery A C, Müller H J, Yanasse C C F, et al. A model for extremely heterogeneous clutter[J]. IEEE Transactions on Geoscience and Remote Sensing, 1997, 35(3):648 – 659.

[57] Kuruoğlu E E, Zerubia J. Modeling SAR images with a generalization of the Rayleigh distribution[J]. IEEE Transactions on Image Processing, 2004, 13(4):527 – 533.

[58] Ai J, Qi X, Yu W, et al. A new CFAR ship detection algorithm based on 2 – D joint log – normal distribution in SAR images[J]. IEEE Geoscience and Remote Sensing Letters, 2010, 7(4):806 – 810.

[59] Blacknell D. Target detection in correlated SAR clutter[J]. IEEE Proceedings of Radar, Sonar and Navigation, 2000, 147(1):9 – 16.

[60] Moser G, Zerubia J, Serpico S B. Dictionary – based stochastic expectation – maximization for SAR amplitude probability density function estimation[J]. IEEE Transactions on Geoscience and Remote Sensing, 2006, 44(1):188 – 200.

[61] Jiang Q, Aitnouri E, Wang S, et al. Automatic detection for ship target in SAR imagery using PNN – model [J]. Canadian Journal of Remote Sensing, 2000, 26(4):297 – 305.

[62] 张宏稷, 杨健, 李延, 等. 基于条件熵和 Parzen 窗的极化 SAR 舰船检测[J]. 清华大学学报(自然科学版), 2012, 52(12):1693 – 1697.

[63] Gao G. A Parzen – Window – Kernel – Based CFAR algorithm for ship detection in SAR images[J]. IEEE Geoscience and Remote Sensing Letters, 2011, 8(3):556 – 560.

[64] Fan W, Zhou F, Tao M, et al. An automatic ship detection method for POLSAR data based on k – Wishart distribution[J]. IEEE Journal of Selected Topics in Applied Earth Observations and Remote Sensing, 2017, 10(6):2725 – 2737.

[65] Novak L M, Burl M C. Optimal speckle reduction in polarimetric SAR imagery[J]. IEEE Transactions on Aerospace and Electronic Systems, 1990, 26(2):293 – 305.

[66] Ioannidis G, Hammers D. Optimum antenna polarizations for target discrimination in clutter[J]. IEEE Transactions on Antennas and Propagation, 1979, 27(3):357 – 363.

[67] Novak L M, Sechtin M B, Cardullo M J. Studies of target detection algorithms that use polarimetric radar data[J]. IEEE Transactions on Aerospace and Electronic Systems, 1989, 25(2):150 – 165.

[68] Yang J, Zhang H, Yamaguchi Y. GOPCE – based approach to ship detection[J]. IEEE Geoscience and Remote Sensing Letters, 2012, 9(6):1089 – 1093.

[69] Touzi R, Hurley J, Vachon P W. Optimization of the degree of polarization for enhanced ship detection using polarimetric radarsat – 2[J]. IEEE Transactions on Geoscience and Remote Sensing, 2015, 53(10): 5403 – 5424.

[70] Nunziata F, Migliaccio M, Brown C E. Reflection symmetry for polarimetric observation of man – made metallic targets at sea[J]. IEEE Journal of Oceanic Engineering, 2012, 37(3):384 – 394.

[71] Marino A. A notch filter for ship detection with polarimetric SAR data[J]. IEEE Journal of Selected Topics in Applied Earth Observations and Remote Sensing, 2013, 6(3):1219 – 1232.

[72] Ferrentino E, Nunziata F, Marino A, et al. Detection of wind turbines in intertidal areas using SAR polarimetry[J]. IEEE Geoscience and Remote Sensing Letters, 2019, 16(10):1516 – 1520.

[73] Sui H, An K, Xu C, et al. Flood detection in POLSAR images based on level set method considering prior geoinformation[J]. IEEE Geoscience and Remote Sensing Letters, 2018, 15(5):699 – 703.

[74] Wang Y, Liu H. POLSAR ship detection based on superpixel – level scattering mechanism distribution features[J]. IEEE Geoscience and Remote Sensing Letters, 2015, 12(8):1780 – 1784.

[75] He J, Wang Y, Liu H, et al. A novel automatic POLSAR ship detection method based on superpixel level local information measurement[J]. IEEE Geoscience and Remote Sensing Letters, 2018, 15 (3): 384 - 388.

[76] Song S, Xu B, Li Z, et al. Ship detection in SAR imagery via variational bayesian inference[J]. IEEE Geoscience and Remote Sensing Letters, 2016, 13(3): 319 - 323.

[77] Song S, Xu B, Yang J. Ship detection in polarimetric SAR images via variational bayesian inference [J]. IEEE Journal of Selected Topics in Applied Earth Observations and Remote Sensing, 2017, 10(6): 2819 - 2829.

[78] 王明春,张嘉峰,杨子渊,等. Beta 分布下基于白化滤波的极化 SAR 图像海面舰船目标 CFAR 检测方法[J]. 电子学报, 2019, 47(09): 1883 - 1890.

[79] Nietohidalgo M, Gallego A, Gil P, et al. Two - stage convolutional neural network for ship and spill detection using slar images[J]. IEEE Transactions on Geoscience and Remote Sensing, 2018, 56(9): 5217 - 5230.

[80] Zhou F, Fan W, Sheng Q, et al. Ship detection based on deep convolutional neural networks for POLSAR images[C]//IEEE International Geoscience and Remote Sensing Symposium 2018. Valencia: IEEE, 2018: 681 - 684.

[81] 鲁兵兵. 基于深度学习的 POLSAR 图像分类与舰船检测方法[D]. 西安:西安电子科技大学, 2019.

[82] 宋胜利. 基于稀疏信息的 SAR 图像目标检测与识别方法研究[D]. 北京:清华大学, 2017.

[83] Zhao Q, Principe J C. Support vector machines for SAR automatic target recognition[J]. IEEE Transactions on Aerospace and Electronic Systems, 2001, 37(2): 643 - 654.

[84] Srinivas U. SAR automatic target recognition using discriminative graphical models[C] //IEEE International Conference on Image Processing 2011. Brussels: IEEE, 2011: 33 - 36.

[85] Dong G, Kuang G, Wang N, et al. SAR target recognition via joint sparse representation of monogenic signal [J]. IEEE Journal of Selected Topics in Applied Earth Observations and Remote Sensing, 2015, 8(7): 3316 - 3328.

[86] Mishra A K. Validation of PCA and LDA for SAR ATR[C]//TENCON 2008 - 2008 IEEE Region 10 Conference. Hyderabad: IEEE, 2008: 1 - 6.

[87] Huang X, Qiao H, Zhang B. SAR target configuration recognition using tensor global and local discriminant embedding[J]. IEEE Geoscience and Remote Sensing Letters, 2016, 13(2): 222 - 226.

[88] Zhou J, Shi Z, Xiao C, et al. Automatic target recognition of SAR images based on global scattering center model[J]. IEEE Transactions on Geoscience and Remote Sensing, 2011, 49(10): 3713 - 3729.

[89] Clemente C, Pallotta L, Proudler I, et al. Pseudo - Zernike - based multi - pass automatic target recognition from multi - channel synthetic aperture radar [J]. IET Radar Sonar and Navigation, 2015, 9 (4): 457 - 466.

[90] Dalal N, Triggs B. Histograms of oriented gradients for human detection[J]. IEEE Computer Society Conference on Computer Vision and Pattern Recognition, 2005(1): 886 - 893.

[91] Lowe D G. Distinctive image features from scale - invariant keypoints[J]. International Journal of Computer Vision, 2004, 60(2): 91 - 110.

[92] Bay H, Ess A, Tuytelaars T, et al. Speeded - up robust features (SURF)[J]. Computer Vision and Image Understanding, 2008, 110(3): 346 - 359.

[93] Rublee E, Rabaud V, Konolige K, et al. ORB: an efficient alternative to SIFT or SURF[C]//2011 International conference on computer vision. Barcelona: IEEE, 2011: 2564 - 2571.

[94] Bianco S, Mazzini D, Pau D P, et al. Local detectors and compact descriptors for visual search[J]. Digital

Signal Processing,2015,44(C):1 - 13.

[95] Tuytelaars T, Mikolajczyk K. Local invariant feature detectors: a Survey[J]. Foundations & Trends in Computer Graphics & Vision,2008,3(3):177 - 280.

[96] Mikolajczyk K, Tuytelaars T, Schmid C, et al. A comparison of affine region detectors[J]. International Journal of Computer Vision,2005,65(1):43 - 72.

[97] Mikolajczyk K, Schmid C. A performance evaluation of local descriptors[J]. IEEE Transactions on Pattern Analysis & Machine Intelligence,2005,27(10):1615 - 1630.

[98] Weinmann M. Visual features - from early concepts to modern computer vision[M]. London: Springer,2013.

[99] Touzi R, Lopes A, Bousquet P. A statistical and geometrical edge detector for SAR images[J]. IEEE Transactions on Geoscience and Remote Sensing,1988,26(6):764 - 773.

[100] Dai D, Yang W, Sun H. Multilevel local pattern histogram for SAR image classification[J]. IEEE Geoscience and Remote Sensing Letters,2011,8(2):225 - 229.

[101] Cui S, Dumitru C O, Datcu M. Ratio detector based feature extraction for very high resolution SAR image patch indexing[J]. IEEE Geoscience and Remote Sensing Letters,2013,10(5):1175 - 1179.

[102] Dellinger F, Delon J, Gousseau Y, et al. SAR - SIFT: a SIFT - Like algorithm for SAR images[J]. IEEE Transactions on Geoscience and Remote Sensing,2015,53(1):453 - 466.

[103] Ding J, Chen B, Liu H, et al. Convolutional neural network with data augmentation for SAR target recognition[J]. IEEE Geoscience and Remote Sensing Letters,2016,13(3):364 - 368.

[104] Lecun Y, Bengio Y, Hinton G. Deep learning[J]. Nature,2015,521(7553):436 - 444.

[105] Nielsen M. Neural networks and deep learning[M]. San Francisco: Determination Press,2015.

[106] Novak L M, Owirka G J, Netishen C M. Performance of a high - resolution polarimetric SAR automatic target recognition system[J]. Lincoln Laboratory Journal,1993,6(1):11 - 24.

[107] Novak L. Target recognition and polarimetric SAR[C]//IEEE Radar Conference 2008. Rome: IEEE, 2008:1.

[108] Sadjadi F. Enhanced target recognition using optimum polarimetric SAR signatures[C]//Proceedings of the 1998 IEEE Radar Conference, RADARCON' 98. Challenges in Radar Systems and Solutions (Cat. No. 98CH36197). Dallas: IEEE,1998:293 - 298.

[109] Sadjadi F. Improved target classification using optimum polarimetric SAR signatures[J]. IEEE Transactions on Aerospace and Electronic Systems,2002,38(1):38 - 49.

[110] Bennett A J, Currie A. Use of high - resolution polarimetric SAR for automatic target recognition[C]//Algorithms for Synthetic Aperture Radar Imagery Ⅸ. Orlando: International Society for Optics and Photonics, 2002:146 - 153.

[111] Wang Y, Lu J G, Wu X L. New algorithm of target classification in polarimetric SAR[J]. Journal of Systems Engineering and Electronics,2008,19(2):273 - 279.

[112] Liu C, Yin J, Yang J. Target recognition method for T - Shaped harbor in polarimetric SAR images [J]. Chin. J. Radio Sc. ,2016,1:19 - 24.

[113] Dekker R J, van den Broek A C. Target detection and recognition with polarimetric SAR[C]//Radar Sensor Technology V. Orlando: International Society for Optics and Photonics,2000:178 - 186.

[114] Wright J, Yang A Y, Ganesh A, et al. Robust face recognition via sparse representation[J]. IEEE Transactions on Pattern Analysis & Machine Intelligence,2008,31(2):210 - 227.

[115] Yang F, Gao W, Xu B, et al. Multi - frequency polarimetric SAR classification based on Riemannian mani-

fold and simultaneous sparse representation[J]. Remote Sensing,2015(7):8469 - 8488.
[116] Sun X,Nasrabadi N M,Tran T D. Task - Driven dictionary learning for hyperspectral image classification with structured sparsity constraints[J]. IEEE Transactions on Geoscience and Remote Sensing,2015,53(8):4457 - 4471.
[117] Olshausen B A,Field D J. Emergence of simple - cell receptive field properties by learning a sparse code for natural images[J]. Nature,1996,381(6583):607 - 609.
[118] Aharon M,Elad M,Bruckstein A. K - SVD:an algorithm for designing overcomplete dictionaries for sparse representation[J]. IEEE Transactions on Signal Processing,2006,54(11):4311 - 4322.
[119] Mairal J,Bach F,Ponce J,et al. Online dictionary learning for sparse coding[C]//Proceedings of the 26th annual international conference on machine learning. New York:ACM,2009:689 - 696.
[120] Mairal J,Bach F,Ponce J. Task - driven dictionary learning[J]. IEEE Transactions on Pattern Analysis & Machine Intelligence,2012,34(4):791 - 804.
[121] Ramirez I,Sprechmann P,Sapiro G. Classification and clustering via dictionary learning with structured incoherence and shared features[C]//In Proceedings of the IEEE Conference on Computer Vision and Pattern Recognition. San Francisco:IEEE,2010:13 - 18.
[122] Gao S,Tsang I W H,Ma Y. Learning category - specific dictionary and shared dictionary for fine - grained image categorization[J]. IEEE Transactions on Image Processing,2014,23(2):623 - 634.
[123] Mairal J,Ponce J,Sapiro G,et al. Supervised dictionary learning[C]// Proceedings of the 21st International Conference on Neural Information Processing Systems. New York:CA inc. ,2008:1033 - 1040.
[124] Zhang Q,Li B. Discriminative K - SVD for dictionary learning in face recognition[C]//In Proceedings of the IEEE Conference on Computer Vision and Pattern Recognition. San Francisco: IEEE, 2010: 2691 - 2698.
[125] Jiang Z,Lin Z,Davis L S. Label consistent K - SVD:learning a discriminative dictionary for recognition[J]. IEEE Transactions on Pattern Analysis & Machine Intelligence,2013,35(11):2651 - 2664.
[126] 陈思. SAR 图像自动解译中目标识别与场景分析技术的研究[D]. 北京:清华大学,2010.
[127] 魏倩茹. 合成孔径雷达图像特征提取的方法研究[D]. 西安:西安电子科技大学,2016.
[128] 崔宗勇. 合成孔径雷达目标识别理论与关键技术研究[D]. 成都:电子科技大学,2015.
[129] 张倩. SAR 图像质量评估及其目标识别应用[D]. 合肥:中国科学技术大学,2011.
[130] 代大海. 极化雷达成像及目标特征提取研究[D]. 长沙:国防科学技术大学,2008.
[131] 王世晞. 面向 SAR 图像目标分类的关键技术研究[D]. 长沙:国防科学技术大学,2008.
[132] 吴樊,王超,张波,等. SAR 图像船只分类识别研究进展[J]. 遥感技术与应用,2014,29(1):1 - 8.
[133] 张庆君. 卫星极化微波遥感技术[M]. 北京:中国宇航出版社,2015.
[134] 庄钊文. 雷达极化信息处理及其应用[M]. 北京:国防工业出版社,1999.
[135] 王雪松. 宽带极化信息处理的研究[M]. 北京:国防工业出版社,2005.
[136] 李永祯,肖顺平,王雪松. 雷达极化抗干扰技术[M]. 北京:国防工业出版社,2010.
[137] 曾清平. 极化雷达技术与极化信息应用[M]. 北京:国防工业出版社,2006.
[138] 金亚秋,徐丰. 极化散射与 SAR 遥感信息理论与方法[M]. 北京:科学出版社,2008.
[139] 肖顺平,王雪松,代大海,等. 极化雷达成像处理及应用[M]. 北京:科学出版社,2013.
[140] 戴幻尧,王雪松,谢虹,等. 雷达天线的空域极化特性及其应用[M]. 北京:国防工业出版社,2015.
[141] 张红,王超,刘萌,等. 极化 SAR 理论、方法与应用[M]. 北京:科学出版社,2015.
[142] 王超,张红,陈曦,等. 全极化合成孔径雷达图像处理[M]. 北京:科学出版社,2008.

[143] 匡纲要,陈强,等. 极化合成孔径雷达基础理论及其应用[M]. 长沙:国防科技大学出版社,2011.
[144] 郭华东,等. 雷达对地观测理论与应用[M]. 北京:科学出版社,2000.
[145] 付毓生,杨晓波,皮亦鸣,等. 极化雷达图像增强理论[M]. 北京:电子工业出版社,2008.
[146] 董庆,郭华东. 合成孔径雷达海洋遥感[M]. 北京:科学出版社,2005.
[147] 徐小剑. 雷达目标散射特性测量与处理新技术[M]. 北京:国防工业出版社,2017.
[148] 代大海. 数字阵列合成孔径雷达[M]. 北京:国防工业出版社,2017.
[149] 刘涛,崔浩贵,谢凯,等. 极化合成孔径雷达图像解译技术[M]. 北京:国防工业出版社,2017.
[150] 张直中. 机载和星载合成孔径雷达导论[M]. 北京:电子工业出版社,2004.
[151] 王文钦. 多天线合成孔径雷达成像理论与方法[M]. 北京:国防工业出版社,2010.
[152] 种劲松,欧阳越,朱敏慧. 合成孔径雷达图像海洋目标检测[M]. 北京:海洋出版社,2006.
[153] 傅斌,范开国,陈鹏,等. 合成孔径雷达浅海水深遥感探测技术与应用[M]. 北京:海洋出版社,2010.
[154] 仇晓兰,丁赤彪,胡东辉. 双站 SAR 成像处理技术[M]. 北京:科学出版社,2010.
[155] 袁孝康. 星载合成孔径雷达导论[M]. 北京:国防工业出版社,2003.
[156] 魏忠铨,等. 合成孔径雷达卫星[M]. 北京:科学出版社,2001.

第2章

极化雷达的基本理论

2.1 引　言

雷达极化测量技术是获取、处理和分析电磁散射场极化状态的一门学科，雷达极化处理的是极化电磁波的完全矢量特性[1]。目标的极化信息包含在介质的后向散射波中，主要与目标的几何特性如反射率、形状和定向角，以及物理介质特性如湿度、粗糙度等有关。本章先介绍电磁波的极化表述方式，包含波的传播几何结构、Jones 矢量、Stokes 矢量、部分极化波，以及散射波的极化维数；然后介绍目标散射的极化测量，包含若干经典的极化描述算子、不同坐标基散射矩阵的变换、目标极化描述算子之间的等价转换关系，以及目标的极化维数等。

2.2 散射波的极化

2.2.1 极化椭圆

根据麦克斯韦方程组，实电场矢量在无源、线性、均匀、各向同性的电介质中传播可以简化为亥姆霍兹平面电磁波传播方程，其中实电场矢量是随时间、空间变化的正弦曲线函数。沿 z 方向传播电场矢量[1]的解表示为

$$\boldsymbol{E}(z,t)=\begin{bmatrix}E_x\\E_y\\E_z\end{bmatrix}=\begin{bmatrix}E_{0x}\cos(wt-kz-\delta_x)\\E_{0y}\cos(wt-kz-\delta_y)\\0\end{bmatrix}\tag{2-1}$$

式中：x、y、z 为直角坐标系的基；E_{0x} 和 E_{0y} 为空间振幅；δ_x 和 δ_y 分别为平面波在 x 轴和 y 轴的起始相位。去掉时变参数 t 的影响，可以将实电场矢量的传播表示为

$$\left(\frac{E_x}{E_{0x}}\right)^2 - 2\frac{E_x E_y}{E_{0x}E_{0y}}\cos\delta + \left(\frac{E_y}{E_{0y}}\right)^2 = \sin^2\delta \tag{2-2}$$

式中：$\delta = \delta_y - \delta_x$。在垂直于传播方向的平面内，电场矢量随着时间的变化沿此椭圆轨迹运动，式(2-2)就是极化椭圆方程，用以描述波的极化。当 $\delta = m\pi$ 时（m 是整数），电场矢量描述了一个线极化波；当 $\delta = m\pi/2$（m 是奇数）并且 $E_{0x} = E_{0y}$ 时，该电场矢量描述了一个圆极化波；其他情况下，该电场矢量描述了一个椭圆极化波。极化椭圆的形状如图 2-1 所示，可以利用如下参数描述该极化波传播的几何特征：

$$\alpha = \delta_x;\quad A = \sqrt{E_{0x}^2 + E_{0y}^2};$$

$$\tan 2\phi = 2\frac{E_{0x}E_{0y}}{E_{0x}^2 - E_{0y}^2}\cos\delta;\quad \sin 2\tau = 2\frac{E_{0x}E_{0y}}{E_{0x}^2 + E_{0y}^2}\sin\delta \tag{2-3}$$

式中：α 为绝对相位，通常省略；A 为振幅；ϕ 为椭圆定向角，$\phi \in [-\pi/2\quad \pi/2]$；$\tau$ 为椭圆率，$\tau \in [-\pi/4\quad \pi/4]$，± 号与电磁波的旋转方向有关。

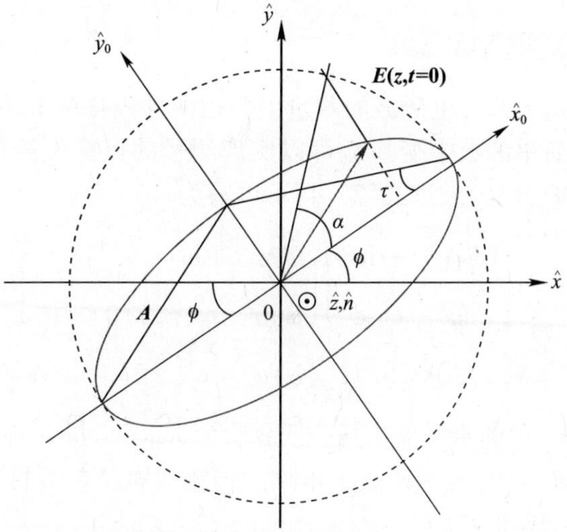

图 2-1　极化椭圆[1]

电磁波沿着 z 轴方向传播，电场矢量在传播平面(x,y)内随时间 t 变化。当 $\delta_y > \delta_x$ 时，若视线沿着波传播方向看去，电场矢量逆时针旋转，即此时是左旋极化波，有 $\tau > 0$；当 $\delta_y < \delta_x$ 时，若视线沿着波传播方向看去，电场矢量顺时针旋转，即此时是右旋极化波，有 $\tau < 0$。

式(2-1)表示的是单色平面波的实电场矢量，可以用复 Jones 矢量描述等价的极化椭圆信息。Jones 矢量可以简单、有效地表示为

$$\boldsymbol{E}=\begin{bmatrix}E_x\\E_y\end{bmatrix}=\begin{bmatrix}E_{0x}\mathrm{e}^{\mathrm{j}\delta_x}\\E_{0y}\mathrm{e}^{\mathrm{j}\delta_y}\end{bmatrix}=A\mathrm{e}^{\mathrm{j}\alpha}\begin{bmatrix}\cos\phi & -\sin\phi\\ \sin\phi & \cos\phi\end{bmatrix}\begin{bmatrix}\cos\tau\\ \mathrm{j}\sin\tau\end{bmatrix} \tag{2-4}$$

在实际雷达测量中,将 x 和 y 坐标系方向分别称为水平极化(h)和垂直极化(v)方向。利用式(2-4)可以表示几种标准电磁波的极化状态,如表 2-1 所示[2],其中 T 表示矩阵的转置。

表 2-1 几种标准极化状态[2]

极化方式	水平极化(h)	垂直极化(v)	+45°线极化	-45°线极化	左旋圆极化	右旋圆极化
Jones 矢量	$[1\quad 0]^{\mathrm{T}}$	$[0\quad 1]^{\mathrm{T}}$	$\frac{1}{\sqrt{2}}[1\quad 1]^{\mathrm{T}}$	$\frac{1}{\sqrt{2}}[-1\quad 1]^{\mathrm{T}}$	$\frac{1}{\sqrt{2}}[1\quad \mathrm{j}]^{\mathrm{T}}$	$\frac{1}{\sqrt{2}}[1\quad -\mathrm{j}]^{\mathrm{T}}$
ϕ	0	$\pi/2$	$\pi/4$	$3\pi/4$	—	—
τ	0	0	0	0	$\pi/4$	$-\pi/4$

2.2.2 极化基的变换

目前极化雷达天线对电磁波的测量主要在两种极化基下进行:线极化基和圆极化基。通过简单的数学变换就可以实现测量的目标矢量在不同坐标基之间的转换。电场的 Jones 矢量式(2-4)可以写为

$$\begin{aligned}\boldsymbol{E}&=A\begin{bmatrix}\cos\phi & -\sin\phi\\ \sin\phi & \cos\phi\end{bmatrix}\begin{bmatrix}\cos\tau & \mathrm{j}\sin\tau\\ \mathrm{j}\sin\tau & \cos\tau\end{bmatrix}\begin{bmatrix}\mathrm{e}^{-\mathrm{j}\alpha} & 0\\ 0 & \mathrm{e}^{\mathrm{j}\alpha}\end{bmatrix}\boldsymbol{u}_h\\&=A\boldsymbol{U}_2(\phi)\boldsymbol{U}_2(\tau)\boldsymbol{U}_2(\alpha)\boldsymbol{u}_h\end{aligned} \tag{2-5}$$

式中:$\boldsymbol{u}_h$ 是表 2-1 中的水平极化基。任意两个 Jones 矢量 $\boldsymbol{E}$ 和$\boldsymbol{E}_\perp$ 正交,需要满足$\langle\boldsymbol{E},\boldsymbol{E}_\perp\rangle=\boldsymbol{E}^{\mathrm{H}}\boldsymbol{E}_\perp=0$,其中 H 表示矩阵的转置共轭。它们的极化波几何形状参数需要满足如下条件:

$$\phi_\perp=\phi+\pi/2;\quad \tau_\perp=-\tau \tag{2-6}$$

可以看出两个正交的 Jones 矢量具有相反的极化旋转方向。因此,Jones 矢量 $\boldsymbol{E}$ 的正交矢量$\boldsymbol{E}_\perp$ 可以表示为

$$\begin{aligned}\boldsymbol{E}_\perp&=A\boldsymbol{U}_2\left(\phi+\frac{\pi}{2}\right)\boldsymbol{U}_2(-\tau)\boldsymbol{U}_2(\alpha)\boldsymbol{u}_h\\&=A\boldsymbol{U}_2(\phi)\boldsymbol{U}_2(\tau)\boldsymbol{U}_2(\alpha)\boldsymbol{u}_v\end{aligned} \tag{2-7}$$

则两组正交 Jones 矢量之间具有如下关系:

$$[\boldsymbol{E} \quad \boldsymbol{E}_{\perp}] = A\boldsymbol{U}_2(\phi)\boldsymbol{U}_2(\tau)\boldsymbol{U}_2(\alpha)[\boldsymbol{u}_h \quad \boldsymbol{u}_v] \tag{2-8}$$

这就是椭圆极化基的转换公式。$\boldsymbol{U}_2(\phi)$、$\boldsymbol{U}_2(\tau)$ 和 $\boldsymbol{U}_2(\alpha)$ 是坐标基的酉转换矩阵，需要满足以下条件，$\boldsymbol{U}_2\boldsymbol{U}_2^{\mathrm{H}} = \boldsymbol{I}_2$ 以及 $\det(\boldsymbol{U}_2) = 1$。在线性极化基$(\boldsymbol{u}_h, \boldsymbol{u}_v)$和圆极化基坐标转换中，对于左旋圆极化基 $[1 \quad \mathrm{j}]^{\mathrm{T}}/\sqrt{2}$，它的正交矢量基为 $[\mathrm{j} \quad 1]^{\mathrm{T}}/\sqrt{2}$，而不是右旋圆极化矢量（表 2-1），这是因为由左旋圆极化和右旋圆极化组成的转换矩阵不满足坐标基酉转换的条件。因此，极化基之间的关系以及 Jones 矢量 $\boldsymbol{E}$ 从线性极化基$(\boldsymbol{u}_h, \boldsymbol{u}_v)$到圆极化基$(\boldsymbol{u}_l, \boldsymbol{u}_{l\perp})$的转换可以表示为[1]

$$\left.\begin{aligned} &[\boldsymbol{u}_l \quad \boldsymbol{u}_{l\perp}] = \frac{1}{\sqrt{2}}\begin{bmatrix} 1 & \mathrm{j} \\ \mathrm{j} & 1 \end{bmatrix}[\boldsymbol{u}_h \quad \boldsymbol{u}_v] \\ &\boldsymbol{E} = E_h\boldsymbol{u}_h + E_v\boldsymbol{u}_v = E_l\boldsymbol{u}_l + E_{l\perp}\boldsymbol{u}_{l\perp} \end{aligned}\right\} \to \begin{bmatrix} E_l \\ E_{l\perp} \end{bmatrix} = \frac{1}{\sqrt{2}}\begin{bmatrix} 1 & -\mathrm{j} \\ -\mathrm{j} & 1 \end{bmatrix}\begin{bmatrix} E_h \\ E_v \end{bmatrix} \tag{2-9}$$

2.2.3 极化波的描述算子

前面介绍了单色平面电磁波的传播几何结构以及复 Jones 矢量的实电场表示方法。若一个雷达系统为了测量散射波的 Jones 矢量，就需要分别记录接收波的幅度和相位。对于相干接收系统，常常利用功率测量的方法检测波的极化状态，这种极化状态表示方法就被称为 Stokes 矢量，由 S. G. Stokes 在 1854 年提出。Stokes 矢量可以用来描述单色平面波（完全极化波）和部分极化波（散射波），下面分别介绍。

1. 单色平面波

对于确定的目标，它们的散射波是相干的。设一个给定的 Jones 矢量如式(2-4)所示，与之等价的极化状态表示为[3]

$$\boldsymbol{g}_E = \begin{bmatrix} g_0 \\ g_1 \\ g_2 \\ g_3 \end{bmatrix} = \begin{bmatrix} |E_x|^2 + |E_y|^2 \\ |E_x|^2 - |E_y|^2 \\ 2\mathrm{Re}(E_x E_y^*) \\ -2\mathrm{Im}(E_x E_y^*) \end{bmatrix} \tag{2-10}$$

式中：$\mathrm{Re}(\cdot)$ 和 $\mathrm{Im}(\cdot)$ 分别表示取复数的实部和虚部；$g_i(i = 0,1,2,3)$ 是实 Stokes 参数。对于完全极化波，有

$$g_0^2 = g_1^2 + g_2^2 + g_3^2 \tag{2-11}$$

式中：g_0 等于平面波散射的总强度（功率）；g_1 等于水平或垂直极化成分的功率；g_2 等于 45°线极化或 135°线极化成分的功率；g_3 等于左旋圆或右旋圆成分的功率。如果$\{g_0, g_1, g_2, g_3\}$中有不等于零的参数，则表明平面波中有与相应

Stokes 参数对应的极化成分。

电场的 Jones 矢量可以用图 2-1 极化椭圆完全表征其极化状态，下面介绍 Stokes 矢量与极化椭圆之间的关系。结合式(2-3)和式(2-10)的表达式，可以将 Stokes 矢量表示为极化椭圆几何参数的形式，即极化椭圆合成孔径 A、极化椭圆定向角 ϕ 和椭圆孔径角 τ 的函数：

$$\boldsymbol{g}_E = \begin{bmatrix} g_0 \\ g_1 \\ g_2 \\ g_3 \end{bmatrix} = A^2 \begin{bmatrix} 1 \\ \cos 2\phi \cos 2\tau \\ \sin 2\phi \cos 2\tau \\ \sin 2\tau \end{bmatrix} \rightarrow \begin{cases} \tan 2\phi = \dfrac{g_2}{g_1} \\ \sin 2\tau = \dfrac{g_3}{g_0} \end{cases} \tag{2-12}$$

这是电磁波极化状态的一般表达式，常常应用在目标极化 signature 描述和最优极化理论中。也可以结合表 2-1 和式(2-10)或式(2-12)，表示出标准极化波的 Stokes 矢量，这里不一一列出。

利用正交的 Jones 矢量参数，即式(2-6)，可以得到与式(2-12)对应的正交 Stokes 矢量形式：

$$\boldsymbol{g}_{E\perp} = A^2 \begin{bmatrix} 1 \\ -\cos 2\phi \cos 2\tau \\ -\sin 2\phi \cos 2\tau \\ -\sin 2\tau \end{bmatrix} \tag{2-13}$$

2. 部分极化波

对于自然地物的随机散射，散射波的电场矢量是部分极化的，即极化椭圆的幅度($|E_x|$,$|E_y|$)和相位 δ 是随时间变化的，出现了非相干散射过程。雷达天线接收的散射场都是部分极化波。为了描述部分极化波的极化信息，需要用到 Jones 矢量 $\boldsymbol{E}$ 的协方差矩阵 $\boldsymbol{J}$，此矩阵是 2×2 的 Hermitian 半正定矩阵，它的定义以及和 Stokes 参数的关系如下：

$$\begin{aligned} \boldsymbol{J} &= \frac{1}{N}\sum_{i=1}^{N} \boldsymbol{E}_i \boldsymbol{E}_i^{\mathrm{H}} = \begin{bmatrix} \langle |E_x|^2 \rangle & \langle E_x E_y^* \rangle \\ \langle E_y E_x^* \rangle & \langle |E_y|^2 \rangle \end{bmatrix} \\ &= \frac{1}{2} \begin{bmatrix} \langle g_0 \rangle + \langle g_1 \rangle & \langle g_2 \rangle - \mathrm{j}\langle g_3 \rangle \\ \langle g_2 \rangle + \mathrm{j}\langle g_3 \rangle & \langle g_0 \rangle - \langle g_1 \rangle \end{bmatrix} \end{aligned} \tag{2-14}$$

对角元素表征了波在两个正交基上的强度信息，非对角元素表征了波两个正交成分之间的相关系数。对此协方差矩阵进行特征值分解，可以得到

$$\boldsymbol{J}=\boldsymbol{U}_2\begin{bmatrix}\lambda_1 & 0\\ 0 & \lambda_2\end{bmatrix}\boldsymbol{U}_2^{\mathrm{H}},\qquad \begin{cases}\lambda_1=0.5\left(\langle g_0\rangle+\sqrt{\langle g_1\rangle^2+\langle g_2\rangle^2+\langle g_3\rangle^2}\right)\\ \lambda_2=0.5\left(\langle g_0\rangle-\sqrt{\langle g_1\rangle^2+\langle g_2\rangle^2+\langle g_3\rangle^2}\right)\end{cases} \tag{2-15}$$

$\boldsymbol{U}_2$中的列向量是正交的特征向量。由此可以定义波的熵，用以描述散射波的统计随机散射混乱程度：

$$H_w=-\sum_{i=1}^{2}p_i\log_2 p_i,\quad p_i=\frac{\lambda_i}{\lambda_1+\lambda_2} \tag{2-16}$$

由于部分极化波出现了非相关叠加，因此有

$$\langle g_0\rangle^2>\langle g_1\rangle^2+\langle g_2\rangle^2+\langle g_3\rangle^2 \tag{2-17}$$

由此式可知，可以将任意部分极化波分解为两个部分相加，即一个完全非极化波（即$\langle g_1\rangle=\langle g_2\rangle=\langle g_3\rangle=0$）和一个完全极化波[满足式(2-11)]的相加。完全极化波的功率和总功率之比被称为散射波的极化度（degree of polarization，DoP）：

$$\mathrm{DoP}=\frac{\sqrt{\langle g_1\rangle^2+\langle g_2\rangle^2+\langle g_3\rangle^2}}{\langle g_0\rangle}=\frac{\lambda_1-\lambda_2}{\lambda_1+\lambda_2}=\left(1-\frac{4\det(\boldsymbol{J})}{\mathrm{tr}^2(\boldsymbol{J})}\right) \tag{2-18}$$

式中：det(·)表示矩阵的行列式；tr(·)表示矩阵的迹。从式(2-18)中可以看出 DoP 表示波的各向异性。极化度是雷达极化中的重要参数，它和散射波熵之间的关系如下：

（1）对于完全极化波，电场矢量的两个元素 E_x 和 E_y 之间完全相关，有

$$\det(\boldsymbol{J})=0\rightarrow\begin{cases}\lambda_1\neq 0\\ \lambda_2=0\end{cases}\rightarrow\begin{cases}\mathrm{DoP}=1\\ H_w=0\end{cases}$$

（2）对于完全非极化波，散射波中不存在极化结构，E_x 和 E_y 之间完全非相关，有

$$\det(\boldsymbol{J})=\frac{\mathrm{tr}^2(\boldsymbol{J})}{4}\rightarrow\lambda_1=\lambda_2\rightarrow\begin{cases}\mathrm{DoP}=0\\ H_w=1\end{cases}$$

（3）对于部分极化波，E_x 和 E_y 之间部分相关，有

$$\begin{cases}\det(\boldsymbol{J})\geqslant 0\\ \lambda_1\neq\lambda_2\geqslant 0\end{cases}\rightarrow\begin{cases}\mathrm{DoP}\in[0\quad 1]\\ H_w\in[0\quad 1]\end{cases}$$

3. 其他参数

由 Stokes 矢量的定义式(2-10)和式(2-12)可以得到关于部分极化波的

其他参数。去极化度(degree of depolarization,DoD)

$$m_{\mathrm{D}} = 1 - \mathrm{DoP}$$

线极化度:

$$m_{\mathrm{L}} = \frac{\sqrt{g_1^2 + g_2^2}}{g_0}$$

圆极化比:

$$u_{\mathrm{C}} = \frac{g_0 - g_3}{g_0 + g_3}$$

线极化比:

$$u_{\mathrm{L}} = \frac{g_0 - g_2}{g_0 + g_2}$$

椭圆率:

$$u_{\mathrm{E}} = \frac{g_3}{g_0}$$

相对相位:

$$\delta = \arctan\left(\frac{g_3}{g_2}\right)$$

2.2.4 波的极化维度

对于单色平面波(完全极化波),本节首先介绍了它的复 Jones 矢量表示方法,以及与之对应的实 Stokes 矢量。平面波的极化状态可以完全由 3 个互相独立的参数描述:

$$\{E_{0x} \quad E_{0y} \quad \delta\}, \{A \quad \phi \quad \tau\}, \{g_1 \quad g_2 \quad g_3\}$$

因此,单色平面波的极化维度是 3。

对于部分极化波,可以利用 Jones 矢量的协方差矩阵或 Stokes 矢量描述其极化状态。此时波由 4 个相互独立的参数完全描述:

$$\{\langle |E_x|^2\rangle \quad \langle E_x E_y^*\rangle \quad \langle E_y E_x^*\rangle \quad \langle |E_y|^2\rangle\}, \{g_0 \quad g_1 \quad g_2 \quad g_3\}$$

因此,部分极化波的极化维度是 4。

2.3 目标的极化测量

2.3.1 散射矩阵

前面讲述了电磁波的表示方法,本节介绍雷达的正交极化测量。雷达发射一个电磁波脉冲,被目标反射后一部分能量被雷达重新接收,接收的功率被称为雷达横截面积(radar cross section,RCS)。雷达发射一个单色平面波,该入射波遇到一个特定的目标与之交互作用,一部分入射波的能量被目标吸收,其余的部分形成一个新的电磁波被反射,此过程叫作目标的变极化效应。因此,散射波与入射波有很大的不同。利用电磁波的这种矢量特性(即极化)的变化对目标进行描述,这就是极化测量。所测量的目标散射系数与以下因素有关:

(1) 成像系统。

① 波的频率;

② 波的极化方式;

③ 雷达成像的几何参数,如入射场的方向和散射场的方向。

(2) 目标特性。

① 目标的几何结构;

② 介质的介电特性。

前面已经介绍了波的 Jones 矢量表示方法,设入射和反射电场分别为 $\vec{E}_i$ 和 $\vec{E}_s$,则根据电磁场理论,特定目标的散射过程可以用如下方程描述:

$$\boldsymbol{E}_s = \frac{\mathrm{e}^{-\mathrm{j}kr}}{r}\boldsymbol{S}_{(\perp,\parallel)}\boldsymbol{E}_i = \frac{\mathrm{e}^{-\mathrm{j}kr}}{r}\begin{bmatrix} S_{\perp\perp} & S_{\perp\parallel} \\ S_{\parallel\perp} & S_{\parallel\parallel} \end{bmatrix}\boldsymbol{E}_i \tag{2-19}$$

式中:$\boldsymbol{S}_{(\perp,\parallel)}$ 被称为目标的散射矩阵,即 Sinclair 矩阵。对角线上的元素被称为共极化通道散射系数,非对角线元素被称为交叉极化通道散射系数。散射系数的强度与 RCS 相差一个比例常数。$\mathrm{e}^{-\mathrm{j}kr}/r$ 为波的传播复常数,是雷达和目标距离的函数,在实际散射矩阵分析中省去。$(\perp,\parallel)$表示两种正交的极化方式,即散射矩阵$\boldsymbol{S}_{(\perp,\parallel)}$的参考坐标系。由于电磁波的矢量性(即 Jones 矢量的表达依赖于极化基的选择),因此需要在特定的参考坐标系中描述目标的散射过程。注意式(2-19),去掉绝对相位的影响,目标的散射矩阵由 7 个独立的参数决定。

对散射坐标系的约定主要有两种:前向散射对准约定(forward scattering alignment convention,FSA)和后向散射对准约定(backward scattering alignment convention,BSA)。根据右手螺旋准则,如果接收天线的 $\vec{z}$ 轴方向(即垂直于波传播平面的方向)与波的传播方向一致,则被称为 FSA 惯例。FSA 极化坐标系常常应用在双站情况下,即接收天线和发射天线的空间位置不同。如果接收天线的 $\vec{z}$ 轴方向和散射波传播方向相反,则被称为 BSA 惯例。在单站雷达情况下,也被称为"后向散射"结构,指雷达发射天线和接收天线的空间位置相同,BSA 约定下的两个天线坐标系是一致的。因此,单站后向散射约定常常应用在雷达极化体系框架中,即采用 BSA 约定描述目标的散射过程。本章中的内容是

以 BSA 结构为理论基础和应用背景的。在此结构中,常常假设目标满足散射互易性准则,即

$$S_{\perp\parallel}=S_{\parallel\perp} \tag{2-20}$$

目前极化系统常常采用线极化方式$(\vec{h},\vec{v})$发射和接收电磁波对目标进行测量。设$\vec{h}\times\vec{v}=\vec{z}$,$\vec{h}$代表水平极化基,指向雷达系统的飞行方向;电磁波的入射方向(即天线的$\vec{z}$轴方向)由雷达指向目标;$\vec{v}$代表垂直极化基,其方向由$\vec{z}\times\vec{h}=\vec{v}$确定。所以,由式(2-19),单站雷达散射互易条件下目标的后向散射矩阵线极化基表达方式为

$$\boldsymbol{S}=\begin{bmatrix} S_{\mathrm{HH}} & S_{\mathrm{HV}} \\ S_{\mathrm{VH}} & S_{\mathrm{VV}} \end{bmatrix} \tag{2-21}$$

其中,$S_{\mathrm{HV}}=S_{\mathrm{VH}}$,H 和 V 分别表示水平极化和垂直极化。此时,目标的极化维数为 5,即由 3 个幅度值和 2 个相对相位值组成。关于散射矩阵的另外一个重要参数是极化总功率(Span),定义为 4 个通道的功率之和:

$$\mathrm{Span}=\mathrm{tr}(\boldsymbol{S}\boldsymbol{S}^{\mathrm{H}})=|S_{\mathrm{HH}}|^2+2|S_{\mathrm{HV}}|^2+|S_{\mathrm{VV}}|^2 \tag{2-22}$$

需要注意的两点如下:

(1) **S** 与入射波的极化状态无关。

(2) **S** 与雷达频率、成像几何条件、散射体的介电特性有关。

2.3.2 散射矩阵和极化基变换

2.2 节介绍了波的 Jones 矢量在任意正交坐标基下的表达形式,本节介绍散射矩阵 **S** 在不同正交坐标基下的变换。设有两组正交的极化基$(\vec{a},\vec{a}_\perp)$和$(\vec{b},\vec{b}_\perp)$①,两组正交基之间的酉变换矩阵为$\boldsymbol{U}_{(\vec{a},\vec{a}_\perp)\to(\vec{b},\vec{b}_\perp)}$,它们符合式(2-8)中所示的关系。依据式(2-19)考察将 Sinclair 矩阵从$\boldsymbol{S}_{(\vec{a},\vec{a}_\perp)}$到$\boldsymbol{S}_{(\vec{b},\vec{b}_\perp)}$的变换。入射波$\boldsymbol{E}^i$在两个坐标基之间的变换关系为

$$\boldsymbol{E}^i_{(a,\vec{a}_\perp)}=\boldsymbol{U}_{(\vec{a},\vec{a}_\perp)\to(\vec{b},\vec{b}_\perp)}\boldsymbol{E}^i_{(\vec{b},\vec{b}_\perp)}$$

由于散射矩阵是在 BSA 约定下测定的,因此散射波$\boldsymbol{E}_s$在两个坐标基之间的变换关系有

$$(\boldsymbol{E}^s_{(a,\vec{a}_\perp)})^*=\boldsymbol{U}_{(\vec{a},\vec{a}_\perp)\to(\vec{b},\vec{b}_\perp)}(\boldsymbol{E}^s_{(\vec{b},\vec{b}_\perp)})^*$$

结合式(2-19)得到

---

① 入射波平面坐标系。

$$\boldsymbol{E}^s_{(\vec{b},\vec{b}_\perp)} = \boldsymbol{S}_{(\vec{b},\vec{b}_\perp)}\boldsymbol{E}^i_{(\vec{b},\vec{b}_\perp)} \rightarrow \boldsymbol{S}_{(\vec{b},\vec{b}_\perp)} = \boldsymbol{U}^{\mathrm{T}}_{(\vec{a},\vec{a}_\perp)\rightarrow(\vec{b},\vec{b}_\perp)}\boldsymbol{S}_{(a,\vec{a}_\perp)}\boldsymbol{U}_{(\vec{a},\vec{a}_\perp)\rightarrow(\vec{b},\vec{b}_\perp)} \tag{2-23}$$

其中$(\boldsymbol{U}^*_{(\vec{a},\vec{a}_\perp)\rightarrow(\vec{b},\vec{b}_\perp)})^{-1} = \boldsymbol{U}^{\mathrm{T}}_{(\vec{a},\vec{a}_\perp)\rightarrow(\vec{b},\vec{b}_\perp)}$，这就是极化散射矩阵的共相似性变换。结合线极化基$(\vec{h},\vec{v})$和圆极化基$(\vec{l},\vec{l}_\perp)$之间的酉变换关系[式(2-9)]，可以得到散射矩阵在线极化基和圆极化基之间的转换关系[2]：

$$\begin{aligned}\begin{bmatrix} S_{\mathrm{LL}} & S_{\mathrm{LR}} \\ S_{\mathrm{RL}} & S_{\mathrm{RR}} \end{bmatrix} &= \frac{1}{2}\begin{bmatrix} 1 & \mathrm{j} \\ \mathrm{j} & 1 \end{bmatrix}\begin{bmatrix} S_{\mathrm{HH}} & S_{\mathrm{HV}} \\ S_{\mathrm{VH}} & S_{\mathrm{VV}} \end{bmatrix}\begin{bmatrix} 1 & \mathrm{j} \\ \mathrm{j} & 1 \end{bmatrix} \\ &= \frac{1}{2}\begin{bmatrix} S_{\mathrm{HH}} - S_{\mathrm{VV}} + \mathrm{j}2S_{\mathrm{HV}} & \mathrm{j}(S_{\mathrm{HH}} + S_{\mathrm{VV}}) \\ \mathrm{j}(S_{\mathrm{HH}} + S_{\mathrm{VV}}) & S_{\mathrm{VV}} - S_{\mathrm{HH}} + \mathrm{j}2S_{\mathrm{HV}} \end{bmatrix}\end{aligned} \tag{2-24}$$

一般用右旋圆矢量$\vec{\boldsymbol{r}}$代表与左旋圆矢量$\vec{l}$正交的等价极化基，即$\vec{\boldsymbol{r}} \Leftrightarrow \vec{l}_\perp$。L和R分别代表左旋圆极化和等价的右旋圆极化方式。极化总功率Span在坐标基变换中具有旋转不变性，不随着坐标基的变化而改变，即$\mathrm{Span}(\boldsymbol{S}_{(\vec{a},\vec{a}_\perp)}) = \mathrm{Span}(\boldsymbol{S}_{(\vec{b},\vec{b}_\perp)})$。

2.3.3 极化 signature

式(2-23)介绍了散射矩阵$\boldsymbol{S}$在不同正交坐标基之间的变换情况，本节主要介绍散射矩阵在所有可能极化基空间中的特征描述。一般来讲，散射矩阵$\boldsymbol{S}$可以看成电场极化状态的空间转换矩阵，散射场由入射场$\vec{A}$确定，散射场被极化天线$\vec{B}$接收所得到的功率可以描述目标在一对极化状态$(\vec{A},\vec{B})$下的特征。目标在所有可能极化基空间中的功率变化特征被称为极化 signature[4-5]。设$\vec{A}$和$\vec{B}$是任意的入射天线和接收天线极化状态的 Jones 矢量，则对于散射体$\boldsymbol{S}$，雷达天线的接收功率表示为

$$P_{(\vec{A},\vec{B})} = |\vec{B}^{\mathrm{T}}\boldsymbol{S}\vec{A}|^2 \tag{2-25}$$

关于雷达天线的接收功率主要有三种情况：

(1)发射天线和接收天线的极化状态任意，$\vec{B} \neq \vec{A}$；

(2)共极化收发方式，即发射天线和接收天线的极化状态相同，$\vec{B} = \vec{A}$；

(3)交叉极化收发方式，即发射天线和接收天线的极化状态相互垂直，$\vec{B} = \vec{A}_\perp$。

由式(2-5)和式(2-6)可知，不断改变极化椭圆的形状(ϕ,τ)就可以分别得到共极化和交叉极化情况下的极化 signature，即雷达接收功率$P_{(\phi,\tau)}$。其中，

椭圆定向角为 $\phi \in [-\pi/2 \quad \pi/2]$，椭圆孔径为 $\tau \in [-\pi/4 \quad \pi/4]$。

Stokes 矢量和 Jones 矢量一一对应，且对极化椭圆的描述更为直观。设 $\boldsymbol{g}$ 和 $\boldsymbol{h}$ 是 $\vec{A}$ 和 $\vec{B}$ 的 Stokes 矢量，则式(2-25)雷达的接收功率可以写为

$$P(\phi,\tau) = \frac{1}{2}\boldsymbol{h}(\phi,\tau)^{\mathrm{T}}\boldsymbol{K}\boldsymbol{g}(\phi,\tau) \tag{2-26}$$

式中：$\boldsymbol{K}$ 为 Kennaugh 矩阵，它与散射矩阵 $\boldsymbol{S}$ 之间的关系可以用 Huynen 参数 $\{A_0, B_0, B, C, H, F, G, G, D\}$ 描述：

$$\boldsymbol{K} = \begin{bmatrix} A_0 + B_0 & C & H & F \\ C & A_0 + B & E & G \\ H & E & A_0 - B & D \\ F & G & D & -A_0 + B_0 \end{bmatrix} \tag{2-27}$$

其中，

$$A_0 = \frac{1}{4}|S_{\mathrm{HH}} + S_{\mathrm{VV}}|^2$$

$$B_0 = \frac{1}{4}|S_{\mathrm{HH}} - S_{\mathrm{VV}}|^2 + |S_{\mathrm{HV}}|^2 \quad B = \frac{1}{4}|S_{\mathrm{HH}} - S_{\mathrm{VV}}|^2 - |S_{\mathrm{HV}}|^2$$

$$C = \frac{|S_{\mathrm{HH}}|^2 - |S_{\mathrm{VV}}|^2}{2} \quad D = \mathrm{Im}\{S_{\mathrm{HH}}S_{\mathrm{VV}}^*\}$$

$$E = \mathrm{Re}\{S_{\mathrm{HV}}^*(S_{\mathrm{HH}} - S_{\mathrm{VV}})\} \quad F = \mathrm{Im}\{S_{\mathrm{HV}}^*(S_{\mathrm{HH}} - S_{\mathrm{VV}})\}$$

$$G = \mathrm{Im}\{S_{\mathrm{HV}}^*(S_{\mathrm{HH}} + S_{\mathrm{VV}})\} \quad H = \mathrm{Re}\{S_{\mathrm{HV}}^*(S_{\mathrm{HH}} + S_{\mathrm{VV}})\}$$

在共极化 signature 情况下，有

$$\boldsymbol{h}(\varepsilon,\tau) = \boldsymbol{g}(\varepsilon,\tau) = [1 \quad \cos2\phi\cos2\tau \quad \sin2\phi\cos2\tau \quad \sin2\tau]^{\mathrm{T}}$$

在交叉极化 signature 情况下，有

$$\boldsymbol{g}(\varepsilon,\tau) = [1 \quad \cos2\phi\cos2\tau \quad \sin2\phi\cos2\tau \quad \sin2\tau]^{\mathrm{T}}$$

$$\boldsymbol{h}(\varepsilon,\tau) = [1 \quad -\cos2\phi\cos2\tau \quad -\sin2\phi\cos2\tau \quad -\sin2\tau]^{\mathrm{T}}$$

对后向散射功率 signature 的描述方法有三种，如图 2-2 所示，分别是在直角坐标系中描述、在极坐标系中描述，以及在合成极坐标系中的描述。其中第三种描述方法结合了前两种方法的优点，对散射矩阵的极化特性可视性和可读性更强。第一种描述方法是将极化功率映射到一个长方形区域，可以用共极化 signature 或交叉极化 signature 两种收发结构进行描述，此种方法的优点是它可以很容易地区分出左旋极化和右旋极化。第二种描述方法是在极坐标系中按照电场的旋转方向描述功率 signature，此种方法描述波的极化椭圆更为自然，但不能区分目标的左旋/右旋极性。第三种描述方法在同一个极坐标的右半部分

描述右旋圆接收极化功率，在极坐标左半部分描述左旋圆接收极化功率，可以在同一张图上描述所有的极化状态和目标的左旋/右旋敏感性。

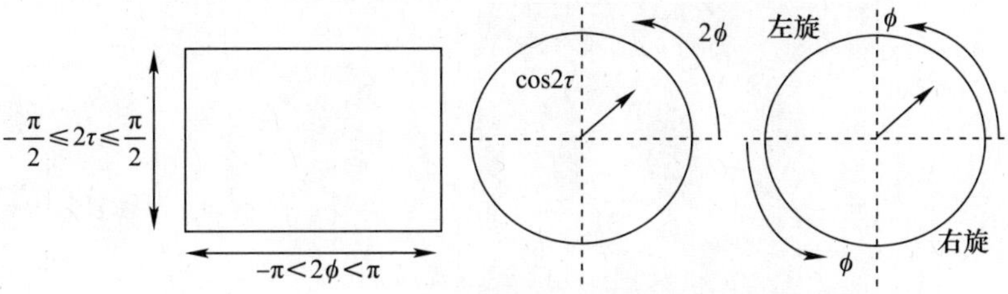

图 2-2　极化 signature 映射方法[4-6]

实际散射体由于复杂的几何结构和反射特性，其散射机理比较复杂，因此对其散射特性的描述比较困难。一种通用的解决方法是将散射过程分解为几种标准的散射机制进而对目标进行特征描述。表 2-2 列举了几种标准散射体的散射矩阵在$(\vec{h},\vec{v})$极化基下的表示方式，同时给出了图 2-2 中对应的共极化 signature 描述。

前三个矩阵是极化散射矩阵的 Pauli 基，分别对应于三面角散射体、二面角散射体及 45°旋转二面角散射体；第四和第五个矩阵分别对应于右旋螺旋体和左旋螺旋体；第六、第七和第八个矩阵分别对应于水平偶极子、垂直偶极子和 45°旋转偶极子。从表 2-2 中可以看出，二面角散射体与旋转角有关而独立于左旋/右旋极化方式；螺旋体对波的左旋/右旋极性敏感；第三列的表达方式可以同时显示目标的旋转特性以及对左旋/右旋极化的偏好。

表 2-2　标准 Sinclair 矩阵及共极化 signature 描述

$\begin{bmatrix}1 & 0\\0 & 1\end{bmatrix}$	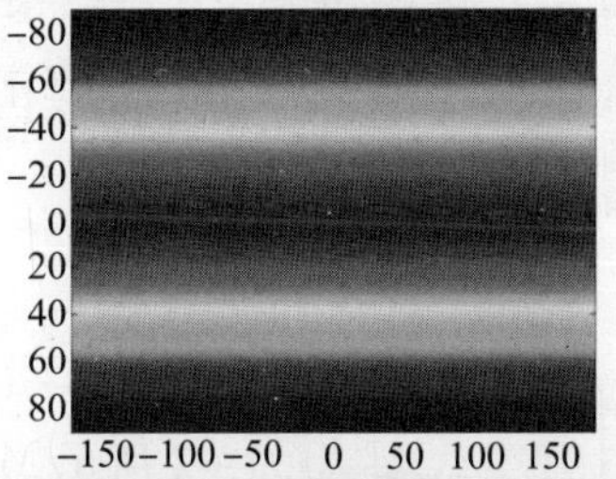	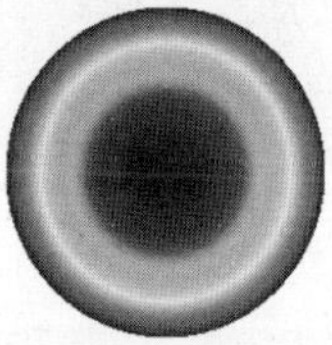	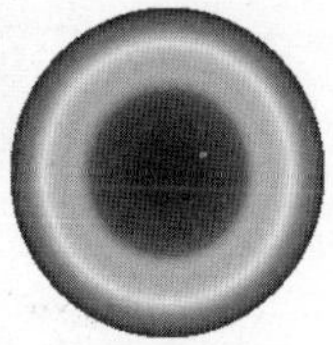
$\begin{bmatrix}1 & 0\\0 & -1\end{bmatrix}$	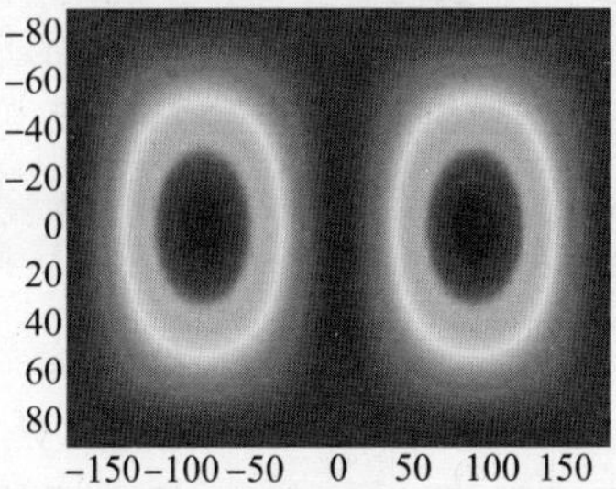	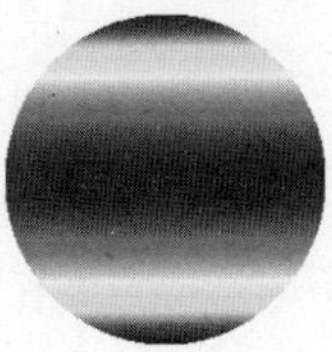	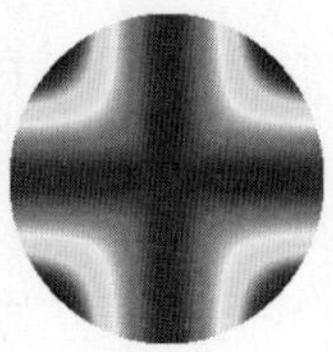

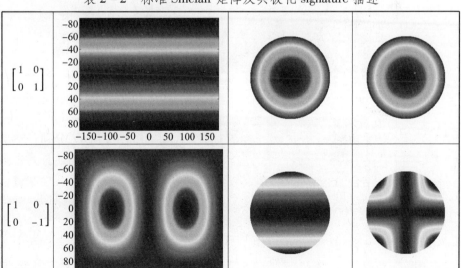

续表

<table>
<tr><td>$\begin{bmatrix}0 & 1\\1 & 0\end{bmatrix}$</td><td>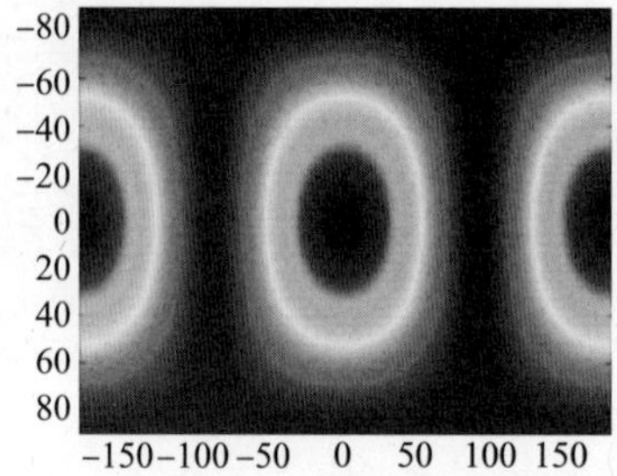
</td><td></td><td>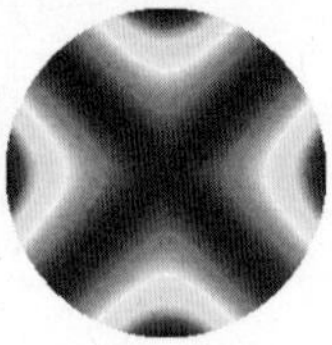</td></tr>
<tr><td>$\begin{bmatrix}1 & -j\\-j & -1\end{bmatrix}$</td><td>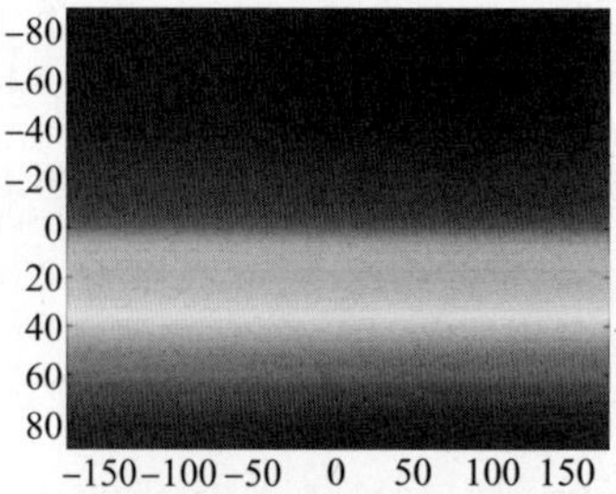
</td><td>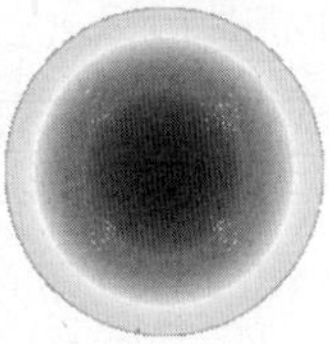</td><td>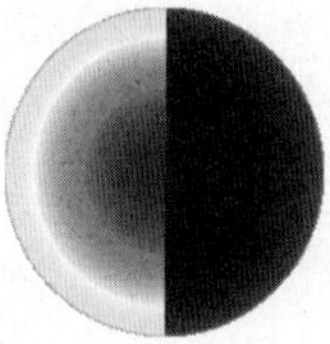</td></tr>
<tr><td>$\begin{bmatrix}1 & j\\j & -1\end{bmatrix}$</td><td>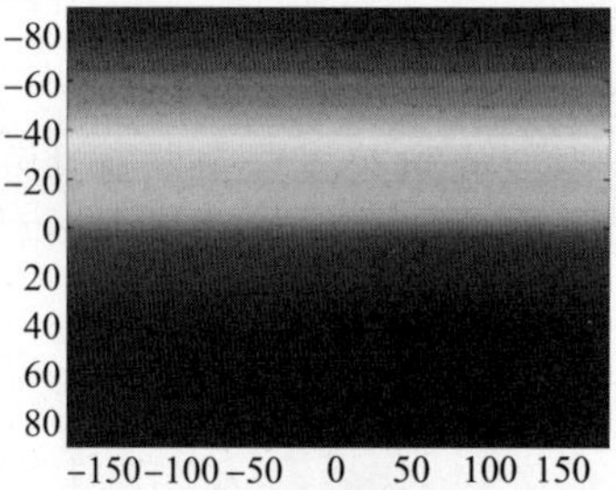
</td><td>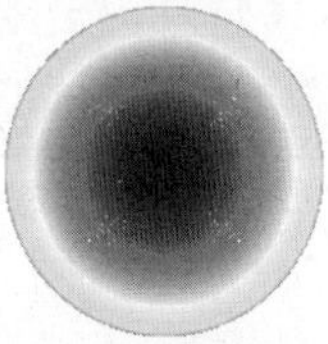</td><td>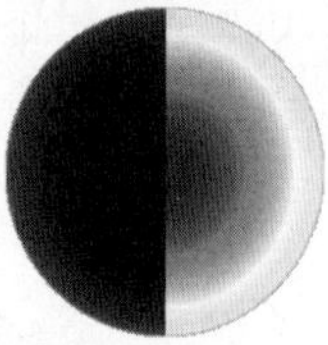</td></tr>
<tr><td>$\begin{bmatrix}1 & 0\\0 & 0\end{bmatrix}$</td><td>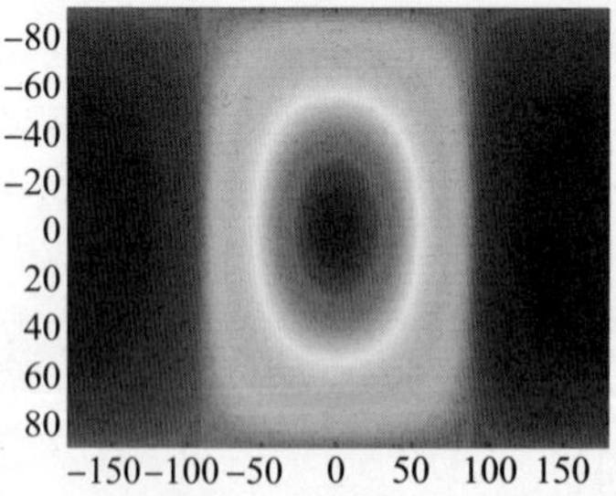
</td><td></td><td></td></tr>
</table>

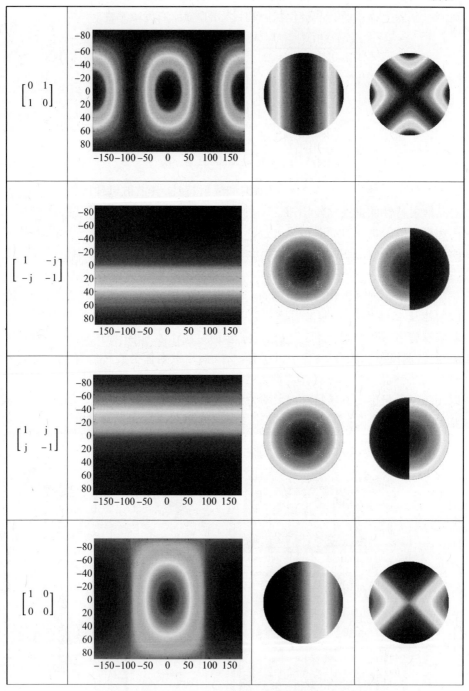

续表

$\begin{bmatrix}0 & 0\\0 & 1\end{bmatrix}$	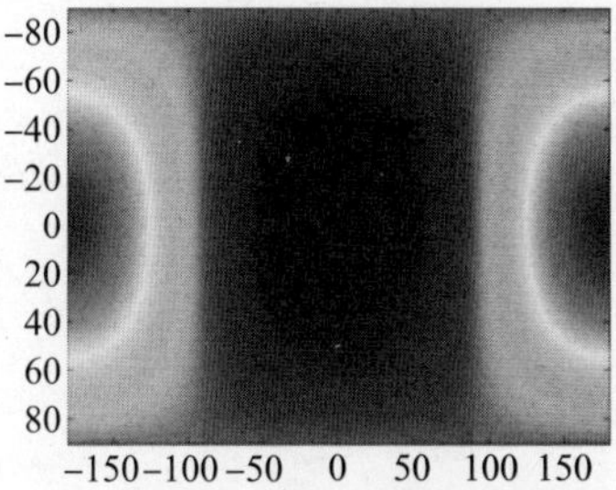	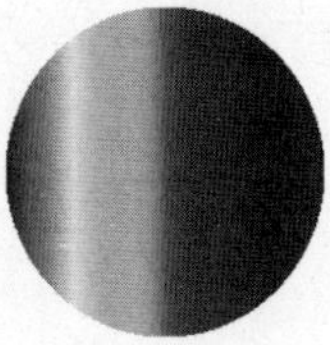	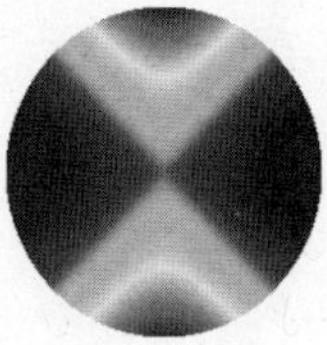
$\begin{bmatrix}1 & -1\\-1 & -1\end{bmatrix}$	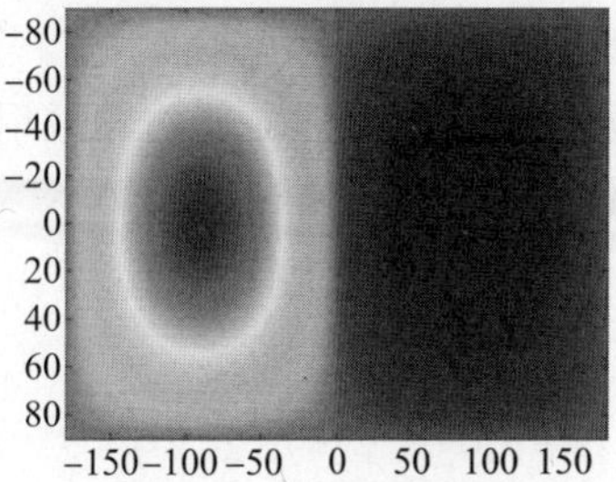		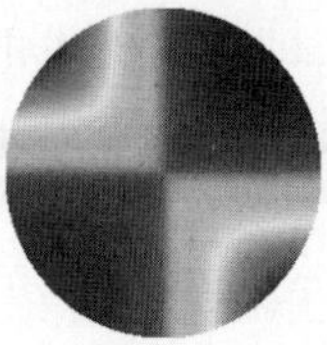

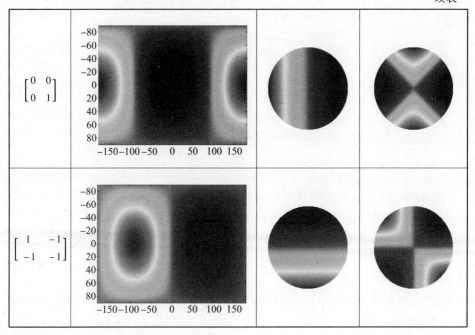

2.3.4 目标的极化描述算子

极化 signature 实际展示了散射矩阵 $\boldsymbol{S}$ 在不同坐标基变换下共极化和交叉极化通道的强度信息。本节利用散射矢量的方法对散射矩阵进行描述[7]。将线极化基下的目标散射矩阵 $\boldsymbol{S}$ 在一组标准正交矩阵 $\{\boldsymbol{S}_1,\boldsymbol{S}_2,\boldsymbol{S}_3\}$ 下分解，就可以得到散射矢量 $\boldsymbol{k}$：

$$\boldsymbol{S}=k_1\boldsymbol{S}_1+k_2\boldsymbol{S}_2+k_3\boldsymbol{S}_3\rightarrow\boldsymbol{k}=[k_1\ k_2\ k_3]^{\mathrm{T}},\quad k_i=\mathrm{tr}(\boldsymbol{S}\boldsymbol{S}_i) \tag{2-28}$$

散射矢量 $\boldsymbol{k}$ 的 Frobenius 范数就是极化总功率 Span。Span 在椭圆坐标基变换以及散射矩阵向量化过程中具有不变性，即 $\mathrm{Span}(\boldsymbol{S})=\boldsymbol{k}^{\mathrm{H}}\boldsymbol{k}$。有两组标准的正交矩阵基，如式(2－29)所示。第一组基直接与雷达天线的测量物理量有关，得到的散射向量 $\boldsymbol{k}_l$ 被称为 Lexicographic 矢量；第二组基与标准散射体的物理散射机制有关，被称为 Pauli 基，由此得到 Pauli 矢量 $\boldsymbol{k}_p$。

$$\left\{\begin{bmatrix}1 & 0\\0 & 0\end{bmatrix},\ \frac{1}{\sqrt{2}}\begin{bmatrix}0 & 1\\1 & 0\end{bmatrix},\ \begin{bmatrix}0 & 0\\0 & 1\end{bmatrix}\right\}\Rightarrow\boldsymbol{k}_l=[S_{\mathrm{HH}}\quad\sqrt{2}S_{\mathrm{HV}}\quad S_{\mathrm{VV}}]^{\mathrm{T}}$$

$$\frac{1}{\sqrt{2}}\left\{\begin{bmatrix}1 & 0\\0 & 1\end{bmatrix},\ \begin{bmatrix}1 & 0\\0 & -1\end{bmatrix},\ \begin{bmatrix}0 & 1\\1 & 0\end{bmatrix}\right\}\Rightarrow\boldsymbol{k}_p=\left[\frac{S_{\mathrm{HH}}+S_{\mathrm{VV}}}{\sqrt{2}}\quad\frac{S_{\mathrm{HH}}-S_{\mathrm{VV}}}{\sqrt{2}}\quad\sqrt{2}S_{\mathrm{HV}}\right]^{\mathrm{T}} \tag{2-29}$$

Pauli 矢量和 Lexicographic 矢量之间的关系可以通过酉变换矩阵 $\boldsymbol{U}_3$ 实现,即

$$\boldsymbol{k}_p=\boldsymbol{U}_3\boldsymbol{k}_l \quad 或 \quad \boldsymbol{k}_l=(\boldsymbol{U}_3)^{-1}\boldsymbol{k}_p=(\boldsymbol{U}_3)^{\mathrm{T}}\boldsymbol{k}_p \tag{2-30}$$

其中,

$$\boldsymbol{U}_3=\frac{1}{\sqrt{2}}\begin{bmatrix}1 & 0 & 1\\ 1 & 0 & -1\\ 0 & \sqrt{2} & 0\end{bmatrix}$$

散射体由于其复杂的物理结构以及反射特性,其后向散射过程是部分极化的,即由随机非相干叠加而产生的去极化效应。对于确定性的散射目标(简单独立点目标,也被称为相干目标),其散射过程可以由散射矩阵 $\boldsymbol{S}$ 完全描述;对于部分极化的散射体(即分布式目标),需要用二阶统计量描述其散射过程,以及去极化性质。

由 Pauli 矢量和 Lexicographic 矢量得到的 3×3 矩阵分别被称为极化相干矩阵 $\boldsymbol{T}$ 和极化相关矩阵 $\boldsymbol{C}$,其定义见式(2-31)。因为 $\boldsymbol{k}_p$ 和 $\boldsymbol{k}_l$ 之间的酉变换,所以 $\boldsymbol{T}$ 和 $\boldsymbol{C}$ 之间也可以利用酉矩阵 $\boldsymbol{U}_3$ 进行转换,如式(2-31)所示。

$$\left.\begin{aligned}\boldsymbol{T}&=\frac{1}{N}\sum_{i=1}^{N}(\boldsymbol{k}_p)_i(\boldsymbol{k}_p)_i^{\mathrm{H}}=\langle\boldsymbol{k}_p\boldsymbol{k}_p^{\mathrm{H}}\rangle\\ \boldsymbol{C}&=\frac{1}{N}\sum_{i=1}^{N}(\boldsymbol{k}_l)_i(\boldsymbol{k}_l)_i^{\mathrm{H}}=\langle\boldsymbol{k}_l\boldsymbol{k}_l^{\mathrm{H}}\rangle\end{aligned}\right\}\rightarrow\boldsymbol{T}=\boldsymbol{U}_3\boldsymbol{C}\boldsymbol{U}_3^{\mathrm{H}} \tag{2-31}$$

散射相干矩阵 $\boldsymbol{T}$ 直接与物理散射机制相关,其对角线上的三个元素依次表示一次散射分量、二次散射分量,以及旋转二面角散射分量。$\boldsymbol{T}$ 对散射机理的解释更为直观,而 $\boldsymbol{C}$ 直接与雷达观测值有关。另外,$\boldsymbol{T}$ 直接与 Kennaugh 矩阵和 Huynen 参数有关(式(2-27)),$\boldsymbol{T}$ 矩阵的 Huynen 参数表示方法为

$$\boldsymbol{T}=\begin{bmatrix}T_{11} & T_{12} & T_{13}\\ T_{12}^* & T_{22} & T_{23}\\ T_{13}^* & T_{23}^* & T_{33}\end{bmatrix}=\begin{bmatrix}2A_0 & C-\mathrm{j}D & H+\mathrm{j}G\\ C+\mathrm{j}D & B_0+B & E+\mathrm{j}F\\ H-\mathrm{j}G & E-\mathrm{j}F & B_0-B\end{bmatrix} \tag{2-32}$$

Huynen 参数直接描述了雷达目标的各种物理特性和目标结构信息[2]。考虑散射相干矩阵 $\boldsymbol{T}$ 秩为 1 的情况,即 $\boldsymbol{T}=\langle\boldsymbol{k}_p\boldsymbol{k}_p^{\mathrm{H}}\rangle$,则用 Huynen 参数描述的Pauli 矢量为

$$\boldsymbol{k}_p = \mathrm{e}^{\mathrm{j}\varphi}\begin{bmatrix} \sqrt{2A_0} \\ \sqrt{B_0 + B}\,\mathrm{e}^{-\mathrm{j}\arctan\left(\frac{D}{C}\right)} \\ \sqrt{B_0 - B}\,\mathrm{e}^{\mathrm{j}\arctan\left(\frac{G}{H}\right)} \end{bmatrix},\quad \varphi = \arg(S_{\mathrm{HH}} + S_{\mathrm{VV}}) \tag{2-33}$$

此 Pauli 矢量常常被应用在目标非相干分解(ICTD)中解释目标的散射机理。

2.3.5 目标散射矩阵的旋转

在 2.2.2 节和 2.3.2 节分别介绍了波的 Jones 矢量和目标的 Sinclair 矩阵在椭圆坐标基下的变换公式。若仅考虑椭圆极化基的旋转,就可得到目标在入射平面(即与雷达波入射方向垂直的平面)内旋转的散射矩阵。依照图 2-1 中极化波的矢量,当目标沿着雷达视线方向逆时针旋转时,相当于极化椭圆顺时针旋转,即对目标测量的正交极化基发生了变换。结合式(2-5)和式(2-23),仅改变极化椭圆的旋转角 ϕ,可以得到目标绕着雷达视线方向逆时针旋转 θ 角度的散射矩阵,此时 $\theta = -\phi$,有如下关系:

$$\boldsymbol{S}(\theta) = \begin{bmatrix} \cos\theta & -\sin\theta \\ \sin\theta & \cos\theta \end{bmatrix} \boldsymbol{S} \begin{bmatrix} \cos\theta & \sin\theta \\ -\sin\theta & \cos\theta \end{bmatrix} \tag{2-34}$$

对应于散射相干矩阵 $\boldsymbol{T}$,同样具有类似的酉变换关系:

$$\boldsymbol{T}(\theta) = \boldsymbol{Q}(2\theta)\boldsymbol{T}\boldsymbol{Q}(2\theta)^{\mathrm{T}} \tag{2-35}$$

其中,

$$\boldsymbol{Q}(2\theta) = \begin{bmatrix} 1 & 0 & 0 \\ 0 & \cos 2\theta & -\sin 2\theta \\ 0 & \sin 2\theta & \cos 2\theta \end{bmatrix}$$

利用 Huynen 参数表示目标的定向角旋转[8],可以得到

$$\begin{gathered}
\begin{bmatrix} A_0(\theta) \\ B_0(\theta) \\ F(\theta) \end{bmatrix} = \begin{bmatrix} 1 & 0 & 0 \\ 0 & 1 & 0 \\ 0 & 0 & 1 \end{bmatrix} \begin{bmatrix} A_0 \\ B_0 \\ F \end{bmatrix} \\
\begin{bmatrix} B(\theta) \\ E(\theta) \end{bmatrix} = \begin{bmatrix} \cos 4\theta & -\sin 4\theta \\ \sin 4\theta & \cos 4\theta \end{bmatrix} \begin{bmatrix} B \\ E \end{bmatrix} \\
\begin{bmatrix} C(\theta) \\ H(\theta) \end{bmatrix} = \begin{bmatrix} \cos 2\theta & -\sin 2\theta \\ \sin 2\theta & \cos 2\theta \end{bmatrix} \begin{bmatrix} C \\ H \end{bmatrix} \\
\begin{bmatrix} G(\theta) \\ D(\theta) \end{bmatrix} = \begin{bmatrix} \cos 2\theta & -\sin 2\theta \\ \sin 2\theta & \cos 2\theta \end{bmatrix} \begin{bmatrix} G \\ D \end{bmatrix}
\end{gathered} \tag{2-36}$$

式中：θ 为目标绕着雷达视线逆时针旋转的角度。从中可以看出，$\{A_0, B_0, F\}$ 具有旋转不变性。Huynen 参数不依赖于散射模型，对目标的物理性质可以进行一般性的解释，如下：

(1) A_0：目标的对称性，反映了从散射体的规则、平滑、凸部分的散射功率。

(2) B_0+B：目标的对称性或非规则部分的功率。

(3) B_0-B：目标的非对称性结构或去极化功率。

(4) C：目标整体的线性结构，对称结构成分。

(5) D：目标局部曲线结构，对称结构成分。

(6) E：目标局部扭矩或旋转，非对称结构成分。

(7) F：目标整体扭矩或螺旋性，非对称结构成分。

(8) G：目标局部耦合，对称结构和非对称结构的相关性。

(9) H：目标整体耦合，对称结构和非对称结构的相关性。

其中，依据文献[9]中的定义，对称目标是指在电磁波入射平面内，目标关于经过雷达视线的某一平面对称，则称为此目标具有对称性，如图 2－3 所示。对称目标的另一种定义是其散射矩阵 $\boldsymbol{S}$ 在绕着雷达视线方向旋转后可以实现对角化[10-11]。见表 2－2 中的各种标准散射矩阵的极化 signature，从第三种signature表达方式中可以看出，除了左螺旋体和右螺旋体之外，其他标准散射体都可以旋转一定的角度之后（旋转角小于等于 π）与原特征图像重合，因此是对称目标。

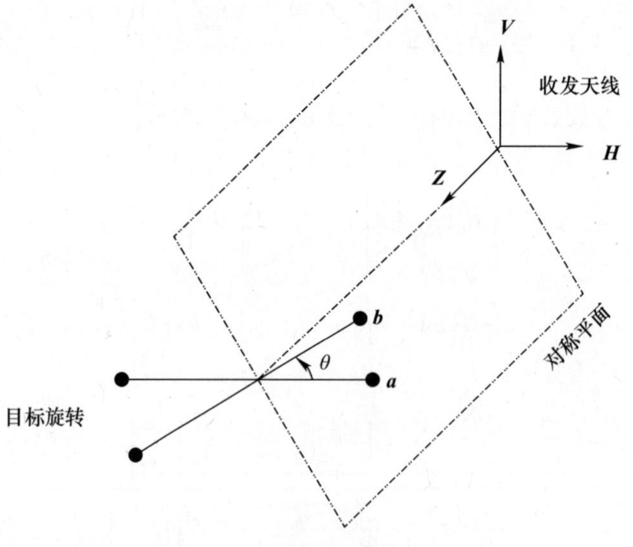

图 2－3 目标的对称结构

2.3.6 目标的极化维度

本节介绍的关于目标极化测量的基本理论都是以单站 BSA 成像结构为基础的。对于散射相干目标,极化特性可以由散射矩阵 $\boldsymbol{S}$ 描述,此时目标的极化维度为 5,或用与 $\boldsymbol{S}$ 对应的 Kennaugh 矩阵、秩为 1 的 $\boldsymbol{T}$ 矩阵或者秩为 1 的 $\boldsymbol{C}$ 矩阵描述目标的散射特性,因为此三个矩阵都可以由 9 个 Huynen 参数完全描述,所以对于相干散射体,可以得到 4 个关于目标结构的方程。对于自然分布式目标,其极化维度为 9,与 Huynen 参数一一对应。

2.4 小　结

本章介绍了雷达极化以及极化测量的基本理论,从散射波的极化到目标散射表征的各种极化矩阵表达方式以及极化基的变换,这些基本理论构成了雷达极化的研究基础。

参 考 文 献

[1] Pottier E. SAR polarimetry – basic concepts, advanced course on radar polarimetry[C]// Frascati. Italy: ESA – ESRIN, 2011: 17 – 21.

[2] Lee J S, Pottier E. Polarimetric radar imaging: from basics to applications [M]. Los Angeles: CRC Press, 2009.

[3] Yang J. On theoretical problems in radar polarimetry [D]. Niigata: Niigata University, 1999.

[4] Van Zyl, Jakob J, Howard A, et al. Imaging radar polarization signatures: Theory and observation[J]. Radio science, 1987, 22(04): 529 – 543.

[5] Woodhouse I H, Turner D. On the visualization of polarimetric response[J]. International Journal of Remote Sensing, 2003, 24(6): 1377 – 1384.

[6] Cloude S R. Polarisation: applications in remote sensing[M]. USA: Oxford University Press, 2009.

[7] Cloude S R. Radar target decomposition theorems[J]. Electronics Letters, 1985, 21 (1): 22 – 24.

[8] An W, Cui Y, Yang J. Three – component model – based decomposition for polarimetric SAR data[J]. IEEE Transactions on Geoscience and Remote Sensing, 2010, 48(6): 2732 – 2739.

[9] Nghiem S V, Yueh S H, Kwok R, et al. Symmetry properties in polarimetric remote sensing[J]. Radio Science, 1992, 27(5): 693 – 711.

[10] Cameron W L, Youssef N, Leung L K. Simulated polarimetric signatures of primitive geometrical shapes [J]. IEEE Transactions on Geoscience and Remote Sensing, 1996, 34(3): 793 – 803.

[11] Touzi R, Charbonneau F. Characterization of target symmetric scattering using polarimetric SARs[J]. IEEE Transactions on Geoscience and Remote Sensing, 2002, 40: 2057 – 2516.

第3章

目标分解与极化特征提取

在利用极化 SAR 数据进行目标分类和目标识别的研究中,目标极化散射特征的提取是关键的第一步。好的目标散射特征既要具有明确的物理意义,又要具有良好的类别可分离度,从而便于构造与之匹配的分类器。一个好的极化雷达遥感图像分类器是由有效的特征提取以及特征与分类器的相互匹配共同构成的。

关于极化雷达目标散射特性的表示,前人已有不少研究成果。目前在极化雷达遥感目标特性分析中应用的散射特征量主要有目标散射矩阵、散射相关/相干矩阵、极化比、相位差、Krogager 目标分解系数、Cloude 散射熵、散射角、反熵、目标相似性参数、Freeman 目标分解系数、Yamaguchi 目标分解系数、般分解系数等。本章我们将围绕目标极化散射机理及特征提取进行介绍,并且将引入一个重要的概念——稳定分解。

3.1 Huynen 非相干分解及特征参数提取

在各种非相干分解中,Huynen 分解方法[1-3]是一个最基本的方法,它有着明确的物理意义。最初 Huynen 分解是针对地基雷达对空中目标观测时提出的:假如有一个悬在空中的目标,由于目标的震动或螺旋桨运动,在不同的时刻观测到的散射矩阵(假设是窄带极化雷达靠频分同时测量的散射矩阵)或对应的 Kennaugh 矩阵是不一样的,那么是否存在一个平均的散射矩阵来描述该目标? Huynen 的方法是把所有观测到的散射矩阵或者对应的 Kennaugh 矩阵取平均,把平均的 Kennaugh 矩阵分解为两部分:一部分对应一个散射矩阵(除绝对相位),另一部分是剩余项或噪声项。杨健等通过研究发现 Huynen 分解是不稳定的,于是提出了一种稳定分解方法[4-5],但该方法由于计算复杂,杨健等后来又提出了一种简单的稳定分解方法[6]。本节将介绍这些方法,此外还将介绍游彪等提出的一种分解方法[7]。

3.1.1 Huynen 目标特征参数

对于对称 Sinclair 散射矩阵，Kennaugh 矩阵也是对称的。同时，Kennaugh 矩阵也可以用 Huynen 表象学理论表示，见式(2-27)，重写如下：

$$[\boldsymbol{K}]=\begin{bmatrix} A_0+B_0 & C_\psi & H_\psi & F \\ C_\psi & A_0+B_\psi & E_\psi & G_\psi \\ H_\psi & E_\psi & A_0-B_\psi & D_\psi \\ F & G_\psi & D_\psi & -A_0+B_0 \end{bmatrix} \tag{3-1}$$

其中，

$$B_\psi = B\cos4\psi - E\sin4\psi$$
$$E_\psi = E\cos4\psi + B\sin4\psi$$
$$D_\psi = D\cos2\psi + G\sin2\psi$$
$$G_\psi = G\cos2\psi - D\sin2\psi$$
$$C_\psi = C\cos2\psi - H\sin2\psi$$
$$H_\psi = C\sin2\psi + H\cos2\psi$$

式中：ψ 为目标绕雷达视线逆时针旋转的角度。A_0、B_0、B、C、D、E、F 和 G 被称为 Huynen 参数，具体含义如下：

A_0：目标对称性的描述子

$$A_0 = Q_0 f\cos^2 2\tau$$

B_0：目标结构的描述子

$$B_0 = Q_0(1+\cos^2 2\gamma - f\cos^2 2\tau)$$

B_0-B：目标非对称性的描述子

$$B_0 - B = Q_0 f(1-\cos4\tau)$$

B_0+B：目标不规则性的描述子

$$B_0 + B = 2Q_0 f(1+\cos^2 2\gamma - f)$$

C：目标的形状因子

$$C = 2Q_0 f\cos2\tau\cos2\gamma$$

D：目标局部曲率差

$$D = Q_0\sin^2 2\gamma\sin4\nu\cos2\tau$$

E:目标局部扭曲度

$$E = -Q_0\sin^2 2\gamma\sin 4\nu\cos 2\tau$$

F:目标螺旋性

$$F = 2Q_0 f\cos 2\gamma\sin 2\tau$$

G:对称部分和非对称部分之间的相关性

$$G = Q_0 f\sin 4\tau$$

$$Q_0 = \frac{m^2}{8\cos^2\gamma}$$

$$f = 1 - \sin^2 2\gamma\sin^2 2\nu$$

式中:τ 为目标椭圆率;ν 为相对相位;γ 为目标特征角;m 为目标强度。很显然,在对称 Sinclair 散射矩阵情况下,我们有

$$k_{00} = k_{11} + k_{22} + k_{33}$$

应该指出,上述参数是人们最早对目标极化散射特征提取的尝试,因此具有重要的历史意义。当时 Huynen 提出如上参数时使用了 Mueller 矩阵,为了方便,本书中都采用 Kennaugh 矩阵进行描述。Boerner 的课题组[8]曾通过实验验证了 Huynen 的上述目标特征参数对于一些简单的形状是正确的。但是,杨健等曾通过引入目标旋转周期及准周期的概念[9],证明了很多外部形状特征完全不同的雷达目标有可能具有相同的散射矩阵,从而间接证明了 Huynen 的上述特征参数不能用于描述复杂目标形状的特征。

3.1.2 Huynen 分解

假设一个测量的或平均的 Kennaugh 矩阵 $\boldsymbol{K}$ 被分解为两个部分$\boldsymbol{K}_0$和$\boldsymbol{K}_N$,其中$\boldsymbol{K}_0$在不考虑绝对相位的前提下能够对应于一个散射矩阵,通常情况下它与测量矩阵比较接近,$\boldsymbol{K}_N$被称为是剩余项。数学上 Huynen 分解[2-3]表示为

$$\boldsymbol{K} = \boldsymbol{K}_0 + \boldsymbol{K}_N \tag{3-2}$$

其中,

$$\boldsymbol{K}_0 = \begin{bmatrix} A_0 + B_0^s & C & H & F^s \\ C & A_0 + B^s & E^s & G \\ H & E^s & A_0 - B^s & D \\ F^s & G & D & -A_0 + B_0^s \end{bmatrix} \quad \boldsymbol{K}_N = \begin{bmatrix} B_0^n & 0 & 0 & F^n \\ 0 & B^n & E^n & 0 \\ 0 & E^n & -B^n & 0 \\ F^n & 0 & 0 & B_0^n \end{bmatrix}$$

在 Huynen 分解中，首先固定测量矩阵 $\boldsymbol{K}$ 中的A_0、C、H、G 和 D，然后求解下面的方程组得到$\boldsymbol{K}_0$：

$$\begin{aligned} 2A_0(B_0^s + B^s) &= C^2 + D^2 \\ 2A_0(B_0^s - B^s) &= G^2 + H^2 \\ 2A_0E^s &= CH - GD \\ 2A_0F^s &= CG + DH \end{aligned} \tag{3-3}$$

虽然 Huynen 分解在历史上具有重要的地位，但是该分解是不稳定的。例如[4-5]，对于

$$[\boldsymbol{S}]_r = \begin{bmatrix} 1 + \Delta sn_1 & 0.1\mathrm{i} + \Delta sn_2 \\ 0.1\mathrm{i} + \Delta sn_2 & -0.99 + 0.02\mathrm{i} + \Delta sn_3 \end{bmatrix}$$

其中的 $\Delta sn_k\,(k = 1,2,3)$ 服从零均值的复高斯分布，对应的平均 Kennaugh 矩阵为

$$[\overline{\boldsymbol{K}}] = \begin{bmatrix} 1.02025 & 0.00975 & 0.002 & -0.199 \\ 0.00975 & 0.98025 & -0.002 & -0.001 \\ 0.002 & -0.002 & -0.97 & -0.02 \\ -0.199 & -0.001 & -0.02 & 1.01 \end{bmatrix}$$

使用 Huynen 分解方法提取出的$\boldsymbol{K}_0$为

$$[\boldsymbol{K}]_{0H} = \begin{bmatrix} 0.02952 & 0.00975 & 0.002 & -0.00485 \\ 0.00975 & 0.02903 & 0.00005 & -0.001 \\ 0.002 & 0.00005 & -0.01878 & -0.02 \\ -0.00485 & -0.001 & -0.02 & 0.01927 \end{bmatrix}$$

其对应的散射矩阵为

$$[\boldsymbol{S}]_{0H} = \begin{bmatrix} 0.1976 & 0.0049 + 0.0148i \\ 0.0049 + 0.0148i & -0.0963 + 0.1012i \end{bmatrix}$$

这显然不是我们所希望得到的，因此有必要提出稳定的分解方法。

3.1.3 杨分解

由式(3-3)可以看出，当 A_0很小时，(B_0^s, B^s, E^s, F^s) 等参数的求解是不稳定的。换句话说，即使平均的 Kennaugh 矩阵或者测量的 Kennaugh 矩阵有一个很小的误差，也可能导致所求出的解与我们想要的结果有较大的偏差。特别是

当 $A_0=0$ 时，Huynen 的分解方法将无法使用。为此，杨健等[6] 提出了一种稳定的目标分解方法，为更好地理解这个稳定分解方法，我们先介绍如下的一些变换。

首先引入对 $\boldsymbol{S}$ 的一个线性变化，具体如下：

$$\boldsymbol{T}(\boldsymbol{S})=\begin{bmatrix}1 & 0\\ 0 & \mathrm{j}\end{bmatrix}\boldsymbol{S}\begin{bmatrix}1 & 0\\ 0 & \mathrm{j}\end{bmatrix}=\begin{bmatrix}S_{\mathrm{HH}} & \mathrm{j}S_{\mathrm{HV}}\\ \mathrm{j}S_{\mathrm{VH}} & -S_{\mathrm{VV}}\end{bmatrix} \tag{3-4}$$

让 $\boldsymbol{K}(\boldsymbol{S})$ 和 $\boldsymbol{K}(\boldsymbol{T}(\boldsymbol{S}))$ 分别表示 $\boldsymbol{S}$ 和 $\boldsymbol{T}(\boldsymbol{S})$ 所对应的 Kennaugh 矩阵，则二者存在如下关系：

$$\boldsymbol{K}(\boldsymbol{T}(\boldsymbol{S}))=R_1\boldsymbol{K}(\boldsymbol{S})R_1^{-1} \tag{3-5}$$

其中，

$$R_1=\begin{bmatrix}1 & 0 & 0 & 0\\ 0 & 1 & 0 & 0\\ 0 & 0 & 0 & 1\\ 0 & 0 & -1 & 0\end{bmatrix}$$

由于 $\boldsymbol{K}(\boldsymbol{S})$ 的参数 $\boldsymbol{A}_0(\boldsymbol{S})=\langle|\boldsymbol{S}_{\mathrm{HH}}+\boldsymbol{S}_{\mathrm{VV}}|^2\rangle 4$，而 $\boldsymbol{K}(\boldsymbol{T}(\boldsymbol{S}))$ 的参数 $A_0(\boldsymbol{T}(\boldsymbol{S}))=\langle|\boldsymbol{S}_{\mathrm{HH}}-\boldsymbol{S}_{\mathrm{VV}}|\rangle^2/4$。如果 $\langle|\boldsymbol{S}_{\mathrm{HH}}-\boldsymbol{S}_{\mathrm{VV}}|^2\rangle<4\langle|\boldsymbol{S}_{\mathrm{HV}}|\rangle^2$，可以构造一个如下的新矩阵：

$$\boldsymbol{Z}=\begin{bmatrix}\cos(\pi/4) & -\sin(\pi/4)\\ \sin(\pi/4) & \cos(\pi/4)\end{bmatrix}\begin{bmatrix}\boldsymbol{S}_{\mathrm{HH}} & \boldsymbol{S}_{\mathrm{HV}}\\ \boldsymbol{S}_{\mathrm{VH}} & \boldsymbol{S}_{\mathrm{VV}}\end{bmatrix}\begin{bmatrix}\cos(\pi/4) & \sin(\pi/4)\\ -\sin(\pi/4) & \cos(\pi/4)\end{bmatrix} \tag{3-6}$$

$\boldsymbol{Z}$ 矩阵对应的 Kennaugh 矩阵为

$$\boldsymbol{K}(\boldsymbol{Z})=R_2\boldsymbol{K}(\boldsymbol{S})R_2^{-1} \tag{3-7}$$

其中，

$$R_2=\begin{bmatrix}1 & 0 & 0 & 0\\ 0 & 0 & 1 & 0\\ 0 & -1 & 0 & 0\\ 0 & 0 & 0 & 1\end{bmatrix}$$

$A_0(\boldsymbol{S})$ 很小时，如果 $\langle|S_{\mathrm{HH}}|^2\rangle$ 较大，则很容易知道 $A_0(\boldsymbol{T}(\boldsymbol{S}))\gg A_0(\boldsymbol{S})$；而当 $\langle|S_{\mathrm{HH}}|^2\rangle$ 也很小时，$A_0(\boldsymbol{T}(\boldsymbol{Z}))$ 将会远大于 $A_0(\boldsymbol{S})$。

稳定 Huynen 分解的具体方法如图 3-1 所示。如果 $A_0(\boldsymbol{S})$ 比 Kennaugh 矩阵的第一行第一列的元素大 1/10 以上，则利用传统的 Huynen 分解方法进行目标分解;否则,按照图 3-1 的流程进行操作,在$\boldsymbol{K}_{10}$或者$\boldsymbol{K}_{20}$提取之后,可根据式(3-8)得到 Kennaugh 矩阵分解结果:

$$\boldsymbol{K}=\boldsymbol{K}_0+\boldsymbol{K}_{\mathrm{N}}=R_1^{-1}\boldsymbol{K}_{10}R_1+R_1^{-1}\boldsymbol{K}_{1\mathrm{N}}R_1 \tag{3-8}$$

$$\boldsymbol{K}=\boldsymbol{K}_0+\boldsymbol{K}_{\mathrm{N}}=R_2^{-1}R_1^{-1}\boldsymbol{K}_{20}R_1R_2+R_2^{-1}R_1^{-1}\boldsymbol{K}_{2\mathrm{N}}R_1R_2 \tag{3-9}$$

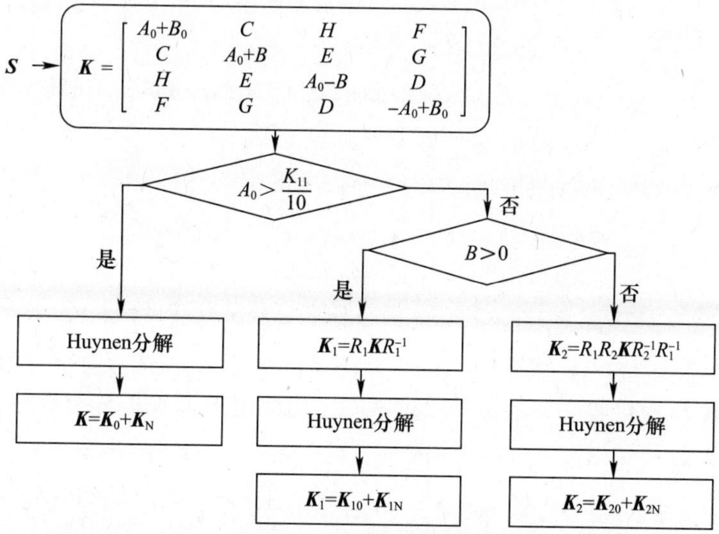

图 3-1　杨分解流程图

3.1.4 游分解方法

设发射天线和接收天线的 Stokes 矢量分别是$\boldsymbol{J}_{\mathrm{t}}$和$\boldsymbol{J}_{\mathrm{r}}$,目标的 Kennaugh 矩阵记为$\boldsymbol{K}$,则接收到的功率由式(3-10)给出:

$$\begin{aligned}&P(\chi_{\mathrm{r}},\psi_{\mathrm{r}},\chi_{\mathrm{t}},\psi_{\mathrm{t}})=\boldsymbol{J}_{\mathrm{r}}^{\mathrm{T}}\boldsymbol{K}\boldsymbol{J}_{\mathrm{t}}\\&\boldsymbol{J}_{\mathrm{t}}=[1\quad \cos2\chi_{\mathrm{t}}\cos2\psi_{\mathrm{t}}\quad \cos2\chi_{\mathrm{t}}\sin2\psi_{\mathrm{t}}\quad \sin2\chi_{\mathrm{t}}]^{\mathrm{T}}\\&\boldsymbol{J}_{\mathrm{r}}=[1\quad \cos2\chi_{\mathrm{r}}\cos2\psi_{\mathrm{r}}\quad \cos2\chi_{\mathrm{r}}\sin2\psi_{\mathrm{r}}\quad \sin2\chi_{\mathrm{r}}]^{\mathrm{T}}\end{aligned} \tag{3-10}$$

式中:$\boldsymbol{J}$为 Stokes 矢量;$\psi\in[-90°\quad 90°]$和$\chi\in[-45°\quad 45°]$分别为极化椭圆的方位角和椭圆率角。目标的 Kennaugh 矩阵是一个 4×4 的实对称矩阵,记为

$$\boldsymbol{K}=\begin{bmatrix}K_{11}&K_{12}&K_{13}&K_{14}\\K_{21}&K_{22}&K_{23}&K_{24}\\K_{31}&K_{32}&K_{33}&K_{34}\\K_{41}&K_{42}&K_{43}&K_{44}\end{bmatrix}_{4\times4} \tag{3-11}$$

展开式(3－10)可得

$$
\begin{aligned}
P(\chi_r,\psi_r,\chi_t,\psi_t) = {} & 1\cdot K_{11}\cdot 1+\cos 2\chi_t\cos 2\psi_t\cdot K_{12}\cdot 1+ \\
& \cos 2\chi_t\sin 2\psi_t\cdot K_{13}\cdot 1+ \\
& \sin 2\chi_t\cdot K_{14}\cdot 1+1\cdot K_{21}\cdot\cos 2\chi_r\cos 2\psi_r+ \\
& \cos 2\chi_t\cos 2\psi_t\cdot K_{22}\cdot\cos 2\chi_r\cos 2\psi_r+ \\
& \cos 2\chi_t\sin 2\psi_t\cdot K_{23}\cdot\cos 2\chi_r\cos 2\psi_r+ \\
& \sin 2\chi_t\cdot K_{24}\cdot\cos 2\chi_r\cos 2\psi_r+1\cdot K_{31}\cdot\cos 2\chi_r\sin 2\psi_r+ \\
& \cos 2\chi_t\cos 2\psi_t\cdot K_{32}\cdot\cos 2\chi_r\sin 2\psi_r+ \\
& \cos 2\chi_t\sin 2\psi_t\cdot K_{33}\cdot\cos 2\chi_r\sin 2\psi_r+ \\
& \sin 2\chi_t\cdot K_{34}\cdot\cos 2\chi_r\sin 2\psi_r+1\cdot K_{41}\cdot\sin 2\chi_r+ \\
& \cos 2\chi_t\cos 2\psi_t\cdot K_{42}\cdot\sin 2\chi_r+ \\
& \cos 2\chi_t\sin 2\psi_t\cdot K_{43}\cdot\sin 2\chi_r+\sin 2\chi_t\cdot K_{44}\cdot\sin 2\chi_r
\end{aligned}
\tag{3-12}
$$

游彪等[7]首次注意到 Kennaugh 矩阵中的元素 K_{ij} 前的系数各不相同，从而导致元素 K_{ij} 对接收功率的贡献权重不同。为此定义了 $\boldsymbol{K}$ 矩阵范数的平方：

$$
\begin{aligned}
\|\boldsymbol{K}\|_K^2 & \triangleq \langle 1^2\cdot K_{11}^2+(\cos 2\chi_t\cos 2\psi_t)^2K_{12}^2+\cdots+(\sin 2\chi_t\sin 2\chi_r)^2K_{44}^2\rangle \\
& = K_{11}^2+\frac{1}{4}K_{12}^2+\frac{1}{4}\cdot K_{13}^2+\frac{1}{2}K_{14}^2+\frac{1}{4}K_{21}^2+\frac{1}{16}K_{22}^2+\frac{1}{16}K_{23}^2+\frac{1}{8}K_{24}^2+ \\
& \quad \frac{1}{4}K_{31}^2+\frac{1}{16}K_{32}^2+\frac{1}{16}K_{33}^2+\frac{1}{8}K_{34}^2+\frac{1}{2}K_{41}^2+\frac{1}{8}K_{42}^2+\frac{1}{8}K_{43}^2+\frac{1}{4}K_{44}^2 \\
& = \sum_{1\leqslant i,j\leqslant 4} a_{ij}K_{ij}^2
\end{aligned}
\tag{3-13}
$$

式中：$\langle\cdot\rangle$ 代表在 ψ 和 χ 所有取值范围内求平均；下标 K 表示为 Kennaugh 矩阵所定义的范数。游彪等[7]证明了由式(3－13)定义的 $\|\cdot\|_K$ 满足范数的三个条件，是一种特殊的范数。

此外，还考虑了针对散射相干矩阵 $\boldsymbol{T}$ 的范数，$\boldsymbol{T}$ 矩阵和 Kennaugh 矩阵存在如下关系：

$$
\boldsymbol{K}=\begin{bmatrix}
\dfrac{T_{11}+T_{22}+T_{33}}{2} & \mathrm{Re}(T_{12}) & \mathrm{Re}(T_{13}) & \mathrm{Im}(T_{23}) \\
\mathrm{Re}(T_{12}) & \dfrac{T_{11}+T_{22}-T_{33}}{2} & \mathrm{Re}(T_{23}) & \mathrm{Im}(T_{13}) \\
\mathrm{Re}(T_{13}) & \mathrm{Re}(T_{23}) & \dfrac{T_{11}-T_{22}+T_{33}}{2} & -\mathrm{Im}(T_{12}) \\
\mathrm{Im}(T_{23}) & \mathrm{Im}(T_{13}) & -\mathrm{Im}(T_{12}) & \dfrac{-T_{11}+T_{22}+T_{33}}{2}
\end{bmatrix}
\tag{3-14}
$$

其中,T_{ij}表示 $\boldsymbol{T}$ 矩阵中第 i 行第 j 列的元素。注意:$\boldsymbol{T}$ 和 $\boldsymbol{K}$ 是一一对应的,定义一一映射:

$$f(\boldsymbol{T}) = \boldsymbol{K} \tag{3-15a}$$

$$f^{-1}(\boldsymbol{K}) = \boldsymbol{T} \tag{3-15b}$$

进而定义 $\boldsymbol{T}$ 矩阵的范数为

$$\|\boldsymbol{T}\|_{\mathrm{T}} \triangleq \|f(\boldsymbol{T})\|_{\mathrm{K}} \tag{3-16}$$

其中,下标 T 为 $\boldsymbol{T}$ 矩阵所定义的范数(游彪等证明了上述的 $\|\cdot\|_{\mathrm{T}}$ 是一种范数)。根据上述分析,$\boldsymbol{T}$ 矩阵的范数可表示为

$$\begin{aligned}\|\boldsymbol{T}\|_{\mathrm{T}}^2 = &\frac{11}{32}T_{11}^2 + \frac{11}{32}T_{22}^2 + \frac{11}{32}T_{33}^2 + \frac{3}{8}T_{11}T_{22} + \frac{3}{8}T_{11}T_{33} + \frac{9}{16}T_{22}T_{33} + \\ &\frac{1}{2}(\mathrm{Re}(T_{12}))^2 + \frac{1}{2}(\mathrm{Re}(T_{13}))^2 + \frac{1}{8}(\mathrm{Re}(T_{23}))^2 + \\ &\frac{1}{4}(\mathrm{Im}(T_{12}))^2 + \frac{1}{4}(\mathrm{Im}(T_{13}))^2 + (\mathrm{Im}(T_{23}))^2\end{aligned} \tag{3-17}$$

游彪等给出了一种 Kennaugh 矩阵的分解方法。为了和前面的分解方法进行区别,我们引入另一种表示方式[7]:

$$\boldsymbol{K} = \boldsymbol{K}^0 + \Delta\boldsymbol{K} \tag{3-18}$$

其中,$\boldsymbol{K}^0$ 对应于一个散射相干目标 $\boldsymbol{S}$,它们之间的联系如下:

$$\boldsymbol{K}^0 = \frac{1}{2}\boldsymbol{Q}^*(\boldsymbol{S}\otimes\boldsymbol{S})\boldsymbol{Q}^{\mathrm{H}} \tag{3-19}$$

其中,符号⊗代表 Kronecker 积,* 表示复数共轭,矩阵 $\boldsymbol{Q}$ 为

$$\boldsymbol{Q} = \begin{bmatrix} 1 & 0 & 0 & 1 \\ 1 & 0 & 0 & -1 \\ 0 & 1 & 1 & 0 \\ 0 & \mathrm{j} & -\mathrm{j} & 0 \end{bmatrix} \tag{3-20}$$

游彪等[7]提出选择适当的散射矩阵 $\boldsymbol{S}$,使式(3-21)达到最小:

$$\begin{aligned}\|\Delta\boldsymbol{K}\|_{\mathrm{K}} &= \|\boldsymbol{K} - \boldsymbol{K}^0\|_{\mathrm{K}} \\ &= \left\|\boldsymbol{K} - \frac{1}{2}\boldsymbol{Q}^*(\boldsymbol{S}\otimes\boldsymbol{S})\boldsymbol{Q}^{\mathrm{H}}\right\|_{\mathrm{K}}\end{aligned} \tag{3-21}$$

该式达到最小的求解比较复杂,可以用杨健等提出的稳定 Huynen 分解方法[6]得到的结果作为初值,然后利用牛顿迭代法进行求解,求解时不妨约定 S_{HH} 是大

于或等于 0 的实数。游彪等的分解方法虽然比较复杂，但可以证明该方法所取出的目标与原非相干目标 $\boldsymbol{K}$ 的接收功率以及极化散射特性都非常接近。

3.2 Krogager 分解与 Cameron 分解

对于一个复杂的散射矩阵，Krogager[10] 和 Cameron 等[11] 分别考虑了如何分析目标散射矩阵所包含的各种散射成分。一个很自然的想法是把一个散射矩阵分解为若干个已知散射矩阵的线性组合。Krogager 考虑的是散射互易性成立的情况，即散射矩阵具有对称结构，而 Cameron 分解考虑了互易性不成立的情况。

3.2.1 Krogager 分解

我们首先介绍 Krogager 分解[10]，该分解是把一个散射矩阵分解为平面/球面、二面角、螺旋体对应的散射矩阵的线性组合，进而可以分析目标中所包含的一次散射、二次散射、体散射等散射成分。数学上，该分解可以表示为

$$\boldsymbol{S}=\begin{bmatrix}S_{\mathrm{HH}} & S_{\mathrm{HV}}\\ S_{\mathrm{HV}} & S_{\mathrm{VV}}\end{bmatrix}=\mathrm{e}^{\mathrm{j}\phi}\{\mathrm{e}^{\mathrm{j}\phi_s}k_s\boldsymbol{S}_s+k_d\boldsymbol{S}_{d(\theta)}+k_h\boldsymbol{S}_{h(\theta)}\}\tag{3-22}$$

其中，

$$\boldsymbol{S}_s=\begin{bmatrix}1 & 0\\ 0 & 1\end{bmatrix},\quad \boldsymbol{S}_{d(\theta)}=\begin{bmatrix}\cos 2\theta & \sin 2\theta\\ \sin 2\theta & -\cos 2\theta\end{bmatrix},\quad \boldsymbol{S}_{h(\theta)}=e^{\mp\mathrm{j}2\theta}\begin{bmatrix}1 & \pm\mathrm{j}\\ \pm\mathrm{j} & -1\end{bmatrix}$$

式中：k_s、k_d 和 k_h 为球面/平面、二面角和螺旋体所对应的散射系数；θ 为目标的定向角；ϕ 为目标的绝对相位。

通常我们在一个圆极化坐标基下进行 Krogager 分解：

$$\boldsymbol{S}_{\mathrm{LR}}=\mathrm{e}^{\mathrm{j}\phi}\left\{\mathrm{j}\mathrm{e}^{\mathrm{j}\phi_s}k_s\begin{bmatrix}0 & 1\\ 1 & 0\end{bmatrix}+\begin{cases}(k_h+k_d)\mathrm{e}^{-\mathrm{j}2\theta}\begin{bmatrix}1 & 0\\ 0 & 0\end{bmatrix}+k_d\mathrm{e}^{\mathrm{j}2\theta}\begin{bmatrix}0 & 0\\ 0 & -1\end{bmatrix}, & |S_{\mathrm{RR}}|<|S_{\mathrm{LL}}|\\ k_d\mathrm{e}^{-\mathrm{j}2\theta}\begin{bmatrix}1 & 0\\ 0 & 0\end{bmatrix}+(k_h+k_d)\mathrm{e}^{\mathrm{j}2\theta}\begin{bmatrix}0 & 0\\ 0 & -1\end{bmatrix}, & |S_{\mathrm{RR}}|>|S_{\mathrm{LL}}|\end{cases}\right\}\tag{3-23}$$

假如圆极化基下散射矩阵的元素 $|S_{\mathrm{LL}}|>|S_{\mathrm{RR}}|$，$k_h+k_d$ 可以认为是目标在左旋圆极化发射、左旋圆极化接收时电压的大小，而 k_d 是目标在右旋圆极化发

射、右旋圆极化接收时电压的大小。由于传统的 Krogager 分解是把目标分解成球、二面角、螺旋体的组合,因此该方法也被称为球－二面角－螺旋体(sphere－diplane－helix,SDH)分解。但实际上在分析目标的散射机制时,常常用分解出来的系数分别代表目标所包含的一次散射、二次散射、体散射成分的大小,在这个意义上,Krogager 分解应该理解为把目标分解成平面、二面角、螺旋体的组合,Krogager 分解方法被称为平面－二面角－螺旋体(plane－diplane－helix,PDH)分解更准确一些。

Krogager 分解系数与圆极化基下散射矩阵的元素存在如下关系:

$$k_s = |S_{\mathrm{LR}}|; \quad k_d = \min(|S_{\mathrm{LL}}|, |S_{\mathrm{RR}}|); \quad k_h = ||S_{\mathrm{LL}}| - |S_{\mathrm{RR}}|| \tag{3-24}$$

以上系数与 Huynen 的目标特征参数存在一定关系,具体为

$$k_s^2 = A_0; \quad k_d^2 = B_0 - |F|; \quad k_h^2 = (\sqrt{B_0 + F} - \sqrt{B_0 - F})^2 \tag{3-25}$$

其中,上述参数A_0、B_0和 F 的定义如3.1节所述。

Krogager 分解中几个相位,可以由下面的式子给出:

$$\theta = \frac{\arg(S_{\mathrm{RR}}S_{\mathrm{LL}}^*) \pm \pi}{4}, \quad \phi = \frac{\arg(S_{\mathrm{RR}}S_{\mathrm{LL}}) - \pi}{2}, \quad \phi_s = \arg(S_{\mathrm{LR}}) - \frac{\arg(S_{\mathrm{RR}}S_{\mathrm{LL}})}{2} \tag{3-26}$$

其中,arg(·)表示一个复数的幅角。

应该指出,Krogager 分解作为30年前提出的一种分解方法,简单、直观,是分析目标极化散射机理的重要方法。但是其中的螺旋体分量难以和实际的目标散射过程中的散射机制对应,只是知道它与体散射关系密切,在极化 SAR 图像的森林区域,螺旋体分量的系数要比其他区域对应的螺旋体分量的系数大一些。

3.2.2 Cameron 分解

Cameron 很早就注意到了雷达目标极化散射的两个基本性质:互易性与对称性。在单站雷达的情况下,如果雷达波在均匀的媒质(如空气)中传播,对于金属目标来说互易性通常是成立的,即$S_{\mathrm{HV}} = S_{\mathrm{VH}}$;但一些复杂的目标,比如多层介质组成的一些复杂目标,有时互易性不再成立。

Cameron 分解是把一个散射矢量分解成具有互易性的分量以及非互易性的分量,把互易性成立的分量做进一步的分解,如分解成对称分量(散射矩阵能够通过矩阵旋转对角化)及非对称性的分量,对称分量被划分到六种散射类型之一。数学上,把 Cameron 分解表示为

$$\vec{S}=\vec{S}_{\text{nonrec}}+\vec{S}_{\text{sym}}^{\min}+\vec{S}_{\text{sym}}^{\max}=a\{\cos\theta_{\text{rec}}(\cos\tau_{\text{sym}}\hat{S}_{\text{sym}}^{\max}+\sin\tau_{\text{sym}}\hat{S}_{\text{sym}}^{\min})+\sin\theta_{\text{rec}}\hat{S}_{\text{nonrec}}\}\tag{3-27}$$

式中：$\vec{S}$为散射矢量①，$\vec{S}=[S_{\text{HH}}\quad S_{\text{HV}}\quad S_{\text{VH}}\quad S_{\text{VV}}]^{\text{T}}$；$\theta_{\text{rec}}$为一个散射矩阵的互易性满足程度，该角度越小表明互易性越好；τ_{sym}为散射矩阵中对称成分的比例大小，该角度越小表明对称性越好；$\hat{S}_{\text{sym}}^{\max}$和$\hat{S}_{\text{sym}}^{\min}$为归一化的散射矢量，分别对应于对称分量和非对称分量。一个目标的互易分量可以表示为

$$\vec{S}_{\text{rec}}=\vec{S}_{\text{sym}}^{\min}+\vec{S}_{\text{sym}}^{\max}\tag{3-28}$$

散射矢量$\vec{S}$可以用 Pauli 基分解表示为

$$\vec{S}=\alpha\hat{S}_{\text{a}}+\beta\hat{S}_{\text{b}}+\gamma\hat{S}_{\text{c}}+\delta\hat{S}_{\text{d}}=\alpha\frac{1}{\sqrt{2}}\begin{bmatrix}1\\0\\0\\1\end{bmatrix}+\beta\frac{1}{\sqrt{2}}\begin{bmatrix}1\\0\\0\\-1\end{bmatrix}+\gamma\frac{1}{\sqrt{2}}\begin{bmatrix}0\\1\\1\\0\end{bmatrix}+\delta\frac{1}{\sqrt{2}}\begin{bmatrix}0\\-1\\1\\0\end{bmatrix}\tag{3-29}$$

式中：$\hat{S}_{\text{a}}$、$\hat{S}_{\text{b}}$、$\hat{S}_{\text{c}}$和$\hat{S}_{\text{d}}$为单位正交的 Pauli 基矢量；α、β、γ和δ为对应的复散射系数。

散射矩阵由两部分的线性组合构成，其一是互易性成立分量，另一个是互易性不成立的分量，对应于上述的矢量$\hat{S}_{\text{d}}$。我们首先考虑互易性分量，它可以用三个矢量$\hat{S}_{\text{a}}$、$\hat{S}_{\text{b}}$和$\hat{S}_{\text{c}}$的线性组合来表示。我们还可以把互易分量S_{rec}表示为

$$\vec{S}_{\text{rec}}=\left[S_{\text{HH}}\quad\frac{S_{\text{HV}}+S_{\text{VH}}}{2}\quad\frac{S_{\text{HV}}+S_{\text{VH}}}{2}\quad S_{\text{VV}}\right]^{\text{T}}\tag{3-30}$$

接下来提取其中的最大对称分量。Cameron 把任意一个对称的散射体表示为

$$\vec{S}_{\text{sym}}^{\max}=\alpha\hat{S}_{\text{a}}+\varepsilon(\cos(\theta)\hat{S}_{\text{b}}+\sin(\theta)\hat{S}_{\text{c}})\tag{3-31}$$

其中，θ为定向角。该表达式还可以写为

$$\vec{S}_{\text{sym}}^{\max}=(\vec{S}_{\text{rec}},\hat{S}_{\text{a}})\hat{S}_{\text{a}}+(\vec{S}_{\text{rec}},\hat{S}')\hat{S}'\tag{3-32}$$

式中：$\hat{S}'=\cos(\theta)\hat{S}_{\text{b}}+\sin(\theta)\hat{S}_{\text{c}}$；$(\cdot,\cdot)$表示矢量内积。我们需要寻找一个角

① 本小节中，$\boldsymbol{S}$为散射矩阵，$\vec{S}$为散射矩阵$\boldsymbol{S}$的矢量化。

度 θ 使 $|\varepsilon|$ 达到最小，其中 $\varepsilon=\beta\cos(\theta)+\gamma\sin(\theta)$。为了保证得到最大的对称分量，$\theta$ 可以由式(3-33)给出：

$$\tan(2\theta)=\frac{2\mathrm{Re}(\beta\gamma^*)}{|\beta|^2-|\gamma|^2} \tag{3-33}$$

需要指出，如果 $\mathrm{Re}(\beta\gamma^*)=0=|\beta|^2-|\gamma|^2$，则让 $\theta=0$。最大对称分量 $\vec{S}_{\mathrm{sym}}^{\max}$ 还可以表示为

$$\vec{S}_{\mathrm{sym}}^{\max}=\boldsymbol{R}_4\left(\frac{\theta}{2}\right)(\alpha\hat{S}_{\mathrm{a}}+\varepsilon\hat{S}_{\mathrm{b}}) \tag{3-34}$$

式中：$\boldsymbol{R}_4(\varphi)$ 表示散射矩阵的变换矩阵，定义为

$$\boldsymbol{R}_4(\varphi)=\boldsymbol{R}_2(\varphi)\otimes\boldsymbol{R}_2(\varphi)$$

其中，

$$\boldsymbol{R}_2(\varphi)=\begin{bmatrix}\cos(\varphi) & -\sin(\varphi)\\ \sin(\varphi) & \cos(\varphi)\end{bmatrix} \tag{3-35}$$

这里 $\otimes$ 表示 Kronecker 张量运算，$\varepsilon=\beta\cos(\theta)+\gamma\sin(\theta)$。这里 α、β 和 γ 的定义如前所述，是 Pauli 分解的三个系数。需要指出的是，$\vec{S}_{\mathrm{sym}}^{\max}$ 能够通过一个绕雷达视线旋转某一个角度$\left(\text{如 }\psi=-\dfrac{\theta}{2}\right)$实现对角化，因此最大对称成分可以表示为

$$\vec{\Lambda}=\boldsymbol{R}_4\left(-\frac{\theta}{2}\right)\vec{S}_{\mathrm{sym}}^{\max}=\alpha\hat{S}_{\mathrm{a}}+\varepsilon\hat{S}_{\mathrm{b}} \tag{3-36}$$

Cameron 分解式(3-27)中的另外两个参数由式(3-37)给出：

$$a=\|\vec{S}\|=\sqrt{\mathrm{span}(S)},\quad \tau_{\mathrm{sym}}=\arccos\left(\frac{|(\vec{S}_{\mathrm{rec}},\vec{S}_{\mathrm{sym}}^{\max})|}{\|\vec{S}_{\mathrm{rec}}\|\|\vec{S}_{\mathrm{sym}}^{\max}\|}\right) \tag{3-37}$$

τ_{sym} 表示互易性分量中对称性分量的大小度量：如果 $\tau_{\mathrm{sym}}=0$，则 $\vec{S}_{\mathrm{rec}}$ 是一个对称的散射矩阵，比如二面角或三面角；如果 τ_{sym} 达到了最大值 $\pi/4$，则 $\vec{S}_{\mathrm{rec}}$ 表示一个完全非对称的目标，如左旋或右旋螺旋体。

Cameron 分解的最后一步是把一个对称情况下的目标分为六种特殊的目标之一。经过旋转之后，$\vec{S}_{\mathrm{sym}}^{\max}$ 可以表示为如下矢量形式：

$$\vec{\Lambda}=\kappa\,\hat{\Lambda}(z)$$

其中，

$$\hat{\Lambda}(z)=\frac{1}{\sqrt{1+|z|^2}}\begin{bmatrix}1\\0\\0\\z\end{bmatrix},\quad z\in\mathbf{C} \tag{3-38}$$

式中:κ 是一个复数(标量);$\hat{\Lambda}(z)$ 是归一化的散射矢量,对称的目标类型是由参数 z 所决定的。Cameron 分解考虑的几种典型散射目标类型由表 3-1 给出,表中的典型散射模型通常被用于分析对称性目标的散射机制,定义两个对称散射矩阵或散射矢量的距离度量为

$$d(z_1,z_2)=\arccos\left(\frac{\max(|1+z_1z_2^*|,|z_1+z_2^*|)}{\sqrt{1+|z_1|^2}\sqrt{1+|z_2|^2}}\right) \tag{3-39}$$

式中:$\hat{\Lambda}(z_1)$ 和 $\hat{\Lambda}(z_2)$为两个散射矩阵的标准化形式;$d(z_1,z_2)$为两个对称散射矩阵或散射矢量的距离度量。对于任一个对称目标,可以通过计算与表 3-1 中各个标准散射体的距离度量,最终决定目标归为哪一类别。Cameron 分解流程可以由图 3-2 给出,具体说明如下:

(1) 一个散射矩阵 $\boldsymbol{S}$ 的互易性由角度θ_{rec}决定,如果$\theta_{\text{rec}}>\frac{\pi}{4}$,则认为目标是非互易的;

(2) 如果 $\theta_{\text{rec}}<\frac{\pi}{4}$,则可以进一步分析目标的互易性成分,即通过对称度相关的参数τ_{sym}把$\vec{S}_{\text{rec}}$分为两部分,如果$\tau_{\text{sym}}>\frac{\pi}{8}$,则认为目标是非对称的;

(3) 如果$\tau_{\text{sym}}<\frac{\pi}{8}$,则把目标的最大对称分量$\vec{S}_{\text{sym}}^{\max}$对角化,然后与表 3-1 中各个散射体进行比较,计算距离度量 $d(z_1,z_2)$,最终决定目标是哪种散射机制为主。

表 3-1 Cameron 分解中的典型散射体

散射体类型	z
三面角	1
二面角	-1
偶极子	0
圆柱体	1/2
窄二面角	-1/2
四分之一波长装置	j

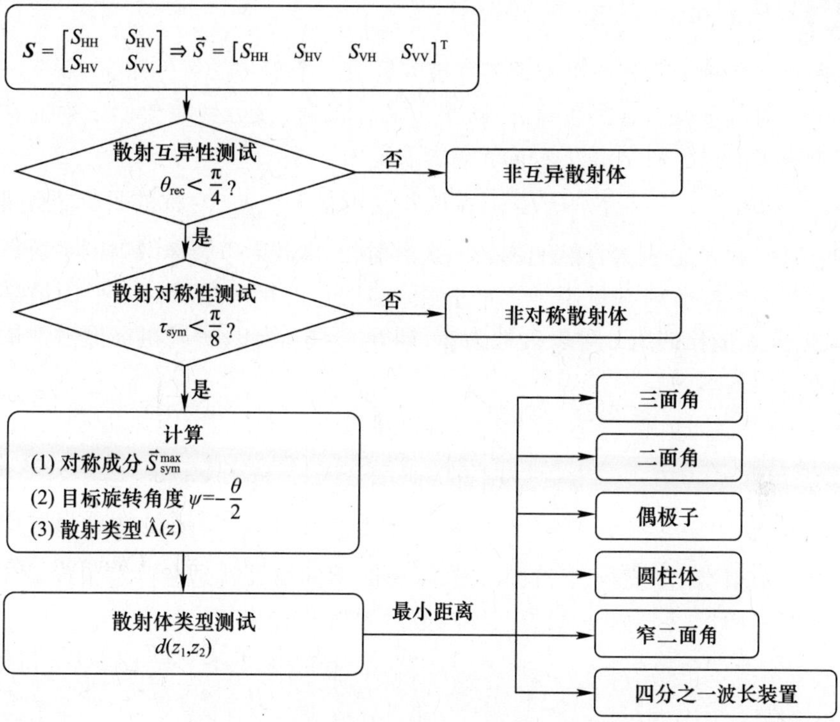

图 3-2　Cameron 分解流程

3.3 几种典型的分解方法

在极化雷达遥感中，由于随机地/海表面或体散射的影响，很多目标，尤其是面目标需要用多个随机变量去描述，于是二阶统计平均就是一个用于描述面目标散射特性的重要手段，比如常常用极化相干矩阵或极化协方差矩阵或 Kennaugh矩阵来进行数学表示。为了提取目标的后向散射特征，科学家们发展了多种基于模型的目标分解方法，并得到了实际应用。自然地物的物理散射机制可以分为表面一次散射、二次散射和体散射。基于模型的分解方法就是把目标分解成这些散射成分，从而便于我们对目标散射机制的揭示。早期 Freeman 分解就是基于这种想法而提出的[12]，后来山口芳雄（Yamaguchi）又加入了螺旋体散射[13-14]，虽然在现实世界中无法区分螺旋体散射与体散射的散射成分，但在数学上由于螺旋体散射成分的加入，取消了早期 Freeman - Durden 分解（又称三成分分解）的反射对称性假设的限制。

3.3.1 Freeman 三成分分解

一个极化相干矩阵或协方差矩阵被分解成三个矩阵的线性组合，而这三个矩阵分别对应于表面一次散射、二次散射和体散射，该分解需要以散射对称性成立为假设前提。数学上，Freeman 分解表示为

$$\boldsymbol{T}=P_{\mathrm{s}}\boldsymbol{T}_{\mathrm{surface}}+P_{\mathrm{d}}\boldsymbol{T}_{\mathrm{double}}+P_{\mathrm{v}}\boldsymbol{T}_{\mathrm{volume}} \tag{3-40}$$

式中：P_{s}、P_{d}和P_{v}分别为自然地物的一次散射、二次散射以及体散射的系数。

目标的一次散射常见于地面的表面散射，它可用一阶 *Bragg* 平面散射建模，此时交叉极化的成分可以近似为零，即 $\boldsymbol{S}_{\mathrm{HV}}=\boldsymbol{S}_{\mathrm{VH}}=0$，所以粗糙面散射的相干矩阵可以表示为

$$\boldsymbol{T}_{\mathrm{surface}}=\frac{1}{1+|\beta|^2}\begin{bmatrix}1 & \beta & 0\\ \beta^* & |\beta|^2 & 0\\ 0 & 0 & 0\end{bmatrix},\quad |\beta|<1 \tag{3-41}$$

二次散射常出现于人工目标区域，最为典型的场景就是在特定角度下建筑物表面与地面形成二次散射过程，二次散射的相干矩阵表示为

$$\boldsymbol{T}_{\mathrm{double}}=\frac{1}{1+|\alpha|^2}\begin{bmatrix}|\alpha|^2 & \alpha & 0\\ \alpha^* & 1 & 0\\ 0 & 0 & 0\end{bmatrix},\quad |\alpha|<1 \tag{3-42}$$

体散射常见于森林区域的树冠散射，Freeman 用一组方向完全随机的偶极子的散射旋转平均进行建模，即在旋转角度的取值范围内积分求平均，最终得到体散射的相干矩阵形式为

$$\boldsymbol{T}_{\mathrm{volume}}=\frac{1}{4}\begin{bmatrix}2 & 0 & 0\\ 0 & 1 & 0\\ 0 & 0 & 1\end{bmatrix} \tag{3-43}$$

Freeman 分解的求解过程如下：首先判断一次散射与二次散射哪个更强？这个只需要判断$\langle S_{\mathrm{HH}}S_{\mathrm{VV}}^*\rangle$的相位（假设相位分布为正负 180°之间）即可：当一次散射强于二次散射时，相位的绝对值更接近于 0°；当二次散射强于一次散射时，相位的绝对值更接近于 180°。在 Freeman 分解中，如果一次散射强于二次散射时，令 $\alpha=0$；如果二次散射强于一次散射，令 $\beta=0$。

Freeman 分解的第二步是求解各个分解模型中的系数，即求解 P_{s}、P_{d}、P_{v} 的值。在 $\alpha=0$ 或者 $\beta=0$ 的假设下，这些系数是很容易得到的，具体过程如图 3-3所示[15]。

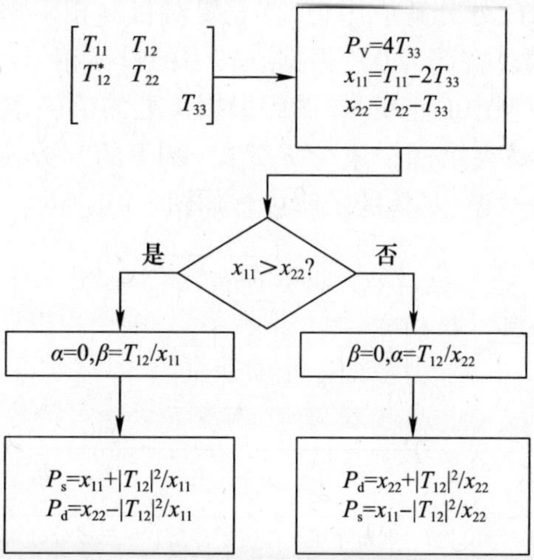

图 3-3　Freeman 分解过程[15]

3.3.2 Yamaguchi 四成分分解

Freeman 分解的前提是反射对称性（$T_{13}=0, T_{23}=0$）成立，但在实际情况中反射对称性不成立的目标区域大量存在，为此 Yamaguchi 添加了螺旋体散射成分，提出了四成分分解方法。

$$\boldsymbol{T} = P_{\mathrm{s}} \boldsymbol{T}_{\mathrm{surface}} + P_{\mathrm{d}} \boldsymbol{T}_{\mathrm{double}} + P_{\mathrm{v}} \boldsymbol{T}_{\mathrm{volume}} + P_{\mathrm{c}} \boldsymbol{T}_{\mathrm{helix}} \tag{3-44}$$

在 Yamaguchi 分解[13-14]中，前两个散射模型的相干矩阵与 Freeman 分解中的模型相同。第三个是体散射模型，Yamaguchi 根据主极化的比值大小提供了三种可能的相干矩阵选择，具体选取标准如下：

$$10\log\frac{\langle |S_{\mathrm{VV}}|^2 \rangle}{\langle |S_{\mathrm{HH}}|^2 \rangle} \quad \overset{-2\mathrm{dB}}{\longrightarrow\!\!\!\!\!|} \quad \overset{2\mathrm{dB}}{\longrightarrow\!\!\!\!\!|} \quad \longrightarrow$$

$$\boldsymbol{T}_{\mathrm{v}} = \frac{1}{30}\begin{bmatrix} 15 & 5 & 0 \\ 5 & 7 & 0 \\ 0 & 0 & 8 \end{bmatrix} \quad \frac{1}{4}\begin{bmatrix} 2 & 0 & 0 \\ 0 & 1 & 0 \\ 0 & 0 & 1 \end{bmatrix} \quad \frac{1}{30}\begin{bmatrix} 15 & -5 & 0 \\ -5 & 7 & 0 \\ 0 & 0 & 8 \end{bmatrix} \tag{3-45}$$

第四个成分为螺旋体散射，其模型的相干矩阵如下：

$$\boldsymbol{T}_{\mathrm{helix}} = \frac{1}{2}\begin{bmatrix} 0 & 0 & 0 \\ 0 & 1 & \pm \mathrm{j} \\ 0 & \mp \mathrm{j} & 1 \end{bmatrix} \tag{3-46}$$

在 Yamaguchi 四成分分解应用中，首先要对目标相干矩阵 $\boldsymbol{T}$ 进行选转，使元素 T_{23} 为一个纯虚数(实部为 0)，根据旋转后的目标相干矩阵 $\boldsymbol{T}$ 在 T_{23} 的正负号决定第四个散射模型中的正负号，然后根据该处的值确定出螺旋体成分的系数，再将相干矩阵 $\boldsymbol{T}$ 减去第四个成分 $P_c\boldsymbol{T}_{\text{helix}}$，剩下的部分便可以利用 Freeman 分解方法进行三成分分解，具体的求解过程如图 3－4 所示。

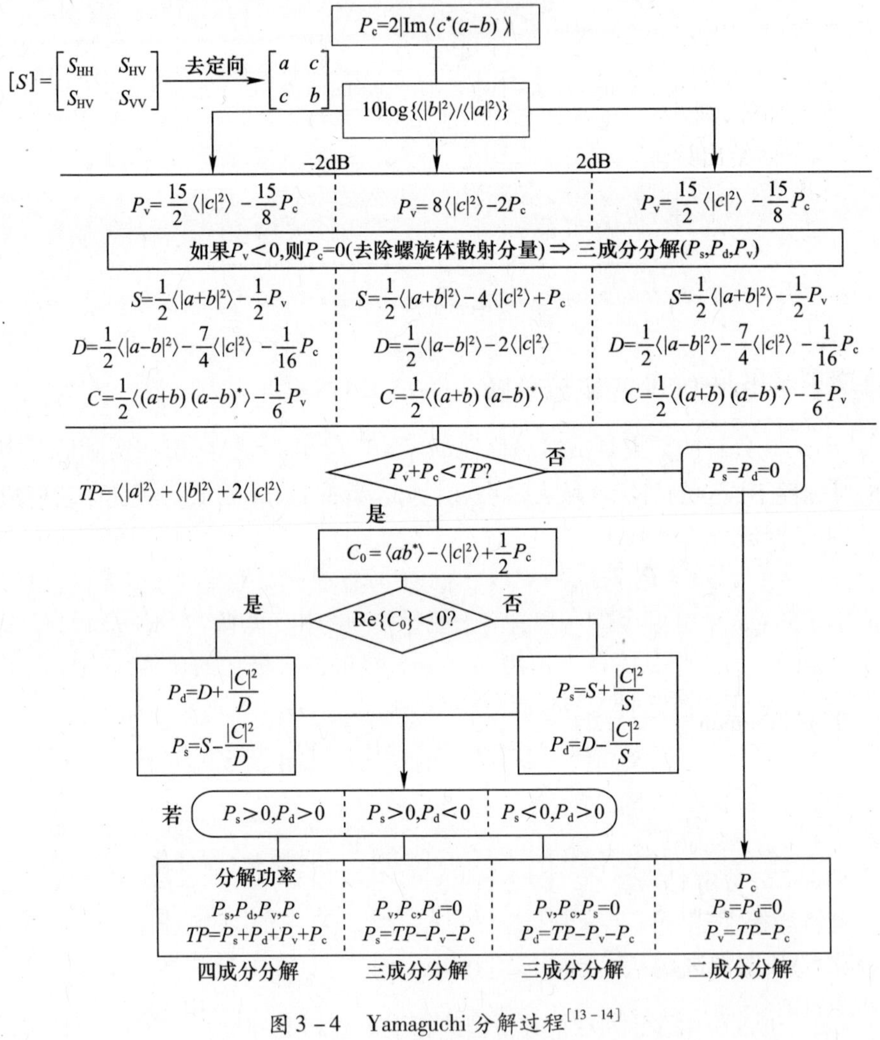

图 3－4　Yamaguchi 分解过程[13-14]

需要指出的是，Yamaguchi 引入螺旋体散射成分，只是从数学上解决了一部分对于反射对称性的限制，即不再要求 $T_{23}=0$ 的假设成立。然而在某些地物场景中，T_{13} 也不为 0，为此 Singh 和 Yamaguchi 等又引入了六成分分解和七成分分解[16-17]，从而在数学上解决了这一问题。

但科学家们都无法给出准确的体散射模型，无论是 Freeman 还是 Yamaguchi，都难以说清体散射模型的问题。在现实中，针对不同的地物，甚至同一场景在不同的季节，体散射模型有可能都是不同的。

3.3.3 稳定三成分分解

在前述的 Freeman 分解中，由于未知数多于方程的个数，为此 Freeman 根据一次散射或二次散射哪个为主来决定让 α 或者 β 为零。但在现实中，有时二者数值相当，很难说哪种散射为主。例如，对于一个零定向角的相干矩阵，如果T_{11}和T_{22}近似相等，则 Freeman 分解的结果对噪声很敏感，换句话说这个分解是不稳定的，下面给出具体的例子予以说明：

$$\boldsymbol{T}_1 = \begin{bmatrix} 1.01 & 1 & 0 \\ 1 & 1 & 0 \\ 0 & 0 & 0 \end{bmatrix} \tag{3-47}$$

如果采用 Freeman 分解则得到如下的分解结果：

$$[P_{\mathrm{s}} \quad P_{\mathrm{d}} \quad P_{\mathrm{v}}] = [0.0099 \quad 2.0001 \quad 0] \tag{3-48}$$

但如果在原来的相干矩阵的T_{22}位置上稍加改变，得到如下的相干矩阵：

$$\boldsymbol{T}_2 = \begin{bmatrix} 1.01 & 1 & 0 \\ 1 & 1.02 & 0 \\ 0 & 0 & 0 \end{bmatrix} \tag{3-49}$$

采用 Freeman 分解则得到分解结果为

$$[P_{\mathrm{s}} \quad P_{\mathrm{d}} \quad P_{\mathrm{v}}] = [2.0004 \quad 0.0296 \quad 0] \tag{3-50}$$

上述两个相干矩阵非常接近，但得到的分解结果却相差很大，由此充分说明了 Freeman 分解的噪声敏感性。

焦智灏等[18-19]利用 NASA/JPL 实验室 AIRSAR 系统所观测的旧金山地区的极化 SAR 图像进行统计发现：在该区域的极化 SAR 图像中，Freeman 分解中对噪声具有敏感性的像素超过 4%，而在城市与森林区域中，这一比例可能超过 5%。因此，对 Freeman 分解进行修正是非常必要的。

由此引入了如下不稳定性度量因子：

$$R_{\mathrm{inst}} = \left(\frac{\Delta P_{\mathrm{d}} + \Delta P_{\mathrm{s}}}{\mathrm{Span}}\right) \tag{3-51}$$

其中，

$$\Delta P_{\mathrm{d}}=\Delta P_{\mathrm{s}}=\left(\frac{1}{T_{11}-2T_{33}}+\frac{1}{T_{22}-T_{33}}\right)|T_{12}|^2 \tag{3-52}$$

在实际极化 SAR 图像中，如果相干矩阵的元素满足：

$$\frac{T_{11}-2T_{33}}{T_{22}-T_{33}}\in\left[\frac{9}{10},\quad\frac{10}{9}\right],\quad R_{\mathrm{inst}}>0.5 \tag{3-53}$$

则认为有必要对 Freeman 分解进行修正。

下面叙述稳定 Freeman 分解方法的求解过程。首先令

$$f_{\mathrm{v}}=4T_{33} \tag{3-54}$$

进而求解下面的优化问题：

$$\text{minimize:}\quad J=|\alpha|^2+|\beta|^2$$

$$\text{s.t.}\begin{cases}T_{11}=|\alpha|^2f_{\mathrm{d}}+f_{\mathrm{s}}+2T_{33}\\T_{22}=|\beta|^2f_{\mathrm{s}}+f_{\mathrm{d}}+T_{33}\\T_{12}=\alpha f_{\mathrm{d}}+\beta f_{\mathrm{s}}\\\dfrac{f_{\mathrm{s}}}{f_{\mathrm{d}}}=M^3\end{cases} \tag{3-55}$$

其中，M 为由相似性参数所导出的目标一次散射成分和二次散射成分之比：

$$M=\frac{r(\boldsymbol{T},\mathrm{diag}(1,0,0))}{r(\boldsymbol{T},\mathrm{diag}(0,1,0))} \tag{3-56}$$

其中，$r(\cdot)$ 为相似性参数算子，将在 3.4 小节给出具体介绍。

由于 $|\alpha|^2+|\beta|^2\geqslant2|\alpha\beta|$，当且仅当二者相等时左端最小。因此，上述目标函数最小化可以避免当一次散射和二次散射成分基本相当时两个参数之一为零的情况。令 $A=M^3$，$B=\dfrac{T_{11}-2T_{33}}{T_{22}-T_{33}}$，$C=\dfrac{T_{12}}{T_{11}-2T_{33}}$，则可根据图 3-5 的流程进行求解[20]。

针对前述的两个相干矩阵，按照这种修正的稳定分解方法求得的结果如下：

$$\boldsymbol{T}_1\rightarrow[P_{\mathrm{s}}\quad P_{\mathrm{d}}\quad P_{\mathrm{v}}]=[0.9936\quad 1.0164\quad 0] \tag{3-57}$$

$$\boldsymbol{T}_2\rightarrow[P_{\mathrm{s}}\quad P_{\mathrm{d}}\quad P_{\mathrm{v}}]=[1.0276\quad 1.0024\quad 0] \tag{3-58}$$

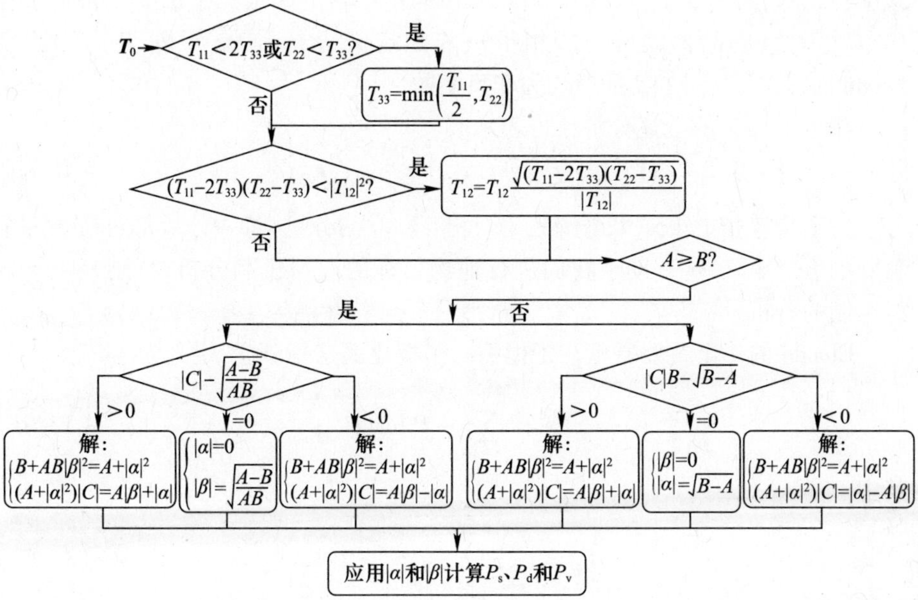

图 3-5　稳定三成分分解流程[20]

3.3.4 Cloude-Pottier 分解

不同于 Freeman 三成分分解,Cloude 等把目标的协方差矩阵或者相干矩阵进行特征值分解,当然也可以把这种分解拆成三部分之和。需要指出的是,Cloude-Pottier 分解[21]不仅是给出一种具体的目标散射机制分析方法,更重要的是由此引入了极化熵的概念。

设一个目标的极化相干矩阵为 $\boldsymbol{T}$,其特征值分解为

$$\boldsymbol{T}=\boldsymbol{U}\begin{bmatrix}\lambda_1 & & \\ & \lambda_2 & \\ & & \lambda_3\end{bmatrix}\boldsymbol{U}^{\mathrm{H}},\quad \lambda_1\geqslant\lambda_2\geqslant\lambda_3$$

$$\boldsymbol{U}=\begin{bmatrix}U_{11} & U_{12} & U_{13}\\ U_{21} & U_{22} & U_{23}\\ U_{31} & U_{32} & U_{33}\end{bmatrix}=[\boldsymbol{U}_1\quad \boldsymbol{U}_2\quad \boldsymbol{U}_3] \tag{3-59}$$

$$=\begin{bmatrix}\cos(\alpha_1) & \cos(\alpha_2) & \cos(\alpha_3)\\ \sin(\alpha_1)\cos(\beta_1)\mathrm{e}^{\mathrm{j}\delta_1} & \sin(\alpha_2)\cos(\beta_1)\mathrm{e}^{\mathrm{j}\delta_2} & \sin(\alpha_3)\cos(\beta_3)\mathrm{e}^{\mathrm{j}\delta_3}\\ \sin(\alpha_1)\sin(\beta_1)\mathrm{e}^{\mathrm{j}\gamma_1} & \sin(\alpha_2)\sin(\beta_2)\mathrm{e}^{\mathrm{j}\gamma_2} & \sin(\alpha_3)\sin(\beta_3)\mathrm{e}^{\mathrm{j}\gamma_3}\end{bmatrix}$$

式中：λ_1、λ_2、λ_3为 3 个特征值（从大到小排序）；矩阵 $\boldsymbol{U}$ 是一个由 3 个特征矢量 $\boldsymbol{U}_1$、$\boldsymbol{U}_2$、$\boldsymbol{U}_3$ 组成的酉矩阵。从相干矩阵的定义容易看出，矩阵 $\boldsymbol{T}$ 为半正定 Hermitian矩阵，其三个特征值均为非负实数。

相干矩阵 $\boldsymbol{T}$ 的上述分解还可表示成

$$\boldsymbol{T} = \lambda_1 \boldsymbol{U}_1 \boldsymbol{U}_1^{\mathrm{H}} + \lambda_2 \boldsymbol{U}_2 \boldsymbol{U}_2^{\mathrm{H}} + \lambda_3 \boldsymbol{U}_3 \boldsymbol{U}_3^{\mathrm{H}} \tag{3-60}$$

这意味着相干矩阵 $\boldsymbol{T}$ 分解为 3 个相互独立的分量，每一分量都对应于一个独立的散射矩阵，这有助于我们进行地物目标的散射机制分析，特别是主导散射机制的分析。

Cloude 的一个重要贡献在于他引入了极化熵这一概念，定义为

$$H = \sum_{i=1}^{3} - P_i \log_3 P_i \tag{3-61}$$

其中，

$$P_i = \frac{\lambda_i}{\sum_{j=1}^{3} \lambda_j}, \quad i = 1,2,3 \tag{3-62}$$

极化熵可以用于衡量目标区域散射成分的随机程度，取值范围为[0,1]。在森林区域，极化熵往往较高。

Cloude 还引入了另一个重要参数 α 角，定义为

$$\alpha = P_1\alpha_1 + P_2\alpha_2 + P_3\alpha_3 = P_1 \cos^{-1}(|U_{11}|) + P_2 \cos^{-1}(|U_{12}|) + P_3 \cos^{-1}(|U_{13}|) \tag{3-63}$$

α 角取值范围为[0°,90°]。

极化熵和 α 角常用于分析目标的物理散射机制，Cloude 给出了散射机制分析的区域划分图，如图 3-6 所示。

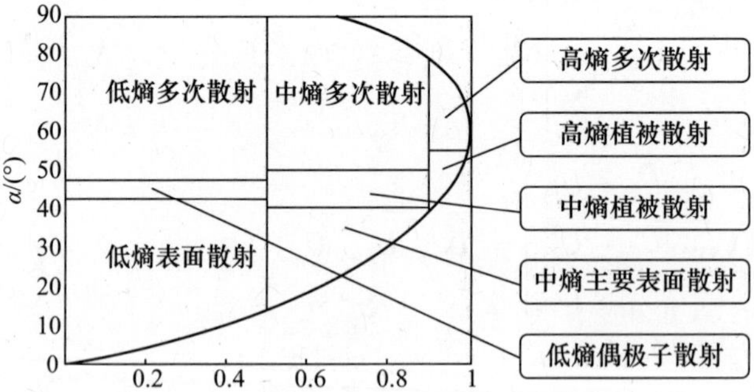

图 3-6 极化熵和 α 角的区域划分图

此外,Cloude 还定义了另外一个参数——极化反熵(anisotropy):

$$A = \frac{\lambda_2 - \lambda_3}{\lambda_2 + \lambda_3} \tag{3-64}$$

$A=0$ 意味着后两个特征值相等,这表明目标散射机理很复杂;$A=1$ 表示最后一个特征值为零,这意味着目标具有中等程度的散射复杂性。

3.4 目标相似性参数

目前已经发展出很多分解方法[12-39],虽然这些分解方法在目标散射机制分析以及目标检测和分类中都发挥了一定的作用,但它们存在一个最大的问题是体散射模型的选择问题。体散射模型的选择不仅影响了目标的体散射系数,由于要联立解方程组,反过来还会影响一次散射和二次散射的系数。于是这就导致了一个逻辑上的问题:不同的学者采用不同的体散射模型,从而导致了用不同的方法得到了不同的一次散射和二次散射成分。因此有必要绕开分解方法,直接给出一次散射和二次散射分量的度量。

3.4.1 单视数据的相似性参数

设 $\boldsymbol{S}$ 为一个雷达目标的散射矩阵,那么通过如下的旋转变换[40]:

$$\boldsymbol{S}(\theta) = \boldsymbol{J}(\theta)\boldsymbol{S}\boldsymbol{J}(\theta)^{\mathrm{T}} \tag{3-65}$$

其中,

$$\boldsymbol{J}(\theta) = \begin{bmatrix} \cos\theta & -\sin\theta \\ \sin\theta & \cos\theta \end{bmatrix}$$

由此可以得到目标零定向角位置时的散射矩阵,记为 $\boldsymbol{S}^0$,并令零定向角时的散射矢量为

$$\boldsymbol{k}^0 = \frac{1}{\sqrt{2}}\left[S_{\mathrm{HH}}^0 + S_{\mathrm{VV}}^0 \quad S_{\mathrm{HH}}^0 - S_{\mathrm{VV}}^0 \quad 2S_{\mathrm{HV}}^0 \right]^{\mathrm{T}} \tag{3-66}$$

这里上标 0 代表零定向角时目标散射矩阵的元素,于是我们定义两个雷达点目标(或者极化 SAR 单视复数据情况下的两个像素)的相似性参数[41]为

$$r(\boldsymbol{k}_1, \boldsymbol{k}_2) = \frac{\left| (\boldsymbol{k}_1^0)^{\mathrm{H}} \boldsymbol{k}_2^0 \right|^2}{\| \boldsymbol{k}_1^0 \|^2 \| \boldsymbol{k}_2^0 \|^2} \tag{3-67}$$

式中:$\| \cdot \|$ 表示散射矢量的 2 范数,即矢量各分量的绝对值的平方和开方。

目标相似性参数具有如下性质：

（1）对称性：$r(\boldsymbol{k}_2,\boldsymbol{k}_1)=r(\boldsymbol{k}_1,\boldsymbol{k}_2)$。

（2）旋转不变性：$r([J(\theta_1)][\boldsymbol{S}_1][J(-\theta_1)],[J(\theta_2)][\boldsymbol{S}_2][J(-\theta_2)])=r([\boldsymbol{S}_1],[\boldsymbol{S}_2])$。其中，$\theta_1$ 和 θ_2 为任意的两个旋转角度。这意味着一个目标任意绕雷达视线旋转，不改变目标的散射机制，也不改变目标与另一个目标的相似性。

（3）幅度不变性：$r(a_1[\boldsymbol{S}_1],a_2[\boldsymbol{S}_2])=r([\boldsymbol{S}_1],[\boldsymbol{S}_2])$，其中 a_1 和 a_2 是两个任意的复数，这意味着一个目标在距离单元内纯粹改变其绝对相位（比如目标沿距离向改变位置）不改变目标的散射机制，也不改变目标与另一个目标的相似性；对位于一个距离单元内的某些目标，如球目标、平面、二面角或三面角等，通过增加目标的尺寸也不改变目标与另一个目标的相似性。

（4）数据动态范围规范性：$0\leqslant r([\boldsymbol{S}_1],[\boldsymbol{S}_2])\leqslant 1$，其中 $r([\boldsymbol{S}_1],[\boldsymbol{S}_2])=1$ 当且仅当 $[\boldsymbol{S}_2]=a[J(\theta)][\boldsymbol{S}_1][J(-\theta)]$。

（5）正交分解性：设 $[\boldsymbol{S}_1]$、$[\boldsymbol{S}_2]$ 和 $[\boldsymbol{S}_3]$ 是三个两两互不相关的散射矩阵，即 $r([\boldsymbol{S}_1],[\boldsymbol{S}_2])=r([\boldsymbol{S}_2],[\boldsymbol{S}_3])=r([\boldsymbol{S}_1],[\boldsymbol{S}_3])=0$，那么对于任意一个矩阵 $[\boldsymbol{S}]$，有

$$r([\boldsymbol{S}],[\boldsymbol{S}_1])+r([\boldsymbol{S}],[\boldsymbol{S}_2])+r([\boldsymbol{S}],[\boldsymbol{S}_3])=1 \tag{3-68}$$

平面/球面、左螺旋体和右螺旋体满足上述特性，是一组具有两两正交性的目标。

利用相似性参数的定义，我们对目标的散射机制进行分析，具体来讲就是通过待测目标与标准目标之间的相似性来分析目标的散射特性。典型的目标种类主要包括平面、二面角、螺旋体、直线等，下面介绍具体分析目标散射机制的方法。设一个目标的散射矢量为 $\boldsymbol{k}$，则它的散射成分如下：

（1）一次散射成分，是一个与目标和平面之间的相似性参数相关的量，即

$$r_1=r\left(\boldsymbol{k},\begin{bmatrix}1\\0\\0\end{bmatrix}\right)=\frac{|S_{\mathrm{HH}}^0+S_{\mathrm{VV}}^0|^2}{2(|S_{\mathrm{HH}}^0|^2+|S_{\mathrm{VV}}^0|^2+2|S_{\mathrm{HV}}^0|^2)} \tag{3-69}$$
$$=\frac{|S_{\mathrm{HH}}^0+S_{\mathrm{VV}}^0|^2}{2\cdot \mathrm{Span}}=\frac{|S_{\mathrm{HH}}+S_{\mathrm{VV}}|^2}{2\cdot \mathrm{Span}}$$

式中：Span 为极化总功率。

（2）二次散射成分，是一个与目标和二面角之间的相似性参数相关的量，即

$$r_2 = r\left(\boldsymbol{k}, \begin{bmatrix} 0 \\ 1 \\ 0 \end{bmatrix}\right) = \frac{|S_{HH}^0 - S_{VV}^0|^2}{2 \cdot \text{Span}} \tag{3-70}$$

对于对称目标(设其散射矢量为 $\boldsymbol{k}_S$),可以通过旋转使散射矩阵对角化,它与平面及二面角的相似性参数之和为 1,即

$$r(\boldsymbol{k}_S, [1\quad 0\quad 0]^T) + r(\boldsymbol{k}_S, [0\quad 1\quad 0]^T) = 1 \tag{3-71}$$

(3) 体散射成分,是一个与目标和左旋/右旋螺旋体目标之间的相似性参数相关的量,即

$$r_L = r\left(\boldsymbol{k}, \begin{bmatrix} 0 \\ 1 \\ j \end{bmatrix}\right) = \frac{|(S_{HH}^0 - S_{VV}^0) - 2jS_{HV}^0|^2}{4 \cdot \text{Span}} = \frac{|(S_{HH} - S_{VV}) - 2jS_{HV}|^2}{4 \cdot \text{Span}} \tag{3-72}$$

$$r_R = r\left(\boldsymbol{k}, \begin{bmatrix} 0 \\ 1 \\ -j \end{bmatrix}\right) = \frac{|(S_{HH}^0 - S_{VV}^0) + 2jS_{HV}^0|^2}{4 \cdot \text{Span}} = \frac{|(S_{HH} - S_{VV}) + 2jS_{HV}|^2}{4 \cdot \text{Span}} \tag{3-73}$$

可以很容易验证 $r_1 + r_L + r_R = 1$,即

$$r(\boldsymbol{k}, [1\quad 0\quad 0]^T) + r(\boldsymbol{k}, [0\quad 1\quad j]^T) + r(\boldsymbol{k}, [0\quad 1\quad -j]^T) = 1 \tag{3-74}$$

(4) 线性特征成分,是一个与目标和线目标之间的相似性参数相关的量,即

$$r_3 = r\left(\boldsymbol{k}, \begin{bmatrix} 1 \\ 1 \\ 0 \end{bmatrix}\right) = \frac{|S_{HH}^0|^2}{\text{Span}} \tag{3-75}$$

3.4.2 多视数据的相似性参数

考虑到极化 SAR 的应用,安文韬等把上述相似性参数推广到多视情况[15,42]。

设多视极化雷达数据中两个任意目标的极化相干矩阵分别为 $\boldsymbol{T}_1$ 和 $\boldsymbol{T}_2$,为了消除定向角的影响,首先对它们进行去定向操作:

$$\boldsymbol{T}_1^0 = \text{Deorientation}(\boldsymbol{T}_1),\quad \boldsymbol{T}_2^0 = \text{Deorientation}(\boldsymbol{T}_2) \tag{3-76}$$

式中:上标 0 表示去定向操作之后的相干矩阵。两目标相干矩阵间的相似性参数定义如下:

$$R(\boldsymbol{T}_1,\boldsymbol{T}_2)=\frac{|\langle \boldsymbol{T}_1^0,\boldsymbol{T}_2^0\rangle|}{\|\boldsymbol{T}_1^0\|_F\ \|\boldsymbol{T}_2^0\|_F}=\frac{|\mathrm{tr}((\boldsymbol{T}_1^0)^H\boldsymbol{T}_2^0)|}{\sqrt{\mathrm{tr}((\boldsymbol{T}_1^0)^H\boldsymbol{T}_1^0)\cdot\mathrm{tr}((\boldsymbol{T}_2^0)^H\boldsymbol{T}_2^0)}} \tag{3-77}$$

式中:tr(·)为矩阵的迹;〈 · 〉为矩阵的内积,定义为$\langle \boldsymbol{A},\boldsymbol{B}\rangle=\mathrm{tr}(\boldsymbol{A}^H\boldsymbol{B})$;$\|\cdot\|_F$为矩阵的 Frobenius 范数,定义如下:

$$\|\boldsymbol{A}\|_F=\left(\sum_{i=1}^{M}\sum_{j=1}^{N}|a_{ij}|^2\right)^{\frac{1}{2}}=(\mathrm{tr}(\boldsymbol{A}^H\boldsymbol{A}))^{\frac{1}{2}} \tag{3-78}$$

式中:a_{ij}为矩阵 $\boldsymbol{A}$ 中第 i 行第 j 列的元素。

由于极化相干矩阵是共轭对称的,因此式(3-77)可进一步化简为

$$R(\boldsymbol{T}_1,\boldsymbol{T}_2)=\frac{|\mathrm{tr}(\boldsymbol{T}_1^0\boldsymbol{T}_2^0)|}{\sqrt{\mathrm{tr}((\boldsymbol{T}_1^0)^2)\cdot\mathrm{tr}((\boldsymbol{T}_2^0)^2)}} \tag{3-79}$$

该式即为多视情况下的相似性参数定义。为了区别于单视情况,我们称之为广义相似性参数。

当相干矩阵 $\boldsymbol{T}$ 的秩为 1,即意味着 $\boldsymbol{T}$ 对应于一个单视目标。此时,容易验证式(3-80)成立:

$$R(\boldsymbol{T}_1,\boldsymbol{T}_2)=\frac{|\mathrm{tr}(\boldsymbol{T}_1^0\boldsymbol{T}_2^0)|}{\sqrt{\mathrm{tr}((\boldsymbol{T}_1^0)^2)\cdot\mathrm{tr}((\boldsymbol{T}_2^0)^2)}}=\frac{|(\boldsymbol{k}_1^0)^H\boldsymbol{k}_2^0|}{\|\boldsymbol{k}_2^0\|^2\ \|\boldsymbol{k}_2^0\|^2}=r(\boldsymbol{k}_1,\boldsymbol{k}_2) \tag{3-80}$$

即多视情况下的广义相似性参数与前面定义的点目标的相似性参数是一致的,单视数据下的相似性参数是广义相似性参数在两个目标相关矩阵的秩均为 1 情况下的一种特例。因此,广义相似性参数也具有与上面点目标相似性参数的类似性质[15]。

3.5 基于去定向共极化比的目标分解

殷君君等[43]提出了一种基于去定向共极化比的极化分解方法,利用共极化比、共极化通道相关系数进行目标物理散射机制、散射随机性的识别。共极化通道相位差、共极化通道幅度比和共极化通道相关系数是目标物理散射机制识别的基本参数,很多学者都是基于其中一个极化参数进行应用研究,本书介绍一种新的目标分解方法,即 $\Delta\alpha_B/\alpha_B$ 分解。

3.4 节介绍了雷达目标的旋转矩阵,见式(3-65)。对于具有对称结构的

散射体,其任意旋转矩阵具有如下一般形式:

$$\boldsymbol{S}=\begin{bmatrix}\cos\theta & -\sin\theta\\ \sin\theta & \cos\theta\end{bmatrix}\begin{bmatrix}S_{\mathrm{HH}} & 0\\ 0 & S_{\mathrm{VV}}\end{bmatrix}\begin{bmatrix}\cos\theta & \sin\theta\\ -\sin\theta & \cos\theta\end{bmatrix} \tag{3-81}$$

式中:$\theta\in[-45°\quad 45°]$是目标定向角,表示目标在入射波平面内对称轴与 H 极化方向的夹角。假设 $\boldsymbol{S}$ 矩阵处于 0°定向角位置,则目标的极化散射特性完全由复共极化比确定。

$$\rho=\frac{S_{\mathrm{VV}}}{S_{\mathrm{HH}}} \tag{3-82}$$

以标准散射体三面角和二面角为例,该两种散射体属于平面散射,完全理想情况下物理边界在平面散射中会产生 π 的相位差,它们的散射矩阵和共极化通道比为

$$\boldsymbol{S}=\begin{bmatrix}1 & 0\\ 0 & (-1)^{n+1}\end{bmatrix}\Rightarrow\begin{cases}\rho_{\mathrm{Trihedral}}=\dfrac{S_{\mathrm{VV}}}{S_{\mathrm{HH}}}=1\\ \rho_{\mathrm{Dihedral}}=\dfrac{S_{\mathrm{VV}}}{S_{\mathrm{HH}}}=-1\end{cases} \tag{3-83}$$

其中,$n=1$ 表示一次散射,$n=2$ 表示二面角散射。从式(3-83)中可以看出,一次散射和二次散射的共极化比 $\boldsymbol{\rho}$ 分别位于图 3-7 单位圆的最左端和最右端。对于其他一般的确定性散射体(目标完全由散射矩阵 $\boldsymbol{S}$ 描述),在共极化比圆中,由于二次散射去定向共极化通道相位差接近 π,散射体主要分布在单位圆左侧;一次散射共极化通道相位差接近零,散射体主要分布在单位圆右侧。

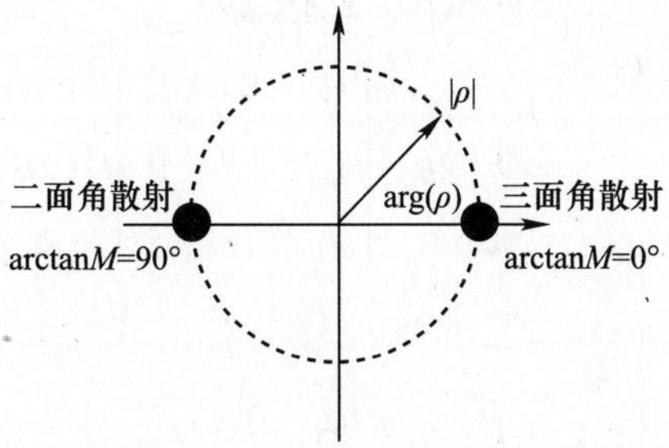

图 3-7　去定向共极化比圆

然而,自然地物的后向散射具有随机性,后向散射波的极化椭圆随时间、空间而变化,因此需要多视处理获取目标的平均极化散射特性。我们首先考虑粗糙表面的 X-Bragg 散射模型[44],它将粗糙表面散射建模成具有反射对称性的

去极化目标,其去极化特性由粗糙表面的随机旋转扰动引起。假设随机扰动的角度β服从宽度为$2\beta_1$的均匀分布,即$P(\beta)=1/(2\beta_1)$,$|\beta|\leqslant\beta_1$,则具有旋转扰动去极化效应的 X - Bragg 模型为

$$\boldsymbol{T}_{\mathrm{X-Bragg}}=\begin{bmatrix} C_1 & C_2\operatorname{sinc}(2\beta_1) & 0 \\ C_2^*\operatorname{sinc}(2\beta_1) & C_3(1+\operatorname{sinc}(4\beta_1)) & 0 \\ 0 & 0 & C_3(1-\operatorname{sinc}(4\beta_1)) \end{bmatrix} \tag{3-84}$$

其中,

$$\begin{cases} C_1=|S_{\mathrm{HH}}+S_{\mathrm{VV}}|^2/2 \\ C_2=(S_{\mathrm{HH}}+S_{\mathrm{VV}})(S_{\mathrm{HH}}-S_{\mathrm{VV}})^*/2 \\ C_3=|S_{\mathrm{HH}}-S_{\mathrm{VV}}|^2/4 \end{cases}$$

该模型的散射机制可以用共极化比表示:

$$M=\frac{T_{22}+T_{33}}{T_{11}}=\frac{|S_{\mathrm{HH}}-S_{\mathrm{VV}}|^2}{|S_{\mathrm{HH}}+S_{\mathrm{VV}}|^2}=\frac{|\rho-1|^2}{|\rho+1|^2} \tag{3-85}$$

式中:T_{11}、T_{22}和T_{33}为$\boldsymbol{T}_{\mathrm{X-Bragg}}$模型对角线上的元素;$M$具有旋转不变性[45]。X - Bragg模型假设后向散射来自单一的目标,下面考虑一般的反射对称性目标,其散射矩阵为

$$\begin{aligned} \boldsymbol{T}=\langle\boldsymbol{k}_p\boldsymbol{k}_p^{\mathrm{H}}\rangle &= \begin{bmatrix} T_{11} & T_{12} & T_{13} \\ T_{12}^* & T_{22} & T_{23} \\ T_{13}^* & T_{23}^* & T_{33} \end{bmatrix} \\ &= \boldsymbol{Q}(2\theta)^{\mathrm{T}}\boldsymbol{T}_0\boldsymbol{Q}(2\theta) \\ &= \boldsymbol{Q}(2\theta)^{\mathrm{T}}\begin{bmatrix} t_{11} & t_{12} & 0 \\ t_{12}^* & t_{22} & 0 \\ 0 & 0 & t_{33} \end{bmatrix}\boldsymbol{Q}(2\theta) \end{aligned} \tag{3-86}$$

其中,

$$t_{11}=\frac{\langle|S_{\mathrm{HH}}+S_{\mathrm{VV}}|^2\rangle}{2}$$

$$t_{22}+t_{33}=\frac{\langle|S_{\mathrm{HH}}-S_{\mathrm{VV}}|^2\rangle}{2}$$

$$t_{12}=\frac{\langle(S_{\mathrm{HH}}+S_{\mathrm{VV}})(S_{\mathrm{HH}}-S_{\mathrm{VV}})^*\rangle}{2}$$

式中：$\langle\cdots\rangle$ 表示集平均；t_{11}、t_{22}、t_{33} 和 t_{12} 为去定向散射相干矩阵中的元素，目标旋转矩阵为

$$\boldsymbol{Q}(2\theta)=\begin{bmatrix}1 & 0 & 0\\ 0 & \cos2\theta & \sin2\theta\\ 0 & -\sin2\theta & \cos2\theta\end{bmatrix}$$

从式(3-86)中，我们定义一个新的参数 α_B：

$$\alpha_B=\arctan\left(\frac{T_{22}+T_{33}}{T_{11}}\right)\tag{3-87}$$

$\alpha_B\in[0°\quad 90°]$ 是旋转不变量。式(3-87)不能直接显示表达它与共极化通道比之间的关系，由此进一步展开为

$$\begin{aligned}\alpha_B&=\arctan\left(\frac{\langle|S_{HH}-S_{VV}|^2\rangle}{\langle|S_{HH}+S_{VV}|^2\rangle}\right)\\&=\arctan\left(\frac{1+\dfrac{\langle|S_{VV}|^2\rangle}{\langle|S_{HH}|^2\rangle}-2\dfrac{\mathrm{Re}(\langle S_{HH}S_{VV}^*\rangle)}{\langle|S_{HH}|^2\rangle}}{1+\dfrac{\langle|S_{VV}|^2\rangle}{\langle|S_{HH}|^2\rangle}+2\dfrac{\mathrm{Re}(\langle S_{HH}S_{VV}^*\rangle)}{\langle|S_{HH}|^2\rangle}}\right)\end{aligned}\tag{3-88}$$

其中，$\mathrm{Re}(\cdot)$ 表示复数的实部。把 $\langle S_{HH}S_{VV}^*\rangle$ 用 $r_c\sqrt{\langle|S_{HH}|^2\rangle\langle|S_{VV}|^2\rangle}$ 和去定向共极化通道比 ρ_r 替换，得到

$$\begin{aligned}\alpha_B&=\arctan\left(\frac{1+|\rho_r|^2-2\mathrm{Re}(r_c|\rho_r|)}{1+|\rho_r|^2+2\mathrm{Re}(r_c|\rho_r|)}\right)\\&=\arctan\left(\frac{1+|\rho_r|^2-2|r_c||\rho_r|\cos\phi_r}{1+|\rho_r|^2+2|r_c||\rho_r|\cos\phi_r}\right)\\&=\arctan\left(\frac{|\rho_r-1|^2+2|\rho_r|(1-|r_c|)\cos\phi_r}{|\rho_r+1|^2-2|\rho_r|(1-|r_c|)\cos\phi_r}\right)\end{aligned}\tag{3-89}$$

其中，

$$\rho_r=|\rho_r|\mathrm{e}^{\mathrm{j}\phi_r}=\sqrt{\frac{\langle|S_{VV}|^2\rangle}{\langle|S_{HH}|^2\rangle}}\mathrm{e}^{\mathrm{j}(\langle\phi_{VV}-\phi_{HH}\rangle)}$$

$$r_c=\frac{\langle S_{HH}S_{VV}^*\rangle}{\sqrt{\langle|S_{HH}|^2\rangle\langle|S_{VV}|^2\rangle}}$$

从中可以看出，α_B 由两个统计参数决定，即 ρ_r 和 r_c，分别代表去定向平均共极化通道比和去定向共极化通道相关系数。对散射相关矩阵进行去定向操作后[46]，这两个参数可以直接获得。α_B 仅描述了目标的物理散射机制，不能描述

散射一致性/散射随机性，而且与共极化通道相关系数 $|r_c|$ 有关。因此，我们定义了一个物理参数，用于描述目标的散射非相干性，如下：

$$\Delta\alpha_B = \alpha_B - \alpha_0 \tag{3-90}$$

$\Delta\alpha_B \in [-45° \quad \arctan 2]$。其中，

$$\alpha_0 = \arctan\left(\frac{|\rho_r - 1|^2}{|\rho_r + 1|^2}\right) \tag{3-91}$$

α_0在物理意义上与 $\arctan M$ 具有相同的意义，表示单一物理散射机制。$\Delta\alpha_B$可以用来描述目标的散射随机性，它的符号由共极化通道相位差决定。如果在一个分辨单元里，所有散射体都具有相同的散射机制且定向角与介电常数具有一致性，则共极化相关系数 $|r_c|$ 的值较大，$\Delta\alpha_B$ 接近于 0°。

从式(3-89)中可以看出，当 $|r_c|$ 逐渐减小时，α_B 逐渐趋近于 45°。α_0 由 ρ_r 唯一确定，表示单秩散射，$\Delta\alpha_B$ 表示实际散射和单秩散射之间的距离。

(1) 对于二次散射过程，由于它的物理模型主要由共极化通道相位差为 $\pm\pi$的特性描述，因此，$\Delta\alpha_B < 0°$。

(2) 对于一次散射过程和体散射过程，由于它们的共极化通道相位差绝对值小于 $\pi/2$。因此，$\Delta\alpha_B > 0°$。

由 α_B 和 $\Delta\alpha_B$ 可以构成一个物理散射平面，如图 3-8 所示。$\Delta\alpha_B/\alpha_B$ 方法是依据平均物理散射机制求解散射非一致性和主导散射机制，而 H/α 方法是依据特征值分解求散射混乱程度和平均物理散射机制。$\Delta\alpha_B/\alpha_B$ 方法在对目标散射特性上的解释与 H/α 方法一致，它们的对应关系如图 3-6 与图 3-8 所示。根据这两个平面，可以将目标物理散射机制分成 8 类。$\Delta\alpha_B/\alpha_B$ 平面的分割界面是依据 H/α 方法利用实测数据和经典物理散射模型而得到的，具体界限划分方法见文献[43,47]。$\Delta\alpha_B/\alpha_B$ 平面的分类区域和 H/α 平面的分类区域具有一一对应性。图 3-8 中的倾斜界面方程为

$$\begin{aligned} &\alpha_B = \Delta\alpha_B \qquad \Delta\alpha_B \in [0° \quad \arctan 2] \\ &\alpha_B = 90° + \Delta\alpha_B \quad \Delta\alpha_B \in [-45° \quad 0°] \end{aligned} \tag{3-92}$$

α_B 和 $\Delta\alpha_B$ 的具体计算方法如图 3-9 所示，解释如下：

(1) $\alpha_B \in [0° \quad 90°]$是旋转不变量，即$T_{11}$和$T_{22}+T_{33}$的值是与定向角 θ 相互独立的。

(2) ρ_r受定向角 θ 的影响很大，因此对 $\boldsymbol{T}$ 矩阵或 $\boldsymbol{C}$ 矩阵需要进行去定向操作。α_0表示目标对称散射成分的物理散射机制。

(3) $\Delta\alpha_B \in [-45° \quad \arctan 2]$表征目标散射的混乱程度，区别于极化熵$H$，$\Delta\alpha_B$分别用正值和负值表征一次散射为主（包含体散射）以及二次散射为主区域的目

标散射混乱程度。$|\Delta\alpha_B|$的值越大，表征目标区域的后向散射随机性越强。

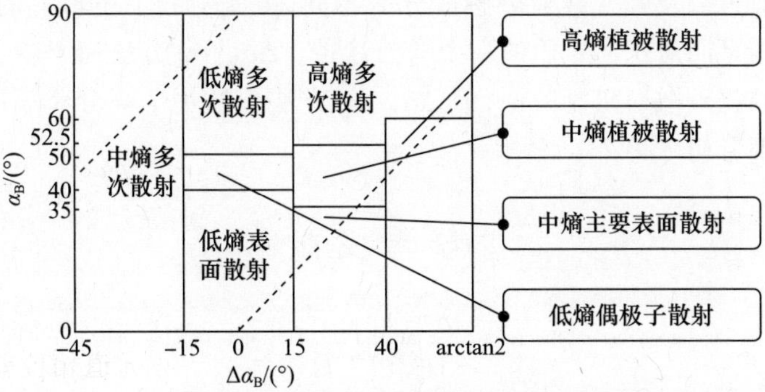

图 3-8　$\Delta\alpha_B/\alpha_B$物理散射机制分割平面

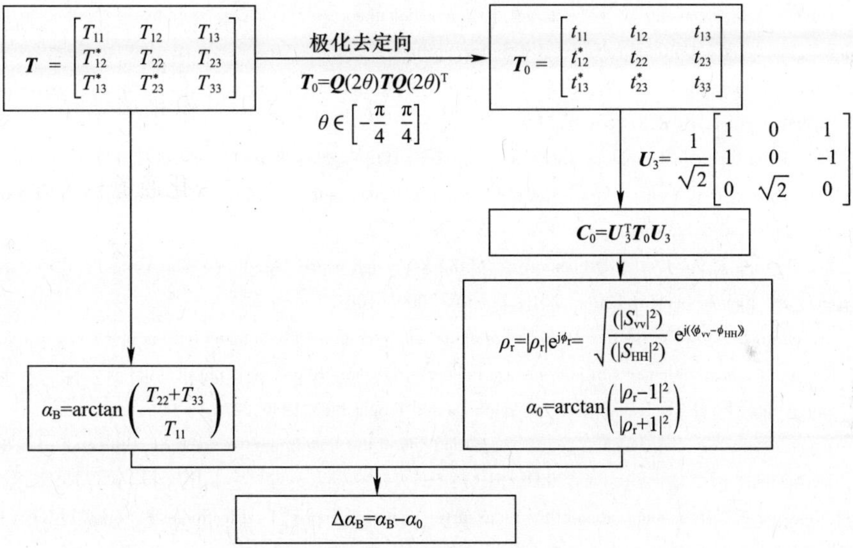

图 3-9　$\Delta\alpha_B/\alpha_B$参数计算方法

3.6 小　　结

在本章中，我们介绍了极化雷达的目标特征提取方法，包括几种目标分解方法：Huynen 分解、杨分解、游分解、Krogager 分解、Cameron 分解、Freeman 分解、Yamaguchi 分解、焦分解、Cloude 分解、相似性参数、殷分解等。这些参数可以应用于道路检测、舰船检测、地物分类等[43-65]。值得注意的是，传统的 Freeman分解、Yamaguchi 分解都存在负功率现象，安文韬最早发现了该问题并提出了有效的解决方法,详细可参考文献[15,22,32]。不同体散射模型的选择带来表面散射以及二次散射分解成分的不同,由此引起了逻辑上的矛盾,而相似性参数则是回避这一矛盾的一个有效途径。$\Delta\alpha_B/\alpha_B$ 方法和 H/α 方法对目标具有相同的物理散射机制解译,但 $\Delta\alpha_B/\alpha_B$ 方法更适用于高分辨率的极化 SAR 图像的精细分析。

参 考 文 献

[1] Huynen J R. Phenomenological theory of radar targets[D]. The Netherlands: Delft University of Technology, 1970.

[2] Huynen J R. Theory and applications of the N – target decomposition theorem[C]//Proceedings: Intern – ational Workshop on Radar Polarimetry, JIPR – 90. Nantcs, France: 1990.

[3] Huynen J R. Comments on radar target decomposition theorems, In: Dinect and Inverse Methodsin Radar Polarimetry[M]. Dordrecht: NATO ASI Series, Springer, 1992.

[4] Yang J, Yamaguchi Y, Yamada H, et al. Stable decomposition of Mueller matrix[J]. IEICE Transactions on Communications, 1998, 81(6): 1261 – 1268.

[5] Yang J. On theoretical problems in radar polarimetry[D]. Niigata: Niigata University, 1999.

[6] Yang J, Peng Y N, Yamaguchi Y, et al. On Huynen's decomposition of a Kennaugh matrix[J]. IEEE Geoscience and Remote Sensing Letters, 2006, 3(3): 369 – 372.

[7] You B, Yang J, Yin J, et al. Decomposition of the Kennaugh matrix based on a new norm[J]. IEEE Geoscience and Remote Sensing Letters, 2013, 11(5): 1000 – 1004.

[8] Chaudhuri S, Foo B Y, Boerner W M. A validation analysis of Huynen's target – descriptor interpretations of the Mueller matrix elements in polarimetric radar returns using Kennaugh's physical optics impulse response formulation[J]. IEEE Transactions on Antennas and Propagation, 1986, 34(1): 11 – 20.

[9] Yang J, Peng Y N, Yamaguchi Y, et al. The periodicity of the scattering matrix and its application[J]. IEICE Transactions on Communications, 2002, 85(2): 565 – 567.

[10] Krogager E. New decomposition of the radar target scattering matrix[J]. Electronics Letters, 1990, 26(18): 1525 – 1527.

[11] Cameron W L, Youssef N N, Leung L K. Simulated polarimetric signatures of primitive geometrical shapes [J]. IEEE Transactions on Geoscience and Remote Sensing, 1996, 34(3): 793 – 803.

[12] Freeman A, Durden S L. A three – component scattering model for polarimetric SAR data[J]. IEEE Transactions on Geoscience and Remote Sensing, 1998, 36(3): 963 – 973.

[13] Yamaguchi Y, Moriyama T, Ishido M, et al. Four – component scattering model for polarimetric SAR image decomposition[J]. IEEE Transactions on Geoscience and Remote Sensing, 2005, 43(8): 1699 – 1706.

[14] Yamaguchi Y, Sato A, Boerner W M, et al. Four – component scattering power decomposition with rotation of coherency matrix[J]. IEEE Transactions on Geoscience and Remote Sensing, 2011, 49(6): 2251 – 2258.

[15] 安文韬. 基于极化 SAR 的目标极化分解与散射特征提取研究[D]. 北京: 清华大学, 2010.

[16] Singh G, Yamaguchi Y. Model – based six – component scattering matrix power decomposition[J]. IEEE Transactions on Geoscience and Remote Sensing, 2018, 56(10): 5687 – 5704.

[17] Singh G, Malik R, Mohanty S, et al. Seven – component scattering power decomposition of POLSAR coherency matrix[J]. IEEE Transactions on Geoscience and Remote Sensing, 2019, 57(11): 8371 – 8382.

[18] Jiao Z H, Yang J, Yeh C, et al. Modified three – component decomposition method for polarimetric SAR data [J]. IEEE Geoscience and Remote Sensing Letters, 2013, 11(1): 200 – 204.

[19] 焦智灏. 基于极化 SAR 的特征提取及其应用[D]. 北京：清华大学, 2013.

[20] Yin J, Yang J. Target Feature Extraction with Polarimetric Radar, Chapter 9, Electromagnetic Scattering – A Remote Sensing Perspective[M]. Singapore, Hackensack, NJ: World Scientific, 2017.

[21] Cloude S R, Pottier E. An entropy based classification scheme for land applications of polarimetric SAR [J]. IEEE Transactions on Geoscience and Remote Sensing, 1997, 35(1): 68 – 78.

[22] An W, Cui Y, Yang J. Three – component model – based decomposition for polarimetric SAR data [J]. IEEE Transactions on Geoscience and Remote Sensing, 2010, 48(6): 2732 – 2739.

[23] Singh G, Yamaguchi Y, Park S E. General four – component scattering power decomposition with unitary transformation of coherency matrix[J]. IEEE Transactions on Geoscience and Remote Sensing, 2012, 51(5): 3014 – 3022.

[24] Singh G, Yamaguchi Y, Park S E, et al. Hybrid Freeman/eigenvalue decomposition method with extended volume scattering model[J]. IEEE Geoscience and Remote Sensing Letters, 2012, 10(1): 81 – 85.

[25] Sato A, Yamaguchi Y, Singh G, et al. Four – component scattering power decomposition with extended volume scattering model[J]. IEEE Geoscience and Remote Sensing Letters, 2011, 9(2): 166 – 170.

[26] Yamaguchi Y, Yajima Y, Yamada H. A four – component decomposition of POLSAR images based on the coherency matrix[J]. IEEE Geoscience and Remote Sensing Letters, 2006, 3(3): 292 – 296.

[27] Arii M, van Zyl J J, Kim Y. Adaptive model – based decomposition of polarimetric SAR covariance matrices [J]. IEEE Transactions on Geoscience and Remote Sensing, 2010, 49(3): 1104 – 1113.

[28] Nakamura J, Aoyama K, Ikarashi M, et al. Coherent decomposition of fully polarimetric FM – CW radar data [J]. IEICE Transactions on Communications, 2008, 91(7): 2374 – 2379.

[29] Yajima Y, Yamaguchi Y, Sato R, et al. POLSAR image analysis of wetlands using a modified four – component scattering power decomposition[J]. IEEE Transactions on Geoscience and Remote Sensing, 2008, 46(6): 1667 – 1673.

[30] Cui Y, Yamaguchi Y, Yang J, et al. On complete model – based decomposition of polarimetric SAR coherency matrix data[J]. IEEE Transactions on Geoscience and Remote Sensing, 2013, 52(4): 1991 – 2001.

[31] Cui Y, Yamaguchi Y, Yang J. Three – component power decomposition for polarimetric SAR data based on adaptive volume scatter modeling[J]. Remote Sensing, 2012, 4(6): 1557 – 1574.

[32] An W, Xie C, Yuan X, et al. Four – component decomposition of polarimetric SAR images with deorientation [J]. IEEE Geoscience and Remote Sensing Letters, 2011, 8(6): 1090 – 1094.

[33] Lee J S, Ainsworth T L, Wang Y. Generalized polarimetric model – based decompositions using incoherent scattering models[J]. IEEE Transactions on Geoscience and Remote Sensing, 2013, 52(5): 2474 – 2491.

[34] Lee J S, Ainsworth T L, Kelly J P, et al. Evaluation and bias removal of multilook effect on entropy/alpha/anisotropy in polarimetric SAR decomposition [J]. IEEE Transactions on Geoscience and Remote Sensing, 2008, 46(10): 3039 – 3052.

[35] Lee J S, Ainsworth T L. The effect of orientation angle compensation on coherency matrix and polarimetric target decompositions[J]. IEEE Transactions on Geoscience and Remote Sensing, 2010, 49(1): 53 – 64.

[36] Chen S W, Wang X S, Xiao S P, et al. General polarimetric model – based decomposition for coherency

matrix[J]. IEEE Transactions on Geoscience and Remote Sensing,2013,52(3): 1843 - 1855.

[37] Bhattacharya A,Muhuri A,De S,et al. Modifying the Yamaguchi four - component decomposition scattering powers using a stochastic distance[J]. IEEE Journal of Selected Topics in Applied Earth Observations and Remote Sensing,2015,8(7): 3497 - 3506.

[38] Bhattacharya A,Singh G,Manickam S,et al. An adaptive general four - component scattering power decomposition with unitary transformation of coherency matrix (AG4U)[J]. IEEE Geoscience and Remote Sensing Letters,2015,12(10): 2110 - 2114.

[39] van Zyl J J, Arii M, Kim Y. Model - based decomposition of polarimetric SAR covariance matrices constrained for nonnegative eigenvalues[J]. IEEE Transactions on Geoscience and Remote Sensing,2011, 49(9): 3452 - 3459.

[40] Lee J S, Pottier E. Polarimetric radar imaging: from basics to applications[M]. Boca Raton, FL: CRC press, Taylor & Francis Group,2009.

[41] Yang J,Peng Y N,Lin S M. Similarity between two scattering matrices[J]. Electronics Letters,2001,37(3): 193 - 194.

[42] An W T,Zhang W,Yang J,et al. On the similarity parameter between two targetsfor the case of multi - look polarimetric SAR[J]. Chinese Journal of Electronics,2009,18(3): 545 - 550.

[43] Yin J J, Moon W M, Yang J. Novel model - based method for identification of scattering mechanisms in polarimetric SAR data[J]. IEEE Transactions on Geoscience and Remote Sensing,2015,54(1): 520 - 532.

[44] Hajnsek I,Pottier E,Cloude S R. Inversion of surface parameters from polarimetric SAR[J]. IEEE Transactions on Geoscience and Remote Sensing,2003,41(4): 727 - 744.

[45] Cloude S. Polarisation: applications in remote sensing[M]. New York: Oxford University Press,2010.

[46] Lee J S,Schuler D L,Ainsworth T L. Polarimetric SAR data compensation for terrain azimuth slope variation [J]. IEEE Transactions on Geoscience and Remote Sensing,2000,38(5): 2153 - 2163.

[47] 杨健,殷君君. 极化雷达理论与遥感应用[M]. 北京:科学出版社,2020.

[48] Moreira A,Prats - Iraola P,Younis M,et al. A tutorial on synthetic aperture radar[J]. IEEE Geoscience and Remote Sensing Magazine,2013,1(1): 6 - 43.

[49] Yang J,Dong G, Peng Y, et al. Generalized optimization of polarimetric contrast enhancement[J]. IEEE Geoscience and Remote Sensing Letters,2004,1(3): 171 - 174.

[50] Yang J,Zhang H, Yamaguchi Y. GOPCE - based approach to ship detection[J]. IEEE Geoscience and Remote Sensing Letters,2012,9(6): 1089 - 1093.

[51] 张红,王超,刘萌,等. 极化 SAR 理论、方法与应用[M]. 北京:科学出版社,2015.

[52] 王超,张红,陈曦,等. 全极化合成孔径雷达图像处理[M]. 北京:科学出版社,2008.

[53] 杨汝良,戴博伟,谈露露,等,化微波成像[M]. 北京:国防工业出版社,2016.

[54] Mott H. Remote Sensing with polarimetric radar[M]. New York: John Wiley & Sons,2006.

[55] 张庆君. 卫星极化微波遥感技术[M]. 北京:中国宇航出版社,2015.

[56] 庄钊文. 雷达极化信息处理及其应用[M]. 北京:国防工业出版社,1999.

[57] 王雪松. 宽带极化信息处理的研究[M]. 北京:国防工业出版社,2005.

[58] 李永祯,肖顺平,王雪松. 雷达极化抗干扰技术[M]. 北京:国防工业出版社,2010.

[59] 曾清平. 极化雷达技术与极化信息应用[M]. 北京:国防工业出版社,2006.

[60] 金亚秋,徐丰. 极化散射与 SAR 遥感信息理论与方法[M]. 北京:科学出版社,2008.

[61] 肖顺平,王雪松,代大海,等. 极化雷达成像处理及应用[M]. 北京:中国科学出版社,2013.

[62] 戴幻尧,王雪松,谢虹,等. 雷达天线的空域极化特性及其应用[M]. 北京:国防工业出版社,2015.

[63] 匡纲要,陈强,等. 极化合成孔径雷达基础理论及其应用[M]. 长沙:国防科技大学出版社,2011.

[64] 郭华东,等. 雷达对地观测理论与应用[M]. 北京:科学出版社,2000.

[65] 刘涛,崔浩贵,谢凯,等. 极化合成孔径雷达图像解译技术[M]. 北京:国防工业出版社,2017.

第4章

极化SAR杂波建模

4.1 引　言

对于极化 SAR 舰船检测,一个很重要的部分就是杂波建模。验证一个新的检测方法有效的考虑点之一是其使用的分布拟合效果要稳定。因为由 NP 准则,可以根据虚警率来确定阈值,但一般需要杂波分布拟合的信息。一个好的杂波建模可以得到较准确的阈值,从而能够得到较理想的检测效果。对于舰船检测这一特定应用,需要对不同情况的杂波进行处理。针对不同海况,不同的成像波段,不同的舰船融合方法,杂波会有不同的特点,因此拟合处理有一定的难度。

在传统的杂波建模中,使用的方法主要是参数化模型的方法,此方法对模型的适用度有一定的要求,并且拟合参数方法对最终的拟合效果有比较大的影响。基于非参数化的方法已经有很多研究,其特点是根据数据的特点进行拟合,拟合的效果一般比较接近实际的杂波。本章讨论各种常用的杂波建模方法,并从不同海况的数据中,对已有方法和改进方法做验证,得到全面的杂波建模评价。

在已有的评价和拟合方法中,主要是在原始数据的值域中进行处理的。由于本章舰船检测的功率域通常情况下是恒正的,且对于高海况数据和强压缩杂波检测器情况下,杂波会出现零点集中和长拖尾现象,这为使用对数域处理提供了条件和应用的好处,在对数域可以很好地展开零点压缩杂波,并且由于检测器恒正,对数域的值域仍然是实数。本章对在原始值域拟合检验不理想的情况,使用了对数域进行分析,得到了合理的拟合评价结果,综合分析验证了在对数域使用非参数化 Parzen 窗方法的有效性。

4.2 传统的参数化杂波分布模型

4.2.1 Gamma 分布

在大部分的情况中，处理数据的目的是将多通道数据融合成一个通道，然后对此数据进行杂波建模，设此通道的数据为强度图像 I，如果其满足 Gamma 分布[1]，则 I 的概率密度函数(p. d. f)为

$$p(x)=\frac{1}{\Gamma(L)}\left(\frac{L}{\sigma_{\text{mean}}}\right)^{L}x^{L-1}\mathrm{e}^{-\frac{Lx}{\sigma_{\text{mean}}}},\quad x\geqslant 0 \tag{4-1}$$

式中：$\Gamma(\cdot)$为数学中的 Gamma 函数；σ_{mean}为概率密度的均值；L 为分布两参数之一，如果分布代表 SAR 强度，其数学意义为图像的视数，两参数的数学定义为

$$\sigma_{\text{mean}}=E(I),\quad L=\frac{[E(I)]^{2}}{\operatorname{var}(I)} \tag{4-2}$$

对参数 $\sigma_{\text{mean}}=1$，不同 L 值对应的 p. d. f 的分布展示如图 4-1 所示。

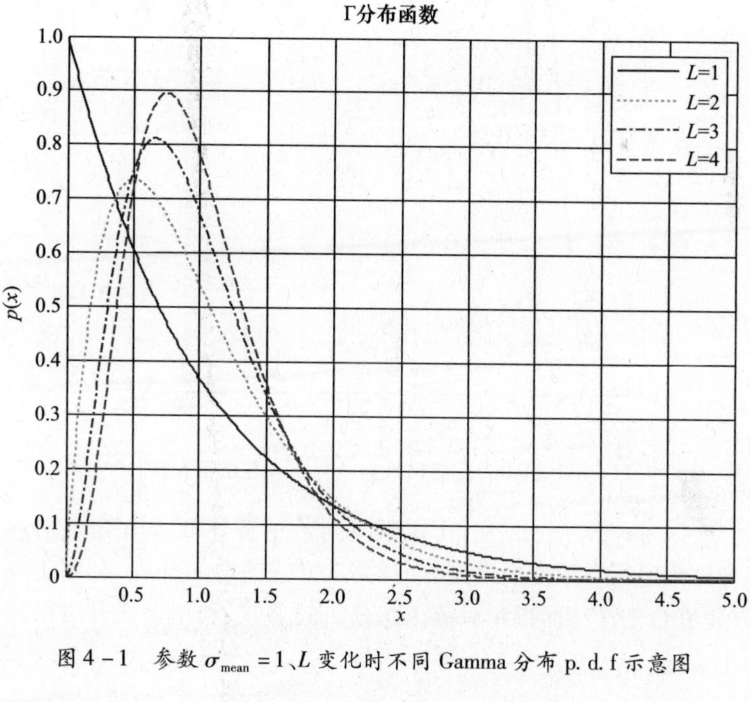

图 4-1　参数 $\sigma_{\text{mean}}=1$、L 变化时不同 Gamma 分布 p. d. f 示意图

样本集 $X=\{x_1,x_2,\cdots,x_n\}$，i. i. d（独立同分布），服从 Gamma 分布，使用矩

估计方法,利用式(4-2)得到分布两参数的估计表达式为

$$\hat{\sigma}_{\text{mean}} = \frac{1}{n}\sum_{i=1}^{n} x_i,\quad \hat{L} = \frac{\left(\frac{1}{n}\sum_{i=1}^{n} x_i\right)^2}{\frac{1}{n-1}\sum_{j=1}^{n}\left[x_j - \frac{1}{n}\sum_{i=1}^{n} x_i\right]^2} \tag{4-3}$$

4.2.2 对数正态分布

如果随机变量 $I_{\ln}$ 的 p. d. f 满足对数正态分布[2],由定义随机变量表示的随机变量 $Y_g = \log(I_{\ln})$ 满足正态分布,设此正态分布的均值为 μ,方差为 σ_{var}^2,则对应的对数正态分布的 p. d. f 为

$$p(x) = \frac{1}{x\sigma_{\text{var}}\sqrt{2\pi}} e^{-\frac{(\ln x-\mu)^2}{2\sigma_{\text{var}}^2}},\quad x>0 \tag{4-4}$$

对参数 $\mu=0$,不同 σ_{var} 值对应的 p. d. f 的分布展示如图 4-2 所示。

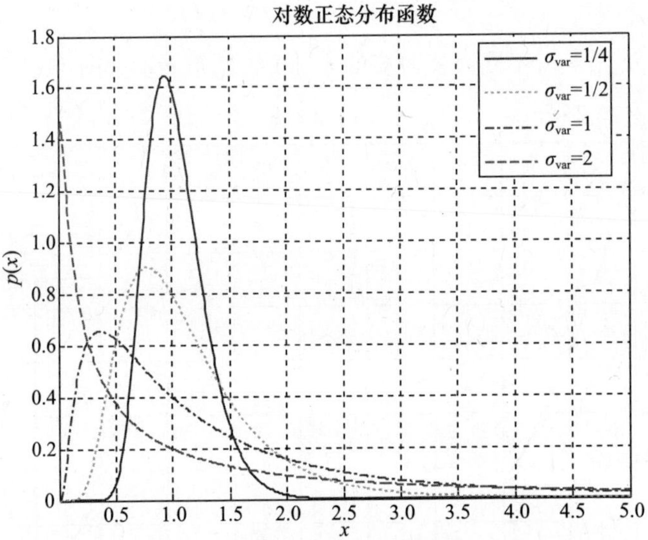

图 4-2 参数 $\mu=0$、σ_{var} 变化的不同对数正态分布 p. d. f 示意图

样本集 $X=\{x_1, x_2, \cdots, x_n\}$,i. i. d,服从对数正态分布,利用定义对参数进行估计,将样本集进行对数变换得到相应的 i. i. d 正态分布样本,利用正态分布对均值和方差进行估计从而得到对数正态分布的参数,利用上述方法得到分布参数为

$$\hat{\mu} = \frac{1}{n}\sum_{i=1}^{n}\ln(x_i),\quad \hat{\sigma}_{\text{var}} = \sqrt{\frac{1}{n-1}\sum_{i=1}^{n}\left[\ln(x_i) - \hat{\mu}\right]^2} \tag{4-5}$$

4.2.3 混合对数正态分布

讨论混合对数正态分布,因为检测得到的结果通常是恒正的,所以使用对数正态而不是正态分布,混合对数正态分布(lognormal mixture distribution, LMD)的分布函数[3]为

$$\begin{aligned} p(x) &= \sum_{k=1}^{K} \lambda_k \cdot p(x \mid \sigma_k, \mu_k), \quad \sum_{k=1}^{K} \lambda_k = 1, \lambda_k \geqslant 0 \\ p(x \mid \sigma_k, \mu_k) &= \frac{1}{\sqrt{2\pi} \cdot x \cdot \sigma_k} \exp\left[-\frac{(\ln x - \mu_k)^2}{2\sigma_k^2} \right] \end{aligned} \tag{4-6}$$

做 $Y=\ln(x)$ 变换得到 Y 的分布为

$$\begin{aligned} p(y) &= \sum_{k=1}^{K} \lambda_k \cdot p(y \mid \sigma_k, \mu_k), \quad \sum_{k=1}^{K} \lambda_k = 1, \lambda_k \geqslant 0 \\ p(y \mid \sigma_k, \mu_k) &= \frac{1}{\sqrt{2\pi}\sigma_k} \exp\left[-\frac{(y - \mu_k)^2}{2\sigma_k^2} \right] \end{aligned} \tag{4-7}$$

进行混合对数正态分布拟合使用 EM 方法,具体展示如下。

第一步:对数变换。将使用的数据变换到对数域。

$$X = \{x_1, x_2, \cdots, x_n\} \overset{y_n = \ln(x_n)}{\Rightarrow} Y = \{y_1, y_2, \cdots, y_n\} \Rightarrow \lambda_k, \sigma_k, \mu_k \tag{4-8}$$

第二步:EM 算法参数估计。

初始化:任意从 Y 中选出 K 个样本作为 $\mu_k^{[0]}$, $\pi_k^{[0]} = 1/K$, $\sigma_k^{[0]} = \sqrt{\mathrm{var}(Y)}$。

For $i = 0 : M_{\max}$

$$\begin{aligned} \gamma_{nk}^{[i]} &= \frac{\pi_k^{[i]} \cdot p(y_n \mid \mu_k^{[i]}, \sigma_k^{[i]})}{\sum_{j=1}^{K} \pi_j^{[i]} \cdot p(y_n \mid \mu_j^{[i]}, \sigma_j^{[i]})}, \quad n = 1, 2, \cdots, N, k = 1, 2, \cdots, K \\ N_k^{[i+1]} &= \sum_{n=1}^{N} \gamma_{nk}^{[i]} \\ \mu_k^{[i+1]} &= \frac{1}{N_k^{[i+1]}} \sum_{n=1}^{N} \gamma_{nk}^{[i]} \cdot y_n \\ \sigma_k^{[i+1]} &= \sqrt{\frac{1}{N_k^{[i+1]}} \sum_{n=1}^{N} \gamma_{nk}^{[i]} \cdot (y_n - \mu_k^{[i+1]})^2} \\ \pi_k^{[i+1]} &= \frac{N_k^{[i+1]}}{N} \end{aligned} \tag{4-9}$$

4.2.4 K 分布

K 分布[4-5]可以从两个独立随机变量的乘积导出，设随机变量 I 和 G 相互独立，I 的分布如式(4-1)。G 也服从 Gamma 分布，但是为单位均值，形状参数为 $\boldsymbol{\nu}$ 的分布。其概率密度函数为

$$p(y)=\frac{\nu^{\nu}}{\Gamma(\nu)}y^{\nu-1}\mathrm{e}^{-\nu y},\quad y\geqslant 0 \tag{4-10}$$

两随机变量乘积的随机变量 $X=I\cdot G$，就是 K 分布变量，其中分布参数为 $(\sigma_{\text{mean}},L,\nu)$，其 p. d. f 为

$$P(x)=\frac{2}{\Gamma(L)\Gamma(\nu)}\left(\frac{L\nu}{\sigma_{\text{mean}}}\right)^{\frac{L+\nu}{2}}\cdot x^{\frac{L+\nu-2}{2}}\cdot K_{\nu-L}\left(2\sqrt{\frac{\nu Lx}{\sigma_{\text{mean}}}}\right) \tag{4-11}$$

式中：$K_N(\cdot)$为 N 阶第二类修正 Bessel 函数。图 4-3 展示参数 $\sigma_{\text{mean}}=1$、$L=2$ 时，不同 ν 对应 K 分布 p. d. f 示意图。

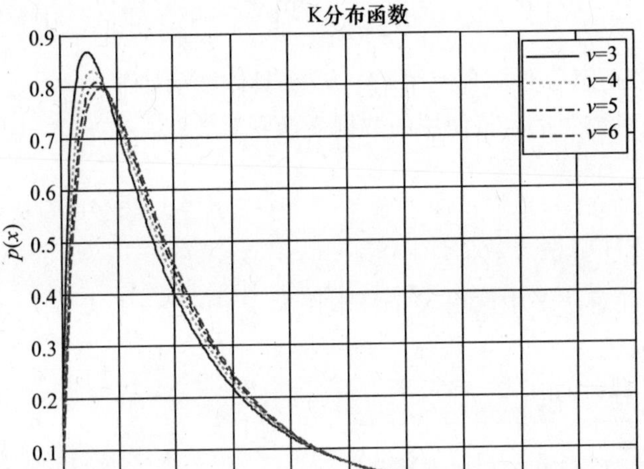

图 4-3 参数 $\sigma_{\text{mean}}=1$、$L=2$ 时，参数 ν 变化的不同 K 分布 p. d. f 示意图

拟合参数的方法之一是使用矩方法[6]，根据式(4-11)可以得到 K 分布的任意阶矩。第 k 阶矩为

$$m_k=E(Y^k)=E(I^k)\cdot E(G^k)=\sigma^k\frac{\Gamma(L+k)}{L^k\cdot\Gamma(L)}\cdot\frac{\Gamma(\nu+k)}{\nu^k\cdot\Gamma(\nu)} \tag{4-12}$$

样本集 $Y=\{y_1,y_2,\cdots,y_n\}$，i. i. d，服从 K 分布，利用式(4-12)对三个参数

进行拟合,需要三个方程进行估计。首先将各阶矩的样本估计方法展示为

$$\hat{m}_k = \frac{1}{n}\sum_{i=1}^{n} y_i^k \tag{4-13}$$

1 ~3 阶矩和参数关系为

$$\hat{m}_1 = \sigma \tag{4-14}$$

$$\hat{m}_2 = \sigma^2\left(1+\frac{1}{L}\right)\left(1+\frac{1}{\nu}\right) \tag{4-15}$$

$$\hat{m}_3 = \sigma^3\left(1+\frac{1}{L}\right)\left(1+\frac{2}{L}\right)\left(1+\frac{1}{\nu}\right)\left(1+\frac{2}{\nu}\right) \tag{4-16}$$

从中解出各参数的矩表达式为

$$\hat{\sigma} = \hat{m}_1 \tag{4-17}$$

$$\hat{L} = \frac{1}{\hat{x}-1} \tag{4-18}$$

$$\hat{\nu} = \frac{\hat{m}_1^2(\hat{L}+1)}{\hat{L}(\hat{m}_2-\hat{m}_1^2)-\hat{m}_1^2} \tag{4-19}$$

式(4 -18)中 $\hat{x}$ 从下式解出:

$$\hat{\nu} = \frac{\hat{m}_1^2(\hat{L}+1)}{\hat{L}(\hat{m}_2-\hat{m}_1^2)-\hat{m}_1^2} \tag{4-20}$$

从式(4 -11)中可以看出,K 分布的分布形式是 Gamma 分布的一种扩展,其可以拟合的分布形式更广,所以使用的范围更宽。在舰船检测的海杂波建模中有广泛的应用。

4.2.5 α 稳定分布

α 稳定分布[7]是一类显式定义特征函数,而非概率密度函数的分布,假设满足此分布的随机变量 X,其特征函数的参数为 $0<\alpha\leqslant 2, \gamma\geqslant 0, -1\leqslant\beta\leqslant 1$,则其特征函数的定义为

$$\phi(t) = \exp(\mathrm{j}at - \gamma\,|t|^{\alpha}(1+\mathrm{j}\beta\,\mathrm{sgn}(t)\,\omega(t,\alpha))) \tag{4-21a}$$

$$\omega(t,\alpha) = \begin{cases}\tan(\pi\alpha/2), & \alpha\neq 1\\ (2/\pi)\log|t|, & \alpha = 1\end{cases} \tag{4-21b}$$

$$\mathrm{sgn}(t) = \begin{cases}1, & t>0\\ 0, & t=0\\ -1, & t<0\end{cases} \tag{4-21c}$$

在式(4 -21)中,特征指数参数 $\alpha\in(0,2]$。其表征了该分布的脉冲特性,

而脉冲特性表现在分布特性上与分布的拖尾现象有关。α 值越小，脉冲特性越明显，拖尾较厚；反之，α 值越大，脉冲特性越微弱，拖尾较薄。α 稳定分布中的 α 就是指此处分布拖尾情况的参数。高斯分布属于 α 稳定分布，对应参数 $\alpha=2$，式(4-21(a))中的特征函数为 $\phi(t)=\exp(\mathrm{j}at-\gamma|t|^2)$，对应均值为 a、方差为 2γ 的正态分布。柯西(Cauchy)分布也是 α 稳定分布的特例。当参数 $\alpha=1$ 且 $\gamma=0$ 时，对应特征函数是属于柯西分布的。定义 $1<\alpha<2$ 的非高斯 α 稳定分布为分数低阶 α 稳定(FLOA)分布，以便与 $\alpha=2$ 对应的高斯分布相区别。参数 $-1<\beta<1$ 用于限定稳定分布的斜度，称为对称参数。当 $\beta=0$ 时，分布为对称分布，记为 SαS。上面提到的高斯分布和柯西分布均是 SαS。参数 γ 衡量分布相对均值中心的散度，称为分散或尺度系数。其在高斯分布中由上文知为方差的一半，和方差有类似的度量作用。由于分布定义使用的是特征函数，而分布函数为它的傅里叶变换结果，所以式(4-21(a))中 $\exp(\mathrm{j}at)$ 对应 p. d. f 在坐标轴上的移动，对应 a 为移动向量称为位置参数。在 SαS 分布中，$1<\alpha\leqslant2$ 时，a 对应为分布的均值。$0<\alpha\leqslant1$ 时，a 是分布的中值。在 α 稳定分布中，对满足 $a=0$ 且 $\gamma=1$ 的分布称其为标准 α 稳定分布。

综上所述，α 稳定分布的特征函数共有 4 个代表不同特性的参数确定，记稳定分布为

$$X\sim S_{\alpha}(\gamma,\beta,a) \tag{4-22}$$

对称 α 稳定分布 SαS，$\beta=0$，记为

$$X\sim \mathrm{S\alpha S} \tag{4-23}$$

图 4-4 中展示了参数 $\gamma=1$、$a=0$ 时，不同 α 对应 SαS 分布的示意图。

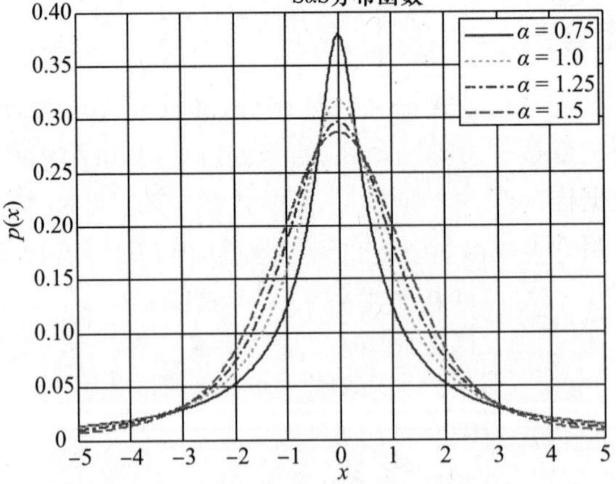

图 4-4 参数 $\gamma=1$、$a=0$ 时，参数 α 变化的不同 SαS 分布 p. d. f 示意图

图 4-5 中展示了参数 $\beta=1$、$\gamma=1$、$a=0$ 时，不同 α 对应 α 稳定分布 p. d. f 示意图。

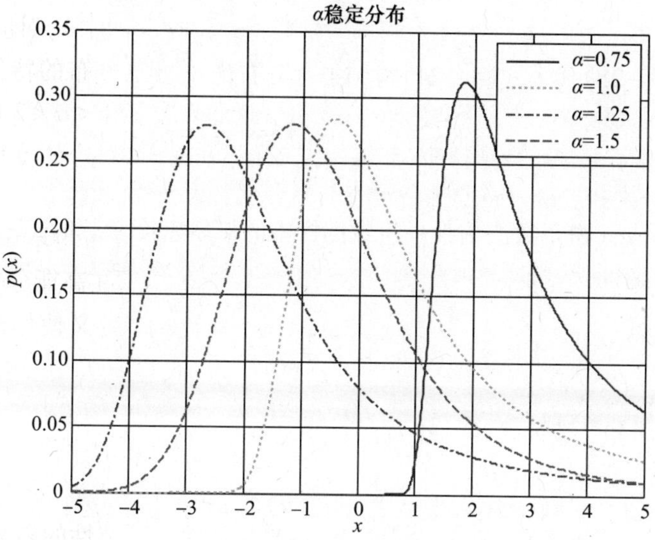

图 4-5　参数 $\beta=1$、$\gamma=1$、$a=0$ 时，参数 α 变化的不同 α 稳定分布 p. d. f 示意图

稳定分布的拟合方法比较复杂，主要有 Koutrouvelis[8-9] 的拟合方法和 McCulloch[10] 的拟合方法，这两种方法的 Matlab 实现代码已经完成，具体实现函数在网站 http://math. bu. edu/people/mveillet/html/alphastablepub. html 可以查到并可以使用。本章对此分布的拟合就是利用此网站提供的方法。

4.3 基于 Parzen 窗非参数化杂波分布模型

Parzen 窗法[11]，即核概率密度函数估计法是一种非参数化的概率密度函数估计方法。该方法以数据样本为中心，利用窗函数来对概率密度函数进行插值拟合处理。当数据样本数 N 足够大时，该方法能够给出产生数据样本的概率密度准确的估计。当 $N\to\infty$ 时，用窗方法估计的概率分布函数收敛到真实的概率分布。

对样本集合 $X=\{x_1,x_2,\cdots,x_M\}$，利用 Parzen 窗法对其概率密度函数进行估计：

$$\hat{p}_X(x)=\frac{1}{Mh}\sum_{i=1}^{M}\mathrm{ke}\left(\frac{x-x_i}{h}\right)\tag{4-24}$$

式中：$\mathrm{ke}(u)$ 为 Parzen 窗函数；h 为核函数的宽度。理论上，窗函数有很多种选

择，这里选择最常用的 Gauss 窗函数进行估计，即

$$\mathrm{ke}(u)=\frac{1}{\sqrt{2\pi}}\mathrm{e}^{-\frac{u^2}{2}} \tag{4-25}$$

将式(4-25)代入式(4-24)得到拟合分布为

$$\hat{p}_X(x)=\frac{1}{\sqrt{2\pi}Mh}\sum_{i=1}^{M}\mathrm{e}^{-\frac{(x-x_i)^2}{2h^2}} \tag{4-26}$$

使用 Parzen 窗函数法估计一组数据样本的概率密度函数时，理论上可以得到最优的窗宽度[12]，即

$$h_{\mathrm{opt}}=\left(\frac{c_2}{c_1^2AN}\right)^{\frac{1}{5}} \tag{4-27}$$

式(4-27)中各参数如式(4-28)。

$$c_1=\int_{-\infty}^{\infty}u^2\mathrm{ke}(u)\mathrm{d}u,\ c_2=\int_{-\infty}^{\infty}\mathrm{ke}^2(u)\mathrm{d}u,\ A=\int_{-\infty}^{\infty}[p''(u)]^2\mathrm{d}u \tag{4-28}$$

如果要估计的概率密度函数 $p(u)$ 服从 Gauss 分布，有 $c_1=1, c_2=1/(2\sqrt{\pi})$，$A=3/(8\sqrt{\pi}\sigma^5)$，其中 σ^2 为被估计概率密度的方差，式(4-27)变为

$$h_{\mathrm{opt}}=\left(\frac{4}{3N}\right)^{1/5}\sigma \tag{4-29}$$

用窗方法对 Gauss 概率分布进行估计时，使用式(4-29)的窗宽度是最优的。

在极化 SAR 数据图像中检测器的值通常是恒正的。选定一块像素较多的杂波区域，对区域内检测值取对数，其统计分布近似 Gauss 分布。利用上面的方法在对数域进行拟合可以克服此拟合方法对于负数有概率的缺点，并且由于使用了对数，拟合的动态范围相对减小，因此拟合的难度下降。同时，因为对数域的分布都相对对称，所以利用 Gauss 核拟合的准度相对较好，同时对于大部分情况，分布接近 Gauss 分布，所以可以使用式(4-29)估计 Gauss 分布的最优参数作为拟合的参数。

上面介绍了一些主要的分布拟合函数和方法，这些方法针对的分布拟合随机变量是实数。所以对于多通道数据，需要将其融合成单通道的实数数据来进行拟合。这一过程就是本章所论述的重点，极化 SAR 舰船检测方法。为了进行实验数据的验证和检测方法的效果比较，4.4 节将介绍一种在极化 SAR 检测领域中十分常用的极化白化滤波方法，其虽然称作滤波，但实际上可以看成多通道融合的一种检测方法。

4.4　极化白化滤波

4.4.1 极化 SAR 数据的概率分布模型

极化 SAR 数据根据处理情况的不同有单视和多视的差别，对于单视数据，通常的数据形式是 Sinclair 极化散射矩阵，对于多视数据通常是单视数据处理后的数据形式，其形式通常为相干或相关矩阵、Mueller 矩阵等。

在实际成像过程中，成像的结果是目标散射的叠加。因为成像单元有大量的散射体，所以散射可以看成许多散射单元散射的叠加，从原理上说明了散射矢量 $\boldsymbol{k}_B$ 为 Gauss 分布[1]，将其建模成零均值，联合复 Gauss 分布的随机矢量，得到

$$p(\boldsymbol{x}) = \frac{1}{\pi^3 |\Sigma|}\exp(-\boldsymbol{x}^{\mathrm{H}}\Sigma^{-1}\boldsymbol{x}) \tag{4-30}$$

式中：$|\cdot|$为方形矩阵的行列式运算；H 为取矢量或矩阵的共轭转置；Σ_{k_B}为 $\boldsymbol{k}_B$ 的协方差矩阵，其均值为零，所以其协方差矩阵的计算为

$$\Sigma_{k_B} = E(\boldsymbol{k}_B\boldsymbol{k}_B^{\mathrm{H}}) \tag{4-31}$$

下面介绍多视极化 SAR 图像的概率模型。通常情况下，多视数据的获得是许多单视数据的平均。单视数据对同一散射单元测量的散射矢量为 $\boldsymbol{x}_l$，假设视数为 L，那么多视数据的多视相关矩阵表达式为

$$\boldsymbol{C} = \frac{1}{L}\sum_{l=1}^{L}\boldsymbol{x}_l\boldsymbol{x}_l^H \tag{4-32}$$

在这里展示相关矩阵的概率密度函数，对于相干矩阵，由于其有转化公式，其概率密度函数的形式比较相近，就不赘述。其中，假设 $\boldsymbol{x}_l$ 是 i. i. d.，由于相关矩阵是 L 个假设服从零均值，联合复 Gauss 分布的随机矢量的平均。所以其概率密度函数可表示为[13]

$$p(\boldsymbol{A}) = \frac{L^{qL}\ |\boldsymbol{A}|^{L-q}}{K(n,q)\cdot|\boldsymbol{A}|^{L}}\exp(-L+\mathrm{tr}(\Sigma_C^{-1}\boldsymbol{A})) \tag{4-33}$$

式(4-33)的分布形式为 Wishart 分布，其中 $q=3$ 代表随机变量相关矩阵 $\boldsymbol{C}$ 的阶数，$\Sigma_C=E(\boldsymbol{C})$为相关矩阵 $\boldsymbol{C}$ 的期望。利用式(4-31)为多视数据对应单视 i. i. d 样本的协方差矩阵，由式(4-32)可以推得 $\Sigma_{k_B}=E(\boldsymbol{C})$。$K(n,q)$是数学中的常用函数，即

$$K(n,q) = \pi^{\frac{1}{2}q(q-1)}\Gamma(n)\Gamma(n-1)\cdots\Gamma(n-q+1) \tag{4-34}$$

4.4.2 极化白化滤波器

在 SAR 图像中存在着对图像质量有明显影响的相干斑噪声。这种噪声普遍存在 SAR 图像中,并且大多呈颗粒状。对此现象的机理,普遍认为是在成像场景中的散射单元中,存在着大量散射体,不同散射体的散射进行相干叠加后形成成像噪声。相干斑对 SAR 图像处理有很大的影响,对于舰船检测,会使检测概率降低,虚警率增高,所以对相干斑的消除是 SAR 图像处理,也是舰船检测一项比较重要的工作。

通常情况下,相干斑是用等效视数,即均值的平方和方差的比来衡量的。对于检测问题,图像的功率值通常为恒正,所以等效的可以用合成功率的标准差 s 除以对应的均值 m 来描述。极化白化滤波器的主要原理是利用极化通道的融合,得到 s/m 最小的功率图像。

对于单视数据,假设 y 为观测数据,其向量形式为单视极化散射矢量。为了匹配 y 的维数,设融合矩阵 A 为 3×3 的正定复共轭对称矩阵。构造融合功率为

$$z=\boldsymbol{y}^{\mathrm{H}}\boldsymbol{A}\boldsymbol{y} \tag{4-35}$$

利用等效视数最大原理得

$$\max_{A}\left\{\frac{[E(\boldsymbol{y}^{\mathrm{H}}\boldsymbol{A}y)]^2}{\operatorname{var}(\boldsymbol{y}^{\mathrm{H}}\boldsymbol{A}y)}\right\} \tag{4-36}$$

经优化推演[14],可知 A 的最优解为

$$\boldsymbol{A}=\boldsymbol{C}^{-1} \tag{4-37}$$

最终得到抑制相干斑噪声的单视极化白化滤波器的表达式为

$$z=\boldsymbol{y}^{H}\boldsymbol{C}^{-1}\boldsymbol{y} \tag{4-38}$$

对于多视数据,现假设 $\boldsymbol{Y}$ 为观测数据,其矩阵形式为多视极化相关矩阵。为了匹配 $\boldsymbol{Y}$ 的阶数,设融合矩阵 $\boldsymbol{A}$ 为 3×3 的正定复共轭对称矩阵。构造融合功率为

$$z=\operatorname{tr}(\boldsymbol{A}\boldsymbol{Y}) \tag{4-39}$$

利用等效视数最大原理,经推演[15],可知 A 的解为

$$\boldsymbol{A}=\boldsymbol{C}^{-1} \tag{4-40}$$

最终得到抑制相干斑噪声的多视极化白化滤波的解为

$$z=\operatorname{tr}(\boldsymbol{C}^{-1}\boldsymbol{Y}) \tag{4-41}$$

极化白化滤波实际上是将极化各通道数据进行融合,形成一幅恒正的功率图像,最大限度地抑制相干斑噪声。

4.5 杂波建模的评价方法

由于需要定量地评价极化 SAR 舰船检测融合后检测值杂波建模的效果，因此以下介绍杂波建模效果定量的评判标准。

4.5.1 χ^2 匹配检验

K. Pearson 提出的 χ^2 匹配检验是以 χ^2 分布为基准的一种假设检验方法，其主要在分类数据中应用[16-17]。利用此方法对检测值的分布拟合进行检验时，首先需要将连续的测量值进行离散化，这里，将检测值的值域区间分成分段 K 个区间。保证 K 个子区间中每个区间统计观测值的总数大于 1，为了能更好地对拟合分布做检验，这里规定的总数不小于 5。这样，可以保证算法的稳定性。Nqk 表示第 k 个区间中，用任意分布设为 q 作为估计分布，期望得到的观测值样本总数。Nk 表示第 k 个区间中，实际统计得到的观测值样本总数。利用上面方法得到各参量，拟合分布检测量 $D_{\chi^2}^2$ 为

$$D_{\chi^2}^2 = \sum_{k=1}^{K} \frac{(N_k - N_{qk})^2}{N_{qk}} \tag{4-42}$$

$D_{\chi^2}^2$ 的分布是渐进满足 χ^2 分布，当 $N \to \infty$ 时，此 χ^2 分布的自由度为 $K-1$。如果统计量的值比较大，说明使用数据的统计直方图与假设分布的拟合函数统计直方图差异较大。利用 $D_{\chi^2}^2$ 的渐进分布，得到统计量 $D_{\chi^2}^2$ 大于设定的观测 d^2 的概率值，即

$$\Pr[D_{\chi^2}^2 > d^2] \approx 1 - P_{\chi_{K-1}^2}(d^2) \tag{4-43}$$

此概率通常称作分布拟合检验的 P 值。

4.5.2 $K-S$ 匹配检验

$K-S$ 检验首先根据观测数据构造一种经验分布[1]，然后以此分布作为基础进行拟合分布比较检验。经验分布函数如式(4-44)所示，特点为分段成常数函数，属于分段常数函数系 $\hat{P}_R(r)$。当 $r=-\infty$ 时，假设函数的基准值为 0。

$$\hat{P}_R(r) = \frac{1}{N} |\{R_k: R_k \leqslant r\}| \tag{4-44}$$

式中：$|A|$ 是代表对集合 A 求势。在 $K-S$ 检测中，使用统计量 D_{KS} 为经验分布和假设统计拟合分布对应两函数差绝对值上确界。具体的定义为

$$D_{KS} = \sup_r |\hat{\mathcal{P}}_R(r) - Q_R(r)| \tag{4-45}$$

其中，概率 $\Pr\{D_{KS} > d\}$ 通常称作分布拟合检验的 P 值。

4.6 杂波建模的结果

杂波建模的处理对象是融合各极化通道的检测值，一般情况下，检测值都是正的，所以杂波建模的方法需要配合这一特点。为了能比较不同海况不同波段的拟合效果，使用了仿真数据，使用 PWF 对仿真数据进行融合处理，得到的杂波结果进行统计拟合。使用拟合分布如 4.2 节和 4.3 节所述，其中包括在 4.3 节中论述的 Parzen 窗方法与对数域进行对数 Parzen 窗拟合方法。

由于难以获得不同波段不同海况的极化 SAR 数据，使用了仿真数据。仿真数据使用了全极化粗糙海面极化散射模型[18,20]。其考虑了大范围的海面平面散射和毛细波等小范围 Bragg 散射，最终近似获得积分方程方法（integral equation method，IEM），其可以近似仿真大范围的海面粗糙度下的目标散射情况，并能做到对散射模型很精确的仿真。本模型由于使用了多次散射假设，相比双尺度方法，不仅能计算共极化散射，还可以计算交叉极化散射。由于需要得到极化 SAR 的散射形式，将 SAR 的成像系统中平台的位移和成像参数模型与海面的海浪起伏和极化散射模型相结合，得到对应的回波信号并进行成像处理得到所需参数模型下海面的仿真极化 SAR 图像。

4.6.1 C 波段仿真数据 PWF 杂波建模

下面介绍 C 波段的仿真数据 PWF 杂波建模的效果。使用对应海况的仿真数据将得到的各种海况结果进行展示。

低海况的拟合分布结果如图 4－6 所示。分布拟合检验的结果如表 4－1 所示。

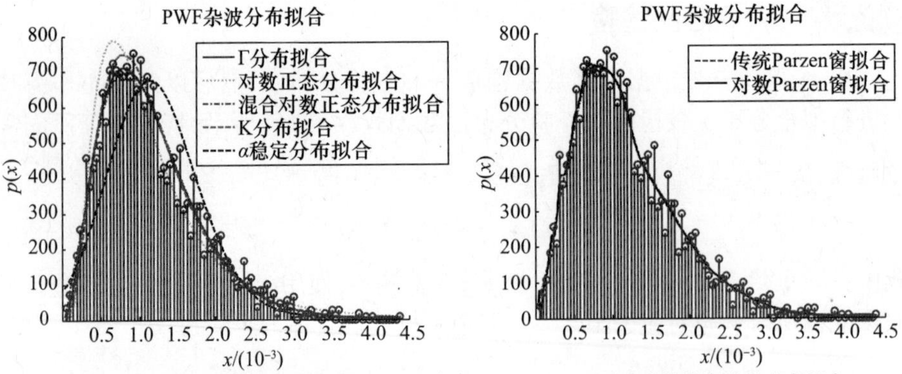

(a) 参数化方法的分布拟合　(b) 非参数化方法的分布拟合

图 4－6　C 波段低海况 PWF 杂波建模结果（见彩图）

表4-1 C波段低海况PWF杂波建模检验

拟合检验方法	Γ分布	对数正态分布	混合对数正态分布	K分布	α稳定分布	传统Parzen窗	对数Parzen窗
χ^2检验	0.6393	1.7903	0.6459	0.7460	4.4472	0.5426	0.4780
$K-S$检验	0.0316	0.0304	0.0332	0.0362	0.1395	0.0328	0.0276

从拟合分布检验的结果可以看出，参数化模型χ^2检验中简单的分布模型Γ分布拟合效果最好，较复杂的混合对数正态分布拟合效果略差，$K-S$检验对数正态分布拟合效果最好但与其他方法相差不大。综合评判各方法，对数Parzen窗方法最好。

中高海况的拟合分布结果如图4-7所示。分布拟合检验的结果如表4-2所示。

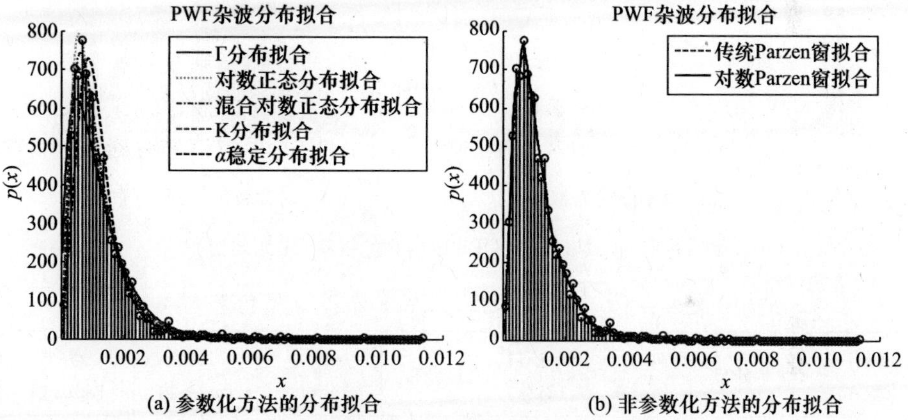

图4-7 C波段中高海况PWF杂波建模结果(见彩图)

表4-2 C波段中高海况PWF杂波建模检验

拟合检验方法	Γ分布	对数正态分布	混合对数正态分布	K分布	α稳定分布	传统Parzen窗	对数Parzen窗
χ^2检验	5.9984	1.3131	0.6982	1.9255	8.8360	0.6907	0.5800
$K-S$检验	0.0754	0.0737	0.0790	0.0565	0.1568	0.0841	0.0789

从拟合分布检验的结果可以看出此时的杂波有高海况的特征，零点集中和拖尾现象，此时χ^2检验中混合对数正态分布拟合在参数化方法中效果最优，总体最优是对数Parzen窗方法。在$K-S$检验中参数化的方法很有优势，这以K分布为代表，说明其拟合偏差最大值较小，但是偏差总体累积还是很大。综

合考虑表 4 – 2 中数据，参数化方法中对数正态分布拟合和混合对数正态分布拟合效果好，对数 Parzen 窗方法在所有方法中效果最好。

高海况的拟合分布结果如图 4 – 8 所示。由于分布拖尾严重，拟合的效果和检验结果不理想，因此增加对数域中拟合结果和检验评估的展示。在对数域杂波可以扩展零点杂波压缩拖尾。分布拟合检验的结果如表 4 – 3 所示，对数域的结果如表 4 – 4 所示。

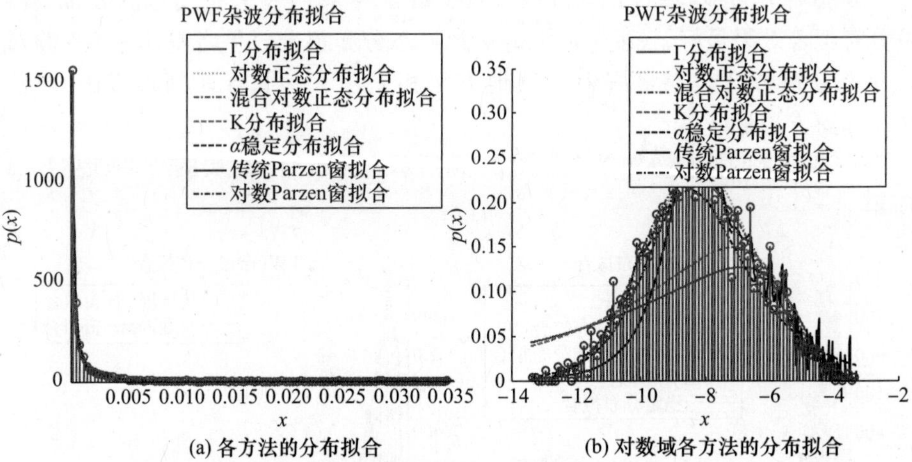

图 4 – 8 C 波段高海况 PWF 杂波建模结果（见彩图）

表 4 – 3 C 波段高海况 PWF 杂波建模检验

拟合检验方法	Γ 分布	对数正态分布	混合对数正态分布	K 分布	α 稳定分布	传统 Parzen 窗	对数 Parzen 窗
χ^2 检验	468.096	21.1849	22.7712	362.608	46.826	6.9393	11.2542
$K-S$ 检验	0.4392	0.4442	0.4376	0.4318	0.4683	0.5214	0.4132

表 4 – 4 C 波段高海况 PWF 杂波对数域拟合检验

拟合检验方法	Γ 分布	对数正态分布	混合对数正态分布	K 分布	α 稳定分布	传统 Parzen 窗	对数 Parzen 窗
χ^2 检验	11.2154	0.8027	0.8282	7.819	1.6935	2.0241	0.5043
$K-S$ 检验	0.2510	0.0335	0.0309	0.1849	0.1410	0.1580	0.0253

在原功率值域分布检验结果过大，说明参考价值不大。在对数域，参数化方法中对数正态分布效果和混合对数正态分布效果比较接近，综合最优，在所有方法中，对数 Parzen 窗方法效果最好。

4.6.2 X 波段仿真数据 PWF 杂波建模

下面介绍 X 波段的仿真数据 PWF 杂波建模的效果。同样展示各种海况的仿真数据的对应结果。

低海况的拟合分布结果如图 4-9 所示。分布拟合检验的结果如表 4-5 所示。

表 4-5　X 波段低海况 PWF 杂波建模检验

拟合检验方法	Γ 分布	对数正态分布	混合对数正态分布	K 分布	α 稳定分布	传统 Parzen 窗	对数 Parzen 窗
χ^2 检验	0.8065	2.0957	0.8211	0.9339	3.9429	0.7252	0.6594
$K-S$ 检验	0.0303	0.0295	0.0331	0.0374	0.1301	0.0359	0.0302

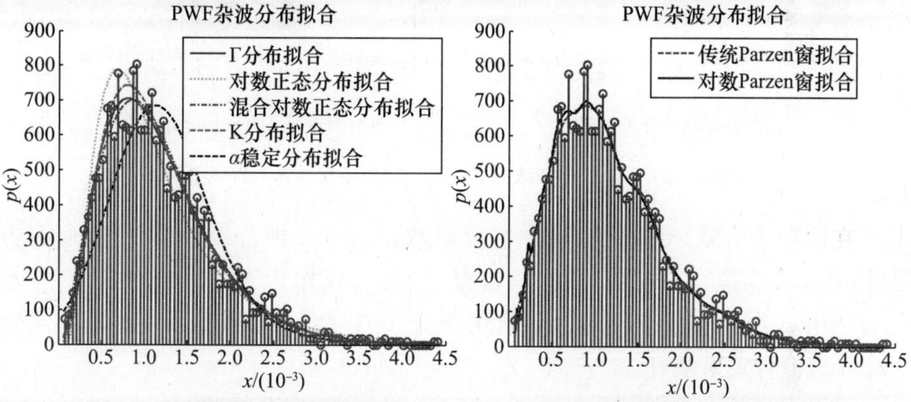

(a) 参数化方法的分布拟合　(b) 非参数化方法的分布拟合

图 4-9　X 波段低海况 PWF 杂波建模结果(见彩图)

X 波段低海况结果和 C 波段低海况建模结果类似,结论大致相同。

中高海况的拟合分布结果如图 4-10 所示。由于分布拖尾严重,增加对数域的拟合和检验结果,分布拟合检验的结果如表 4-6 所示,对数域的结果如表 4-7所示。

表 4-6　X 波段中高海况 PWF 杂波建模检验

拟合检验方法	Γ 分布	对数正态分布	混合对数正态分布	K 分布	α 稳定分布	传统 Parzen 窗	对数 Parzen 窗
χ^2 检验	44.1866	3.2760	3.0407	31.8555	164.685	2.9703	7.2711
$K-S$ 检验	0.1398	0.1814	0.1807	0.1390	0.3564	0.1982	0.1832

表 4-7 X 波段中高海况 PWF 杂波对数域拟合检验

拟合检验方法	Γ 分布	对数正态分布	混合对数正态分布	K 分布	α 稳定分布	传统 Parzen 窗	对数 Parzen 窗
χ^2 检验	7.3548	1.1250	1.1017	4.2509	17.0065	0.9928	0.4492
$K-S$ 检验	0.1272	0.0298	0.0333	0.0868	0.2633	0.0594	0.0288

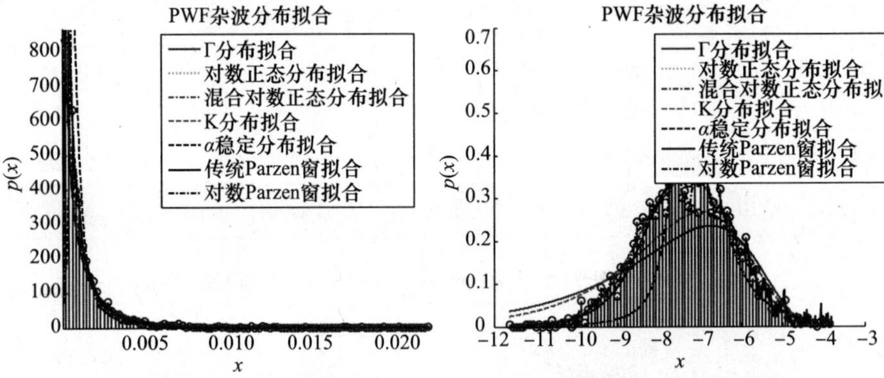

(a) 各方法的分布拟合　(b) 对数域各方法的分布拟合

图 4-10 X 波段中高海况 PWF 杂波建模结果(见彩图)

在原功率值域,参数化方法中混合对数正态分布拟合效果最好,在所有方法中,Parzen 窗拟合效果最好,但检验数值较大,仅作为参考。在对数域,参数化方法中对数正态分布和混合对数正态分布效果最好,检验结果相近。对数 Parzen 窗拟合效果最好。

高海况的拟合分布结果如图 4-11 所示。分布拟合检验的结果如表 4-8 所示,对数域的结果如表 4-9 所示。

表 4-8 X 波段高海况 PWF 杂波建模检验

拟合检验方法	Γ 分布	对数正态分布	混合对数正态分布	K 分布	α 稳定分布	传统 Parzen 窗	对数 Parzen 窗
χ^2 检验	1219.7	846.7	968.7	1099.5	1162.4	734.2	979.7
$K-S$ 检验	0.6535	0.5013	0.5585	0.6366	0.5731	0.6164	0.5522

表 4-9 X 波段高海况 PWF 杂波对数域拟合检验

拟合检验方法	Γ 分布	对数正态分布	混合对数正态分布	K 分布	α 稳定分布	传统 Parzen 窗	对数 Parzen 窗
χ^2 检验	9.8590	3.9074	1.0987	8.0835	5.0288	19.249	1.0148
$K-S$ 检验	0.3144	0.0817	0.0212	0.2488	0.2471	0.4079	0.0195

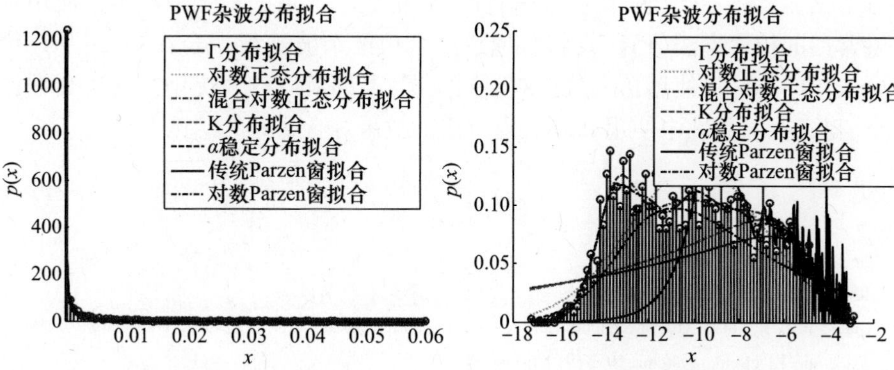

(a) 各方法的分布拟合　　(b) 对数域各方法的分布拟合

图 4 – 11　X 波段高海况 PWF 杂波建模结果(见彩图)

在高海况对数域结果中,混合对数正态分布方法的拟合效果明显好于对数正态分布的结果,这是由于分布变得复杂,简单分布拟合失效,对数 Parzen 窗方法依然保持优势,在原功率域的结果由于分布已非常难拟合,所以拟合效果仅仅提供参考,其数值表明拟合结果已经变得十分恶化。

4.6.3 杂波建模的结论

从上面得到的分布拟合数据可以得到如下结论:

(1) X 波段相比 C 波段,高海况杂波的拖尾现象更加明显,分布拟合更加困难,在这里提出利用对数域进行分布拟合和分布检验量的统计,这样可以合理地压缩杂波,得到合理的检验结果。

(2) 在参数化拟合方法中,混合对数正态分布拟合的效果在中高海况综合最优,随着海况的恶劣,海面杂波分布拟合的效果下降,总体上,简单的参数模型如 Γ 分布在低海况情况下拟合效果最好,在 X 波段高海况情况下复杂的参数模型如混合对数正态分布拟合的效果最好。在 C 波段中高海况和高海况,X 波段中高海况,对数正态分布拟合和混合对数正态分布拟合效果相近。

(3) 非参数化方法对数 Parzen 窗分布拟合效果分布检验表现综合最好,对所有海况和不同波段各种情况杂波结论一致。

4.7 小　　结

本章对舰船检测的基本问题之一,杂波建模做了总结和提炼,对常用的一些杂波建模方法做了概括。杂波分布拟合分成参数化方法和非参数化方法。因为使用的杂波分布是针对一维数据的拟合方法,所以针对如极化 SAR 这样的多维数据需要将不同通道的数据进行融合,得到单通道的检测值。本章使用了一种常用的检测方法(PWF),将各通道融合后的杂波进行拟合,并介绍了评价拟合效果的方法。使用仿真数据对不同海况,不同波段的情况用实验仿真数据验证,得到在对数域中使用 Parzen 窗方法的效果综合最好的结论。

参 考 文 献

[1] 崔一. 基于 SAR 图像的目标检测研究[D]. 北京:清华大学,2011.

[2] Goldstein G B. False – alarm regulation in log – normal and Weibull clutter[J]. IEEE Transactions on Aerospace and Electronic Systems,1973,9(1):84 –92.

[3] Blacknell D. Target detection in correlated SAR clutter[J]. IEE Proceedings – Radar,Sonar and Navigation,2000,147(1):9 –16.

[4] Crisp D J. The state – of – the – art in ship detection in synthetic aperture radar imagery[R]. Defence Science And Technology Organisation Salisbury (Australia) Info Sciences Lab,2004.

[5] Jiang Q,Wang S,Zhou D,et al. Ship detection in RADARSAT SAR imagery[C]//SMC'98 Conference Proceedings. 1998 IEEE International Conference on Systems,Man,Cybernetics (Cat. No. 98CH36218). San Diego:IEEE,1998:4562 –4566.

[6] Jiang Q. Ship detection using SAR images [D]. Quebec:Université de Sherbrooke,2002.

[7] Banerjee A,Burlina P,Chellappa R. Adaptive target detection in foliage – penetrating SAR images using alpha – stable models[J]. IEEE Transactions on Image Processing,1999,8(12):1823 –1831.

[8] Koutrouvelis I A. Regression – type estimation of the parameters of stable laws[J]. Journal of the American statistical association,1980,75(372):918 –928.

[9] Koutrouvelis I A. An iterative procedure for the estimation of the parameters of stable laws:An iterative procedure for the estimation[J]. Communications in Statistics – Simulation and Computation,1981,10(1):17 –28.

[10] McCulloch J H. Simple consistent estimators of stable distribution parameters[J]. Communications in Statistics – Simulation and Computation,1986,15(4):1109 –1136.

[11] Duda R O,Hart P E,Stork D G. Pattern classification[M]. 2 edition. New York:John Wiley & Sons,2001.

[12] Wasserman L. All of nonparametric statistics[M]. New York:Springer Science & Business Media,2006.

[13] Lee J S,Pottier E. Polarimetric radar imaging:from basics to applications[M]. Boca Raton,FL:CRC Press,2017.

[14] Novak L M,Burl M C. Optimal speckle reduction in polarimetric SAR imagery[J]. IEEE Transactions on Aerospace and Electronic Systems,1990,26(2):293 –305.

[15] Liu G,Huang S,Torre A,et al. The multilook polarimetric whitening filter (MPWF) for intensity speckle reduction in polarimetric SAR images[J]. IEEE Transactions on Geoscience and Remote Sensing,1998,36(3):1016 –1020.

[16] Manoukian E B. Mathematical nonparametric statistics[M]. Boca Raton:Gordon and Breach Science Publishers,1986.

[17] DeVore M D,O'Sullivan J A. Statistical assessment of model fit for synthetic aperture radar data[C]//Algorithms for Synthetic Aperture Radar ImageryⅧ. Orlando:International Society for Optics and Photonics,

2001,4382:379 - 388.

[18] Martin S. An introduction to ocean remote sensing[M]. Cambridge, United King dom: Cambridge University Press, 2014.

[19] Fung A K, Chen K S. Microwave scattering and emission models for users[M]. Boston, London: Artech House, 2010.

[20] Jackson R, John R A. Synthetic aperture radar marine user's Manual[M]. Washington DC: National Oceanic and Atmospheric Administration, NOAA, 2004.

第5章

基于恒虚警检测器的舰船检测方法

5.1 恒虚警舰船检测方法

对于检测问题,由于待检测的目标往往很少,目标的统计分布很难建模,因此有一类重要的准则是基于杂波的统计分布建立的恒虚警(CFAR)检测器[1-2]。本节首先针对海上目标提出了一种新的特征——极化交叉熵(PCE)[3],其次通过大量数据,得到了海杂波交叉熵的统计分布,在此基础上很自然地引出了基于极化交叉熵的 CFAR 检测算法,并通过 AIRSAR 的数据验证了其有效性。

5.1.1 极化交叉熵

极化 SAR 数据中许多已经提出的特征可以用于水上目标的检测。如反映偶次散射成分的 HV 分类、极化熵等。但这些特征都是针对像素本身的描述性特征,它们反映的是对应像素的绝对物理性质。而水上目标的一个重要特点是它与周围水域物理性质的显著不同,且周围水域的物理性质是有一定统计规律的。因此如果能提取一个描述该像素与周围水域物理性质相对差异大小的量作为鉴别性特征,对水上目标的检测会起到很好的作用。

由于熵的思想在极化特征提取方面已取得了成功的应用,类似地,交叉熵这一用于描述 2 个随机变量之间差异的量也可以引入极化特征的提取中[4]。

交叉熵的定义同样基于相干矩阵的特征分解。目标和杂波的相干矩阵 $[T_t]$ 和 $[T_c]$ 分别在图 5-1 所示的窗结构中计算[5],其中目标和杂波区域之间需设置一定的隔离带以确保杂波区域不会包含所需检测的目标的信息。窗结构的参数设置需参考极化 SAR 图像的分辨率以及目标的大致估计尺寸。

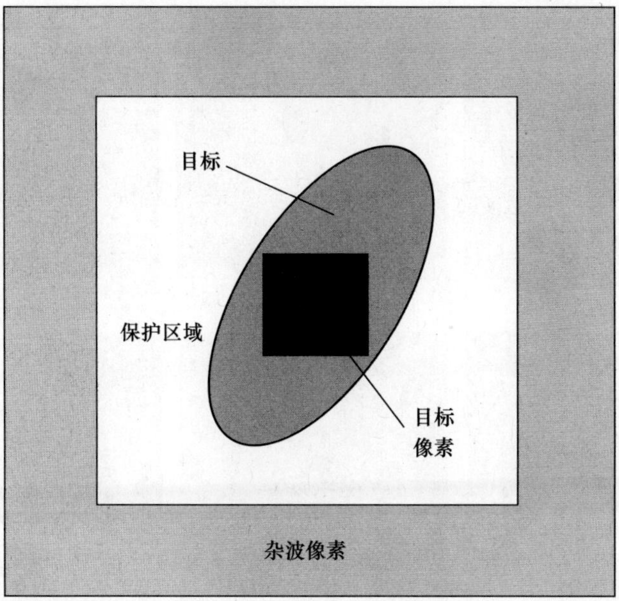

图 5-1　用于计算极化交叉熵的带隔离带的窗结构

对$[T_t]$和$[T_c]$分别进行特征分解可得到

$$[T_t]=\lambda_1 e_1 e_1^{*T}+\lambda_2 e_2 e_2^{*T}+\lambda_3 e_3 e_3^{*T} \tag{5-1}$$

$$[T_c]=\mu_1 \eta_1 \eta_1^{*T}+\mu_2 \eta_2 \eta_2^{*T}+\mu_3 \eta_3 \eta_3^{*T} \tag{5-2}$$

则极化交叉熵可以定义为

$$\mathrm{PCE}=\sum_{i=1}^{3} p_i \log_3 \frac{p_i}{q_i} \tag{5-3}$$

其中,

$$p_i=\frac{\lambda_i}{\sum_{i=1}^{3}\lambda_i},\quad q_i=\frac{\mu_i}{\sum_{i=1}^{3}\mu_i} \tag{5-4}$$

参考交叉熵的性质,已知 PCE 有如下基本性质:① 对任何目标和杂波的相干矩阵$[T_t]$和$[T_c]$,PCE >0;② 当由$[T_t]$和$[T_c]$分别计算的极化熵 H_t 和 H_c 相等时,PCE =0。性质②也进一步说明了 PCE 可以作为一个鉴别两种目标差异性的度量。

通过在大量极化 SAR 数据上的实验,可以证实 PCE 作为一个鉴别性的度量,可以有效地区分水上目标,如图 5-2 所示。

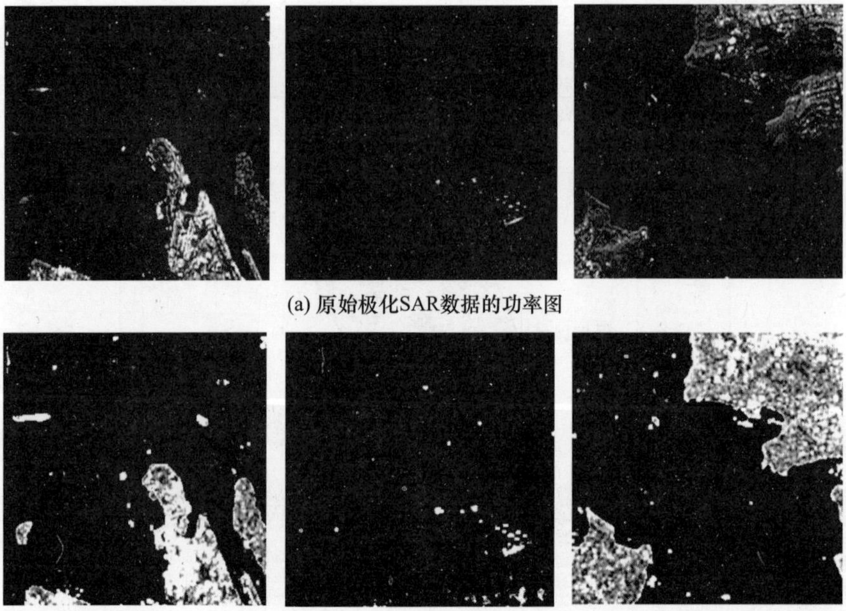

(a) 原始极化SAR数据的功率图

(b) PCE计算结果

图 5－2　水面区域计算 PCE 的结果

5.1.2 海杂波极化交叉熵的统计分布

根据 CFAR 检测思想,在得到检测量之后,需根据杂波的统计特性来动态地调整阈值,使虚警概率保持恒定。实际实现时,常假定杂波检测量符合某一分布,然后在局部估计该分布的参数,进而得到使虚警概率恒定的阈值[6]。

因此设计基于 PCE 的海上目标 CFAR 检测算法,首先需要得到海杂波 PCE 的分布。理论上推导海杂波的 PCE 分布比较困难,但基于大量实际数据,发现海杂波的 PCE 可用如下分布很好地拟合[7-9]:

$$f(x)=K\mathrm{e}^{-(u/\alpha)^{\beta}},\quad x\geqslant 0 \tag{5-5}$$

该分布中参数 α 描述了分布的方差,参数 β 描述了峰值的下降速率,K 是归一化因子,通过对分布的归一化可以计算得到

$$K=\frac{\beta}{\alpha\Gamma(1/\beta)} \tag{5-6}$$

其中,$\Gamma(\cdot)$为 Gamma 函数,具体表达式为

$$\Gamma(y)=\int_0^{\infty}\mathrm{e}^{-u}u^{y-1}\mathrm{d}u \tag{5-7}$$

当β取不同的值时，一族概率密度函数$f(x)$如图 5-3 所示。

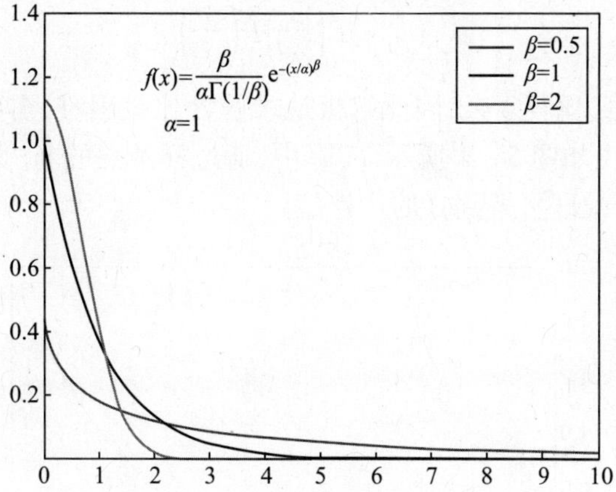

图 5-3　不同β时的概率密度函数

由图 5-3 也可以发现，当$\beta=1$时，该分布即为指数分布，而β相当于一个调节指数分布下降速率的参数，因此称该分布为广义指数分布。

式(5-5)中的参数α和β可由样本值的一阶矩m_1和二阶矩m_2计算得到。m_1和m_2的定义为

$$m_1 = \int_0^\infty xf(x)\,dx \tag{5-8}$$

$$m_2 = \int_0^\infty x^2f(x)\,dx \tag{5-9}$$

将式(5-7)代入m_1和m_2的表达式可得

$$m_1 = K\frac{\alpha^2}{\beta}\Gamma\left(\frac{2}{\beta}\right) \tag{5-10}$$

$$m_2 = K\frac{\alpha^3}{\beta}\Gamma\left(\frac{3}{\beta}\right) \tag{5-11}$$

因此可以得到

$$\beta = F^{-1}\left(\frac{m_1^2}{m_2}\right) \tag{5-12}$$

$$\alpha = \sqrt{m_2\Gamma\left(\frac{1}{\beta}\right)/\Gamma\left(\frac{3}{\beta}\right)} \tag{5-13}$$

其中，函数$F(x)$的表达式为

$$F(x)=\frac{\Gamma\left(\frac{2}{x}\right)^{2}}{\Gamma\left(\frac{3}{x}\right)\Gamma\left(\frac{1}{x}\right)} \tag{5-14}$$

$F(x)$的表达式比较复杂，因此解析地求解 β 比较困难，需要数值求解。得到 $F^{-1}(\cdot)$的曲线如图 5-4 所示，实际中，通过样本点的 m_1 和 m_2 计算，根据图 5-4 的曲线查找即可得到 β 的估计值。

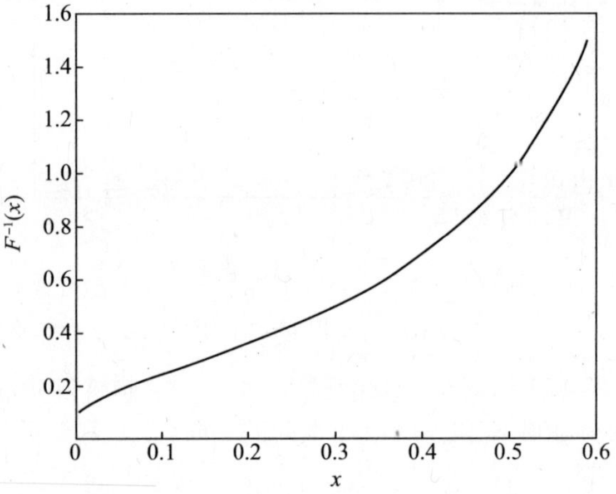

图 5-4 式(5-12)中 $F^{-1}(\cdot)$的曲线

选取一块典型的海洋区域，计算海杂波的 PCE 后按照上述流程估计其分布参数，得到原始的直方图分布和拟合的分布比较，如图 5-5 所示。由图 5-5 可以发现，该分布能很好地拟合海杂波的 PCE 概率密度函数。

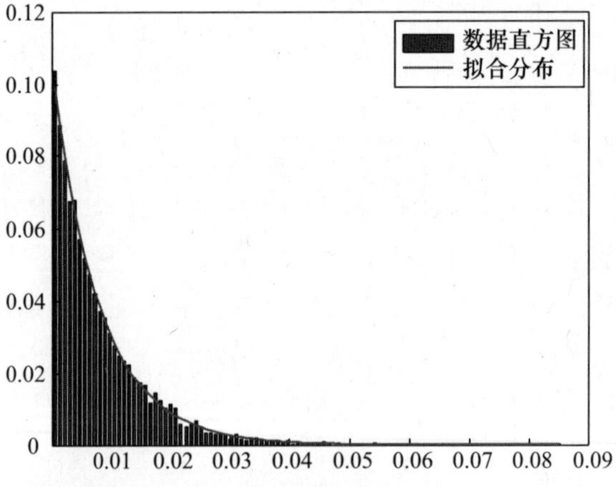

图 5-5 海杂波 PCE 分布拟合结果

5.1.3 基于极化交叉熵的恒虚警检测算法

根据 CFAR 的思想，如果已经得出某区域海杂波的 PCE 分布如式(5-5)所示，则可以证明检测阈值 t 与虚警概率 P_{fa} 服从如下关系：

$$\Gamma\left(\left(\frac{t}{\alpha}\right)^{\beta},\frac{1}{\beta}\right)=1-P_{fa} \tag{5-15}$$

其中，$\Gamma(\cdot,\cdot)$ 为不完全 Gamma 函数，具体表达式为

$$\Gamma(y,a)=\int_0^y \mathrm{e}^{-u}u^{a-1}\mathrm{d}u \tag{5-16}$$

因此，检测阈值 t 也可以由给定的虚警概率 P_{fa} 确定：

$$t=\alpha\left[\Gamma^{-1}\left(1-P_{fa},\frac{1}{\beta}\right)\right]^{\frac{1}{\beta}} \tag{5-17}$$

基于 PCE 的水上目标 CFAR 检测算法完整表述如下：

算法：基于 PCE 的 CFAR 检测算法

输入：极化 SAR 数据相干矩阵 T

步骤：1. 参照图 5-1 的窗计算整幅极化 SAR 数据的 PCE。

2. 对数据中像素点 (i,j)，给定检测概率 P_{fa}。

(1) 假定 (i,j) 为目标点，按照图 5-1 所示的杂波区域，得到杂波区域的 PCE 样本值；

(2) 根据式(5-12)、式(5-13)估计以 $(i.j)$ 为目标的海杂波 PCE 分布参数 $(\alpha_{i,j},\beta_{i,j})$；

(3) 根据给定阈值和估计的参数 $(\alpha_{i,j},\beta_{i,j})$，计算 CFAR 阈值 $t_{i,j}$；

(4) 比较 (i,j) 点的 PCE $x_{i,j}^t$ 与阈值 $t_{i,j}$，若 $x_{i,j}^t>t_{i,j}$，则判定 (i,j) 为水上人工目标。

5.1.4 检测结果及讨论

利用 NASA/JPL 的机载全极化 SAR 系统 AIRSAR 在澳大利亚悉尼湾区域得到的数据来验证上述算法的有效性。该数据为 C 波段数据，入射角为 21.8°～71.9°。设定虚警概率 $P_{fa}=0.5\%$，CFAR 检测算法的结果如图 5-6 所示。其中，由于水上人工目标的二次散射成分往往很强，HV 通道图可以作为一种辅助手段来佐证检测结果。从检测结果看，箭头所指的 1～6 均为检测得到的目标，但是在原始功率图中，点 1、2、6 基本不可见，而在 HV 中可以明显看到点 1，点 2 很可能为水上目标。但如果只考虑 HV 图，可以看到点 3，点 4 在 HV 图中基本不可见，这可能是因为二面角目标本身的定向性，如点 3、4 中二面角轴的方向与入射平面成 45°角，致使点 3、4 的 HV 分量很小，但在 PCE 图中，可

以明显地看到点 3、4 与周围区域的差别，因此点 3、4 为目标的概率也很大。该实验结果在一定程度上显示了基于 PCE 的 CFAR 检测算法在海上目标检测中的有效性。

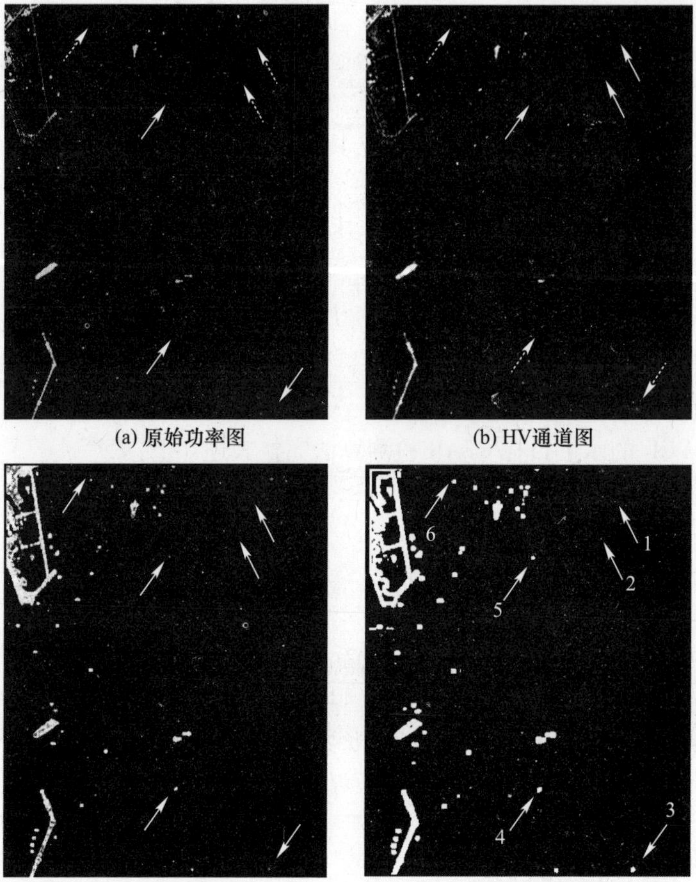

(a) 原始功率图　(b) HV通道图

(c) PCE图　(d) CFAR检测结果

图 5-6　基于 PCE 的水上目标 CFAR 检测结果

5.2 迭代恒虚警舰船检测方法

为了实现恒虚警检测的目的，往往需要利用局部的杂波样本估计杂波的分布。但是如果 SAR 图像中存在多个目标，或者由于滑动窗设计的过渡带不够大，往往会导致部分目标样本混入杂波样本中，这样估计出来的杂波分布可能会存在很大的误差，从而降低检测的性能（大多数情况导致很多目标像素被漏检)[10-11]。为了应对这个问题,传统的方法使用了诸如顺序统计量恒虚警(OS-CFAR)等方法,其基本思路是将杂波样本按照其强度进行排序,然后将强度最大的部分样本除去,而利用剩下的样本进行杂波估计[12]。一般来说,这个过程被称为"筛选"(censoring),主要依据就是强度较大的样本很有可能是混入杂波样本中的目标样本,因此首先将其排除。但是这个方法存在着一些固有的缺陷。首先,需要预先确定一个"筛选深度",即将排序后前多少个样本删除,而留下后多少样本进行杂波的估计,而"筛选深度"和滑动窗的结构与大小以及目标的尺寸都密切相关,到目前为止没有一个同一的选取准则;其次,将样本按照其强度进行排序后,就需要处理样本的顺序统计量,这将会对后续的杂波分布的估计带来很大的计算上的困难,甚至很多情况下杂波分布的解析表达式是难以求出的;另外,排序筛选的方法最大的局限性是其只能用于单通道强度(或幅度)SAR图像的检测中,如果对于多通道图像,比如说极化SAR图像就无能为力了,因为对于多通道数据来说,对数据向量进行排序是没有意义的[13]。

如果从另外一个角度去看待上面的问题,实际上样本"筛选"的过程就是对杂波样本中的离群点(outliers)也即目标样本的排除过程(outlier rejection),当然对于单变量的样本来说,将样本进行排序然后筛选出其强度最极端(最大)的值是离群点排除最简单的方法,对多变量的样本来说这种方法却行不通了。但是如果注意到,实际上杂波样本中的离群点也同时是我们需要检测的目标,这就启发我们,若能够首先将目标检测出来,将被检测出来的目标样本排除,然后再重新进行估计得到更加准确杂波分布,并在此基础上做进一步的检测,就能得到更好的结果。而且,这个过程能够周而复始成为一个迭代的过程。本章接下来的部分将详细阐述这个迭代检测的方法,并利用实验验证该方法能够同时成功地应用于单通道SAR和多通道SAR的目标检测中[14-15]。

5.2.1 迭代检测

CFAR检测经常使用图5-7所示的滑动检测窗,该窗主要分三个部分,最内部为检测区,中间为过渡带,最外层为杂波区。过渡带的设计主要是为了防止分布式的目标样本渗入杂波区中,从而导致杂波分布估计误差,但是如果周围有其他目标存在,那么杂波区中可能混入目标样本,此时也会造成杂波估计不准,特别是如果混入的是一个很强的目标,往往会导致检测区内部的较弱目标被漏检,我们以服从Gamma分布的杂波目标检测为例进行说明。如果杂波分布服从Gamma分布,则其概率密度函数为

$$p(I)=\frac{1}{\Gamma(L)}\left(\frac{L}{\sigma}\right)^{L}I^{L-1}\mathrm{e}^{-\frac{LI}{\sigma}} \tag{5-18}$$

式中:L 为视数;σ 为杂波的功率。CFAR 检测要在局部自适应地估计杂波的分布,在杂波概率密度函数服从式(5-18)的特殊情况下,其实就是自适应地估计参数 σ(假设视数已知,视数估计的方法已经在第 3 章有过详细的讨论)。杂波功率 σ 的极大似然估计式为

$$\sigma = \frac{1}{N}\sum_{i=1}^{N} I_i \tag{5-19}$$

其中,I_i就是图 5-7 中杂波区内的杂波样本。为简单起见,设检测区只占一个像素大小,其像素值为 I,若

$$\frac{I}{\sigma}>\gamma \tag{5-20}$$

则判定该像素为目标,其中 γ 为给定虚警率下的阈值,这就是经典的CA-CFAR检测器。但如果杂波区混入了其他目标样本,则式(5-19)将对 σ 产生过估计(SAR 图像中某些目标强度可能是杂波强度的几十倍以上,因此这种过估计可能是非常严重的),那么根据式(5-20)判定准则,一些较弱目标很有可能被判定为杂波,从而产生漏检。

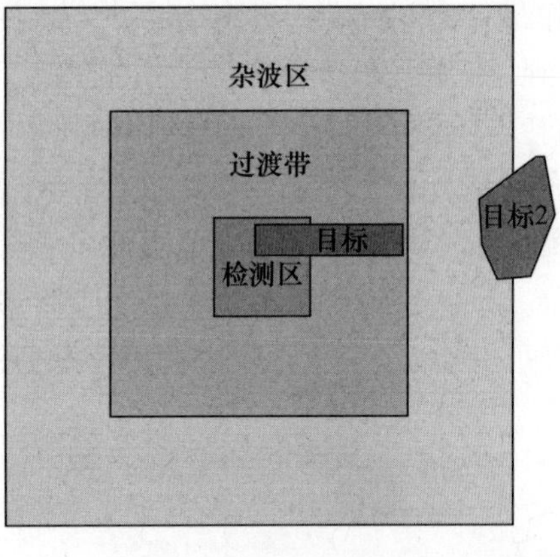

图 5-7 滑动窗设计

以上以 CA-CFAR 检测器为例说明了当多个目标存在时,杂波区中混入的目标样本可能会产生很严重的影响。事实上,包括典型的 MSE 检测器,只要是使用形如图 5-7 所示的滑动窗进行自适应检测,都会存在这个问题。下面为了一般起见,我们假设 D 代表任意一种目标检测器,一般来说 D 为关于杂波样本和待判决样本的一个统计量[16-18]。

当图像中存在多个目标时,很有可能在滑动窗的某一位置,其杂波区会混

入目标样本，但由于我们事先无法知道哪些是杂波样本，哪些是目标样本，换言之，由于我们没有更多的先验信息，因此首先假定杂波区内所有的样本都为杂波样本，将其全部用于杂波分布的估计。当估计出杂波分布后，计算出和某一虚警概率 P_{FA} 相对应的判决阈值 γ，然后将检测量 D 和阈值 γ 进行比较，这样就能够得到一个初始的检测结果 $T_0(x,y)$，它是一个二值的图像，其中 0 代表杂波像素，1 代表检测出来的目标像素。

需要注意到，由于我们在得到 $T_0(x,y)$ 的过程中并没有考虑到杂波区内可能混入的离群点即目标样本，得到的这个初始检测结果是粗略的，或者某些弱目标被淹没了，可以说这是一个“不好”的检测结果。虽然如此，$T_0(x,y)$ 却是一个“相当好”的关于可能目标在图像上分布的信息，由于所谓杂波区中的离群点本质上也是我们要检测的目标，因此如果将 $T_0(x,y)$ 看成关于离群点的一个先验图像 $O_1(x,y) = T_0(x,y)$，那么我们就可以在杂波估计中利用 $O_1(x,y)$ 来排除目标样本，从而修正杂波分布。具体地说，就是在第二轮检测时，任何在滑动窗的杂波区中但是被 $O_1(x,y)$ 指示为离群样本的那些像素都将被排除，而使用剩下的那些样本重新进行杂波分布的估计，然后计算给定虚警概率下的判决阈值，最后将 D 和判决阈值进行比较得出一个新的检测结果 $T_1(x,y)$[19-20]。

事实上，上述的过程可以一直进行下去，从而形成一个迭代的过程，也就是说在第 i 次迭代检测后得到的检测结果 $T_i(x,y)$ 可以作为第 $(i+1)$ 次迭代之前的离群点先验图像 $O_{i+1}(x,y)$，即 $O_{i+1}(x,y) = T_i(x,y)$。关于迭代的终止条件，我们定义相邻两次迭代结果之间的差异如下[21]：

$$\delta(i) = \sum_{x=1}^{m}\sum_{y=1}^{n} T_{i-1}(x,y) \oplus T_i(x,y) \tag{5-21}$$

式中：m 和 n 分别为图像的行数和列数；$\oplus$ 代表二值异或操作，即

$$\alpha \oplus \beta = \begin{cases} 1, & \alpha \neq \beta \\ 0, & \alpha = \beta \end{cases}, \quad \alpha,\beta \in \{0,1\} \tag{5-22}$$

因此迭代的终止条件为 $\delta(i)=0$。综上所述，对于任何一个目标检量 D，其迭代检测的步骤可以叙述如下：

(1) 产生一个初始的离群点图像 $O_0(x,y)$。事实上 $O_0(x,y)$ 可有可无，如果我们事先具备了关于图像目标初始分布的一定信息，那么可以加速迭代的收敛速度。

(2) 在第 i 次迭代检测中，对于杂波区中的像素，如果其被 $O_i(x,y)$ 标识为离群像素（也即为目标像素），那么就将其排除，而用所有剩下的像素进行杂波分布的估计。接着利用杂波分布计算和给定的虚警概率 P_{FA} 所对应的判决阈值 γ，

将关于待判决像素的检测量 D 和判决阈值进行比较来决定该像素是否是目标像素，从而产生该步迭代的检测结果 $T_i(x,y)$[22]。

(3) 令 $O_{i+1}(x,y) = T_i(x,y)$，然后对于第$(i+1)$次迭代重复(2)的步骤，直到式(5-21)中 $\delta(i)=0$，迭代结束。

(4) 输出 $T_i(x,y)$作为最终的检测结果。

注意到，在上述的迭代检测算法中，我们没有对检测量 D 做任何的规定，也就是说上述的算法可以应用到任何种类 SAR 图像的任何一种恒虚警检测算法中，包括 CA-CFAR 检测器和极化 SAR 图像中的 PWF 检测器等。因此这是一种非常通用的方法。

5.2.2 计算量的讨论

本节将讨论在 5.1 节中迭代检测的计算量，我们以使用迭代检测的 CA-CFAR检测器为例说明其计算复杂度[12]。

假设滑动窗的杂波区一共包含 s 个样本，那么在滑动窗的任意位置，利用式(5-2①)估计杂波功率需要 s 次加法操作，因此每一次迭代需要约 $m\times n\times s$ 次加法操作，设一共进行了 N 次迭代，那么总共需要的加法运算为 $N\times m\times n\times s$ 次。但是，我们可以利用额外的内存存储来大大地减少上述的计算量。具体地说，在第一次迭代中，需要 $m\times n\times s$ 次加法运算，然后我们将第一次迭代过程中估计出来的局部杂波功率储存起来，那么在下一次迭代中，杂波功率就可以很容易地从刚才存储的杂波功率中减去被认为是离群点目标的贡献而得到，然后再次将储存的局部杂波功率进行更新，以供下一次迭代杂波功率估计之用。假设平均来说，每一次迭代中杂波区有 ε 个样本被排除(可以想象 $\varepsilon\ll s$)，这样在 N 次迭代后总共需要的加法运算次数仅为$[m\times n\times s+(N-1)\times m\times n\times\varepsilon]$，这远小于 $N\times m\times n\times s$，因为 $\varepsilon\ll s$。

另外，我们来看一下经典的 OS-CFAR 检测器的计算量。OS-CFAR 要求首先对杂波区内的样本按照像素强度进行从大到小的排序，使用快速排序方法，那么对 s 个样本进行排序一共需要 $m\times n\times O(s\times \log s)$ 次比较操作，排除前k 个样本，然后可以对剩下的$(s-k)$个样本进行平均计算出杂波的功率(此时估计的功率是有偏的)，需要 $m\times n\times(s-k)$ 次加法操作。因此对于 OS-CFAR，一共需要 $m\times n\times O(s\times \log s)$ 次比较操作额外加上 $m\times n\times(s-k)$ 次加法操作。

使用一个具体的数值计算的例子可以说明上面两种方法的计算量大小。设图像大小为 $m=n=512$，$s=96$(对应于使用了一个 11×11 的滑动窗，而过渡带大小为 5×5)，$\varepsilon=10$，$N=10$，$k=24$。对于使用迭代检测的 OS-CFAR 算法，一共需要 512 × 512 × 186 次加法操作；而对于 OS - CFAR 方法，需要 512 × 512 × $O(438)$次比较操作和 512 × 512 × 72 次额外的加法操作。因此使用带有额外存储方式的迭代 OS - CFAR 的计算量相对较小一些。

5.2.3 实验与讨论

1. 单极化 SAR 图像目标检测

图 5 - 8 所示为使用的 RADARSAT - 2 单视 HH 极化 SAR 图像，其中存在着若干角反射器（三角框内部）和车辆目标（方框内部）。我们使用经典的 CA - CFAR并结合的迭代检测方法，滑动窗大小为 11 × 11，过渡带大小为 5 × 5，虚警概率设为 $P_{FA} = 10^{-4}$。图 5 - 9 ~ 图 5 - 11 分别为第一次、第二次、第三次迭代后的检测结果。图 5 - 12 所示为迭代结束（第七次迭代）后最终的检测结果。

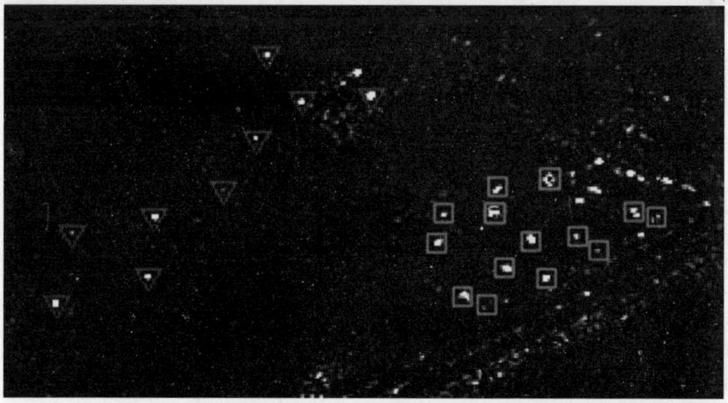

图 5 - 8　RADARSAT - 2 单视 HH 极化 SAR 图像

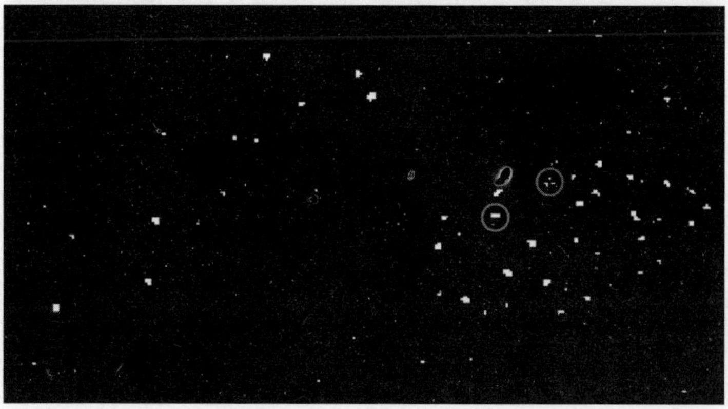

图 5 - 9　CA - CFAR 检测器第一次迭代后的检测结果

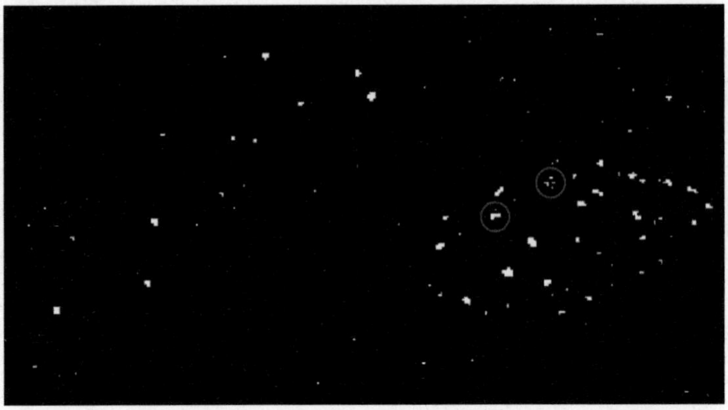

图 5-10　CA-CFAR 检测器第二次迭代后的检测结果

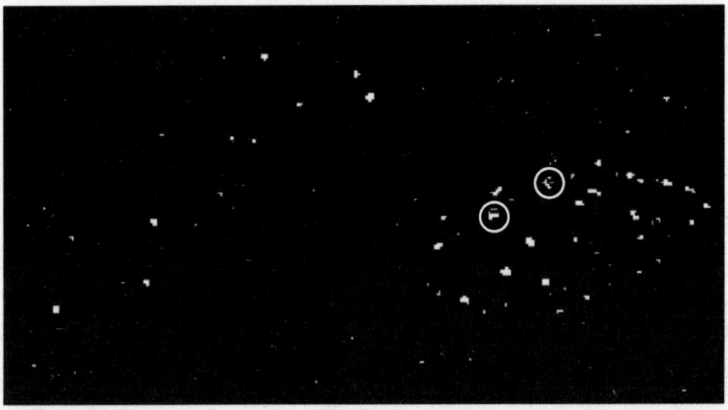

图 5-11　CA-CFAR 检测器第三次迭代后的检测结果

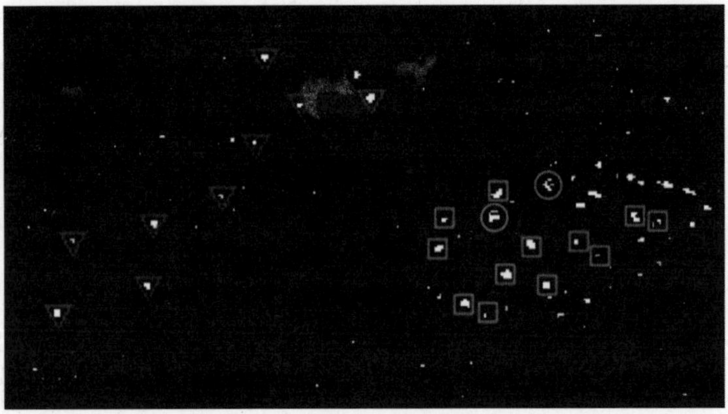

图 5-12　CA-CFAR 检测器最终的检测结果

观察图5－10～图5－12可以发现，随着迭代次数的增加，有更多的目标像素被检测了出来，而虚警像素却没有增加。特别地，我们将图5－10～图5－12中由圆圈标识出来的两个检测出来的目标放大，观察其随着迭代次数的变化情况。为了便于进行比较，我们将图5－10中相应目标区域也选择出来，放在图5－13的第一列。观察图5－13可以看出最终迭代检测的目标的形状和人眼在原始强度图像上观察的形状最为接近，这样的检测结果对后续的各种处理和分析，如目标识别无疑是非常有利的[23]。

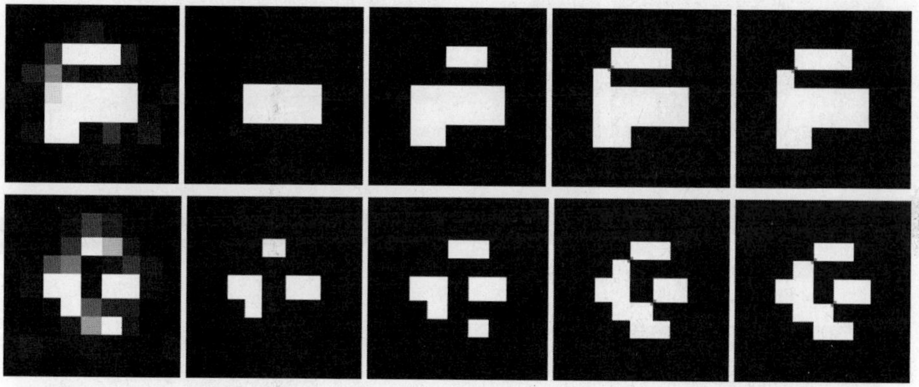

图5－13　两个放大的目标随着迭代次数的检测情况（第一列的目标为原始强度图像；第二、第三、第四、第五列分别为第一、第二、第三次以及最后一次迭代检测的结果）

2. 极化SAR图像目标检测

接下来我们测试迭代检测对于极化SAR图像中目标检测的应用。使用的极化SAR图像为美国SIR－C/X系统在香港维多利亚港口附近的测量数据。图5－14（a）所示为该极化SAR图像的极化总功率（SPAN）图像，可以看出在水面上存在着多个舰船和水面目标。检测算法使用极化白化滤波器进行检测，滑动窗大小仍然是11×11，而过渡带首先选择5×5（随后将会看到，不同过渡带的选择实际上对最终的检测结果影响很小）；虚警概率设为$P_{FA}=10^{-5}$。图5－14（b）～5－14（f）分别为第一、第二、第三、第四以及最后一次迭代（第十次迭代）检测的结果。由于对于这幅极化SAR图像成像较早，我们没有对应的船只位置信息，因此在这里通过人工观察来评估检测的效果。

由图5－14（b）可以看出，在第一次迭代的检测结果中，漏检了很多目标像素，这一方面是由于滑动窗的杂波区混入了其他目标的样本；另一方面也有可能是滑动窗的设计问题，特别是过渡带偏小，从而导致较大目标的一部分像素从检测区渗入杂波区。随着迭代的进行，我们发现越来越多的目标像素被检测了出来，最终的检测结果即图5－14（f）和图5－14（a）中的目标形状几乎是一致的，通过图 5-14(f) 能够观察出舰船目标的形状和方向，这对于进一步的目标识别或舰船航迹预测等应用是非常有帮助的。比如说，我们可以对图 5-14(f) 所示的结果做进一步的处理，提取出每个目标的边缘像素，并将其重叠到 SPAN 图像上，结果如图 5-15 所示。可以看出，提取出来的边缘和肉眼观察的目标形状是非常吻合的。而通过这些信息，就能够进一步地提取出目标的取向和大小。

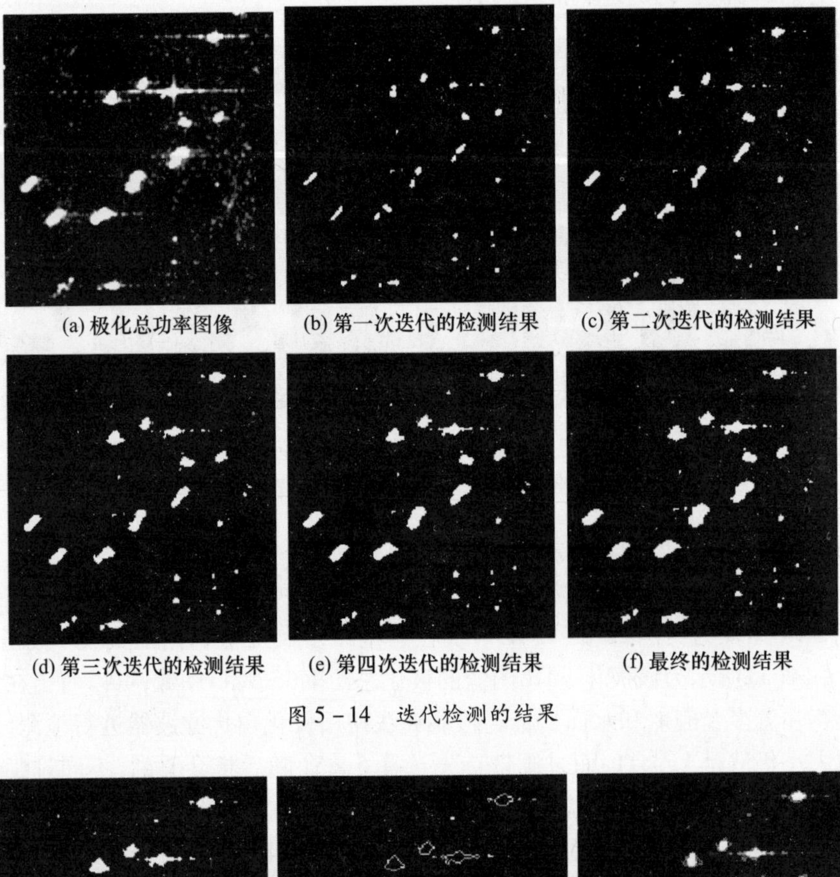

(a) 极化总功率图像　(b) 第一次迭代的检测结果　(c) 第二次迭代的检测结果

(d) 第三次迭代的检测结果　(e) 第四次迭代的检测结果　(f) 最终的检测结果

图 5-14　迭代检测的结果

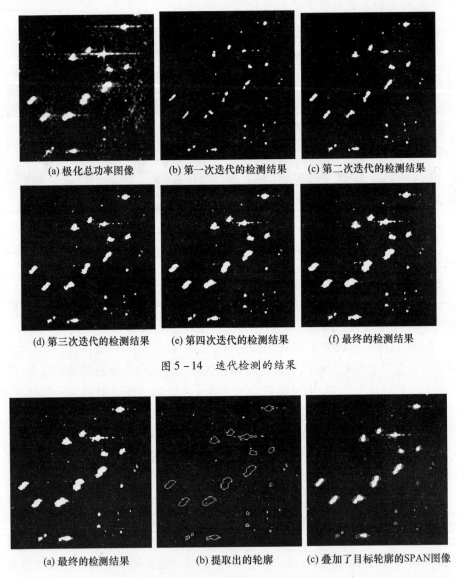

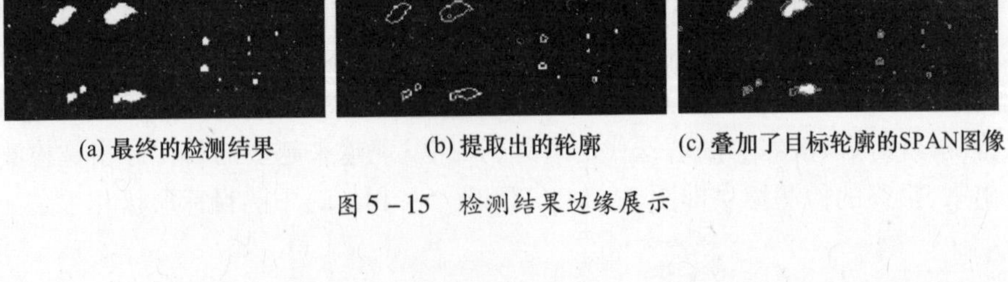

(a) 最终的检测结果　(b) 提取出的轮廓　(c) 叠加了目标轮廓的SPAN图像

图 5-15　检测结果边缘展示

最后，前面我们已经提到，事实上滑动窗的设计比如过渡带的大小对于最终的检测结果影响甚微。为了说明这个问题，我们固定滑动窗的大小为 11×11，然后分别利用 1×1 的过渡带（相当于没有过渡带）、3×3 以及 5×5 的过渡带对同一幅图像进行迭代检测，检测器仍然使用PWF，虚警概率设为 10^{-5}，最终的检测结果如图5-16所示。

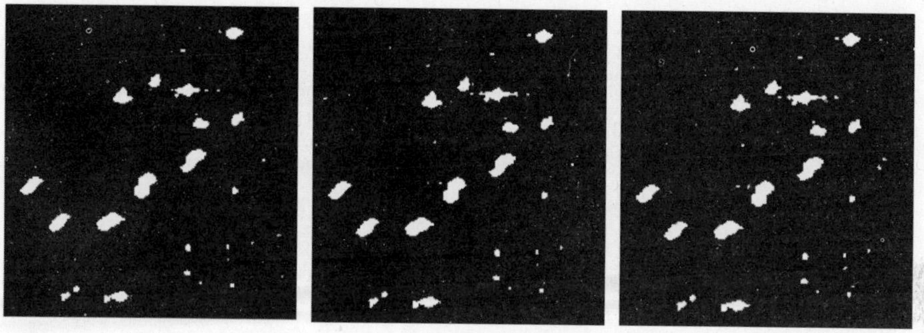

(a) 1×1　(b) 3×3　(c) 5×5

图5-16　不同过渡带的最终检测结果

通过图5-16可以看出，使用不同过渡带大小对于最终的检测结果影响很小，特别是图5-16(a)在根本没有使用过渡带的情况下得到的最终检测结果与图5-16(c)几乎没有什么差别（当然存在着一些细微的差别，这主要是因为我们固定了滑动窗的大小，变化过渡带导致的结果是杂波区内的样本数量发生了变化，这必然会在一定程度上影响检测的性能，但是杂波区样本足够多，那么实际上它们的性能是渐进无差别的）。这也验证了我们提出的迭代检测方法的鲁棒性，即对于检测参数的不同选择其性能是非常稳定的[24]。

5.3 小　结

恒虚警检测方法是一类经典的目标检测方法。本章提出了一种以极化交叉熵为特征的恒虚警舰船检测方法，能够有效地解决复杂海况下的舰船检测问题。

为了解决多目标检测中存在的杂波分布估计不准的问题，我们在本章中提出了一种迭代检测的方法。该方法将目标样本检测和可疑杂波样本排除两个步骤通过迭代的方式有机结合起来。它主要优点是可以同时应用到单通道和多通道SAR图像的目标检测中，而且实现简单，是一个通用、有效的方法。

参考文献

[1] Novak L M, Hesse S R. On the performance of order – statistics CFAR detectors[C]//Conference Record of the Twenty – Fifth Asilomar Conference on Signals, Systems & Computers. Lexington: IEEE Computer Society, 1991:835 – 840.

[2] Liu C, Vachon P W, Geling G W. Improved ship detection with airborne polarimetric SAR data[J]. Canadian Journal of Remote Sensing, 2005, 31(1):122 – 131.

[3] Chen J, Chen Y, Yang J. Ship detection using polarization cross – entropy[J]. IEEE Geoscience and Remote Sensing Letters, 2009, 6(4):723 – 727.

[4] An W T, Zhang W J, Yang J, et al. Similarity between Two Targets and Its Application to Polarimetric Target Detection for Sea Area[C]//Progress In Electromagnetics Research Symposium. Hangzhou: PIERS Proceedings, 2008:1 – 4.

[5] Marino A, Cloude S R, Woodhouse I H. A polarimetric target detector using the Huynen fork[J]. IEEE Transactions on Geoscience and Remote Sensing, 2010, 48(5):2357 – 2366.

[6] 高贵. SAR 图像目标鉴别研究综述[J]. 信号处理, 2009, 25(9):1421 – 1432.

[7] Novak L M, Owirka G J, Netishen C M. Performance of a high – resolution polarimetric SAR automatic target recognition system[J]. Lincoln Laboratory Journal, 1993, 6(1) :11 – 24.

[8] Kreithen D E, Halversen S D, Owirka G J. Discriminating targets from clutter[J]. The Lincoln Laboratory Journal, 1993, 6(1):25 – 52.

[9] Verbout S M, Weaver A L, Novak L M. New image features for discriminating targets from clutter [C]//Radar Sensor TechnologyⅢ. Orlando: International Society for Optics and Photonics, 1998:120 – 137.

[10] Principe J C, Radisavljevic A, Fisher J, et al. Target prescreening based on a quadratic gamma discriminator [J]. IEEE Transactions on Aerospace and Electronic Systems, 1998, 34(3):706 – 715.

[11] Gao G, Kuang G, Zhang Q, et al. Fast detecting and locating groups of targets in high – resolution SAR images[J]. Pattern Recognition, 2007, 40(4):1378 – 1384.

[12] 崔一. 基于 SAR 图像的目标检测研究[D]. 北京:清华大学, 2011.

[13] Touzi R, Goze S, Le Toan T, et al. Polarimetric discriminators for SAR images[J]. IEEE Transactions on Geoscience and Remote Sensing, 1992, 30(5):973 – 980.

[14] Jinag Q S. Ship Detection Using SAR Images [D]. Quebec :Université de Sherbrooke, 2002.

[15] Iskander D R, Zoubir A M, Boashash B. A method for estimating the parameters of the K distribution [J]. IEEE Transactions on Signal Processing, 1999, 47(4):1147 – 1151.

[16] Touzi R, Lopes A, Bousquet P. A statistical and geometrical edge detector for SAR images[J]. IEEE Transactions on Geoscience and Remote Sensing, 1988, 26(6):764 – 773.

[17] Lee J S, Hoppel K, Mango S A. Unsupervised estimation of speckle noise in radar images[J]. International Journal of Imaging Systems and Technology, 1992, 4(4):298 – 305.

[18] Foucher S, Boucher J M, Bénie G B. Maximum likelihood estimation of the number of looks in SAR images [C]//13th International Conference on Microwaves, Radar and Wireless Communications. MIKON – 2000. Conference Proceedings (IEEE Cat. No. 00EX428). Wroclaw :IEEE, 2000:657 – 660.

[19] Anfinsen S N, Doulgeris A P, Eltoft T. Estimation of the equivalent number of looks in polarimetric synthetic

aperture radar imagery [J] . IEEE Transactions on Geoscience and Remote Sensing, 2009, 47 (11):3795 - 3809.

[20] Cvijović D, Klinowski J. Values of the Legendre chi and Hurwitz zeta functions at rational arguments [J]. Mathematics of Computation, 1999, 68(228):1623 - 1630.

[21] Immerkaer J. Fast noise variance estimation[J]. Computer vision and image understanding, 1996, 64(2): 300 - 302.

[22] Rank K, Lendl M, Unbehauen R. Estimation of image noise variance[J]. IEE Proceedings - Vision, Image and Signal Processing, 1999, 146(2):80 - 84.

[23] Corner B R, Narayanan R M, Reichenbach S E. Noise estimation in remote sensing imagery using data masking[J]. International Journal of Remote Sensing, 2003, 24(4):689 - 702.

[24] Sim K S, Kamel N S. Image signal - to - noise ratio estimation using the autoregressive model [J]. Scanning: The Journal of Scanning Microscopies, 2004, 26(3):135 - 139.

第6章

基于变分贝叶斯推断的舰船检测方法

6.1 引　　言

舰船检测是 SAR 遥感的重要应用之一。CFAR 类型的方法是目前广泛使用的舰船检测算法。它通过使用滑动窗，局部估计海杂波的统计分布，并根据给定的虚警率自适应地设置检测阈值。在实际应用中，滑动窗的尺寸要与目标的大小和 SAR 图像的参数（如像素分辨率）相匹配。然而在多目标场景中，尤其是舰船密集的海域，不适当的滑动窗设置会造成海杂波均值与方差的估计误差变大，从而降低舰船检测的性能。本章利用舰船的稀疏属性，提出基于变分贝叶斯的 SAR 舰船检测算法。

针对极化 SAR 图像，本章提出将其表达为多维矢量形式或张量形式。而后，依据舰船稀疏属性，本章提出了基于联合张量表达与变分贝叶斯推断的方法。为提高舰船检测算法对较复杂海况的适应性，该方法放松了海面低秩属性的约束，仅利用舰船的稀疏属性，并采用极化 SAR 图像的张量表示形式，建立了改进的极化 SAR 舰船检测的概率模型，并给出了利用变分贝叶斯推断估计舰船检测结果的方法。

6.2 单极化 SAR 舰船检测

本节提出利用 SAR 图像中舰船的稀疏属性，建立舰船检测的概率模型，并利用变分贝叶斯推断实现了稀疏舰船分量的自动估计。

6.2.1 单极化 SAR 图像的舰船检测概率模型

在用于舰船检测的 SAR 图像中，海面上稀疏分布的舰船目标具有显著的稀疏属性。此外，海杂波像素值是随机变化的。于是，本章将舰船检测视为海杂波中稀疏信号的恢复问题。将一幅 $m \times n$ 的 SAR 图像建模为

$$\boldsymbol{D}=\boldsymbol{A}*\boldsymbol{S}+\boldsymbol{C} \tag{6-1}$$

式中:$\boldsymbol{D}$、$\boldsymbol{A}*\boldsymbol{S}$ 和 $\boldsymbol{C}$ 分别为 SAR 图像、严格稀疏的舰船分量与海杂波分量。$\boldsymbol{A}=[a_{ij}]$为二值矩阵,第(i,j)个元素 $a_{ij}=1$ 表示当前像素为舰船,$a_{ij}=0$ 表示当前像素为海杂波。于是 $\boldsymbol{A}$ 被视为舰船检测结果。$\boldsymbol{S}=[s_{ij}]$矩阵表示非严格稀疏的舰船分量,$*$ 表示 Hadamard 积。

$\boldsymbol{A}$、$\boldsymbol{S}$ 与 $\boldsymbol{C}$ 在贝叶斯推断框架下进行估计[1]。为了提高在复杂场景下检测稀疏舰船目标的建模能力,本章对 a_{ij}、s_{ij}与 c_{ij}引入独立的先验分布。

1. 关于稀疏分量 $\boldsymbol{A}*\boldsymbol{S}$

关于二值标签量 a_{ij},引入如下概率密度函数[2]:

$$\begin{aligned}p(a_{ij}\mid e_{ij})&=e_{ij}^{a_{ij}}(1-e_{ij})^{1-a_{ij}}\\ p(e_{ij})&=\mathrm{Beta}(\alpha_0,\beta_0)\end{aligned} \tag{6-2}$$

式中:e_{ij}为舰船像素的存在概率;α_0、β_0 为超参数,$\alpha_0>0$ 与 $\beta_0>0$;Beta(·)表示 Beta 分布。于是,有 $\mathrm{E}(e_{ij})=\alpha_0/(\alpha_0+\beta_0)$,E(·)表示随机变量的期望。假设 $\alpha_0\ll 1$,$\alpha_0+\beta_0=1$,可得知 e_{ij}近似为 0。在这种情况下,稀疏性被施加于 $\boldsymbol{A}$。需要注意的是,α_0 与 β_0 并不依赖于其他参数。它们被设置为确定的数值,本节后面的其他超参数也是如此。

舰船像素 s_{ij}被建模为高斯分布:

$$p(s_{ij}\mid\mu_{ij},\lambda_{ij})=\mathcal{N}(s_{ij}\mid\mu_{ij},\lambda_{ij}^{-1}) \tag{6-3}$$

式中:μ_{ij}与 λ_{ij}分别为高斯分布 $\mathcal{N}(\cdot)$的均值与精度。

本节进一步为μ_{ij}与 λ_{ij}引入独立的 Gaussian - Gamma 先验[3],即

$$p(\mu_{ij},\lambda_{ij})=\mathcal{N}(\mu_{ij}\mid\mu_{0ij},\beta_1^{-1}\lambda_{ij}^{-1})\cdot\mathrm{Gam}(\lambda_{ij}\mid\alpha_1,\gamma_1) \tag{6-4}$$

式中:μ_{0ij}为高斯分布的均值;Gam(·)表示 Gamma 分布;超参数 α_1、β_1 与 γ_1 被设置为小的确定性数值以获得平凡的超验。

2. 海杂波分量 $\boldsymbol{C}$

在 CFAR 检测器中,海杂波通常被建模为某个单峰的概率分布,如 K 分布、Gamma 分布等。然而在某些场景中,如 An 等在文献[4]中提到的高风速海面,或者雨量大的海面,整个图像的海杂波的统计分布是呈空间变化的。于是,海杂波的概率密度函数可能是多峰值的。理论上,一个连续的概率密度函数可以由混合高斯分布(mixture of Gaussian distribution,MOG)来近似[3]。于是,为了更好地建模复杂海况下的海杂波,c_{ij}的分布被建模为 K 分量的 MOG[3-5],即

$$p(c_{ij}\mid\boldsymbol{\omega},\boldsymbol{\tau},\boldsymbol{z}_{ij})=\prod_{k=1}^{K}\mathcal{N}(c_{ij}\mid\omega_k,\tau_k^{-1})^{z_{ijk}}$$

$$p(z_{ij}\mid\boldsymbol{\pi}) = \prod_{k=1}^{K}\pi_k^{z_{ijk}} \tag{6-5}$$

式中：z_{ij}为关于 c_{ij}的 1 - of - K 矢量，即 $z_{ijk}\in\{0,1\}$，$\sum_{k=1}^{K}z_{ijk}=1$；$\boldsymbol{\pi}=(\pi_1,\pi_2,\cdots,\pi_K)$为混合系数矢量，$\pi_k$ 为第 k 个高斯分量的存在概率，$\boldsymbol{\pi}$ 满足 $0\leqslant\pi_k\leqslant1$，并且 $\sum_{k=1}^{K}\pi_k=1$；$\boldsymbol{\omega}=(\omega_1,\omega_2,\cdots,\omega_K)$，$\boldsymbol{\tau}=(\tau_1,\tau_2,\cdots,\tau_K)$，$\omega_k$ 与 τ_k 分别为第 k 个高斯分量的均值与精度。为了便于后文的描述，本节令 $\boldsymbol{Z}$ 表示 $m\times n\times K$ 的数组，第(i,j,k)单元记为 z_{ijk}。

参数 ω_k 与 τ_k 也被建模为 Gaussian - Gamma 分布[3]，即

$$p(\omega_k,\tau_k)=\mathcal{N}(\omega_k\mid\omega_{0k},\beta_2^{-1}\tau_k^{-1})\cdot\mathrm{Gam}(\tau_k\mid\alpha_2,\gamma_2) \tag{6-6}$$

式中：ω_{0k}为第 k 个高斯分量的均值；超参数 α_2、β_2 与 γ_2 被设置为小的确定性数值。

混合系数 $\boldsymbol{\pi}$ 采用 Dirichlet 分布进行建模[3]，即

$$p(\boldsymbol{\pi}) = \frac{\Gamma(\eta_0)}{\Gamma(\eta_{01})\cdots\Gamma(\eta_{0K})}\prod_{k=1}^{K}\boldsymbol{\pi}_k^{\eta_{0k}-1},\quad \eta_0=\sum_{k=1}^{K}\eta_{0k} \tag{6-7}$$

式中：$\Gamma(\cdot)$为 Gamma 函数；$\{\eta_{0k}\}$为超参数。

基于上述引入的概率密度函数，隐变量 $\boldsymbol{A}$、$\boldsymbol{E}=[e_{ij}]$、$\boldsymbol{S}$、$\boldsymbol{M}=[\mu_{ij}]$、$\boldsymbol{\Lambda}=[\lambda_{ij}]$、$\boldsymbol{\omega}$、$\boldsymbol{\tau}$、$\boldsymbol{Z}$、$\boldsymbol{\pi}$ 与 SAR 图像数据 $\boldsymbol{D}=[d_{ij}]$的联合分布为

$$\begin{aligned}&p(\boldsymbol{D},\boldsymbol{A},\boldsymbol{E},\boldsymbol{S},\boldsymbol{M},\boldsymbol{\Lambda},\boldsymbol{\omega},\boldsymbol{\tau},\boldsymbol{Z},\boldsymbol{\pi})\\&=p(\boldsymbol{D}\mid\boldsymbol{A},\boldsymbol{E},\boldsymbol{S},\boldsymbol{M},\boldsymbol{\Lambda},\boldsymbol{\omega},\boldsymbol{\tau},\boldsymbol{Z},\boldsymbol{\pi})p(\boldsymbol{A}\mid\boldsymbol{E})p(\boldsymbol{E})p(\boldsymbol{S}\mid\boldsymbol{M},\boldsymbol{\Lambda})p(\boldsymbol{M},\boldsymbol{\Lambda})\cdot\\&\quad p(\boldsymbol{\omega},\boldsymbol{\tau})p(\boldsymbol{Z}\mid\boldsymbol{\pi})p(\boldsymbol{\pi})\\&=\prod_{i,j,k}p(d_{ij}\mid a_{ij},e_{ij},s_{ij},\mu_{ij},\lambda_{ij},\omega_k,\tau_k,z_{ijk},\pi_k)p(a_{ij}\mid e_{ij})p(e_{ij})p(s_{ij}\mid\mu_{ij},\lambda_{ij})\\&\quad p(\mu_{ij},\lambda_{ij})\cdot p(\omega_k,\tau_k)p(z_{ijk}\mid\pi_k)p(\pi_k)\end{aligned} \tag{6-8}$$

6.2.2 变分贝叶斯推断

将变分贝叶斯推断原理应用于 6.2.1 节建立的舰船检测概率模型，并令 $\boldsymbol{Y}=\{\boldsymbol{A},\boldsymbol{E},\boldsymbol{S},\boldsymbol{M},\boldsymbol{\Lambda},\boldsymbol{\omega},\boldsymbol{\tau},\boldsymbol{Z},\boldsymbol{\pi}\}$，$\boldsymbol{X}=\boldsymbol{D}$。本节将推导出这些变量的后验概率密度函数。由于舰船检测概率模型中隐变量的先验概率密度函数是独立的，这些隐变量的后验概率密度函数的近似也是独立的，即

$$\begin{aligned}q(\boldsymbol{Y})&=q(\boldsymbol{A})q(\boldsymbol{E})q(\boldsymbol{S})q(\boldsymbol{M},\boldsymbol{\Lambda})q(\boldsymbol{\omega},\boldsymbol{\tau})q(\boldsymbol{Z})q(\boldsymbol{\pi})\\&=\prod_{i,j,k}q(a_{ij})q(e_{ij})q(s_{ij})q(\mu_{ij},\lambda_{ij})q(\omega_k,\tau_k)q(z_{ijk})q(\pi_k)\end{aligned} \tag{6-9}$$

1. 估计 $\boldsymbol{A}$ 和 $\boldsymbol{E}$

$\boldsymbol{A}$ 中每个 a_{ij} 的后验概率密度函数可以近似为

$$q(a_{ij}) = \mathcal{N}(a_{ij} \mid E(a_{ij}), \sigma_{a_{ij}}^2) \tag{6-10}$$

其参数为

$$\begin{aligned} \sigma_{a_{ij}}^2 &= \left(\sum\nolimits_k E(z_{ijk}) E(\tau_k) E(s_{ij}^2)\right)^{-1} \\ E(a_{ij}) &= \sigma_{a_{ij}}^2 \Big(\sum\nolimits_k E(z_{ijk}) E(\tau_k) E(s_{ij}) \\ &\quad (d_{ij} - E(\omega_k))\Big) + \psi(\alpha_0) - \psi(\beta_0) \end{aligned} \tag{6-11}$$

式中:$\psi(\cdot)$为 digamma 函数。

类似地,E 中每个 e_{ij} 的后验概率密度函数可以近似为

$$q(e_{ij}) = \mathrm{Beta}(e_{ij} \mid \alpha_0^*, \beta_0^*) \tag{6-12}$$

其参数为

$$\begin{aligned} \alpha_0^* &= E(a_{ij}) + \alpha_0 \\ \beta_0^* &= \beta_0 - E(a_{ij}) + 1 \end{aligned} \tag{6-13}$$

2. 估计 $\boldsymbol{S}$、$\boldsymbol{M}$ 和 $\boldsymbol{\Lambda}$

$\boldsymbol{S}$ 中每个 s_{ij} 的后验概率密度函数可以近似为

$$q(s_{ij}) = \mathcal{N}(s_{ij} \mid E(s_{ij}), \sigma_{s_{ij}}^2) \tag{6-14}$$

其参数为

$$\begin{aligned} E(s_{ij}) &= \sigma_{s_{ij}}^2 \sum\nolimits_k E(z_{ijk}) E(\tau_k) E(a_{ij}) (d_{ij} - E(\omega_k)) + \sigma_{s_{ij}}^2 E(\lambda_{ij}) E(\mu_{ij}) \\ \sigma_{s_{ij}}^2 &= \left(\sum\nolimits_k E(z_{ijk}) E(\tau_k) E(a_{ij}^2) + E(\lambda_{ij})\right)^{-1} \end{aligned} \tag{6-15}$$

μ_{ij} 与 λ_{ij} 的后验概率密度函数可以近似为

$$q(\mu_{ij}, \lambda_{ij}) = \mathcal{N}(\mu_{ij} \mid E(\mu_{ij}), (1+\beta_1)^{-1} E^{-1}(\lambda_{ij})) \cdot \mathrm{Gam}(\lambda_{ij} \mid \alpha_1^*, \gamma_1^*) \tag{6-16}$$

其参数为

$$\begin{aligned} E(\mu_{ij}) &= \frac{1}{1+\beta_1}(E(s_{ij}) + \beta_1 \mu_{0ij}) \\ \alpha_1^* &= \alpha_1 + 1 \\ \gamma_1^* &= \gamma_1 + \frac{E(s_{ij}^2) - \beta_1 \mu_{0ij}^2}{2} - \frac{(E(s_{ij}) + \beta_1 \mu_{0ij})^2}{2(1+\beta_1)} \end{aligned} \tag{6-17}$$

3. 估计计 $\boldsymbol{Z}$、$\boldsymbol{\pi}$、$\boldsymbol{\omega}$ 和 $\boldsymbol{\tau}$

$\boldsymbol{Z}$ 中每个 z_{ij} 的后验概率密度函数可以近似为

$$q(z_{ij}) = \prod_{k=1}^{K} \rho_{ijk}^{z_{ijk}} \tag{6-18}$$

其参数为

$$\begin{aligned}
\rho_{ijk} &= \frac{\xi_{ijk}}{\sum_k \xi_{ijk}} \\
\ln\xi_{ijk} &= \frac{1}{2}E(\ln\tau_k) - \frac{1}{2}\ln 2\pi + E(\ln\pi_k) - \\
&\quad \frac{E(\tau_k)}{2}E\,(d_{ij} - a_{ij}s_{ij} - \omega_k)^2 + \text{const} \\
E(\ln\tau_k) &= \psi(\alpha_2^*) - \ln(\gamma_2^*) \\
E(\ln\pi_k) &= \psi(\eta_{1k}) - \psi\left(\sum_k \eta_{1k}\right)
\end{aligned} \tag{6-19}$$

$\boldsymbol{\pi}$ 的近似后验概率密度函数为

$$q(\boldsymbol{\pi}) = \prod_{k=1}^{K} \pi_k^{\eta_{1k}-1} \tag{6-20}$$

其参数为

$$\eta_{1k} = \sum_{ij} E(z_{ijk}) + \eta_{0k} \tag{6-21}$$

ω_k 与 τ_k 的近似概率密度函数为

$$q(\omega_k, \tau_k) = \mathcal{N}(\omega_k \mid E(\omega_k), \beta_k^{-1}E^{-1}(\tau_k)) \cdot \text{Gam}(\tau_k \mid \alpha_2^*, \gamma_2^*) \tag{6-22}$$

其参数为

$$\begin{aligned}
\beta_k &= \sum_{ij} E(z_{ijk}) + \beta_2 \\
E(\omega_k) &= \frac{1}{\beta_k}\left(\sum_{ij} E(z_{ijk})(d_{ij} - E(a_{ij})E(s_{ij})) + \beta_2\omega_{0k}\right) \\
\alpha_2^* &= \alpha_2 + \frac{1}{2}\sum_{ij} E(z_{ijk}) + \frac{1}{2} \\
\gamma_2^* &= \gamma_2 + \frac{1}{2}\left(\sum_{ij} E(z_{ijk})E\,(d_{ij} - a_{ij}s_{ij})^2 + \beta_2\omega_{0k}^2\right) - \\
&\quad \frac{1}{2\beta_k}\left(\sum_{ij} E(z_{ijk})(d_{ij} - E(a_{ij})E(s_{ij})) + \beta_2\omega_{0k}\right)^2
\end{aligned} \tag{6-23}$$

6.2.3 算法实现

舰船检测的目的是估计 $\boldsymbol{A}$。因此，新方法主要关注 $q(\boldsymbol{A})$ 的估计。然而，$q(\boldsymbol{A})$ 的估计依赖于其他因子的估计。因此，本节首先适当初始化所有因子，然后迭代更新这些因子，直到达到收敛条件。采用的迭代停止准则为

$$\frac{\| E(\boldsymbol{A}^{t} * \boldsymbol{S}^{t}) - E(\boldsymbol{A}^{t-1} * \boldsymbol{S}^{t-1}) \|_{\mathrm{F}}}{\| E(\boldsymbol{A}^{t-1} * \boldsymbol{S}^{t-1}) \|_{\mathrm{F}}} < \text{thres} \tag{6-24}$$

式中：t 为第 t 次迭代；$\| \cdot \|_{\mathrm{F}}$ 表示 Frobenius 范数；thres 为收敛阈值，被设置为一个小的常数[1]。变分贝叶斯推断的收敛性理论上是可以确保的[3]。在实验中，本节发现 thres $=10^{-4}$ 可以确保算法经过数十次迭代达到收敛。

当迭代过程收敛，令

$$\hat{a}_{ij} = \begin{cases} 1, & e_{ij}^{t} \geqslant 0.5 \\ 0, & e_{ij}^{t} < 0.5 \end{cases} \tag{6-25}$$

其中用到了 $E(a_{ij}) = e_{ij}$。于是，二值矩阵 $\hat{\boldsymbol{A}} = [\hat{a}_{ij}]$ 为最终的舰船检测结果。

提出的舰船检测算法的完整流程如图 6－1 所示。其中初始化方法详见 6.2.4 节。

输入：

单极化 SAR 图像 $\boldsymbol{D}$。

初始化：

初始化 $\boldsymbol{Y}^{0} = \{\boldsymbol{A}^{0}, \boldsymbol{E}^{0}, \boldsymbol{S}^{0}, \boldsymbol{M}^{0}, \boldsymbol{\Lambda}^{0}, \boldsymbol{\omega}^{0}, \boldsymbol{\tau}^{0}, \boldsymbol{Z}^{0}, \boldsymbol{\pi}^{0}\}$；

初始化 $K_0, \alpha_0, \beta_0, \alpha_1, \beta_1, \gamma_1, \alpha_2, \beta_2, \gamma_2 \{\eta_{0k}\}$ 与 thres。

迭代：

Set　$t=0$, thr $=2$thres。

while　thr > 2thres　**do**

　$t=t+1$；

　按照式(6－10)～式(6－13)估计隐变量 $\boldsymbol{Y}^{t-1}$ 的后验概率密度函数；

　更新 $E(\boldsymbol{Y}^{t}) = E\{\boldsymbol{A}^{t}, \boldsymbol{E}^{t}, \boldsymbol{S}^{t}, \boldsymbol{M}^{t}, \boldsymbol{\Lambda}^{t}, \boldsymbol{\omega}^{t}, \boldsymbol{\tau}^{t}, \boldsymbol{Z}^{t}, \boldsymbol{\pi}^{t}\}$；

　更新 thres $= \dfrac{\| E(\boldsymbol{A}^{t} * \boldsymbol{S}^{t}) - E(\boldsymbol{A}^{t-1} * \boldsymbol{S}^{t-1}) \|_{\mathrm{F}}}{\| E(\boldsymbol{A}^{t-1} * \boldsymbol{S}^{t-1}) \|_{\mathrm{F}}}$。

end while

按照式(6－25)计算 $\hat{\boldsymbol{A}}$。

输出：舰船检测结果 $\hat{\boldsymbol{A}}$。

图 6－1　基于稀疏贝叶斯的单极化 SAR 舰船检测算法流程

6.2.4 实验结果

本节首先介绍参数的设置方法，其次分别开展仿真实验和实测数据实验，

并采用 Gamma CFAR 检测器作为参考算法来验证提出方法的有效性。本节使用检测率 $P_{\rm d}$ 与品质因数 FoM 作为评价指标[6]。

1. 参数设置

本节采用一个简单的方法来初始化变分贝叶斯推断。首先，计算输入 SAR 图像 $\boldsymbol{D}$ 的累积概率分布。其次，对应累积概率为 0.6 的像素值作为硬阈值。利用这个阈值，可以得到粗检测结果，并利用该结果初始化 $\boldsymbol{A}^0$。$\boldsymbol{S}^0$ 与 $\boldsymbol{M}^0$ 被初始化为 $\boldsymbol{A}^0 * \boldsymbol{D}$。设置 $\boldsymbol{E}^0$ 为全 1 矩阵，以表明 $\boldsymbol{A}^0$ 以高概率并非稀疏的。设置 $\boldsymbol{\Lambda}^0$ 为全 1 矩阵，以表明 $\boldsymbol{S}^0$ 并非精确的。关于 MOG 的初始化，本节发现 5 分量的 MOG 有足够的灵活性来刻画海杂波的分布，即 $K=5$。每个 ω_{0k} 与 ω_k^0 通常被设置为 0[3]。类似于设置 $\boldsymbol{\Lambda}^0$，每个 $\boldsymbol{\tau}_k^0$ 被设置为 1。由于没有任何关于 MOG 的先验，每个 ${z_{ij}}^0$ 被随机初始化为一个 1 - of - K 矢量。为了给 $\boldsymbol{A}$ 施加稀疏约束，设置 $\alpha_0=10^{-4}$，$\beta_0=1-\alpha_0$[2]。其他超参数 α_1、β_1、γ_1、α_2、β_2、γ_2 与 $\{\eta_{0k}\}$ 被设置为 10^{-6}[1-2]。

2. 仿真实验

为了验证提出的方法对小目标与确定目标检测的鲁棒性，本节首先进行仿真实验。首先，从实验数据中提取 100 个舰船像素。这些像素的平均后向散射系数 $\sigma_{\rm ship}^0$ 在 $-6.5 \sim -3.5$dB 变化。同时，海杂波建模为 K 分布，形状参数为 $\nu=1.33$，尺度参数 $b=\nu/\sigma_{\rm sea}^0$，并且 $\sigma_{\rm sea}^0=\bar{\sigma}_{\rm ship}^0-{\rm SCR}$，$\bar{\sigma}_{\rm ship}^0=-4.7$dB 为 $\sigma_{\rm ship}^0$ 的均值，SCR 为信杂比。然后，令 SCR 由 -5dB 逐渐增加到 25dB，并应用新方法与 Gamma CFAR 检测器于仿真的 200×200 的单极化 SAR 图像。关于 Gamma CFAR 检测器，这里取 $w_t\_w_g\_w_c=1\_7\_11$，$P_{fa}=10^{-6}$。

图 6-2 所示为仿真的结果。由图可以看到，新方法的性能优于 Gamma CFAR 检测器。

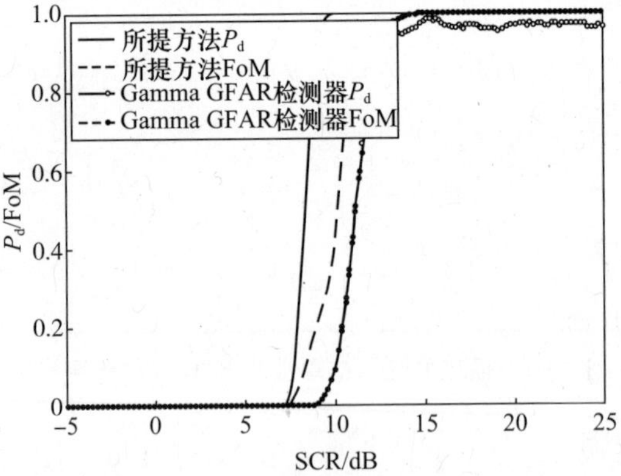

图 6-2 仿真结果：$P_{\rm d}$与 FoM 随 SCR 的变化

3. 实测数据实验

本节采用新加坡港的C波段RADARSAT－2 HH极化SAR图像（图6－3）进行实验。图像的参数如表6－1所示。

首先对待检测的图像进行海陆分割，本文采用手动方式掩膜陆地区域。关于提出算法的参数，按照本节中第1部分说明进行设置。表6－1和图6－3记录了新方法的舰船检测结果。

表6－1　舰船检测的量化结果

方法	(N_d^B, N_d^S)	(N_d, N_f)	P_d/%	FoM/%
新方法	(**94**,**69**)	(**163**,5)	**88.6**	86.2
CFAR(7_7_91)	(82,29)	(111,1)	60.3	60.0
CFAR(3_7_83)	(**94**,55)	(149,**15**)	81.0	74.9

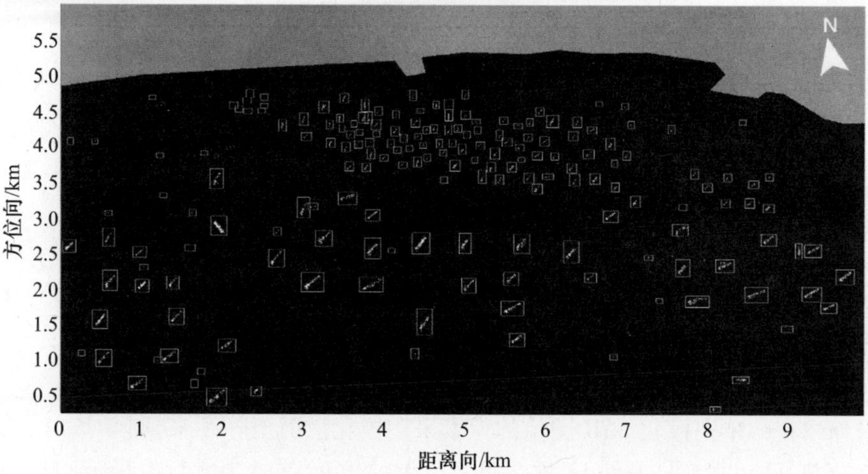

图6－3　新方法对新加坡港海陆分割后HH极化SAR图像的检测结果

1）P_d与FoM结果的比较

在表6－1中，$N_d = N_d^B + N_d^S$，其中N_d^B与N_d^S分别表示在group B与group S中检测到的舰船数。由该表可见，新方法相比Gamma CFAR检测器取得了更好的检测性能。

关于P_d与FoM，可以看到相比Gamma CFAR检测器，新方法取得了更高的P_d与FoM。

关于N_d^B与N_d^S，可以看到新方法对于小船检测非常有效。在图6－3中，新方法检测到group B中的所有94条大船，group S中的69条小船，5个虚警目标。而 Gamma CFAR 检测器在 3_79_83 的设置下虽然检测到了 group B 中的所有大船，但只检测到 group S 中的 55 条小船。可见新提出的两种单极化 SAR 舰船检测方法的检测性能均优于 Gamma CFAR 检测器的检测性能。

2）时间消耗分析

新方法与参考方法采用 Matlab 编写代码。所有实验在 3.4GHz Intel Core i7 处理器、8GB 内存的计算机平台，以及 Matlab 软件环境下完成。不同方法的时间消耗如表 6-2 所示。可见，两种新方法相比 Gamma CFAR 检测器不但具有更高的检测性能，在计算效率上也更高一些。

表 6-2 不同方法的时间消耗

位置	方法	时间/s
新加坡港	新方法	**22.3**
	Gamma CFAR(7_79_91)	69.9
	Gamma CFAR(3_79_83)	54.5

6.3 极化 SAR 舰船检测

本节提出利用 SAR 图像中舰船的稀疏属性，将 6.2 节的单极化 SAR 舰船检测方法进一步推广到极化 SAR 图像，并对概率模型做了优化。

6.3.1 极化 SAR 图像的表达

1. 多维矢量形式

1）单视图像

$m\times n$ 的单视极化 SAR 图像的像素采用极化散射矩阵 $\boldsymbol{S}$ 来刻画[7]。

在互易和非互易条件下，本节将复散射矢量 $\boldsymbol{w}_c$ 表达为实数矢量 $\boldsymbol{w}_r$，即

$$\boldsymbol{w}_r=[\mathrm{Re}(\boldsymbol{w}_{c1})\ \mathrm{Im}(\boldsymbol{w}_{c1})\ \cdots\ \mathrm{Re}(\boldsymbol{w}_{cK})\ \mathrm{Im}(\boldsymbol{w}_{cK})] \tag{6-26}$$

式中：K 为 3 或 4，分别对应互易与非互易条件。

2）多视图像

$m\times n$ 的单视极化 SAR 图像的像素采用协方差矩阵 $\boldsymbol{C}$ 或相干矩阵 $\boldsymbol{T}$ 来表示[7]。每个像素的 $\boldsymbol{T}$ 或 $\boldsymbol{C}$ 矢量化为实数矢量，即

在非互易条件下：

$$\boldsymbol{w}_r=[\boldsymbol{T}_{11}\ \boldsymbol{T}_{22}\ \boldsymbol{T}_{33}\ \boldsymbol{T}_{44}\ \mathrm{Re}(\boldsymbol{T}_{12})\ \mathrm{Re}(\boldsymbol{T}_{13})\ \mathrm{Re}(\boldsymbol{T}_{14})\ \mathrm{Re}(\boldsymbol{T}_{23})\ \mathrm{Re}(\boldsymbol{T}_{24})\ \mathrm{Re}(\boldsymbol{T}_{34})$$
$$\mathrm{Im}(\boldsymbol{T}_{12})\ \mathrm{Im}(\boldsymbol{T}_{13})\ \mathrm{Im}(\boldsymbol{T}_{14})\ \mathrm{Im}(\boldsymbol{T}_{23})\ \mathrm{Im}(\boldsymbol{T}_{24})\ \mathrm{Im}(\boldsymbol{T}_{34})]$$

或

$$\boldsymbol{w}_r=[\boldsymbol{C}_{11}\ \boldsymbol{C}_{22}\ \boldsymbol{C}_{33}\ \boldsymbol{C}_{44}\ \mathrm{Re}(\boldsymbol{C}_{12})\ \mathrm{Re}(\boldsymbol{C}_{13})\ \mathrm{Re}(\boldsymbol{C}_{14})\ \mathrm{Re}(\boldsymbol{C}_{23})\ \mathrm{Re}(\boldsymbol{C}_{24})\ \mathrm{Re}(\boldsymbol{C}_{34})\ \mathrm{Im}(\boldsymbol{C}_{12})\ \mathrm{Im}(\boldsymbol{C}_{13})\ \mathrm{Im}(\boldsymbol{C}_{14})\ \mathrm{Im}(\boldsymbol{C}_{23})\ \mathrm{Im}(\boldsymbol{C}_{24})\ \mathrm{Im}(\boldsymbol{C}_{34})] \tag{6-27}$$

在互易条件下：

$$\boldsymbol{w}_r=[\boldsymbol{T}_{11}\ \boldsymbol{T}_{22}\ \boldsymbol{T}_{33}\ \mathrm{Re}(\boldsymbol{T}_{12})\ \mathrm{Re}(\boldsymbol{T}_{13})\ \mathrm{Re}(\boldsymbol{T}_{23})\ \mathrm{Im}(\boldsymbol{T}_{12})\ \mathrm{Im}(\boldsymbol{T}_{13})\ \mathrm{Im}(\boldsymbol{T}_{23})]$$

或

$$\boldsymbol{w}_r=[\boldsymbol{C}_{11}\ \boldsymbol{C}_{22}\ \boldsymbol{C}_{33}\ \mathrm{Re}(\boldsymbol{C}_{12})\ \mathrm{Re}(\boldsymbol{C}_{13})\ \mathrm{Re}(\boldsymbol{C}_{23})\ \mathrm{Im}(\boldsymbol{C}_{12})\ \mathrm{Im}(\boldsymbol{C}_{13})\ \mathrm{Im}(\boldsymbol{C}_{23})] \tag{6-28}$$

多维矢量化形式就是将极化 SAR 图像表示为

$$\boldsymbol{D}=[\boldsymbol{D}_{d_1}\ \ \cdots\ \ \boldsymbol{D}_{d_j}\ \ \cdots\ \ \boldsymbol{D}_{d_n}]\in\mathbb{R}^{m\times d} \tag{6-29}$$

式中：$\boldsymbol{D}_{d_j}\in\mathbb{R}^{m\times d_j}$为第 j 个分块矩阵，$d=\sum_{j=1}^{n}d_j$，$\boldsymbol{D}_{d_j}$的行矢量为 $\boldsymbol{w}_r$。对于单视极化 SAR 图像，在互易和非互易条件下，d_j 分别为 6 或 8。对于多视极化 SAR 图像，在互易条件下，d_j 分别为 9 或 14。

2. 张量形式

对于单视或多视的极化 SAR 图像，首先按照式(6-26)、式(6-27)或式(6-28)得到像素的矢量化表达 $\boldsymbol{w}_r$。然后，直接将极化 SAR 图像表达为张量的形式，即

$$\mathcal{D}=[\boldsymbol{d}_{ij:}] \tag{6-30}$$

式中：$\mathcal{D}\in\mathbb{R}^{m\times n\times d}$，$\boldsymbol{d}_{ij:}$为 $\mathcal{D}$ 的管纤维，其形式为 $\boldsymbol{w}_r$。本章对于张量的表示方法采用文献[8]的记法。

6.3.2 极化 SAR 图像的舰船检测概率模型

6.2 节将单极化 SAR 图像的舰船检测视为杂波中稀疏信号的恢复问题。对于极化 SAR 图像，采用张量表示形式，也将极化 SAR 图像的舰船检测视为杂波中稀疏信号的恢复问题，即将张量表示的极化 SAR 图像表示为

$$\mathcal{D}=\mathcal{A}*\mathcal{S}+\mathcal{C} \tag{6-31}$$

式中：$\mathcal{D}\in\mathbb{R}^{m\times n\times 2d}$、$\mathcal{A}*\mathcal{S}\in\mathbb{R}^{m\times n\times 2d}$、$\mathcal{C}\in\mathbb{R}^{m\times n\times 2d}$分别表示极化 SAR 图像、严格稀疏的舰船分量与海杂波分量。管纤维(tube fiber)[8]即固定行与列序号的矢

量，为式（6－26）所示的行矢量 $\boldsymbol{w}_r$。$\mathcal{A}\in\mathbb{R}^{m\times n\times 2d}$ 的所有正向切片（frontal slices）[8] 为二值矩阵 $\boldsymbol{A}=[a_{ij}]\in\mathbb{R}^{m\times n}$，并且第 (i,j) 个元素 $a_{ij}=1$ 表明当前像素为舰船像素。于是 $\boldsymbol{A}$ 为舰船检测结果。$\mathcal{S}\in\mathbb{R}^{m\times n\times 2d}$ 为非严格稀疏的舰船分量。$*$ 表示 Hadamard 积。这里，令 $\boldsymbol{d}_{ij:}$、$\boldsymbol{s}_{ij:}$ 与 $\boldsymbol{c}_{ij:}$ 分别表示 $\mathcal{D}$、$\mathcal{S}$ 与 $\mathcal{C}$ 的管纤维。事实上，式(6－1)所示的面向单极化 SAR 图像的模型是式（6－31）所示模型的特例。

现在，值得花一点时间研究一下式(6－31)的形式，因为它为进一步优化模型提供了思路。在式(6－31)中，当 $a_{ij}=1$，$\boldsymbol{d}_{ij:}=\boldsymbol{s}_{ij:}+\boldsymbol{c}_{ij:}$；当 $a_{ij}=0$，$\boldsymbol{d}_{ij:}=\boldsymbol{c}_{ij:}$。由于舰船检测的目标是估计二值隐变量 $\boldsymbol{A}$ 而非 $\mathcal{S}$，本节进一步约束 $\boldsymbol{c}_{ij:}=0$（当 $a_{ij}=1$）。于是，$\mathcal{S}$ 实际就是 $\mathcal{D}$。则式(6－31)可以表示为

$$\mathcal{D}=\mathcal{A}*\mathcal{D}+\mathcal{C} \tag{6-32}$$

接下来，使用式（6－32）所示的改进的极化 SAR 图像表达模型，并利用变分贝叶斯推断来估计隐变量 $\boldsymbol{A}$ 和 $\mathcal{C}$。在附录 6.3 中，给出基于式（6－31）所示模型的先验概率密度函数与变分更新方程。

为了提高复杂场景下稀疏舰船分量的建模能力，a_{ij} 与 $\boldsymbol{c}_{ij:}$ 采用独立的先验概率密度函数。二值标签量 a_{ij} 与 e_{ij} 采用式（6－2）所示的先验概率密度函数。海杂波分量 $\boldsymbol{c}_{ij:}$ 也采用混合高斯分布[3] 建模，但此处的高斯分布为多元高斯分布，即 $\boldsymbol{c}_{ij:}$ 建模为 k 分量的 MOG：

$$\begin{aligned}
p(\boldsymbol{c}_{ij:}\mid a_{ij},U,\mathcal{M},\boldsymbol{z}_{ij}) &= \prod_{k=1}^{K}\mathcal{N}(\boldsymbol{d}_{ij:}-a_{ij}\boldsymbol{d}_{ij:}\mid \boldsymbol{u}_k,\boldsymbol{M}_{k::}^{-1})^{z_{ijk}}\\
p(\boldsymbol{z}_{ij}\mid\boldsymbol{\pi}) &= \prod_{k=1}^{K}\boldsymbol{\pi}_k^{z_{ijk}}
\end{aligned}\tag{6-33}$$

式中：$\boldsymbol{z}_{ij}$ 为关于 $\boldsymbol{c}_{ij:}$ 的 1－of－K 指示矢量，即 $z_{ijk}\in\{0,1\}$，$\sum_{k=1}^{K}z_{ijk}=1$；$\boldsymbol{\pi}=(\boldsymbol{\pi}_1,\boldsymbol{\pi}_2,\cdots,\boldsymbol{\pi}_K)$ 为 MOG 的系数矢量，$\boldsymbol{\pi}_k$ 表示第 k 个高斯分量的存在概率，并且 $\boldsymbol{\pi}_k$ 满足 $0\leqslant\boldsymbol{\pi}_k\leqslant 1$，$\sum_{k=1}^{K}\boldsymbol{\pi}_k=1$；$\boldsymbol{U}=[\boldsymbol{u}_1,\boldsymbol{u}_2,\cdots\boldsymbol{u}_K]\in\mathbb{R}^{2d\times K}$，且 $\mathcal{M}\in\mathbb{R}^{K\times 2d\times 2d}$ 的第 k 个水平切片为 $\boldsymbol{M}_{k::}$。$\boldsymbol{u}_k$ 与 $\boldsymbol{M}_{k::}$ 分别为第 k 个高斯分量的均值矢量与精度矩阵。为了便于后续分析，令 $\mathcal{Z}\in\mathbb{R}^{m\times n\times K}$ 表示第 (i,j,k) 个元素为 z_{ijk} 的张量。

参数 $\boldsymbol{u}_k$ 与 $\boldsymbol{M}_{k::}$ 建模为 Gaussian－Wishart 分布[3]：

$$p(\boldsymbol{u}_k,\boldsymbol{M}_{k::})=\mathcal{N}(\boldsymbol{u}_k\mid \boldsymbol{u}_{0k},\beta_2^{-1}\boldsymbol{M}_{k::}^{-1})\cdot\mathcal{W}(\boldsymbol{M}_{k::}\mid \boldsymbol{M}_{0k::},\phi_{0k}) \tag{6-34}$$

式中：$\boldsymbol{u}_{0k}$、$\boldsymbol{M}_{0k::}$ 与 ϕ_{0k} 分别为均值矢量、精度矩阵与自由度；β_2 为超参数。此处，令 $\boldsymbol{U}_0=[\boldsymbol{u}_{01},\boldsymbol{u}_{02}\cdots,\boldsymbol{u}_{0K}]\in\mathbb{R}^{2d\times K}$，$\phi_0=(\phi_{01},\phi_{02},\cdots,\phi_{0K})\in\mathbb{R}^{K}$，$\mathcal{M}_0\in\mathbb{R}^{K\times 2d\times 2d}$

具有切片 $\boldsymbol{M}_{0k::}$。

混合系数 $\boldsymbol{\pi}$ 也采用 Dirichlet 分布进行建模[9]，见式(6-7)。

基于上述假设，隐变量 $\boldsymbol{A}$、$\boldsymbol{E}$、$\boldsymbol{U}$、$\mathcal{M}$、$\mathcal{Z}$、$\boldsymbol{\pi}$ 与极化 SAR 数据 $\mathcal{D}$ 的联合概率密度函数为

$$p(\mathcal{D},\boldsymbol{A},\boldsymbol{E},\boldsymbol{U},\mathcal{M},\mathcal{Z},\boldsymbol{\pi}) = \prod_{i,j,k} p(\boldsymbol{d}_{ij:} \mid a_{ij},e_{ij},\boldsymbol{u}_k,\boldsymbol{M}_{k::},z_{ijk},\boldsymbol{\pi}_k) \cdot p(a_{ij} \mid e_{ij})p(e_{ij})p(\boldsymbol{u}_k,\boldsymbol{M}_{k::}) \cdot p(z_{ijk} \mid \boldsymbol{\pi}_k)p(\boldsymbol{\pi}_k) \tag{6-35}$$

6.3.3 变分贝叶斯推断

利用变分贝叶斯推断原理，令 $\boldsymbol{Y}=\{\boldsymbol{A},\boldsymbol{E},\boldsymbol{U},\mathcal{M},\mathcal{Z},\boldsymbol{\pi}\}$，$\boldsymbol{X}=\mathcal{D}$。同时，隐变量后验概率密度函数的近似也是独立的，即

$$\begin{aligned} q(\boldsymbol{Y}) &= q(\boldsymbol{A})q(\boldsymbol{E})q(\boldsymbol{U},\mathcal{M})q(\mathcal{Z})q(\boldsymbol{\pi}) \\ &= \prod_{i,j,k} q(a_{ij})q(e_{ij})q(\boldsymbol{u}_k,\boldsymbol{M}_{k::})q(z_{ijk})q(\boldsymbol{\pi}_k) \end{aligned} \tag{6-36}$$

下面，给出隐变量后验概率密度函数的估计，在附录 6.1、附录 6.2 中给出具体的变分贝叶斯推断过程以及有用的中间变量的期望值。

1) $\boldsymbol{A}$ 与 $\boldsymbol{E}$ 后验概率密度函数的估计

$\boldsymbol{A}$ 中每个单元 a_{ij} 的后验概率密度函数的近似为

$$q(a_{ij}) = \mathcal{N}(a_{ij} \mid E(a_{ij}),\boldsymbol{\Sigma}_{a_{ij}}^{-1}) \tag{6-37}$$

其中的关键参数为

$$\begin{aligned} \boldsymbol{\Sigma}_{a_{ij}} &= \sum_k E(z_{ijk})\boldsymbol{d}_{ij:}^{\mathrm{T}}E(\boldsymbol{M}_{k::})\boldsymbol{d}_{ij:} \\ E(a_{ij}) &= \boldsymbol{\Sigma}_{a_{ij}}^{-1}\left(\sum_k E(z_{ijk})\boldsymbol{d}_{ij:}^{\mathrm{T}}E(\boldsymbol{M}_{k::})(\boldsymbol{d}_{ij:}-E(\boldsymbol{u}_k))\right) + \\ &\quad \boldsymbol{\Sigma}_{a_{ij}}^{-1}(\psi(\alpha_0)-\psi(\beta_0)) \end{aligned} \tag{6-38}$$

式中：$\psi(\cdot)$ 为 digamma 函数。

$\boldsymbol{E}$ 中每个单元 e_{ij} 的后验概率密度函数估计为

$$q(e_{ij}) = \mathrm{Beta}(e_{ij} \mid \alpha_0^*,\beta_0^*) \tag{6-39}$$

其中的关键参数为

$$\begin{aligned} \alpha_0^* &= E(a_{ij}) + \alpha_0 \\ \beta_0^* &= \beta_0 - E(a_{ij}) + 1 \end{aligned} \tag{6-40}$$

2）$\boldsymbol{U}$ 与 $\mathcal{M}$ 后验概率密度函数的估计

$\boldsymbol{u}_k$ 与 $\boldsymbol{M}_{k::}$ 的后验概率密度函数为

$$q(\boldsymbol{u}_k,\boldsymbol{M}_{k::}) = \mathcal{N}(\boldsymbol{u}_k \mid E(\boldsymbol{u}_k),\Sigma_{\boldsymbol{u}_k}^{-1}) \cdot \mathcal{W}(\boldsymbol{M}_{k::} \mid E(\boldsymbol{M}_{k::})\phi_k^{-1},\phi_k) \tag{6-41}$$

其中的主要参数为

$$\begin{aligned}
&\beta_k = \sum_{i,j} E(z_{ijk}) + \beta_2 \\
&E(\boldsymbol{u}_k) = \frac{1}{\beta_k}\left(\sum_{ij} \mathrm{E}(z_{ijk})(\boldsymbol{d}_{ij:} - \mathrm{E}(a_{ij})\boldsymbol{d}_{ij:}) - \beta_2 \boldsymbol{u}_{0k} \right) \\
&\Sigma_{\boldsymbol{u}_k} = \beta_k E(\boldsymbol{M}_{k::}) \\
&E^{-1}(\boldsymbol{M}_{k::})\phi_k = \boldsymbol{M}_{0k::}^{-1} + \beta_2 \boldsymbol{u}_{0k}\boldsymbol{u}_{0k}^{\mathrm{T}} - \beta_k \boldsymbol{u}_k \boldsymbol{u}_k^{\mathrm{T}} + \\
&\qquad \sum_{ij} E(z_{ijk}) E((\boldsymbol{d}_{ij:} - a_{ij}\boldsymbol{d}_{ij:})(\boldsymbol{d}_{ij:} - a_{ij}\boldsymbol{d}_{ij:})^{\mathrm{T}}) \\
&\phi_k = \sum_{ij} E(z_{ijk}) + \phi_{0k} + 1
\end{aligned} \tag{6-42}$$

3）$\mathcal{Z}$ 与 $\boldsymbol{\pi}$ 后验概率密度函数的估计

$\mathcal{Z}$ 中每个单元 z_{ij} 的后验概率密度函数估计为

$$q(z_{ij}) = \prod_{k=1}^{K} \rho_{ijk}^{z_{ijk}} \tag{6-43}$$

其中的主要参数为

$$\rho_{ijk} = \frac{\xi_{ijk}}{\sum_k \xi_{ijk}} \tag{6-44}$$

其中，

$$\begin{aligned}
\ln\xi_{ijk} = {} & \mathrm{const} + \frac{1}{2}E(\ln|\boldsymbol{M}_{k::}|) - 3\ln 2\pi + E(\ln\pi_k) - \\
& \frac{1}{2}E((\boldsymbol{d}_{ij:} - a_{ij}\boldsymbol{d}_{ij:} - \boldsymbol{u}_k)^{\mathrm{T}}\boldsymbol{M}_{k::}(\boldsymbol{d}_{ij:} - a_{ij}\boldsymbol{d}_{ij:} - \boldsymbol{u}_k))
\end{aligned} \tag{6-45}$$

$\boldsymbol{\pi}$ 的后验概率密度函数的估计为

$$q(\boldsymbol{\pi}) = \prod_{k=1}^{K} \pi_k^{\eta_{1k}-1} \tag{6-46}$$

其中的关键参数为

$$\eta_{1k} = \sum_{ij} E(z_{ijk}) + \eta_{0k} \tag{6-47}$$

6.3.4 算法实现

在上述隐变量的估计中,最终目标是估计隐变量 $\boldsymbol{A}$ 的期望。然而事实上,这些隐变量的估计是相互依赖的,正如式(6－36)所示。于是,变分贝叶斯推断过程是一个迭代过程,首先合适地初始化所有因子,然后按照式(6－37)～式(6－47)更新这些因子的估计结果。提出的极化 SAR 舰船检测新方法的完整流程如图 6－4 所示。

变分贝叶斯推断的迭代过程在遇到如下条件时停止,即迭代次数达到预定的最大次数 M,或连续两次 $\mathcal{A}*\mathcal{D}$ 的相对变化小于预定的阈值,即

$$\frac{\| E(\mathcal{A}^t * \mathcal{D}^t) - E(\mathcal{A}^{t-1} * \mathcal{D}^{t-1}) \|_F}{\| E(\mathcal{A}^{t-1} * \mathcal{D}^{t-1}) \|_F} < \text{thres} \tag{6-48}$$

式中:t 为第 t 次迭代;thres 为收敛阈值,被设置为较小的常数。

当收敛过程结束,令

$$\hat{a}_{ij} = \begin{cases} 1, & e_{ij}^t \geqslant 0.5 \\ 0, & e_{ij}^t < 0.5 \end{cases} \tag{6-49}$$

其中,用到了 $E(a_{ij}) = e_{ij}$。于是,二值矩阵 $\hat{\boldsymbol{A}} = [\hat{a}_{ij}]$ 作为最终的舰船检测结果。

输入:

极化 SAR 图像 $\mathcal{D}$。

初始化:

初始化隐变量 $\boldsymbol{Y}^0 = \{\boldsymbol{A}^0, \boldsymbol{E}^0, \boldsymbol{U}^0, \mathcal{M}^0, \mathcal{Z}^0, \boldsymbol{\pi}^0\}$ 与变量 $\boldsymbol{U}_0, \mathcal{M}_0$ 与 ϕ_0;

初始化超参数 $\alpha_0, \beta_0, \beta_1, \beta_2, \{\phi_{0k}\}$;

确定 MOG 的分量数 K,设置停止标准 thres 或 M。

迭代:

Set　$\mathbf{t} = 0$, thr = 2thres。

while　thr > 2thres **do**

　$t = t + 1$;

　按照式(6－37)～式(6－40),利用 $\boldsymbol{Y}^{t-1}$ 估计 $\boldsymbol{A}$ 和 $\boldsymbol{E}$ 的后验概率密度函数,更新 $\boldsymbol{A}^t$ 和 $\boldsymbol{E}^t$。

　按照式(6－41)和式(6－42),利用 $\boldsymbol{Y}^{t-1}$ 估计 $\boldsymbol{U}$ 和 $\mathcal{M}$ 的后验概率密度函数,更新 $\boldsymbol{U}^t$ 和 $\mathcal{M}^t$。

　按照式(6－43)～式(6－47),利用 $\boldsymbol{Y}^{t-1}$ 估计 $\mathcal{Z}$ 和 $\boldsymbol{\pi}$ 的后验概率密度函数,更新 $\mathcal{Z}^t$ 和 $\boldsymbol{\pi}^t$。

　更新 thres $= \dfrac{\| E(\mathcal{A}^t * \mathcal{D}^t) - E(\mathcal{A}^{t-1} * \mathcal{D}^{t-1}) \|_F}{\| E(\mathcal{A}^{t-1} * \mathcal{D}^{t-1}) \|_F}$。

end while

按照式(6－49)计算 $\hat{\boldsymbol{A}}$。

输出:舰船检测结果 $\hat{\boldsymbol{A}}$。

图 6－4　基于稀疏贝叶斯的极化 SAR 舰船检测算法流程

6.3.5 实验结果

本节仍然以新加坡港与大连港的 C 波段 RADARSAT－2 极化 SAR SLC 图像开展实验，并以最新的极化 SAR 舰船检测算法，即 GP－PNF 检测器[10]与 ICS－GSD检测器作为参考方法，来验证新方法的有效性。首先介绍新方法的参数设置，然后给出实验结果。

1. 参数设置

由于变分贝叶斯推断有时会找到局部最优解，因此新方法适当的初始化是必要的[3]。

本节采用一种简单的方法来初始化隐变量。首先，将极化 SAR 图像的所有像素按照 Span 进行升序排列，然后采用总像素中的 85% 具有较低 Span 值的像素作为杂波样本，并将其余具有较高 Span 值的像素作为舰船样本。利用这个粗检测的结果来初始化 $\boldsymbol{A}^0$。

粗检测得到的杂波像素用于估计 MOG 分布的参数，而 MOG 分布的参数用于初始化海杂波 $\mathcal{C}$ 相关的隐变量。本节使用贝叶斯信息准则（Bayesian Information Criterion，BIC）来选择 MOG 的分量数 K。实验中，发现 $K=5$ 分量的 MOG 分布可以很好地拟合海杂波分布。用上述估计的参数来设置每个 $\boldsymbol{u}_k^0$、$\boldsymbol{u}_{0k}$、$\boldsymbol{M}_{k::}^0$、$\boldsymbol{M}_{0k::}$ 与 π_k^0。每个 z_{ij}^0 被初始化一个随机的 1－of－K 矢量。每个 ϕ_k 被设置为不小于 $2d-1$ 的数。这里设置 $\phi_k=6$。

关于迭代停止准则的设置，本节发现连续两次 $\mathcal{A}*\mathcal{D}$ 估计的相对变化通常在 5 次迭代之内会小于10^{-4}。因此，可以设置 $\text{thres}=10^{-4}$或简单地设置最大迭代次数 $M=5$。这里采用后者作为迭代停止准则。

所有新方法的超参数以非信息的方式进行设置，从而减少它们对后验分布估计的影响[3]。β_1、β_2 与 $\{\eta_{0k}\}$ 被设置为10^{-6}[1-2]。至于稀疏约束相关的超参数 α_0，设置为10^{-3}，并设 $\beta_0=1-\alpha_0$[2-3]。

2. 实测数据实验

本节仍然以检测率 P_{d} 与品质因数 FoM 作为评价指标。图 6－5 和表 6－3记录了新方法的舰船检测结果，对比方法结果显示在图 6－6 和图 6－7中。为了便于比较新方法与参考算法，表 6－3 给出了这些方法的量化比较结果。在表 6－3 中，$N_{\mathrm{d}}=N_{\mathrm{d}}^{\mathrm{B}}+N_{\mathrm{d}}^{\mathrm{S}}$，其中 $N_{\mathrm{d}}^{\mathrm{B}}$ 与 $N_{\mathrm{d}}^{\mathrm{S}}$ 分别表示在 group B 与 group S 中检测到的舰船数。需要注意的是，大多数虚假目标已经利用 HV＋VH图像加以消除。

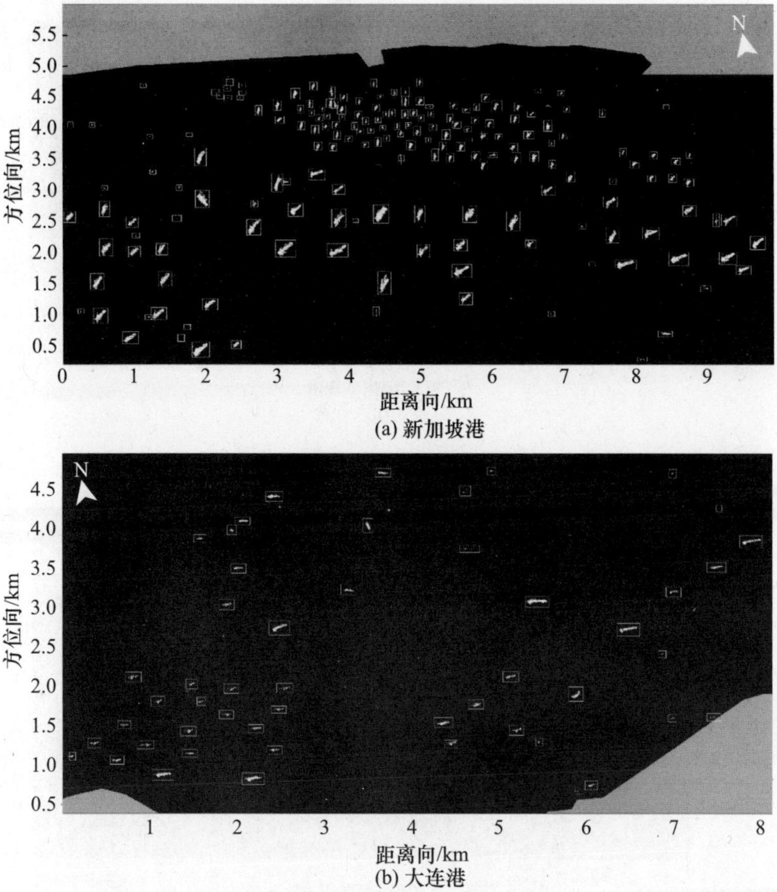

图 6－5　新方法的舰船检测结果

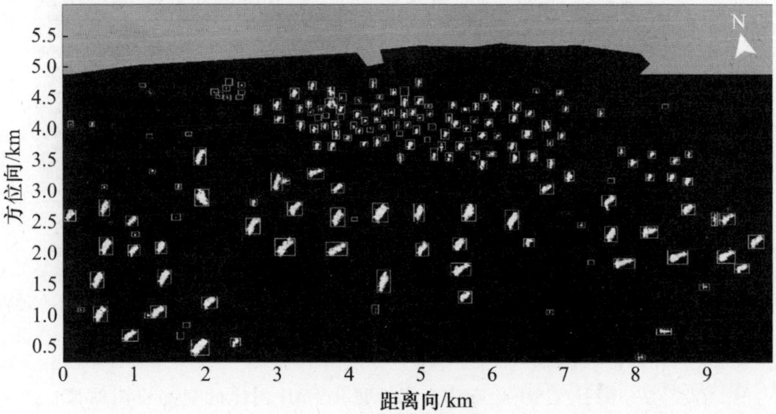

(a) 新加坡港

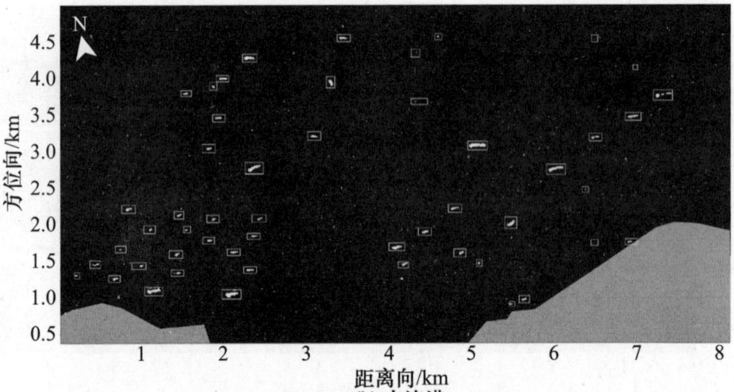

(b) 大连港

图 6－6　GP－PNF 对海陆分割后极化 SAR 图像的舰船检测结果

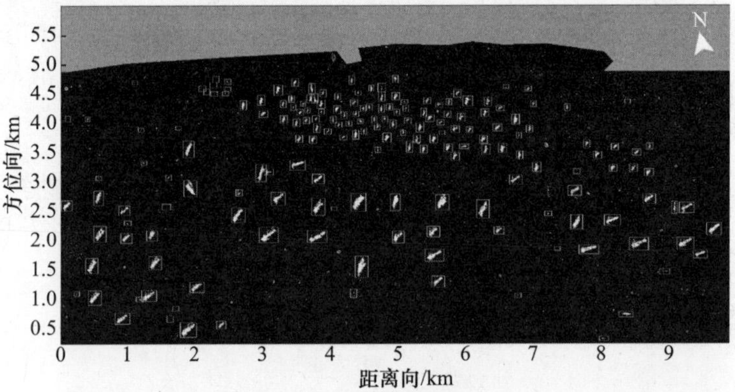

(a) 新加坡港

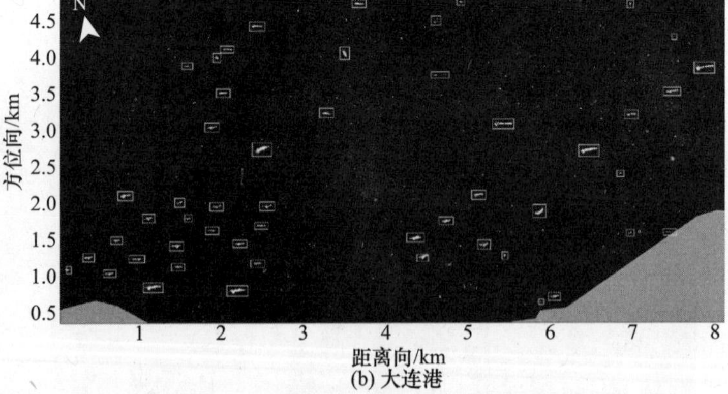

(b) 大连港

图 6－7　ICS－GSD 对海陆分割后极化 SAR 图像的舰船检测结果

表 6-3　舰船检测的量化结果

位置	方法	(N_d^B, N_d^S)	(N_d, N_f)	P_d/%	FoM/%
新加坡港	新方法	(**94**,**88**)	(**182**,3)	**98.9**	**97.3**
	GP-PNF	(**94**,73)	(167,**6**)	90.8	87.9
	ICS-GSD	(**94**,80)	(174,3)	94.6	93.0
大连港	新方法	(**40**,**11**)	(**51**,**0**)	**100**	**100**
	GP-PNF	(**40**,8)	(48,0)	94.1	94.1
	ICS-GSD	(**40**,**11**)	(**51**,**2**)	**100**	96.2

1）P_d 与 FoM 结果的比较

关于新加坡港的舰船检测结果，从图 6-5(a)和表 6-3 可以看到，新方法检测到了 group B 中的所有 94 条大船，并且检测到了 group S 中 90 条小船的 88 条，另检测到 3 个虚警目标。关于大连港区域，从图 6-5(b)和表 6-3 可以看到，新方法检测到 group B 中的所有 40 条大船，并且检测到了 group S 中所有 11 条小船，没有检测到虚警目标。因此，新方法对于新加坡港的 P_d 与 FoM 分别为 98.9% 和 97.3%；对于大连港的 P_d 与 FoM 均为 100%。

GP-PNF 对于新加坡港的 P_d 与 FoM 分别为 90.8% 和 87.9%，分别比新方法低了 8.1% 和 9.4%；对于大连港的 P_d 与 FoM 均为 94.1%，均比新方法低了 5.9%。ICS-GSD 的检测效果优于 GP-PNF，但劣于新方法。ICS-GSD 对于新加坡港的 P_d 与 FoM 分别为 94.6% 和 93.0%，均比新方法低了 4.3%；对于大连港的 P_d 与 FoM 分别为 100% 和 96.2%，取得了与新方法相同的 P_d，但 FoM 低了 3.8%。

综上所述，新方法得到的 P_d 与 FoM 均优于参考方法。

2）不同方法检测目标形状的比较

通过比较图 6-5～图 6-7 可以看到，新方法与 ICS-GSD 能够检测到舰船上的主要散射点，而受舰船影响的舰船周围的海杂波像素容易被 GP-PNF 检测到。即新方法与 ICS-GSD 相比 GP-PNF 有更好的形状保持能力。这种优势源于独特的变分贝叶斯推断过程。从式(6-37)～式(6-47)可以看到，每个像素相关的隐变量的估计实际上利用了所有其他像素的信息。于是，关于每个像素属性(舰船或是海杂波)的判定隐含地考虑了全图中的所有像素。因此，新方法有理由比仅使用滑动窗内有限样本的方法做出更加准确的判断。ICS-GSD 的形状保持能力源于其使用的迭代筛选策略。而 GP-PNF 因使用滑动窗平均操作，会造成舰船轮廓的模糊，以及小目标的丢失。因此，本节新方法与ICS-GSD比GP-PNF有更好的目标形状保持能力。

3）与单极化SAR舰船检测的比较

基于稀疏贝叶斯的单极化SAR舰船检测算法针对同样的SAR图像，得到的P_d与FoM分别为88.6%、86.2%。而6.2节提出的方法实际是本节新方法的特例。可见单极化SAR舰船检测算法的性能，显著低于本节使用极化SAR图像的新方法。另外，本节新方法的检测性能也优于ICS-GSD仅使用交叉极化的检测性能。这些比较均表明极化信息确实有助于舰船检测，并且综合利用所有极化通道的信息，比仅使用一个极化通道可以取得更佳的检测效果。

4）时间消耗分析

新方法与参考方法采用Matlab编写代码。所有实验在3.4GHz Intel Core i7处理器、8GB内存的计算机平台，以及Matlab软件环境下完成。不同方法的时间消耗如表6-4所示。可以看到，提出的新方法比GP-PNF运算速度快，但远比ICS-GSD运算速度慢。主要原因在于新方法独特的程序结构。因为不同隐变量期望值的更新是高度相关的，并且所有极化通道的数据同时在使用。ICS-GSD的高效性主要在于只使用交叉极化图像，不使用滑动窗，并使用较简单的Gamma分布来建模海杂波。而GP-PNF需要使用滑动窗操作，并且在每个像素位置的阈值需要通过数值积分来得到，因而运算非常缓慢[10]。

综上所述，尽管本节新方法的速度还不够快，但是有令人满意的P_d与FoM，以及很好的目标形状保持能力，尤其是对于舰船密度较大的海域，如新加坡港的group S，新方法相对于参考方法具有更多优势。

表6-4 不同方法的时间消耗

位置	方法	时间
新加坡港	新方法	**12.9min**
	GP-PNF	**158.3min**
	ICS-GSD	**7.6s**
大连港	新方法	**8.2min**
	GP-PNF	**184.8min**
	ICS-GSD	**4.6s**

6.4 小结

本章提出了基于变分贝叶斯推断的舰船检测方法。利用舰船的稀疏属性，放松了海面具有低秩属性这种较强的先验约束，并通过引入分层的先验分布建立了 SAR 图像舰船检测的概率模型，然后利用变分贝叶斯推断估计隐变量（包括舰船像素的二值标签量）的后验分布。相比单极化 SAR 图像，极化 SAR 图像中舰船的稀疏属性，不但存在于图像的空间域，还存在于图像的极化域。利用这些属性，并通过对极化 SAR 图像的合理表达，即多维矢量化和张量化，本章提出了优化的极化 SAR 舰船检测的概率模型，并给出了贝叶斯推断估计舰船检测结果的方法。实验结果表明，基于变分贝叶斯推断的舰船检测方法显著优于对比方法。

附录 6.1　改进的概率模型中隐变量的变分贝叶斯推断

这里仅以 $q(\boldsymbol{A})$ 为例，阐述变分贝叶斯推断在舰船检测中的应用。假设隐变量联合后验概率密度函数的变分贝叶斯近似为式(6－36)，可得到

$$\ln q(\boldsymbol{A}) = E_{\setminus A}[\ln p(\mathcal{D},\boldsymbol{A},\boldsymbol{E},\boldsymbol{U},\mathcal{M},\mathcal{Z},\boldsymbol{\pi})] + \text{const} \tag{6-50}$$

式中：$E_{\setminus A}$ 为关于除隐变量 $\boldsymbol{A}$ 之外的所有其他隐变量求期望。然后，将所有与隐变量 $\boldsymbol{A}$ 无关的项归纳进归一化常数项 const 中，得到

$$\ln q(\boldsymbol{A}) = E_{\setminus A}[\ln p(\boldsymbol{A}|\boldsymbol{E}) + \ln p(\mathcal{C}|\boldsymbol{A},\boldsymbol{U},\mathcal{M},\mathcal{Z})] + \text{const} \tag{6-51}$$

此处仅考虑单个元素 a_{ij}，易得

$$\ln q(a_{ij}) = E_{\setminus a_{ij}}[\ln p(a_{ij}|e_{ij}) + \ln p(\boldsymbol{d}_{ij:} - a_{ij}\boldsymbol{d}_{ij:}|a_{ij},\boldsymbol{u}_k,\boldsymbol{M}_{k::},z_{ij})] + \text{const} \tag{6-52}$$

利用式(6－2)和式(6－34)替代式(6－52)右侧中的两个条件概率密度函数，再次将与 a_{ij} 无关的项归纳进加性常数项中，可得

$$\ln q(a_{ij}) = -\frac{1}{2}a_{ij}^2\sum_k E(z_{ijk})\boldsymbol{d}_{ij:}^{\mathrm{T}}E(\boldsymbol{M}_{k::})\boldsymbol{d}_{ij:} + a_{ij}\left(E\left(\ln\frac{e_{ij}}{1-e_{ij}}\right) + \sum_k E(z_{ijk})\boldsymbol{d}_{ij:}^{\mathrm{T}}E(\boldsymbol{M}_{k::})(\boldsymbol{d}_{ij:} - E(\boldsymbol{u}_k))\right) + \text{const} \tag{6-53}$$

将式(6－53)右侧关于 a_{ij} 配方，可见 $q(a_{ij})$ 即为式(6－37)所示的高斯分布。

关于 $q(e_{ij})$、$q(\boldsymbol{u}_k,\boldsymbol{M}_{k::})$、$q(z_{ij})$ 和 $q(\boldsymbol{\pi})$ 的计算，可采用上述类似的方法得到。

附录 6.2　一些有用的期望值计算

在隐变量后验概率密度函数估计的过程中，一些中间变量的期望值可能会

使用到，现归纳如下。

在使用式(6-53)计算 $E(a_{ij})$ 中：

$$E\left(\ln\frac{e_{ij}}{1-e_{ij}}\right)=\psi(\alpha_0)-\psi(\beta_0) \tag{6-54}$$

式(6-39)中的 $E(e_{ij})$ 为

$$E(e_{ij})=\frac{\alpha_0^*}{\alpha_0^*+\beta_0^*} \tag{6-55}$$

在计算 $E(\boldsymbol{M}_{k::})$ 的式(6-41)中：

$$E((\boldsymbol{d}_{ij:}-a_{ij}\boldsymbol{d}_{ij:})(\boldsymbol{d}_{ij:}-a_{ij}\boldsymbol{d}_{ij:})^{\mathrm{T}})=(1+\Sigma_{a_{ij}}+E^2(a_{ij})-2E(a_{ij}))\boldsymbol{d}_{ij}\boldsymbol{d}_{ij}^{\mathrm{T}} \tag{6-56}$$

在关于 z_{ij} 有关参数的计算式(6-45)中，一些需要的期望值为

$$\begin{aligned}
&E(\ln|\boldsymbol{M}_{k::}|)=\sum_{l=1}^{2d}\psi\left(\frac{\phi_k+1-l}{2}\right)+2d\ln2+\ln\left|\frac{E(\boldsymbol{M}_{k::})}{\phi_k}\right|\\
&E(\ln\pi_k)=\psi(\eta_{1k})-\psi\left(\sum_k\eta_{1k}\right)\\
&E((\boldsymbol{d}_{ij:}-a_{ij}\boldsymbol{d}_{ij:}-\boldsymbol{u}_k)^{\mathrm{T}}\boldsymbol{M}_{k::}(\boldsymbol{d}_{ij:}-a_{ij}\boldsymbol{d}_{ij:}-\boldsymbol{u}_k))\\
&=2(1+E^2(a_{ij})-2E(a_{ij}))\boldsymbol{d}_{ij:}^{\mathrm{T}}E(\boldsymbol{M}_{k::})\boldsymbol{d}_{ij:}-2(1-E(a_{ij}))\\
&\quad\boldsymbol{d}_{ij:}^{\mathrm{T}}E(\boldsymbol{M}_{k::})\boldsymbol{u}_k+\mathrm{tr}\{(E(\boldsymbol{u}_k)E^{\mathrm{T}}(\boldsymbol{u}_k)+\Sigma_{\boldsymbol{u}_k})E(\boldsymbol{M}_{k::})\}
\end{aligned} \tag{6-57}$$

另外，

$$E(z_{ijk})=\frac{\rho_{ijk}}{\sum_k\rho_{ijk}} \tag{6-58}$$

$$E(\pi_k)=\frac{\eta_{1k}}{\sum_k\eta_{1k}} \tag{6-59}$$

附录 6.3 原始概率模型及变分贝叶斯推断

6.3.2 节、附录 6.1 与附录 6.2 给出了面向极化 SAR 图像的改进概率模型与变分贝叶斯推断过程。在 6.3.2 节也给出了面向极化 SAR 图像的原始概率模型，下面给出其使用的先验概率密度函数与变分贝叶斯更新公式。相关实验请参阅文献[11-12]。

附录 6.3.1 先验概率分布

a_{ij} 与 e_{ij} 采用式(6-2)所示的先验概率密度函数。

$\boldsymbol{s}_{ij:}$ 建模为多元高斯分布，即

$$p(\boldsymbol{s}_{ij:}|\boldsymbol{g}_{ij:},\boldsymbol{L}_{ij::})=\mathcal{N}(\boldsymbol{s}_{ij:}|\boldsymbol{g}_{ij:},\boldsymbol{L}_{ij::}^{-1}) \tag{6-60}$$

式中：$\boldsymbol{g}_{ij:}$ 与 $\boldsymbol{L}_{ij::}$ 分别为高斯分布的均值矢量与精度矩阵。令 $\mathcal{L}$ 为 $m\times n\times 2d\times 2d$ 的张量，其切片为 $\{\boldsymbol{L}_{ij::}\}$；令 $\mathcal{G}$ 具有管纤维 $\boldsymbol{g}_{ij:}$ 的张量。

关于 $\boldsymbol{g}_{ij:}$ 与 $\boldsymbol{L}_{ij::}$，引入独立的 Gaussian - Wishart 先验分布，即

$$p(\boldsymbol{g}_{ij:},\boldsymbol{L}_{ij::})=\mathcal{N}(\boldsymbol{g}_{ij:}|\boldsymbol{g}_{0ij:},\beta_1^{-1}\boldsymbol{L}_{ij::}^{-1})\cdot\mathcal{W}(\boldsymbol{L}_{ij::}|\boldsymbol{L}_{0ij::},\tau_{0ij}) \tag{6-61}$$

式中：$\boldsymbol{g}_{0ij:}$ 为高斯分布的均值矢量；$\boldsymbol{L}_{0ij::}$ 与 τ_{0ij} 分别为 Wishart 分布 $\mathcal{W}(\cdot)$ 的尺度矩阵与自由度；β_1 为超参数。令 $\mathcal{G}_0$ 为具有管纤维 $\{\boldsymbol{g}_{0ij:}\}$ 的张量，$\mathcal{L}_0$ 为具有切片 $\{\boldsymbol{L}_{0ij::}\}$ 的张量，$\boldsymbol{T}_0=[\tau_{0ij}]$。

海杂波分量 $\boldsymbol{c}_{ij:}$ 采用混合高斯分布建模，见式(6-33)。参数 $\boldsymbol{u}_k$ 与 $\boldsymbol{M}_{k::}$ 建模为 Gaussian - Wishart 分布，见式(6-34)。混合系数 $\boldsymbol{\pi}$ 也采用 Dirichlet 分布进行建模，见式(6-7)。

基于上述假设，隐变量 $\boldsymbol{A}$、$\boldsymbol{E}$、$\mathcal{S}$、$\mathcal{G}$、$\mathcal{L}$、$\boldsymbol{U}$、$\mathcal{M}$、$\mathcal{Z}$、$\boldsymbol{\pi}$ 与极化 SAR 数据 $\mathcal{D}$ 的联合概率密度函数为

$$\begin{aligned}&p(\mathcal{D},\boldsymbol{A},\boldsymbol{E},\mathcal{S},\mathcal{G},\mathcal{L},\boldsymbol{U},\mathcal{M},\mathcal{Z},\boldsymbol{\pi})\\&=\prod_{i,j,k}p(\boldsymbol{d}_{ij:}\mid a_{ij},e_{ij},\boldsymbol{s}_{ij:},\boldsymbol{g}_{ij:},\boldsymbol{L}_{ij::},\boldsymbol{u}_k,\boldsymbol{M}_{k::},z_{ijk},\pi_k)\cdot\\&\quad p(a_{ij}\mid e_{ij})p(e_{ij})p(\boldsymbol{s}_{ij:}|\boldsymbol{g}_{ij:},\boldsymbol{L}_{ij::})p(\boldsymbol{g}_{ij:},\boldsymbol{L}_{ij::})\cdot\\&\quad p(\boldsymbol{u}_k,\boldsymbol{M}_{k::})p(z_{ijk}|\pi_k)p(\pi_k)\end{aligned} \tag{6-62}$$

附录 6.3.2 变分贝叶斯更新公式

利用变分贝叶斯原理，令 $\boldsymbol{Y}=\{\boldsymbol{A},\boldsymbol{E},\mathcal{S},\mathcal{G},\mathcal{L},\boldsymbol{U},\mathcal{M},\mathcal{Z},\boldsymbol{\pi}\}$，$\boldsymbol{X}=\mathcal{D}$。同时，隐变量后验概率密度函数的近似也是独立的，即

$$\begin{aligned}q(\boldsymbol{Y})&=q(\boldsymbol{A})q(\boldsymbol{E})q(\mathcal{S})q(\mathcal{G},\mathcal{L})q(\boldsymbol{U},\mathcal{M})q(\mathcal{Z})q(\boldsymbol{\pi})\\&=\prod_{i,j,k}q(a_{ij})q(e_{ij})q(\boldsymbol{s}_{ij:})q(\boldsymbol{g}_{ij:},\boldsymbol{L}_{ij::})\\&\quad q(\boldsymbol{u}_k,\boldsymbol{M}_{k::})q(z_{ijk})q(\pi_k)\end{aligned} \tag{6-63}$$

下面，给出隐变量后验概率密度函数的估计。

1）$\boldsymbol{A}$ 与 $\boldsymbol{E}$ 的估计

由式(6－39)、式(6－40)可知，$\boldsymbol{E}$ 的估计值由 $\boldsymbol{A}$ 的估计值唯一确定。$\boldsymbol{A}$ 中每个单元 a_{ij} 的后验概率密度函数的近似为式(6－37)，但参数为以下形式：

$$\begin{aligned} \Sigma_{a_{ij}} &= \Sigma_k E(z_{ijk}) E(\boldsymbol{S}_{ij:}^{\mathrm{T}} \boldsymbol{S}_{ij:}) \operatorname{tr}(E(\boldsymbol{M}_{k::})) \\ E(a_{ij}) &= \Sigma_{a_{ij}}^{-1} (\Sigma_k E(z_{ijk}) E(\boldsymbol{S}_{ij:}^{\mathrm{T}}) E(\boldsymbol{M}_{k::}) E(\boldsymbol{d}_{ij:} - \boldsymbol{u}_k)) + \\ &\quad \Sigma_{a_{ij}}^{-1} (\psi(\alpha_0) - \psi(\beta_0)) \end{aligned} \tag{6-64}$$

2）$\mathcal{S}$、$\mathcal{G}$ 和 $\mathcal{L}$ 的估计

$\mathcal{S}$ 中每个单元 $\boldsymbol{s}_{ij:}$ 的后验概率密度函数的近似为

$$q(\boldsymbol{s}_{ij:}) = \mathcal{N}(\boldsymbol{s}_{ij:} \mid E(\boldsymbol{s}_{ij:}), \Sigma_{\boldsymbol{s}_{ij:}}^{-1}) \tag{6-65}$$

其关键参数为

$$\begin{aligned} \Sigma_{\boldsymbol{s}_{ij:}} &= \Sigma_k E(z_{ijk}) E(a_{ij}^2) E(\boldsymbol{M}_{k::}) + E(\boldsymbol{L}_{ij::}) \\ E^{\mathrm{T}}(\boldsymbol{s}_{ij:}) &= (\Sigma_k E(z_{ijk}) E(a_{ij}) E^{\mathrm{T}}(\boldsymbol{d}_{ij:} - E(\boldsymbol{u}_k)) E(\boldsymbol{M}_{k::})) \cdot \\ &\quad \Sigma_{\boldsymbol{s}_{ij:}}^{-1} + E(\boldsymbol{g}_{ij:}^{\mathrm{T}}) E(\boldsymbol{L}_{ij::}) \Sigma_{\boldsymbol{s}_{ij:}}^{-1} \end{aligned} \tag{6-66}$$

$\boldsymbol{g}_{ij:}$ 与 $\boldsymbol{L}_{ij::}$ 的后验概率密度函数近似为

$$\begin{aligned} q(\boldsymbol{g}_{ij:}, \boldsymbol{L}_{ij::}) = \mathcal{N}(\boldsymbol{g}_{ij:} \mid E(\boldsymbol{g}_{ij:}), (1+\beta_1)^{-1} \\ E^{-1}(\boldsymbol{L}_{ij::})) \cdot \mathcal{W}(\boldsymbol{L}_{ij::} \mid E(\boldsymbol{L}_{ij::}) \boldsymbol{\tau}_{ij}^{-1}, \boldsymbol{\tau}_{ij}) \end{aligned} \tag{6-67}$$

其关键参数为

$$\begin{aligned} E(\boldsymbol{g}_{ij:}) &= \frac{E(\boldsymbol{s}_{ij:}) + \beta_1 \boldsymbol{g}_{0ij:}}{1+\beta_1} \\ \boldsymbol{\tau}_{ij} &= \boldsymbol{\tau}_{0ij} + 2 \\ E^{-1}(\boldsymbol{L}_{ij::}) \boldsymbol{\tau}_{ij} &= \boldsymbol{L}_{0ij::}^{-1} + E(\boldsymbol{s}_{ij:} \boldsymbol{s}_{ij:}^{\mathrm{T}}) + \beta_1 \boldsymbol{g}_{0ij:} \boldsymbol{g}_{0ij:}^{\mathrm{T}} - \\ &\quad \frac{(E(\boldsymbol{s}_{ij:}) + \beta_1 \boldsymbol{g}_{0ij:})(E(\boldsymbol{s}_{ij:}) + \beta_1 \boldsymbol{g}_{0ij})^{\mathrm{T}}}{1+\beta_1} \end{aligned} \tag{6-68}$$

3）$\boldsymbol{U}$ 和 $\mathcal{M}$ 的估计

$\boldsymbol{u}_k$ 与 $\boldsymbol{M}_{k::}$ 的后验概率密度函数估计为式(6－41)，但其关键参数具有如下形式：

$$\beta_k = \sum_{i,j} E(z_{ijk}) + \beta_2$$

$$E(\boldsymbol{u}_k) = \frac{1}{\beta_k} \left(\sum_{i,j} E(z_{ijk}) (\boldsymbol{d}_{ij:} - E(a_{ij}) E(\boldsymbol{s}_{ij:})) + \beta_2 \boldsymbol{u}_{0k} \right)$$

$$\begin{aligned}
&\Sigma_{u_k} = \beta_k E(\boldsymbol{M}_{k::})\\
&\omega_k = \sum_{ij} E(z_{ijk})(\boldsymbol{d}_{ij:} - E(a_{ij})E(\boldsymbol{s}_{ij:})) + \beta_2 \boldsymbol{u}_{0k}\\
&E^{-1}(\boldsymbol{M}_{k::})\phi_k = \boldsymbol{M}_{0k::}^{-1} + \beta_2 \boldsymbol{u}_{0k}\boldsymbol{u}_{0k}^{\mathrm{T}} - \frac{1}{\beta_k}\omega_k\omega_k^{\mathrm{T}} + \\
&\qquad \sum_{ij} E(z_{ijk}) E((\boldsymbol{d}_{ij:} - a_{ij}\boldsymbol{s}_{ij:})(\boldsymbol{d}_{ij:} - a_{ij}\boldsymbol{s}_{ij:})^{\mathrm{T}})\\
&\phi_k = \sum_{ij} E(z_{ijk}) + \phi_{0k} + 1
\end{aligned} \tag{6-69}$$

4) $\mathcal{Z}$ 和 $\boldsymbol{\pi}$ 的估计

$\mathcal{Z}$ 中每个单元 z_{ij} 的后验概率密度函数估计为式(6－43),但部分关键参数具有以下形式:

$$\begin{aligned}
&\ln\xi_{ijk} = \mathrm{const} + \frac{1}{2}E(\ln|\boldsymbol{M}_{k::}|) - 3\ln 2\boldsymbol{\pi} + E(\ln\boldsymbol{\pi}_k) - \\
&\qquad \frac{1}{2}E^{\mathrm{T}}((d_{ij:} - a_{ij}\boldsymbol{s}_{ij:} - \boldsymbol{u}_k)\boldsymbol{M}_{k::}(d_{ij:} - a_{ij}\boldsymbol{s}_{ij:} - \boldsymbol{u}_k))\\
&E(\ln|\boldsymbol{M}_{k::}|) = \sum_{l=1}^{2d}\psi\left(\frac{\phi_k + 1 - l}{2}\right) + 2d\ln 2 + \ln\left|\frac{E(\boldsymbol{M}_{k::})}{\phi_k}\right|\\
&E(\ln\boldsymbol{\pi}_k) = \boldsymbol{\psi}(\eta_{1k}) - \boldsymbol{\psi}(\sum_k \eta_{1k})
\end{aligned} \tag{6-70}$$

$\boldsymbol{\pi}$ 的后验概率密度函数的估计为式(6－46)。

基于原始概率模型与变分贝叶斯推断的极化 SAR 舰船检测与图 6－4 所示的算法流程相同,只是将部分更新公式替换为式(6－64)～式(6－70)进行迭代更新。

参 考 文 献

[1] Babacan S D, Luessi M, Molina R, et al. Sparse Bayesian methods for low－rank matrix estimation[J]. IEEE Transactions on Signal Processing, 2012, 60(8): 3964－3977.

[2] Ding X, He L, Carin L. Bayesian robust principal component analysis[J]. IEEE Transactions on Image Processing, 2011, 20(12): 3419－3430.

[3] Bishop C M. Pattern Recognition and Machine Learning (Information Science and Statistics)[M]. New York: Springer, 2006.

[4] An W, Xie C, Yuan X. An improved iterative censoring scheme for CFAR ship detection with SAR imagery [J]. IEEE Transactions on Geoscience and Remote Sensing, 2013, 52(8): 4585－4595.

[5] Zhao Q, Meng D, Xu Z, et al. Robust principal component analysis with complex noise[C]//International conference on machine learning. Beijing: Proceedings of the 31st International Conference on Machine Learning PMLR, 2014: 55 - 63.

[6] Wei J, Li P, Yang J, et al. A New Automatic Ship Detection Method Using L Band Polarimetric SAR Imagery [J]. IEEE Journal of Selected Topics in Applied Earth Observations and Remote Sensing, 2013, 7(4): 1383 - 1393.

[7] Lee J S, Pottier E. Polarimetric radar imaging: from basics to applications[M]. Boca Raton: CRC Press, 2017.

[8] Kolda T G, Bader B W. Tensor decompositions and applications[J]. SIAM Review, 2009, 51(3): 455 - 500.

[9] Song S, Xu B, Li Z, et al. Ship detection in SAR imagery via variational Bayesian inference[J]. IEEE Geoscience and Remote Sensing Letters, 2016, 13(3): 319 - 323.

[10] Marino A, Hajnsek I. Statistical tests for a ship detector based on the polarimetric notch filter[J]. IEEE Transactions on Geoscience and Remote Sensing, 2015, 53(8): 4578 - 4595.

[11] Song S, Xu B, Yang J. Ship detection in polarimetric SAR images using targets' sparse property[C]// 2016 IEEE International Geoscience and Remote Sensing Symposium (IGARSS). Beijing: IEEE, 2016: 5706 - 5709.

[12] 宋胜利. 基于稀疏信息的 SAR 图像目标检测与识别方法研究[D]. 北京:清华大学, 2017.

第7章 基于MSHOG特征与任务驱动字典学习的舰船分类

SAR 系统分辨率不断提升使基于 SAR 图像目标分类成为可能。在海洋应用中,舰船目标分类有着重要的意义。分类任务离不开特征提取和分类器设计。一般来说,复杂的高维度特征能够精确地描述目标信息。但同时,高维度矢量会对分类器造成压力,容易出现过拟合、维度灾难等问题。另外,特征和分类器可能存在一定的匹配关系。两者的耦合关系使单独考虑特征和分类器设计不是最优选择。本章从 SAR - 方向梯度直方图(SAR - histogram of oriented gradient,SAR - HOG)特征出发,利用流形学习解决了特征降维问题,为小样本训练提供了可能。另一方面,我们在任务驱动字典学习(task - driven dictionary learning,TDDL)框架下提出结构化的非相干约束,包括间接约束和直接约束,将字典和分类器联合训练,增强两者的协同性和鉴别能力,提高了方法分类性能。

7.1 MSHOG 特征

7.1.1 舰船结构分析

散装货船、集装箱船和油轮是本章的研究对象,这三者类别的舰船占世界舰船总量的 70% ~80%。三种类别舰船的光学影像和 SAR 影像如图 7 - 1 所示。图中第一行为散装货船,第二行为集装箱船,第三行为油轮;第一列为光学图像,第二列至第四列为 SAR 图像。不同的舰船结构在 SAR 图像中有相应的反映。分析不同舰船结构对于 SAR 图像特征提取有着重要的指导意义。

散装货船是用来运输粉状、颗粒状和散装货物的。相比于其他两类舰船,散装货船拥有更短的船体。为了方便装卸,它的货舱是一个具有宽舱口的平坦甲板,并且它的舱口很高。集装箱船是专门运输货物集装箱的船舶。它具有细长的外形,单板,双排或三排货港,舱室为网格结构。油轮用于运输散装油和成品油。在上层甲板上沿船首和船尾线有一条输油管道,专门用于输油。

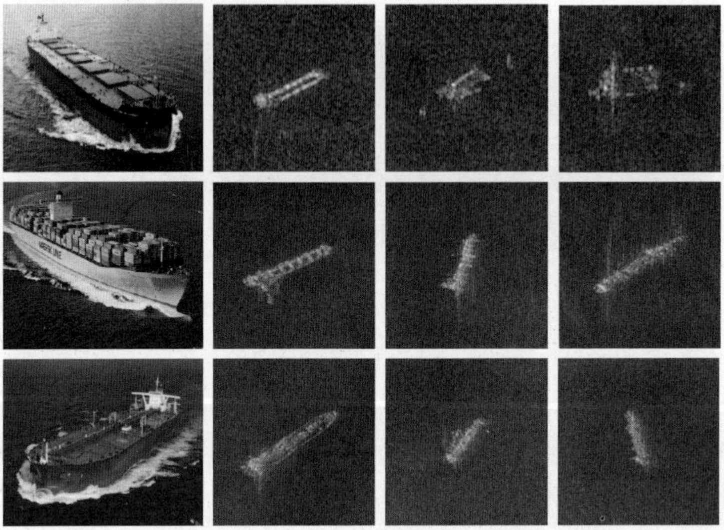

图 7-1 舰船的光学图像与 SAR 图像

不同类别舰船各自特殊的结构也体现在 SAR 图像中，如图 7-1 第二列所示。在散装货船 SAR 图像中，我们可以看到两条沿着船首和船尾方向的亮线，这是由高舱口围板的强散射造成的。平坦的甲板区域表现出显著的黑色。对于集装箱船，由于舱室的网格结果，我们从 SAR 图像上观察到重复的纹理。并且，船体的长宽比高于其他两种类别舰船。在油轮 SAR 图像中，船体中央略偏向一侧有一条清晰的亮线，这是船上输油管道的散射结果。然而，船上强散射体与船体和海面电磁反射的相互作用使成像变得模糊，使 SAR 图像中的有效信息变得不可用，如图 7-1 第三、第四列所示。这种现象在我们的数据集中很常见，使得传统人工提取的特征失效，促使我们提取出更加有效的特征。由于 SAR-HOG[1] 能够可靠地捕获 SAR 图像中的目标结构，因此我们以 SAR-HOG 特征作为原型，并将其应用于舰船分类任务中。考虑到 SAR-HOG 特征维度太高不利于训练，我们采用流形学习对 SAR-HOG 特征流形展开，得到了一种新的简洁有效的特征。我们将这种新的特征称为基于流形学习的 SAR 梯度方向直方图（mainifold-learning SAR-HOG，MSHOG）特征。

7.1.2 传统 HOG 和 SAR-HOG 特征

1. HOG 特征

HOG（histogram of oriented gradient）特征最早由 Dalal[2] 提出，主要用于行人检测问题。HOG 特征提取流程如图 7-2 所示，主要计算步骤包括：Gamma

校正、梯度计算、方向量化和归一化。

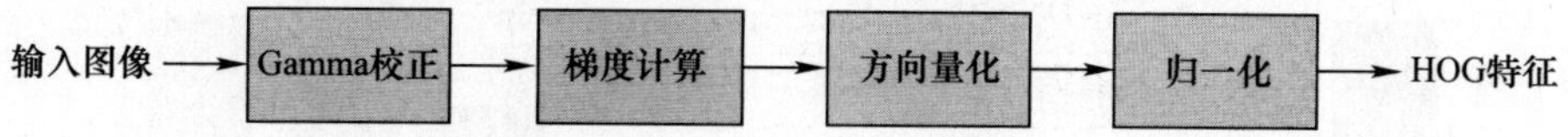

图 7-2　HOG 特征提取流程

假设图像为 $I(i,j)$，i 和 j 为位置坐标，则 Gamma 校正表示为

$$I(i,j) \leftarrow I(i,j)^{\text{gamma}} \tag{7-1}$$

Gamma 校正在行人检测任务中作用微弱[2]。

梯度计算利用一维模板 $[-1,0,1]^{\mathrm{T}}$ 计算水平方式梯度，利用 $[-1,0,1]^{\mathrm{T}}$ 计算垂直方向梯度。像素点 (i,j) 处的梯度表示为

$$\begin{aligned} G_{\mathrm{h}}(i,j) &= I(i+1,j) - I(i-1,j) \\ G_{\mathrm{v}}(i,j) &= I(i,j+1) - I(i,j-1) \end{aligned} \tag{7-2}$$

式中：$G_{\mathrm{h}}(i,j)$ 为水平方向梯度；$G_{\mathrm{v}}(i,j)$ 为垂直方向梯度。梯度幅度和方向可计算为

$$G(i,j) = \sqrt{G_{\mathrm{h}}(i,j)^2 + G_{\mathrm{v}}(i,j)^2} \tag{7-3}$$

$$\theta(i,j) = \arctan\left(\frac{G_{\mathrm{v}}(i,j)}{G_{\mathrm{h}}(i,j)}\right) \tag{7-4}$$

式中：$\arctan(\cdot)$ 为反正切函数。

方向量化是对局部的梯度信息进行量化统计。假设一个局部窗为一个 Cell，其大小为 cellsize × cellsize。将 0° ~ 360° 或将 0° ~ 180° 划分为多个 bin，在一个 Cell 中根据像素梯度模值和方向对划分的 bin 进行投票，生成方向梯度直方图。图 7-3 给出了在 0° ~ 180° 上划分 9 个 bin 的划分结果。bin1 中表示梯度方向在 0° ~ 20° 和 180° ~ 200° 的像素，bin2 中表示梯度方向在 20° ~ 40° 和 200° ~ 220° 的像素……方向量化得到的梯度信息直方图示例如图 7-4 所示。直方图矢量即为对该 Cell 局部梯度信息的描述。

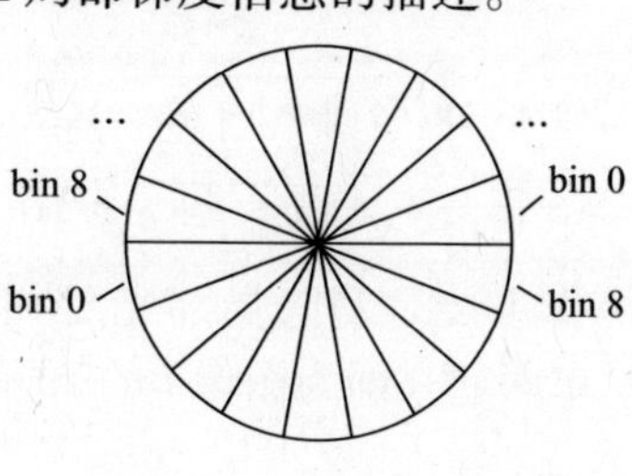

图 7-3　方向量化结构

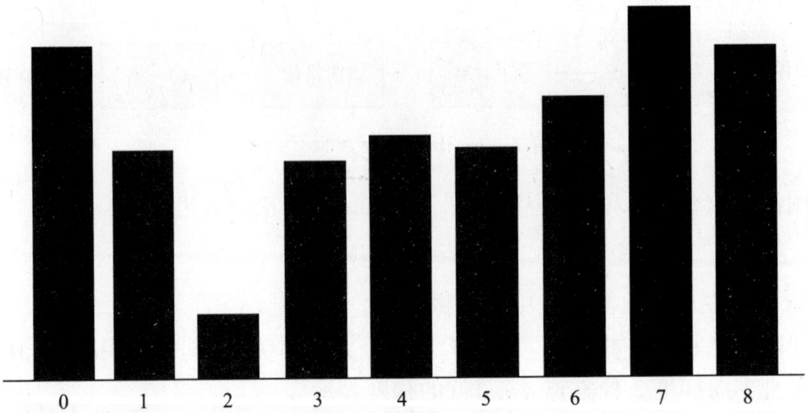

图 7-4 方向量化结果示例

将多个 Cell 组合成一个 Block，组织方式如图 7-5 所示。将多个 Cell 的直方图矢量串联起来即为整个 Block 的矢量，记为 $\boldsymbol{v}$。接下来对矢量 $\boldsymbol{v}$ 归一化，归一化的方式有很多种，如 l_2 范数归一化、l_1 范数归一化等。

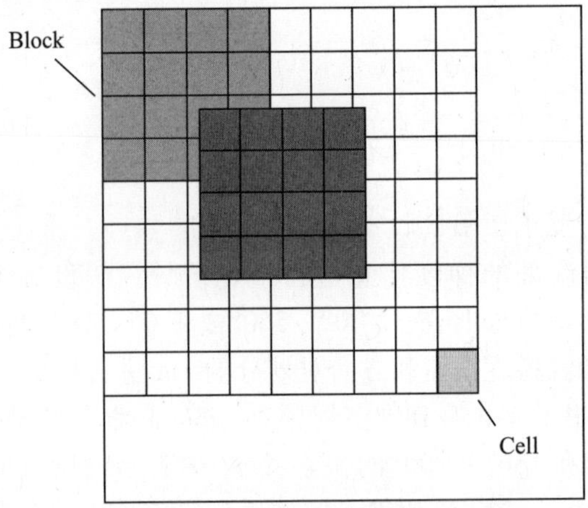

图 7-5 多个 Cell 组成 Block

$$\boldsymbol{v} \leftarrow \boldsymbol{v} / \sqrt{\|\boldsymbol{v}\|_2^2 + \varepsilon} \tag{7-5}$$

$$\boldsymbol{v} \leftarrow \boldsymbol{v} / \sqrt{\|\boldsymbol{v}\|_1 + \varepsilon} \tag{7-6}$$

Dalal[2] 指出，归一化操作主要是消除局部光照、前景波动对比度的影响。图像 I 中所有 Block 的矢量串联起来即为图像 I 的 HOG 特征。

2. SAR-HOG 特征

针对 SAR 图像中的乘性相干斑噪声，Song[1] 提出使用平均比值（ratio of

average, ROA)[2] 定义 SAR 图像中的梯度。ROA 定义为

$$R_i = \frac{M_1(i)}{M_2(i)}, \quad i \in \{1,3\} \tag{7-7}$$

式中：R_i 表示比值，$i=1$ 表示水平方向，$i=3$ 表示垂直方向；$M_1(i)$ 和 $M_2(i)$ 表示中心像素在方向 i 上两侧的局部均值，如图 7-6 所示。图 7-6 中 $M_1(i)$ 和 $M_2(i)$ 的尺寸为 $\max\left(\frac{win-1}{2},1\right)\times win$ 或者 $win\times\max\left(\frac{win-1}{2},1\right)$。

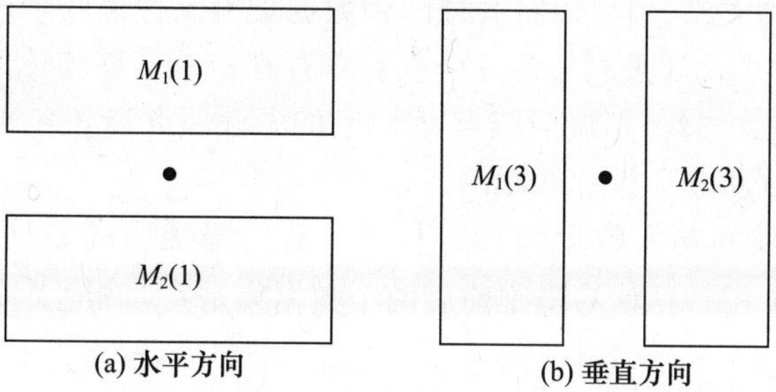

图 7-6　SAR-HOG 中的 ROA

水平和垂直方向的梯度定义为对应方向 ROA 的对数：

$$G_H = \log(R_1), \quad G_v = \log(R_3) \tag{7-8}$$

类似地，梯度幅度和方向为

$$G_{SAR} = \sqrt{G_H^2 + G_V^2}, \quad \theta_{SAR} = \arctan\left(\frac{G_V}{G_H}\right) \tag{7-9}$$

在新梯度幅度和方向定义下，按照 HOG 特征的计算步骤即可计算 SAR 图像的 SAR-HOG 特征。

7.1.3 流形学习与特征降维

HOG 和 SAR-HOG 特征都具有高维度的特点。一个大小为 128×64 的 SAR 图像，参数设置如下，

$$\begin{aligned} &\text{blocksize} = 16, \quad \text{blockstride} = 8 \\ &\text{cellsize} = 8, \quad \text{numbins} = 9 \end{aligned} \tag{7-10}$$

它的 SAR-HOG 特征为一个维度为 3780×1 的矢量。如此高的维度很可能造成分类器过拟合，特别是当训练样本数量不足以支撑起如此高维度的分类任务时。此外，特征矢量维度太高还会给计算能力造成压力。所以，对于小样本分类任务，特征降维是十分必须和迫切的。主成分分析（PCA）是一种经典的

线性降维方法，被广泛用于图像处理。然而，PCA 处理一个嵌入高维空间中的低维流形数据时性能有限。PCA 作为一种线性降维方法，不能揭示数据中的非线性结构。而流形学习就是针对数据中的非线性结构而提出的。本章利用一种典型的流形学习方法——最大方差展开（maximum variance unfolding, MVU）[3-4]揭示 SAR - HOG 特征中的非线性结构，实现特征降维。

MVU 是基于等距映射的一种非线性方法。等距映射是一种光滑的可逆映射，局部看起来像平移加上旋转，从而保持了流形上的距离。等距映射是定义在流形上的一种关系，但可以将其推广到数据集上。考虑两个一一对应的数据集$\{\boldsymbol{s}_i\}_{i=1}^{N}$和$\{\boldsymbol{x}_i\}_{i=1}^{N}$，如果对于每一个点$\boldsymbol{s}_i$都存在一个平移旋转关系使$\boldsymbol{s}_i$和它的$k$近邻点$\{\boldsymbol{s}_{j1},\boldsymbol{s}_{j2},\cdots,\boldsymbol{s}_{jk}\}$精确对应点$\boldsymbol{x}_i$和它的$k$近邻点$\{\boldsymbol{x}_{j1},\boldsymbol{x}_{j2},\cdots,\boldsymbol{x}_{jk}\}$，那么我们称这两个数据集是$k$近邻等距的。

假设待降维的输入数据为$\{\boldsymbol{s}_i\}_{i=1}^{N}$，$\boldsymbol{s}_i \in \mathbb{R}^d$，降维后的数据为$\{\boldsymbol{x}_i\}_{i=1}^{N}$，$\boldsymbol{x}_i \in \mathbb{R}^m$，其中$m<d$。MVU 认为降维前后两个数据集是$k$近邻等距的，即

$$(\boldsymbol{x}_i-\boldsymbol{x}_j)\cdot(\boldsymbol{x}_i-\boldsymbol{x}_k)=(\boldsymbol{s}_i-\boldsymbol{s}_j)\cdot(\boldsymbol{s}_i-\boldsymbol{s}_k) \tag{7-11}$$

式中：$\boldsymbol{s}_j$和$\boldsymbol{s}_k$是$\boldsymbol{s}_i$的任意两个k近邻点。另外，为了简化计算，MVU 假设降维后的数据是以原点为中心：

$$\sum_i \boldsymbol{x}_i = 0 \tag{7-12}$$

MVU 在k近邻等距限制下，让所有点之间的距离之和最大，其优化函数为

$$\max_{\{\boldsymbol{x}_i\}_{i=1}^{N}} \frac{1}{2N}\sum_{i,j} \|\boldsymbol{x}_i-\boldsymbol{x}_j\|_2^2 \tag{7-13}$$

经过推导[4]，MVU 下的低维流形展开结果可由内积矩阵$\boldsymbol{K}$的谱分解给出，而矩阵$\boldsymbol{K}$的求解可归结为以下半正定规划问题：

$$\begin{aligned}&\underset{\boldsymbol{K}}{\arg\max}\,\mathrm{tr}(\boldsymbol{K})\\&\text{s.t.}\begin{cases}\boldsymbol{K}\geqslant 0,\\ \sum_{ij}K_{ij}=0,\\ K_{ii}-2K_{ij}+K_{jj}=\|s_i-s_j\|^2, \quad \forall(i,j)\in\{(i,j)\mid\varphi_{ij}=1\}\end{cases}\end{aligned} \tag{7-14}$$

式中：$\boldsymbol{s}_i$和$\boldsymbol{s}_j$互为k近邻点，则$\varphi_{ij}=1$；反之，则$\varphi_{ij}=0$。上述问题为经典的半正定规划问题，这里采用 Matlab 中 CSDP 工具箱[5]求解。最后的输出数据集由式(7-15)给出：

$$x_{ji}=\sqrt{\xi_j}v_{ji} \tag{7-15}$$

式中：x_{ji}为矢量 x_i 的第 j 个元素；ξ_j 为矩阵 $\boldsymbol{K}$ 第 j 个特征值；v_{ji}为矩阵 $\boldsymbol{K}$ 第 j 个特征矢量的第 i 个元素。

我们在 TerraSAR－X 图像上应用 PCA 和 MVU 降维，将前三维结果和特征值情况可视化，如图 7－7 所示。图 7－7 子图中，第一行和第二行为降维结果，包括三维可视化结果和三个二维子空间投影的二维可视化结果。蓝色点、红色点和绿色点分别表示散装货船、集装箱船和油轮样本。我们可以注意到 MVU 中三维结果的可分性更为明显，PCA 中的三维结果本身就位于二维流形上。在 MVU 的结果中，三类舰船目标样本类内聚集，类间分离，而在 PCA 的结果中，三类样本相互耦合、渗透。此外，正如主成分分析中协方差矩阵的特征谱表示子空间的维数一样，MVU 中内积矩阵的特征谱也反映了嵌入流形的维数。主要特征值表示维度上的主要成分。我们将 PCA 协方差矩阵和 MVU 内积矩阵的特征值从大到小排序，将它们在矩阵迹的占比可视化如图 7－7 子图第三行所示。PCA 的前三个特征值占矩阵迹的 65.71%，而 MVU 前三个特征值占比为 96.15%。这说明相比 PCA，MVU 更能够抓住数据中的主要成分。更进一步，我们可以发现 MVU 前 20 个特征值占矩阵迹的 99.99%，而 PCA 前 20 个特征值占矩阵迹的 85.32%。也就是说，将数据降维至 20 维，经 MVU 降维后的数据能够表达原高维数据的 99.99%，而 PCA 降维结果仅能表达 85.32%。所以，本章使用 MVU 对 SAR－HOG 特征降维。

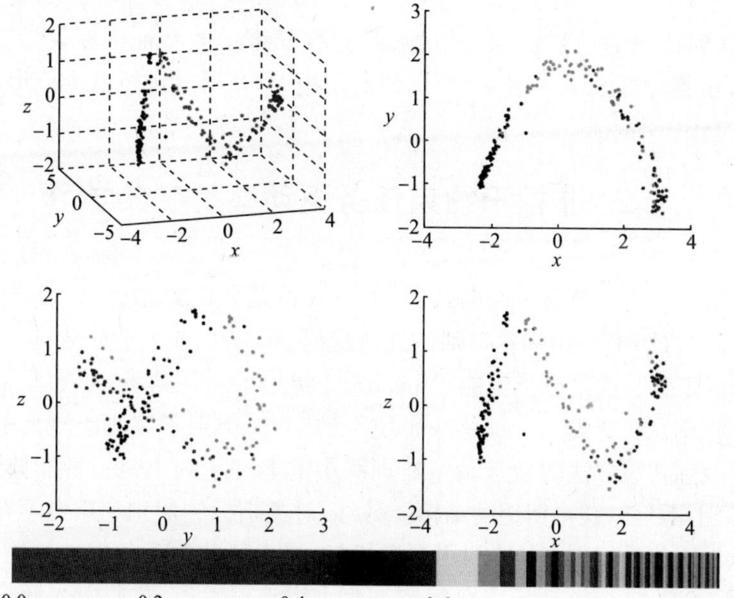

(a) PCA

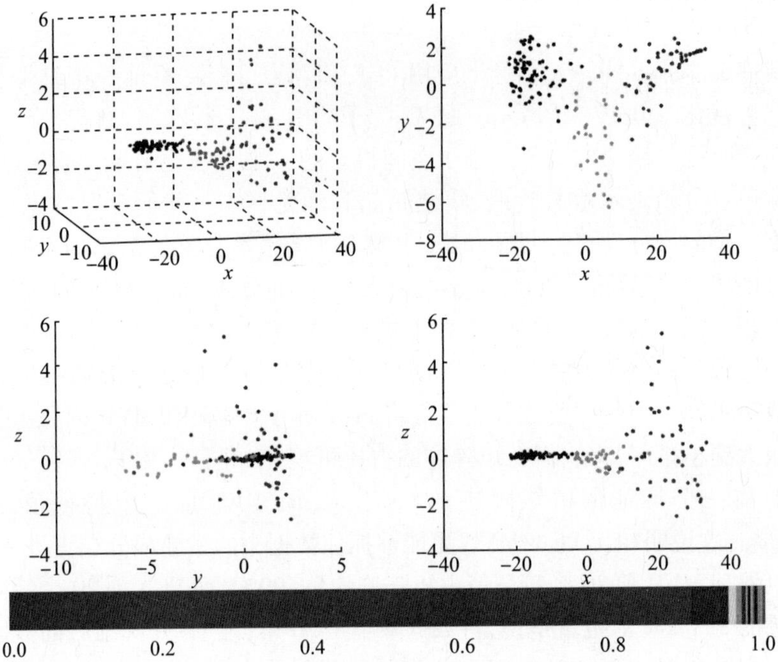

(b) MVU

图 7-7 PCA 与 MVU 降维结果可视化比较(见彩图)

考虑到特征的简洁性和有效性,我们将降维后的特征维度设为 20,利用 7.2.2 节步骤计算 SAR-HOG 特征,然后使用 MVU 对其进行低维流形展开,即可得到 MSHOG 特征。

7.2 非相干约束任务驱动鉴别字典学习

TDDL[6] 指出字典学习面向任务,而不仅仅是面向数据进行数据重构。对于分类任务,TDDL 利用标签类别信息,在优化函数中加入分类误差项,用监督的方式训练字典,改进分类性能。Remirez[7] 提出了一种类别子字典学习和非相干约束,相比在所有类别上训练一个统一的字典,类别子字典能放大不同类别的差异。然而,该方法的缺点是字典训练中的非相干约束是一种非监督约束,在测试集上不足以获得期望的结构。另外,对类别标签信息利用也不充分。所以,本章针对以上方法不足,利用两者优势,提出新的约束条件。首先,我们训练类别子字典,多个类别子字典组成一个大字典。然后,我们引入间接和直接的非相干约束。最后,我们利用随机梯度下降算法联合训练字典和分类器。

7.2.1 非相干约束

假设K类训练样本为$\boldsymbol{X}=[\boldsymbol{x}_1,\boldsymbol{x}_2,\cdots,\boldsymbol{x}_i,\cdots,\boldsymbol{x}_N]\in\mathbb{R}^{M\times N}$，字典为$\boldsymbol{D}=[\boldsymbol{D}_1,\boldsymbol{D}_2,\cdots,\boldsymbol{D}_k,\cdots,\boldsymbol{D}_K]\in\mathbb{R}^{M\times P}$，其中$\boldsymbol{x}_i\in\mathbb{R}^M$为训练样本特征矢量，$\boldsymbol{D}_k=[\boldsymbol{d}_1,\boldsymbol{d}_2,\cdots,\boldsymbol{d}_i,\cdots,\boldsymbol{d}_{P_k}]\in\mathbb{R}^{M\times P_k}$为第$k$类类别子字典，$P_1+P_2+\cdots+P_K=P$。样本$x_i$在字典$D$下的稀疏表示为$\boldsymbol{a}_i(x,D)\in\mathbb{R}^P$：

$$\boldsymbol{a}_i(x_i,D)=\underset{\boldsymbol{a}\in\mathbb{R}^P}{\operatorname{argmin}}\|\boldsymbol{x}_i-\boldsymbol{Da}\|_2^2+\lambda_1\|\boldsymbol{a}\|_1+\frac{\lambda_2}{2}\|\boldsymbol{a}\|_2^2 \tag{7-16}$$

式中：λ_1和λ_2为正则参数。λ_1控制$a_i(x,D)$的稀疏性，λ_2避免算法不收敛。

训练样本x_i可以近似表示为子字典的线性组合：

$$\boldsymbol{x}_i\approx\boldsymbol{D}_1\boldsymbol{a}_1^i+\boldsymbol{D}_2\boldsymbol{a}_2^i+\cdots+\boldsymbol{D}_k\boldsymbol{a}_k^i+\cdots+\boldsymbol{D}_K\boldsymbol{a}_K^i \tag{7-17}$$

式中：$\boldsymbol{a}_k^i$为$\boldsymbol{x}_i$在子字典$\boldsymbol{D}_k$上的系数。对于K类分类任务，我们希望每类样本只由该类类别子字典稀疏表示。也即第k类样本只由$\boldsymbol{D}_k$中的原子的线性组合表示：

$$\boldsymbol{x}_i\approx\boldsymbol{D}_k\boldsymbol{a}_k^i,\quad \text{s. t. Label}(x_i)=k \tag{7-18}$$

1. 间接约束

假设子字典$\boldsymbol{D}_{k_1}$和$\boldsymbol{D}_{k_2}$是正交的，即

$$\boldsymbol{D}_{k_1}^{\mathrm{T}}\boldsymbol{D}_{k_2}=0,\quad 1\leqslant k_1\leqslant K,1\leqslant k_2\leqslant K,k_1\neq k_2 \tag{7-19}$$

$\boldsymbol{D}_{k_1}$和$\boldsymbol{D}_{k_2}$正交，那么由$\boldsymbol{D}_{k_1}$原子张成的子空间和$\boldsymbol{D}_{k_2}$原子张成的子空间正交。如果样本$\boldsymbol{x}_{\mathrm{i}}$能被$\boldsymbol{D}_{k_1}$的原子线性表示，那么$\boldsymbol{x}_i$在$\boldsymbol{D}_{k_2}$的线性子空间的投影为0。为了得到式(7-18)的结果，我们对类别子字典之间的相干性施加如下约束：

$$\min_D\sum_{k=1}^K\|\boldsymbol{D}_k^{\mathrm{T}}\boldsymbol{D}_{-k}\|_{\mathrm{F}}^2 \tag{7-20}$$

2. 直接约束

间接约束是一种非监督约束。为了利用类别标签信息，我们以监督的方式引入直接约束。两者约束条件相互补充促进，保证分类算法性能。

第k类样本只由$\boldsymbol{D}_k$中的原子的线性组合表示。那么第k类样本在其他类别子字典系数应该为0。稀疏编码$\boldsymbol{a}_i(x,D)$的稀疏性由式(7-17)保证。所以，我们对样本在除该样本类别以外的类别子字典的系数进行约束。l_2范数更便于求导，本节使用l_2范数，作为l_1范数的一种逼近，施加如下约束：

$$\min_D\|\boldsymbol{a}_{-k}^i\|_2^2,\quad \text{s. t. Label}(\boldsymbol{x}_i)=k \tag{7-21}$$

式中:$\boldsymbol{a}_{-k}^{i}$为从 $\boldsymbol{a}_i$ 去除 $\boldsymbol{a}_k^i$ 剩下的部分。为了表达简洁,记 $\boldsymbol{q}_i \in \mathbb{R}^P$ 为样本 x_i 的类别监督矢量。假如 Label(x_i) = k,那么

$$\boldsymbol{q}_i = [\underbrace{1 \quad \cdots \quad 1}_{1 \times P_1} \quad \underbrace{1 \quad \cdots \quad 1}_{1 \times P_2} \quad \cdots \quad \underbrace{0 \quad \cdots \quad 0}_{1 \times P_k} \quad \cdots \quad \underbrace{1 \quad \cdots \quad 1}_{1 \times P_K}]^{\mathrm{T}} \tag{7-22}$$

式(7-21)可重写为

$$\begin{aligned} & \min_{D} \| \boldsymbol{q}_i .* \boldsymbol{a}_i \|_2^2 \\ & \text{s. t.} \begin{cases} \text{Label}(\boldsymbol{x}_i) = k, \\ \boldsymbol{a}_i = \underset{a}{\operatorname{argmin}} \| \boldsymbol{x}_i - \boldsymbol{D}\boldsymbol{a} \|_2^2 + \lambda_1 \| \boldsymbol{a} \|_1 + \dfrac{1}{2}\lambda_2 \| \boldsymbol{a} \|_2^2 \end{cases} \end{aligned} \tag{7-23}$$

式中: ·* 表示逐元素对应相乘。

7.2.2 模型框架

给定训练样本为 $\boldsymbol{X} = [\boldsymbol{x}_1, \boldsymbol{x}_2, \cdots, \boldsymbol{x}_i, \cdots, \boldsymbol{x}_N] \in \mathbb{R}^{M \times N}$和对应的类别标签训练样本为 $\boldsymbol{Y} = [\boldsymbol{y}_1, \boldsymbol{y}_2, \cdots, \boldsymbol{y}_i, \cdots, \boldsymbol{y}_N] \in \mathbb{R}^{K \times N}$,目标优化函数可表示为

$$\begin{aligned} \min_{D,W} L(\boldsymbol{D}, \boldsymbol{W}, \boldsymbol{X}, \boldsymbol{Y}) = \min_{D,W} & \frac{1}{2} \| \boldsymbol{Y} - \boldsymbol{W}\boldsymbol{A} \|_{\mathrm{F}}^2 + \frac{\mu}{2} \| \boldsymbol{W} \|_{\mathrm{F}}^2 + \\ & \frac{\eta_1}{2} \sum_{k=1}^{K} \frac{1}{P_k^2} \| \boldsymbol{D}_k^{\mathrm{T}} \boldsymbol{D}_k - \boldsymbol{I}_{P_k} \|_{\mathrm{F}}^2 + \\ & \frac{\eta_2}{2} \sum_{k=1}^{K} \frac{1}{2P_k(P - P_k)} \| \boldsymbol{D}_k^{\mathrm{T}} \boldsymbol{D}_{-k} \|_{\mathrm{F}}^2 + \\ & \frac{\nu}{2} \| \boldsymbol{Q} .* \boldsymbol{A} \|_{\mathrm{F}}^2 \end{aligned} \tag{7-24}$$

式中:μ、η_1、η_2 和 ν 为正则参数;$\boldsymbol{W} \in \mathbb{R}^{K \times P}$为线性分类器参数;$\boldsymbol{I}_{P_k}$为大小为 P_k 的单位矩阵;$\boldsymbol{Q} = [\boldsymbol{q}_1, \boldsymbol{q}_2, \cdots, \boldsymbol{q}_k, \cdots \boldsymbol{q}_N] \in \mathbb{R}^{P \times N}$为训练样本 X 类别监督矢量集;$\boldsymbol{A} \in \mathbb{R}^{P \times N}$由下式给出:

$$\boldsymbol{A} = \underset{A}{\operatorname{argmin}} \| \boldsymbol{X} - \boldsymbol{D}\boldsymbol{A} \|_{\mathrm{F}}^2 + \lambda_1 \sum_{i=1}^{N} \boldsymbol{\alpha}_i + \frac{1}{2}\lambda_2 \| \boldsymbol{A} \|_{\mathrm{F}}^2 \tag{7-25}$$

式中:$\boldsymbol{\alpha}_i$ 为 $\boldsymbol{A}$ 的第 i 列;λ_1 和 λ_2 为正则参数。式(7-24)中,$\| \boldsymbol{D}_k^{\mathrm{T}} \boldsymbol{D}_{-k} \|_{\mathrm{F}}^2$ 为间接约束项,$\| \boldsymbol{Q} .* \boldsymbol{A} \|_{\mathrm{F}}^2$ 为直接约束项。$\| \boldsymbol{D}_k^{\mathrm{T}} \boldsymbol{D}_k - \boldsymbol{I}_{P_k} \|_{\mathrm{F}}^2$ 为 Gao[8] 提出的自非相干项,目的是使每个类别子字典学习更平稳。系数$\dfrac{1}{P_k^2}$和$\dfrac{1}{2P_k(P - P_k)}$是为了消

除子字典大小对字典学习的影响。

与 Song[1] 和 Ramirez[7] 提出的字典学习方法相比，本章提出的字典学习方法将字典和分类器以任务驱动的方式联合训练。而与 TDDL 又不一样的是，本文利用结构化的非相干约束增强字典的鉴别能力，放大了不同类别样本之间的细微差别。我们将本章提出的字典学习方法称为结构化非相干约束任务驱动字典学习(task - driven dictionary learning with structured incoherent constraints, TDDL - SIC)。

7.2.3 优化过程

本文利用随机梯度下降算法求解字典 $\boldsymbol{D}$ 和分类器 $\boldsymbol{W}$。求解的关键在于计算 $L(\boldsymbol{D},\boldsymbol{W},\boldsymbol{X},\boldsymbol{Y})$ 关于 $\boldsymbol{D}$ 和 $\boldsymbol{W}$ 的梯度。关于 $\boldsymbol{W}$ 的梯度容易计算：

$$\frac{\partial L}{\partial \boldsymbol{W}} = (\boldsymbol{WA} - \boldsymbol{Y})\boldsymbol{A}^{\mathrm{T}} + \mu \boldsymbol{W} \tag{7-26}$$

下面主要推导关于 $\boldsymbol{D}$ 的梯度。为了表述简洁，本章将 $L(\boldsymbol{D},\boldsymbol{W},\boldsymbol{X},\boldsymbol{Y})$ 拆分为

$$L_1 = \frac{1}{2}\| \boldsymbol{Y} - \boldsymbol{WA} \|_{\mathrm{F}}^2 + \frac{\mu}{2}\| \boldsymbol{W} \|_{\mathrm{F}}^2 + \frac{\nu}{2}\| \boldsymbol{Q}.*\boldsymbol{A} \|_{\mathrm{F}}^2 \tag{7-27}$$

$$L_2 = \frac{\eta_1}{2}\sum_{k=1}^{K}\frac{1}{P_k^2}\| \boldsymbol{D}_k^{\mathrm{T}}\boldsymbol{D}_k - \boldsymbol{I}_{P_k} \|_{\mathrm{F}}^2 + \frac{\eta_2}{2}\sum_{k=1}^{K}\frac{1}{2P_k(P-P_k)}\| \boldsymbol{D}_k^{\mathrm{T}}\boldsymbol{D}_{-k} \|_{\mathrm{F}}^2 \tag{7-28}$$

应用链式法则，关于 $\boldsymbol{D}$ 的梯度可写为

$$\frac{\partial L}{\partial \boldsymbol{D}} = \frac{\partial L_1}{\partial \boldsymbol{A}}\frac{\partial \boldsymbol{A}}{\partial \boldsymbol{D}} + \frac{\partial L_2}{\partial \boldsymbol{D}} \tag{7-29}$$

易知，

$$\frac{\partial L_1}{\partial \boldsymbol{A}} = \boldsymbol{W}^{\mathrm{T}}(\boldsymbol{WA} - \boldsymbol{Y}) + \nu \boldsymbol{Q}.*\boldsymbol{A} \tag{7-30}$$

应用固定点求导[9]，对式(7 - 25)等式两边求导

$$\left.\frac{\partial \| \boldsymbol{X} - \boldsymbol{DA} \|_{\mathrm{F}}^2}{\partial \boldsymbol{A}}\right|_{\boldsymbol{A}=\hat{\boldsymbol{A}}} = -\lambda_1 \times \sum_{i=1}^{N}\frac{\partial \| \boldsymbol{a}_i \|_1}{\partial \boldsymbol{A}} - \frac{1}{2}\lambda_2 \left.\frac{\partial \| \boldsymbol{A} \|_F^2}{\partial \boldsymbol{A}}\right|_{\boldsymbol{A}=\hat{\boldsymbol{A}}} \tag{7-31}$$

式中：$\hat{\boldsymbol{A}}$ 为式(7 - 25)$\boldsymbol{A}$ 中的最优解。进而，

$$2\boldsymbol{D}^{\mathrm{T}}(\boldsymbol{X} - \boldsymbol{DA})\big|_{\boldsymbol{A}=\hat{\boldsymbol{A}}} = \lambda_1 \cdot \mathrm{sign}(\boldsymbol{A}) + \lambda_2 \boldsymbol{A}\big|_{\boldsymbol{A}=\hat{\boldsymbol{A}}} \tag{7-32}$$

由于 sign(·)在零点不可导,定义 $\boldsymbol{A}$ 上的激活集合为

$$\Lambda = \{ i: \text{vec}\,(\boldsymbol{A})_i \neq 0, \quad i \in \{1,2,\cdots,NP\} \} \tag{7-33}$$

由式(7-32)知,

$$\frac{\partial \boldsymbol{A}_{\Lambda}}{\partial D_{mn}} = (\boldsymbol{D}_{\Lambda}^{\mathrm{T}}\boldsymbol{D}_{\Lambda})^{-1}\left(\frac{\partial \boldsymbol{D}_{\Lambda}^{\mathrm{T}}\boldsymbol{X}}{\partial D_{mn}} - \frac{\partial \boldsymbol{D}_{\Lambda}^{\mathrm{T}}\boldsymbol{D}_{\Lambda}}{\partial D_{mn}}\boldsymbol{A}_{\Lambda}\right) \tag{7-34}$$

$$\frac{\partial \boldsymbol{A}_{\Lambda^c}}{\partial D_{mn}} = 0 \tag{7-35}$$

结合上式即可计算$\partial L_1/\partial D$。另外,

$$\frac{\partial L_2}{\partial \boldsymbol{D}} = \left[\frac{\partial L_2}{\partial \boldsymbol{D}_1} \quad \frac{\partial L_2}{\partial \boldsymbol{D}_2} \quad \cdots \quad \frac{\partial L_2}{\partial \boldsymbol{D}_k} \quad \cdots \quad \frac{\partial L_2}{\partial \boldsymbol{D}_K}\right] \tag{7-36}$$

记

$$\boldsymbol{E}_k = \frac{1}{2P_k^2}\frac{\partial \| \boldsymbol{D}_k^{\mathrm{T}}\boldsymbol{D}_k - I_{P_k} \|}{\partial \boldsymbol{D}_k^{\mathrm{T}}\boldsymbol{D}_k}\frac{\partial \boldsymbol{D}_k^{\mathrm{T}}\boldsymbol{D}_k}{\partial \boldsymbol{D}_k} \tag{7-37}$$

$$\boldsymbol{F}_k = \frac{1}{2P_k(P-P_k)}\frac{\partial \| \boldsymbol{D}_k^{\mathrm{T}}\boldsymbol{D}_{-k} \|}{\partial \boldsymbol{D}_k} \tag{7-38}$$

则

$$\boldsymbol{E} = [\boldsymbol{E}_1 \quad \boldsymbol{E}_2 \quad \cdots \quad \boldsymbol{E}_k \quad \cdots \quad \boldsymbol{E}_K] \tag{7-39}$$

$$\boldsymbol{F} = [\boldsymbol{F}_1 \quad \boldsymbol{F}_2 \quad \cdots \quad \boldsymbol{F}_k \quad \cdots \quad \boldsymbol{F}_K] \tag{7-40}$$

$$\frac{\partial L_2}{\partial \boldsymbol{D}} = \eta_1 \boldsymbol{E} + \eta_2 \boldsymbol{F} \tag{7-41}$$

经过推导,$\boldsymbol{E}_k$ 和 $\boldsymbol{F}_k$ 的解析表达式如下

$$\boldsymbol{E}_k = \frac{1}{P_k^2}(\boldsymbol{B}_k - 2\boldsymbol{D}_k) \tag{7-42}$$

$$\boldsymbol{F}_k = \frac{1}{P_k(P-P_k)}\boldsymbol{D}_{-k}\boldsymbol{D}_{-k}^{\mathrm{T}}\boldsymbol{D}_k \tag{7-43}$$

$$\boldsymbol{B}_k = \begin{Bmatrix} \boldsymbol{B} \in \mathbb{R}^{M \times P_k}: b_{ij} = \text{sum}(\boldsymbol{D}^{\mathrm{T}}\boldsymbol{D}.*((\boldsymbol{D}^{\mathrm{T}}\boldsymbol{U}_k^{ij}) + (\boldsymbol{D}^{\mathrm{T}}\boldsymbol{U}_k^{ij})^{\mathrm{T}})), \\ \forall i,j, 1 \leqslant i \leqslant M, 1 \leqslant j \leqslant P \end{Bmatrix} \tag{7-44}$$

$$\boldsymbol{U}_k^{ij} = \{ \boldsymbol{U} \in \mathbb{R}^{M \times P_k}: u_{ij} = \delta_{mi}\delta_{nj}, \forall m,n, 1 \leqslant m \leqslant M, 1 \leqslant n \leqslant P_k \} \tag{7-45}$$

将梯度求解结果总结如下:

$$\frac{\partial L}{\partial \boldsymbol{D}} = -\boldsymbol{D}\boldsymbol{\beta}\boldsymbol{A}^{\mathrm{T}} + (\boldsymbol{X} - \boldsymbol{D}\boldsymbol{A})\boldsymbol{\beta}^{\mathrm{T}} + \eta_1\boldsymbol{E} + \eta_2\boldsymbol{F} \tag{7-46}$$

式中：$\boldsymbol{E}$ 和 $\boldsymbol{F}$ 由式(7-42)~式(7-45)给出，$\boldsymbol{\beta} \in \mathbb{R}^{P\times N}$定义为

$$\boldsymbol{\beta}_{\Lambda^c} = 0 \tag{7-47}$$

$$\mathrm{vec}\ (\boldsymbol{\beta})_{\Lambda} = (\boldsymbol{I}_N \otimes \boldsymbol{D}^{\mathrm{T}}\boldsymbol{D} + \lambda_2 \boldsymbol{I}_{NP})^{-1}_{\Lambda,\Lambda} \mathrm{vec}\ (\boldsymbol{W}^{\mathrm{T}}(\boldsymbol{WA} - \boldsymbol{Y}) + \nu \boldsymbol{Q}.*\boldsymbol{A})_{\Lambda} \tag{7-48}$$

我们将 TDDL-SIC 优化算法总结如下：

TDDL-SIC 随机梯度下降优化算法

输入：训练样本 $\boldsymbol{X}_{\text{training}} \in \mathbb{R}^{M\times N_{\text{training}}}$，对应的类别标签 $\boldsymbol{Y}_{\text{training}} \in \mathbb{R}^{K\times N_{\text{training}}}$。
初始字典 $\boldsymbol{D} \in \mathbb{R}^{M\times P}$，初始分类器 $\boldsymbol{W} \in \mathbb{R}^{K\times P}$。
正则参数 $\lambda_1, \lambda_2, \mu, \eta_1, \eta_2 \in \mathbb{R}$。
迭代总次数为 $Iter$，参数为 t_0。
学习率参数为 ρ。
for $t = 1$ to $Iter$ **do**
选择训练样本$(\boldsymbol{X},\boldsymbol{Y})$。
计算稀疏编码 $\boldsymbol{A}$，见式(7-25)。
计算激活集 Λ，见式(7-33)。
计算矩阵 $\boldsymbol{E}$ 和 $\boldsymbol{F}$，见式(7-42)、式(7-43)、式(7-44)和式(7-45)。
计算矩阵 $\boldsymbol{\beta}$，见式(7-47)和式(7-48)。
设置学习率 $\rho_t = \min(\rho, \rho t_0/t)$，一般，令 $t_0 = Iter/10$。
更新字典 $\boldsymbol{D}$ 和分类器 $\boldsymbol{W}$
$\boldsymbol{W} \leftarrow \boldsymbol{W} - \rho_t((\boldsymbol{WA}-\boldsymbol{Y})\boldsymbol{A}^{\mathrm{T}} + \mu \boldsymbol{W})$
$\boldsymbol{D} \leftarrow \boldsymbol{D} - \rho_t(-\boldsymbol{D\beta A}^{\mathrm{T}} + (\boldsymbol{X}-\boldsymbol{DA})\boldsymbol{\beta}^{\mathrm{T}} + \eta_1 \boldsymbol{E} + \eta_2 \boldsymbol{F})$
对字典 $\boldsymbol{D}$ 的每一列进行 l_2 范数归一化。
end for
输出：字典 $\boldsymbol{D}$ 和分类器 $\boldsymbol{W}$。

7.3 基于 MSHOG 特征和 TDDL-SIC 的舰船分类方法

7.3.1 算法流程

本章提出一种基于 MSHOG 特征和 TDDL-SIC 的舰船分类方法，其算法流程如图 7-8 所示。对于输入 SAR 图像，首先提取样本的 MSHOG 特征；然后，在训练集上使用 TDDL-SIC 训练字典和与之相匹配的分类器；最后，将测试集的 MSHOG 特征在字典上的稀疏表示，即稀疏编码，送入分类器中得到分类结果。下面简要介绍字典和分类器初始化，以及 mini-batch 策略。

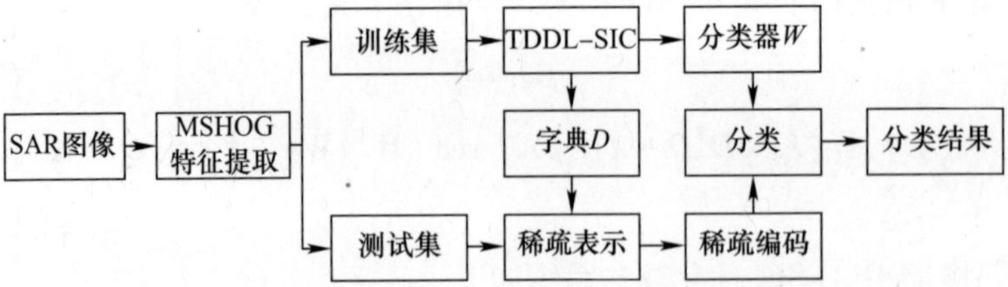

图 7-8 基于 MSHOG 特征和 TDDL-SIC 的舰船分类算法流程图

字典和分类器初始化:本章采用非监督的方式初始化字典 $\boldsymbol{D}$。具体来说,给定第 k 类别的样本 $\boldsymbol{X}_k$,我们通过下式计算初始类别子字典 $\boldsymbol{D}_k$:

$$\begin{aligned}&\min_{D_k,A} \|\boldsymbol{X}_k-\boldsymbol{D}_k\boldsymbol{A}\|_F^2+\lambda_1\sum_{i=1}^{N}\|\boldsymbol{a}_i\|_1+\frac{1}{2}\lambda_2\|\boldsymbol{A}\|_F^2\\&\text{s.t.}\ \|\boldsymbol{d}_j^k\|_2^2=1,\forall j,k,1\leqslant j\leqslant P_k,1\leqslant k\leqslant K\end{aligned} \tag{7-49}$$

式中:$\boldsymbol{d}_j^k$ 为子字典 $\boldsymbol{D}_k$ 的第 j 列;$\boldsymbol{a}_i$ 为 $\boldsymbol{A}$ 的第 i 列。基于初始化字典 $\boldsymbol{D}=[\boldsymbol{D}_1,\boldsymbol{D}_2,\cdots,\boldsymbol{D}_k,\cdots,\boldsymbol{D}_K]$,初始分类器参数 $\boldsymbol{W}$ 可通过下式计算

$$\min_{W}\|\boldsymbol{Y}-\boldsymbol{W}\boldsymbol{A}\|_F^2+\frac{\mu}{2}\|\boldsymbol{W}\|_F^2 \tag{7-50}$$

mini-batch 策略:批量梯度下降和随机梯度下降是两者典型的梯度下降优化算法。在批量梯度下降算法中,每次迭代使用所有的训练样本,迭代中的梯度为全局梯度,保证了收敛性,也有速度慢、计算量大的缺点。随机梯度下降算法中,每次循环选取一组样本,具有速度快、易计算的优点,但是算法不容易收敛。本章使用 mini-batch 的折中策略,即每次迭代选取 $N_{\text{batchsize}}$ 个样本,$1<N_{\text{batchsize}}<N_{\text{training}}$,既保证了收敛性,又兼顾了计算速度。本章实验中,$N_{\text{batchsize}}=50$。

7.3.2 参数设置

本章方法的参数主要分类 MSHOG 特征参数和 TDDL-SIC 参数。在这些参数上进行交叉验证是十分复杂的。MSHOG 特征的参数由图像分辨率和目标尺寸。我们参考 Song[1] 在 SAR-HOG 的参数优化方法。首先将 MSHOG 参数的初始值设为 SAR-HOG 中的参数,然后在其他参数保持不变的情况下对每一个参数进行优化。虽然这样的参数设置方式可以使参数陷入局部最优解,但在实验中我们发现这样的参数设置方式是有效的。对于 TDDL-SIC 中的参数,本章采用启发式[9-10]的方法来减少搜索空间。

MSHOG 特征参数包括 Cell 尺寸 cellsize、Block 尺寸 blocksize、Block 步长

blockstride 和 bin 的划分个数 numbins。图 7－9 给出了分类正确率与 MSHOG 特征参数的关系。我们可以发现最高的分类正确率出现在 cellsize = 7 和 blocksize = 3时。相对小一点的 blockstride 和大一点的 numbins 有助于提升分类正确率。此外,根据 7.2.3 节,特征的维度设为 20。最终的参数设置如表 7－1 所示。

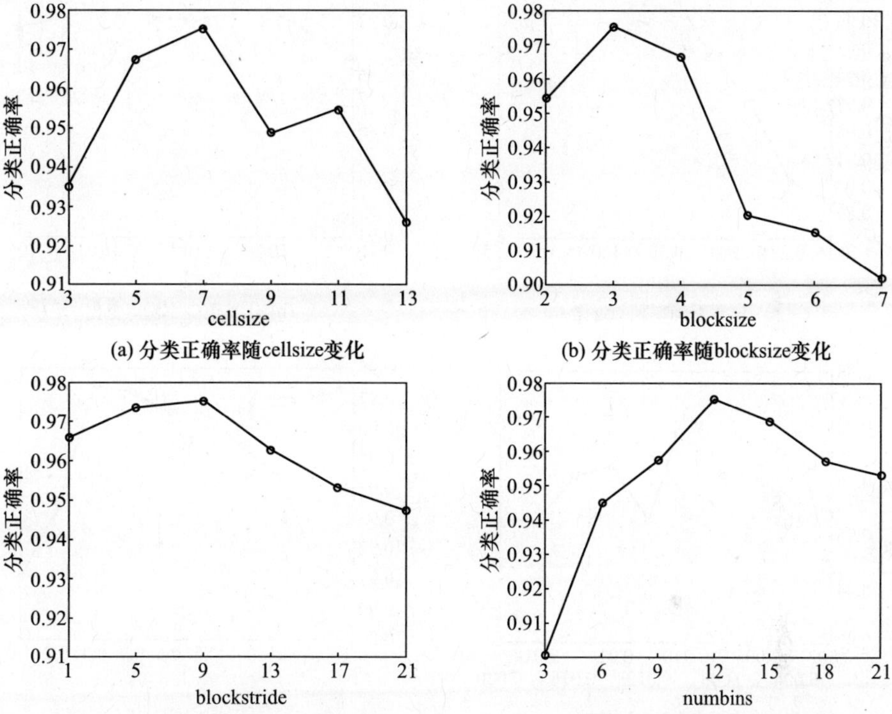

(a) 分类正确率随cellsize变化　(b) 分类正确率随blocksize变化

(c) 分类正确率随blockstride变化　(d) 分类正确率随numbins变化

图 7－9　分类正确率随 MSHOG 参数变化

表 7－1　MSHOG 特征参数设置

参数	cellsize（像素）	blocksize（Cell）	blockstride（像素）	numbins	维度
取值	7×7	3×3	9	12	20

TDDL－SIC 的参数包括正则参数 λ_1、λ_2、μ、ν、η_1 和 η_2 以及子字典尺寸 P_k。各个参数的待选取值为 $\lambda_1 = 0.35 + 0.05j\,(j \in \{-4, -3, \cdots, 4\})$、$\lambda_2 = 10^{-j}\,(j \in \{2, 3, \cdots, 6\})$、$\mu = \{0.002, 0.004, \cdots, 0.02\}$、$\nu = \{0.1, 0.2, \cdots, 1\}$、$\eta_1 = \{0, 0.1, \cdots, 1\}$、$\eta_2 = \{0, 0.025, \cdots, 0.25\}$ 和 $P_k = \{4, 5, \cdots, 11\}$。分类正确率随各参数变化趋势如图 7－10 所示。TDDL－SIC 中各参数的最优取值如表 7－2 所示。

表 7-2 TDDL-SIC 特征参数设置

参数	λ_1	λ_2	μ	v	η_1	η_2	P_k
取值	0.35	0.001	0.01	0.8	0.1	0.025	7

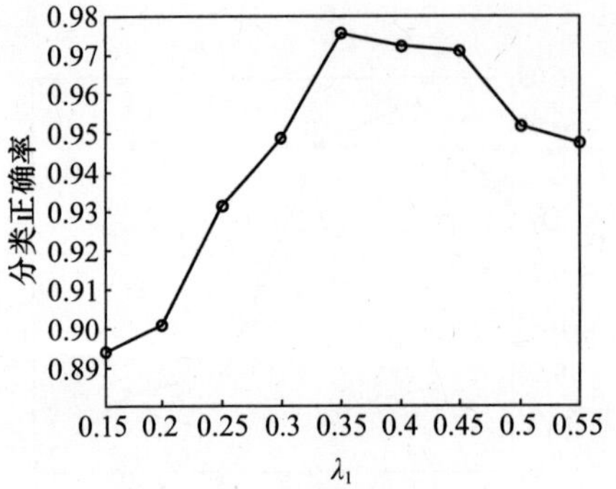

(a) 分类正确率随λ_1变化

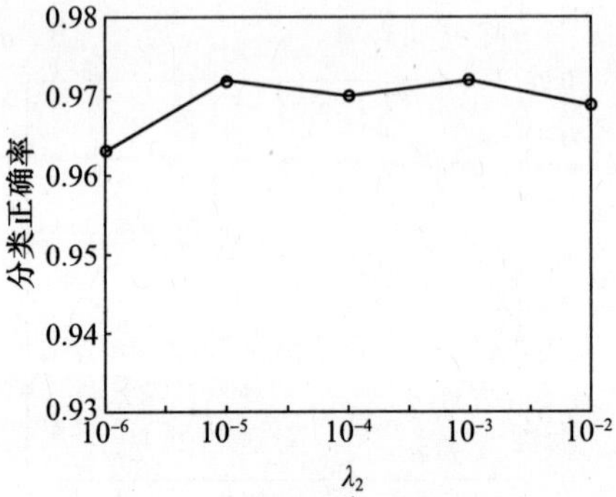

(b) 分类正确率随λ_2变化

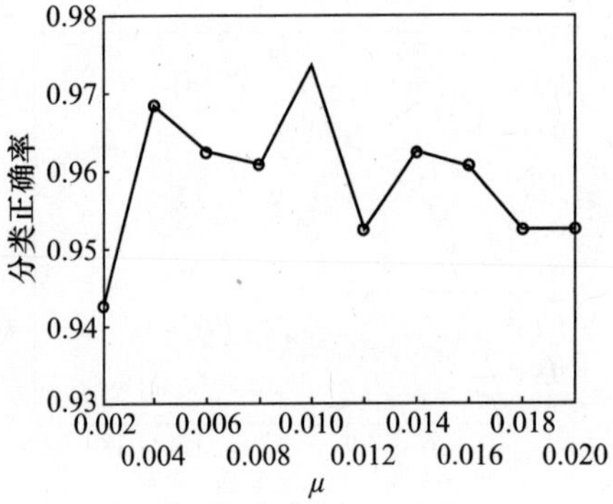

(c) 分类正确率随μ变化

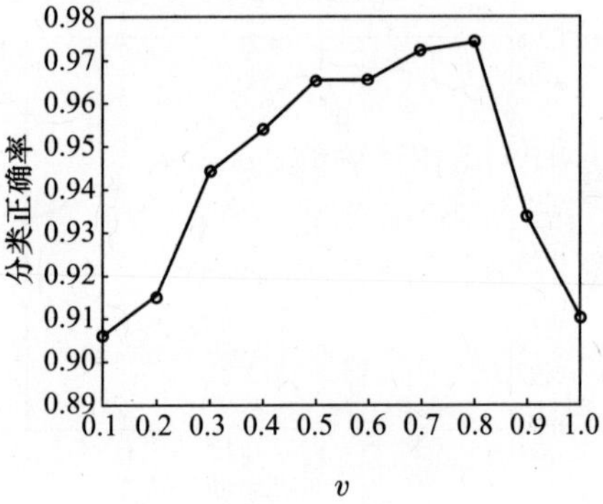

(d) 分类正确率随v变化

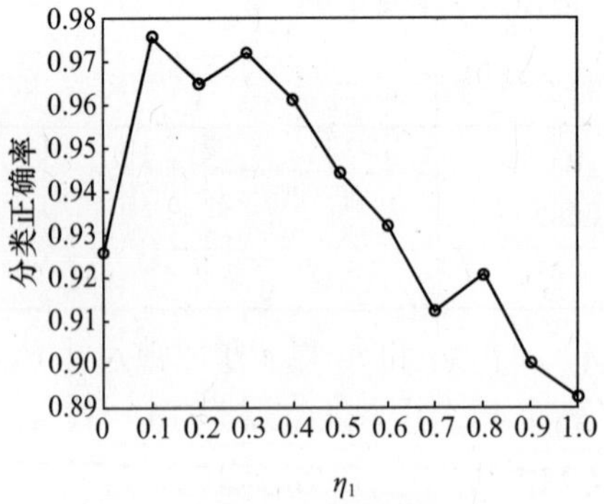

(e) 分类正确率随η_1化

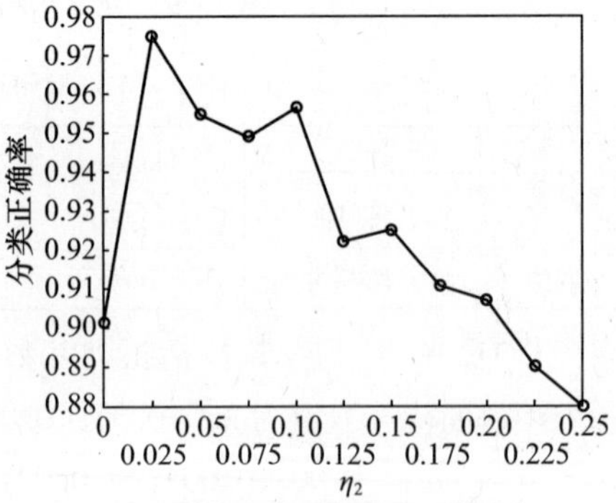

(f)分类正确率随η_2变化

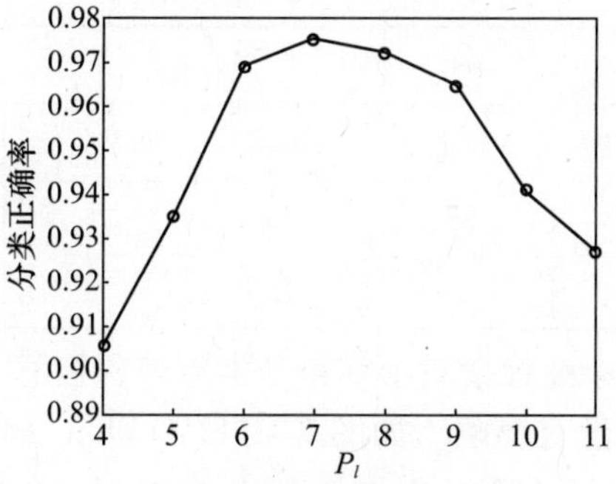

(g) 分类正确率随P_l变化

图 7-10　分类正确率随 TDDL-SIC 参数变化

7.4 实验结果与讨论

本章使用两个数据集进行算法验证,数据集信息如表 7-3 所示。数据集 1(DS1) 由计科峰教授和邢相薇博士[11-13]提供,由 6 幅香港地区 TerraSAR-X图像舰船切片组成,成像时间为 2008 年 05 月 13 日至 2010 年 12 月 04 日。数据集 2(DS2)由 10 幅舟山地区 TerraSAR-X 图像舰船切片组成,成像时间为 2015 年 05 月 01 日至 2017 年 07 月 21 日。在自动认证系统(automatic identification system,AIS)的帮助下,两个数据集样本的类别被精准标记。DS1 中有 150 艘散装货船(bulk carrier)、50 艘集装箱船(container ship)和 50 艘油轮(oil tanker)。DS2 中三类舰船各 150 艘。

表 7-3　数据集信息

数据集	传感器系统	模式	极化方式	方位向分辨率/m	距离向分辨率/m
DS1	TerraSAR-X	条带式	VV	2.0	1.0
DS2	TerraSAR-X	聚束式	VV	1.0	1.0

在 7.4.1 节中,我们介绍实验设置以及预处理步骤。7.4.2 节和 7.4.3 节分别讨论 MSHOG 特征和 TDDL-SIC 的有效性。最后,我们在 DS1 和 DS2 上评价算法性能。

7.4.1 实验设置

我们将数据集随机划分为训练集和测试集,训练集和测试集样本数量如表 7-4所示。

表 7-4 数据集划分

数据集	DS1			DS2		
	散装货船	集装箱船	油轮	散装货船	集装箱船	油轮
训练集	75	25	25	75	75	75
测试集	75	25	25	75	75	75

舰船目标附近的杂波像素对于舰船分类有着积极意义，但远离舰船的杂波像素对舰船分类几乎没有影响。如图 7-11(a)所示，舰船目标在整个舰船切片中占比很小。此外，舰船切片中舰船朝向各异，不利于分类。本文利用 Lang[14] 提出的三个步骤进行预处理。第一步，我们将原始 SAR 图像舰船切片转化为二值图像，通过 Radon 变换估计它的朝向角度，将其旋转至水平朝向，如图 7-11(b)所示。第二步，沿 X 和 Y 坐标轴方向累积，设定阈值得到新舰船切片的边框，如图 7-11(c)、(d)和(e)所示。新的舰船切片边框设定为 30 像素×200像素。第三步，将新的舰船切片提取出来，用于后续实验，如图 7-11(f)所示。

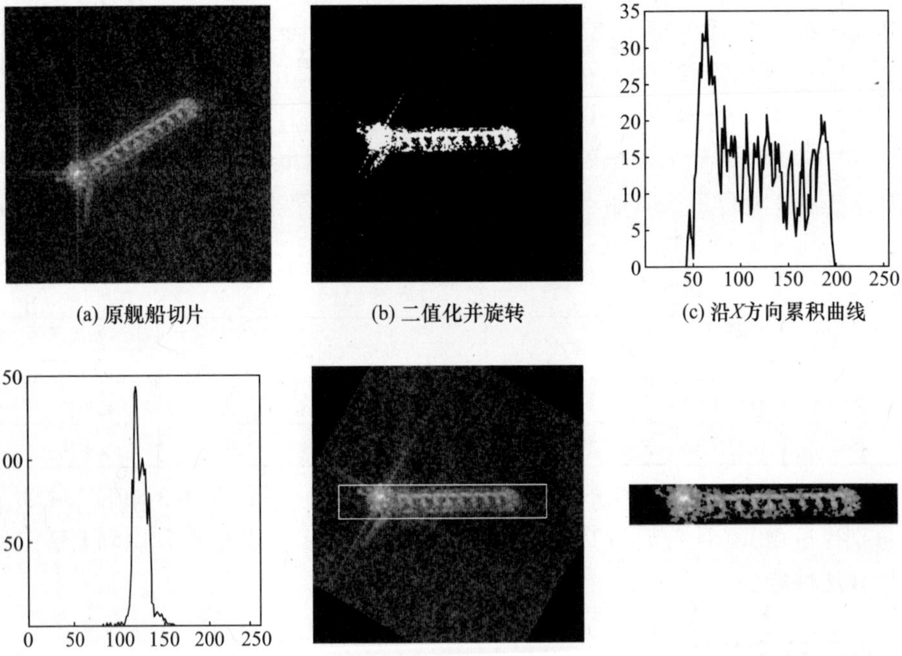

(a) 原舰船切片 (b) 二值化并旋转 (c) 沿X方向累积曲线

(d) 沿Y方向累积曲线 (e) 边框确定 (f) 预处理后舰船切片

图 7-11 SAR 图像舰船分类预处理

7.4.2 MSHOG特征有效性验证

本节利用SVM分类器验证MSHOG特征的有效性。对比特征包括2D梳状特征(2D comb feature,2DC)[15]、精选特征(selected feature,SF)[12]、精细结构散射特征(superstructure scattering feature,SS)[16]、RCS密度与几何特征(local RCS density feature associated with geometric feature,LRCSG)[11]、PCA降维下的SAR－HOG特征(SAR－HOG feature with PCA dimensionality reduction,PSHOG)。我们将每个特征的实验重复20遍取平均结果以消除单次实验随机因素的影响。

MSHOG特征与对比特征在两个数据集上的分类结果如表7－5所示。在DS1的结果中,各特征的性能差异表现在油轮的分类正确率上。MSHOG特征油轮分类正确率为92.3%,相比2DC、SF、SS、LRCSG和PSHOG分别高出10.6%、16.4%、11%、16.1%和9.5%。这说明MSHOG特征更能抓住油轮与其他舰船的差异,提取鉴别性特征,将油轮与其他舰船区分开。在DS2的结果中,在油轮分类正确率上也呈现相似现象,MSOHG特征的分类正确率提升至少为3.4%。另外,MSHOG特征的总体分类正确率比2DC、SF、SS、LRCSG和PSHOG分别高出4.2%、4.1%、7.1%、1.6%和2.1%。实验结果表明MSHOG特征是有效的,具有显著的优势。

表7－5　不同特征分类正确率比较　单位:%

数据集		2DC	SF	SS	LRCSG	PSHOG	MSHOG
DS1	散装货船	94.8	98.2	94.4	97.4	96.3	96.1
	集装箱船	92.1	80.5	91.8	92.3	91.1	93.5
	油轮	81.7	75.9	81.3	76.2	82.8	92.3
	总计	91.6	90.2	91.2	92.1	92.5	94.8
DS2	散装货船	96.0	96.7	90.0	100.0	96.3	98.1
	集装箱船	93.4	79.3	89.4	96.2	91.7	92.2
	油轮	72.8	77.6	81.2	73.8	80.4	84.6
	总计	87.4	84.5	86.9	90.0	89.5	91.6

7.4.3 TDDL－SIC有效性验证

本节验证TDDL－SIC的有效性。在TDDL框架下,不同的约束条件产生不同的字典,进而产生不同的稀疏编码。本节首先对非相干约束的TDDL、TDDL间接约束(TDDL with intrinsic constraints,TDDL－ICO)和结构化非相干约束的TDDL－SIC方法进行比较,阐述约束条件对稀疏编码的作用和对分类结果的影响。然后我们将 TDDL－SIC 与其他分类器进行比较，包括 SVM、KNN 和稀疏表示分类器（sparse representation classifier，SRC）。三种对比分类器分别通过 LIBSVM[17]、Matlab 统计机器学习工具箱和 SPAM[4－6,18] 实现。我们将所有分类器的实验重复 20 遍取平均结果以消除单次实验随机因素的影响。

图 7－12 给出了不同非相干约束下（TDDL、TDDL－ICO 和 TDDL－SIC）的稀疏编码分布，其中纵轴表示 atom number，横轴表示 sample number。图 7－12(a)、图 7－12(c)和图 7－12(e)所示为训练集的稀疏编码分布，图 7－12(b)、图 7－12(d)和图 7－12(f)所示为测试集的稀疏编码分布。在子图中，横轴和纵轴分别表示样本序号和稀疏编码矢量元素序号。样本序号 1 号至 75 号为第一类样本，76 号至 100 号为第二类样本，101 号至 125 号为第三类样本。矢量元素序号 1 号至 7 号为第一类子字典所对应稀疏编码元素序号，8 号至 14 号为第二类子字典所对应稀疏编码元素序号，15 号至 21 号为第三类子字典所对应稀疏编码元素序号。无论是训练集还是测试集，TDDL 的稀疏编码不具有式(7－18)的结构。在 TDDL－ICO 的结果中，测试集的稀疏编码具有式(7－18)的结构，但是测试集上明显恶化。在 TDDL－SIC 的结果中，无论训练集还是测试集，每一类的样本都由相应类别的子字典原子的线性组合所表达。在第 k 类样本的稀疏编码中，只有第 k 类子字典对应的稀疏编码元素不为 0，其他子字典对应的稀疏编码元素几乎全为 0。

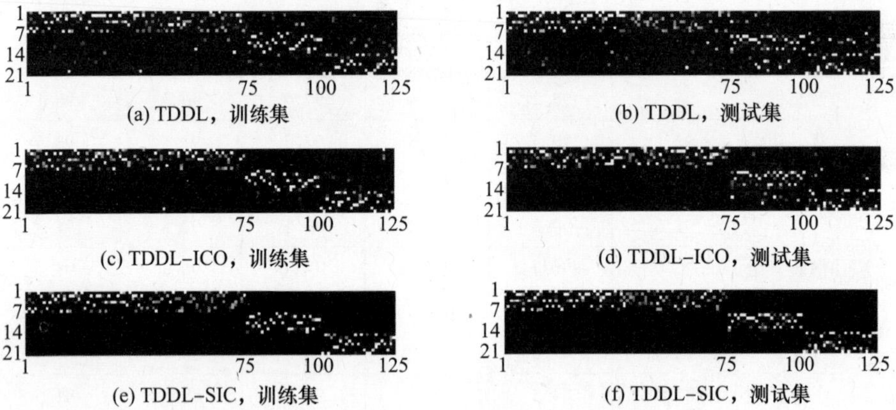

(a) TDDL，训练集　(b) TDDL，测试集

(c) TDDL-ICO，训练集　(d) TDDL-ICO，测试集

(e) TDDL-SIC，训练集　(f) TDDL-SIC，测试集

图 7－12　不同非相干约束下的稀疏编码分布

结构化的约束保证理想的编码结构，其优势也反映在分类结果中。TDDL、TDDL－ICO 和 TDDL－SIC 在 DS1 上的分类结果如表 7－6 所示。对于散装货船，三种约束条件都实现了 100% 分类正确率。在集装箱船和油轮的分类结果中，TDDL－SIC 优于 TDDL－ICO，TDDL－ICO 优于 TDDL。DS2 上的结果与此

类似，不予赘述。

此外，TDDL - SIC 与经典分类器 SVM、KNN 和 SRC 比较如表 7 - 7 所示。在两个数据集上 TDDL - SIC 在每一类舰船目标都获得了最高的分类正确率。在 DS1 上，TDDL - SIC 的总分类正确率提升最少为 3.5%。在 DS2 上，TDDL - SIC 的总分类正确率提升最少为 4.1%。

表 7 - 6　不同非相干约束分类正确率比较　单位：%

方法 类别	TDDL			TDDL - ICO			TDDL - SIC		
	BC	CS	OT	BC	CS	OT	BC	CS	OT
BC	100.0	0	0	100.0	0	0	100.0	0	0
CS	4.2	87.6	8.2	0	88.3	11.7	0	96.5	3.5
OT	3.0	15.9	81.1	0.4	7.8	91.8	0.1	4.2	95.7
总计	93.7			96			98.4		

注：BC—散装货船；CS—集装箱船；OT—油轮。

表 7 - 7　不同分类器分类正确率比较　单位：%

方法		SVM	KNN	SRC	TDDL - SIC
DS1	散装货船	96.1	94.8	98.2	100
	集装箱船	93.5	91.4	93.1	96.5
	油轮	92.3	86.6	87.0	95.7
	总计	94.8	92.5	94.9	98.4
DS2	散装货船	98.1	97.4	100.0	100.0
	集装箱船	92.2	90.5	93.1	96.5
	油轮	86.4	88.9	87.3	96.1
	总计	91.6	92.3	93.4	97.5

7.4.4 分类结果比较

表 7 - 8 给出了本章方法与对比方法在两个数据集上的分类结果对比。在 DS1 上，本章方法的总体分类正确率高达 98.4%，比次高值（94.2%）高出 4.2%，比最低值（90.2%）高出 8.2%。另外，本章方法在散装货船、集装箱船和油轮三类目标上的分类正确率也均高于其他方法对应的分类正确率。特别是在油轮的分类正确率上，相较于对比方法，本章方法的提升最少为 10.4%，最高可达 19.8%。在 DS2 上，本章方法的总体分类正确率为 97.5%。FSSR、JFCS 和本章方法在散装货船上的分类正确率均达到 100%。在集装箱船和油轮分类上，FSSR、JFCS 和本章方法明显优于其他两种方法，本章方法优于 FSSR 和 JFCS。FS 和 SCA 为人工设计提取的特征，不能够揭示散装货船和油轮的细

微差异。FSSR 利用稀疏表示将人工提取的特征从特征空间转化到稀疏编码空间，因此性能获得提升。而 JFCS 将特征与分类器联合选择，考虑特征与分类器之间的耦合关系，获得了 10% 左右的分类正确率提升。在本章方法中，MSHOG 特征和 TDDL－SIC 具有丰富的细节刻画能力和强大的特征鉴别能力，极大地提升了算法性能，在两个数据集上获得了最佳分类结果。

表 7－8 不同分类方法分类正确率比较 单位：%

分类器		FS	SCA	FSSR	JFCS	TDDL－SIC
DS1	散装货船	98.2	94.4	97.8	98.1	100
	集装箱船	80.5	91.8	92.7	89.6	96.5
	油轮	75.9	81.3	85.1	85.2	95.7
	总计	90.2	91.2	94.2	93.9	98.4
DS2	散装货船	96.7	90.0	100.0	100.0	100.0
	集装箱船	79.3	89.4	95.0	93.3	96.5
	油轮	77.6	81.2	86.8	89.0	96.1
	总计	84.5	86.9	93.9	94.1	97.5

7.5 小 结

本章提出了一种基于 MSHOG 特征和 TDDL－SIC 的 SAR 图像舰船分类方法。我们将 SAR－HOG 算法应用到舰船分类任务中，利用流形学习进行降维，得到了 MSOHG 特征。然后，我们在 TDDL 框架中联合优化字典和分类器参数，使用内部和直接的约束来学习结构优雅的字典，并且利用不动点微分法和梯度下降法，提出了相应的优化算法。最后，我们进行了各种实验来验证 MSHOG 特征的有效性，探索了与非相干约束相关的字典一致性，并对所提方法进行了性能评估。实验结果定量验证了该方法在两个数据集上的优越性。本章方法显著优于其他方法，达到了最好的分类准确率，在 DS1 和 DS2 上的准确率高达 98.4% 和 97.5% 。

参考文献

[1] Song S, Xu B, Yang J. SAR target recognition via supervised discriminative dictionary learning and sparse representation of the SAR－HOG feature[J]. Remote Sensing, 2016, 8(8): 683.

[2] Dalal N, Triggs B. Histograms of oriented gradients for human detection[C]//2005 IEEE Computersociety Conference on Computer Vision and Pattern Recognition (CVPR'05): Volume 1. San Diego: IEEE, 2005: 886－893.

[3] Touzi R, Lopes A, Bousquet P. A statistical and geometrical edge detector for SAR images[J]. IEEE Transactions on Geoscience and Remote Sensing, 1988, 26(6): 764 - 773.

[4] Weinberger K Q, Saul L K. Unsupervised learning of image manifolds by semidefinite programming [J]. International Journal of Computer Vision, 2006, 70(1): 77 - 90.

[5] Borchers B. CSDP, AC library for semidefinite programming[J]. Optimization Methods and Software, 1999, 11(1 - 4): 613 - 623.

[6] Mairal J, Bach F, Ponce J. Task - driven dictionary learning[J]. IEEE Transactions on Pattern Analysis and Machine Intelligence, 2011, 34(4): 791 - 804.

[7] Ramirez I, Sprechmann P, Sapiro G. Classification and clustering via dictionary learning with structured incoherence and shared features[C]//2010 IEEE Computer Society Conference on Computer Vision and Pattern Recognition. San Francisco: IEEE, 2010: 3501 - 3508.

[8] Gao S, Tsang I W H, Ma Y. Learning category - specific dictionary and shared dictionary for fine - grained image categorization[J]. IEEE Transactions on Image Processing, 2013, 23(2): 623 - 634.

[9] Sun X, Nasrabadi N M, Tran T D. Task - driven dictionary learning for hyperspectral image classification with structured sparsity constraints[J]. IEEE Transactions on Geoscience and Remote Sensing, 2015, 53(8): 4457 - 4471.

[10] Wang Z, Nasrabadi N M, Huang T S. Semisupervised hyperspectral classification using task - driven dictionary learning with Laplacian regularization[J]. IEEE Transactions on Geoscience and Remote Sensing, 2014, 53(3): 1161 - 1173.

[11] Xing X W, Ji K F, Chen W T, et al. Superstructure scattering distribution based ship recognition in TerraSAR - X imagery[C]//IOP Conference Series: Earth and Environmental Science. Beijing: IOP Publishing, 2014, 17(1): 012119.

[12] Chen W, Ji K, Xing X, et al. Ship recognition in high resolution SAR imagery based on feature selection [C]//2012 International Conference on Computer Vision in Remote Sensing. Xiamen: IEEE, 2012: 301 - 305.

[13] Xing X, Ji K, Zou H, et al. Ship classification in TerraSAR - X images with feature space based sparse representation[J]. IEEE Geoscience and Remote Sensing Letters, 2013, 10(6): 1562 - 1566.

[14] Lang H, Zhang J, Zhang X, et al. Ship classification in SAR image by joint feature and classifier selection [J]. IEEE Geoscience and Remote Sensing Letters, 2015, 13(2): 212 - 216.

[15] Leng X, Ji K, Zhou S, et al. 2D comb feature for analysis of ship classification in high - resolution SAR imagery[J]. Electronics Letters, 2017, 53(7): 500 - 502.

[16] Jiang M, Yang X, Dong Z, et al. Ship classification based on superstructure scattering features in SAR images[J]. IEEE Geoscience and Remote Sensing Letters, 2016, 13(5): 616 - 620.

[17] Chang C C, Lin C J. LIBSVM: a library for support vector machines[J]. ACM Transactions on Intelligent Systems and Technology (TIST), 2011, 2(3): 1 - 27.

[18] Mairal J, Bach F, Ponce J, et al. Online dictionary learning for sparse coding[C]//Proceedings of the 26th Annual International Conference on Machine Learning. New York: Association for Computing Machinery, 2009: 689 - 696.

第8章

卷积神经网络基础知识

8.1 引　言

近年来,深度学习尤其以卷积神经网络(convolution neural network,CNN)为代表的算法在光学图像领域各个研究方向上大幅度地超越了传统算法。在本章节中将会从 CNN 的基本结构入手,按照时间发展流程对 CNN 中的一些基本概念进行阐释,同时展示了 CNN 中各个模块的演变过程。在后面几个章节中将会通过引入 CNN 到极化合成孔径雷达(PolSAR) 图像处理领域,进一步提升 PolSAR 图像处理,尤其是在检测和分类方面的性能,为后面研究出更好的算法提供思路和借鉴。

8.2 基本结构

神经网络(neural network,NN)最初是研究人员参考生物的神经元构建的。最初的模型被称为感知机(perceptron)[1],其模型如图 8-1 所示。

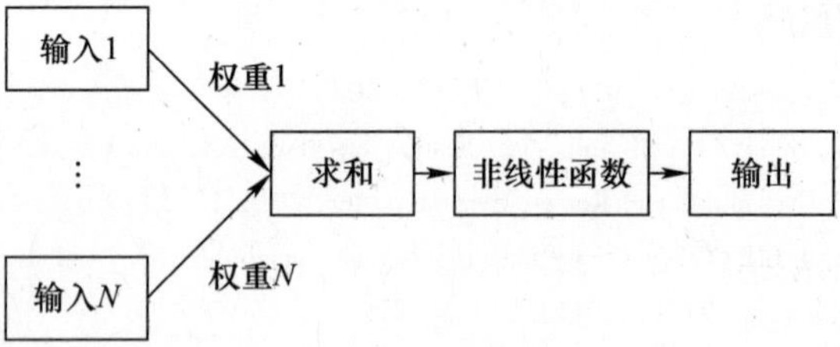

图 8-1　感知机模型

它建立起了神经网络最基本的单元,后来慢慢从单层感知机发展成多层感知机,这就是全连接网络(fully connected neural network)的雏形。2006 年,加拿大多伦多大学的 Hinton 提出了深度信念网络(deep belief network,DBN)[2]。在这个网络中，他首先使用了多层的神经网络架构，提出了对于这样的网络，可以先逐层预调整，然后以总体微调(fine tuning)的方法来减少训练时间。并且对于类似这样的多层神经网络的训练方法，取了个新名词——深度学习，由此掀起了神经网络的第三次研究高潮。深度信念网络也是全连接网络的一种。注意到一般的深度神经网络(deep neural networks，DNN)层与层之间经常采用全连接(fully connected)的方式来操作，所谓全连接就是下一层的每一个元素都和上一层每一个元素相连接，这增加了网络的表达能力，但同时也对数据提出了更高的要求(需要大量的数据来训练)，否则就很容易陷入过拟合的情况。图 8-2 就是全连接神经网络的结构示意图。

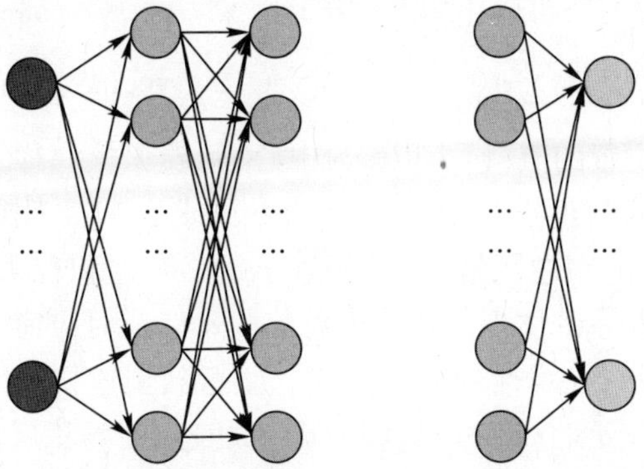

图 8-2　全连接神经网络模型

在图像处理中，一种稀疏连接(sparse connectivity)也被称为局部连接的结构引起了研究人员的注意，这种方式非常符合生物视觉系统局部聚焦的特点，而且显著减少了网络参数，这种局部连接结构被称为卷积操作，对应的网络被称为卷积神经网络(CNN)，这也是后面所有工作的基础。CNN 的基本组件包括卷积层、激活层、池化层。后面将对它们一一进行简要的介绍。

8.3 卷　积　层

卷积层是 CNN 中最重要的组件，它提取了目标的几何结构特征。不同于信号领域的卷积，CNN 中常说的 2D 卷积指的是三维卷积，如果有一幅 $32 \times 32 \times 3$ 大小的图像，其中 32 是图像的长和宽，3 是图像的深度(也是通道数)，同时假设存在一个 3×3 的滤波器，图 8-3 是它们两者相互卷积的简要示意图。

在图 8-3 中，通过在长、宽这个维度进行滑动遍历，得到输出的结果。在

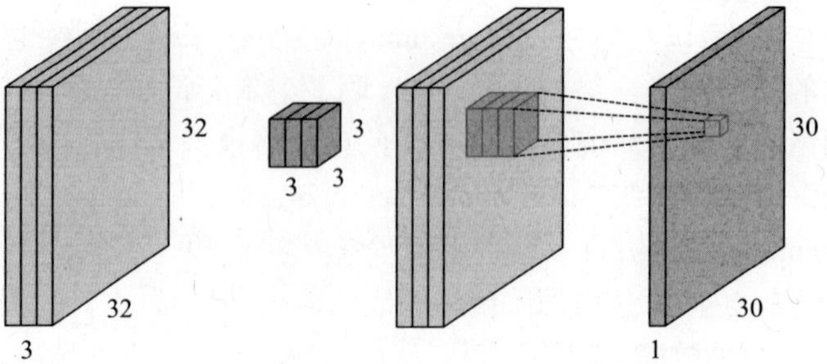

图 8-3 CNN 中 2D 卷积示意图(一)

每一个位置上进行的卷积操作如下所示：

$$y_i = \sum \boldsymbol{a} \odot \boldsymbol{x}_i + b = \mathrm{vec}(\boldsymbol{a})^{\mathrm{T}} \mathrm{vec}(\boldsymbol{x}_i) + b \tag{8-1}$$

式中：y_i 为输出 i 位置的值，$\boldsymbol{x}_i$ 为以 i 为中心，和卷积核一样大小的输入位置的数据；· 表示对应位置的点乘；$\sum$ 表示所有数的求和。这个操作就是卷积操作，$\boldsymbol{a}$ 为对应的卷积核，b 为卷积核的偏置，对于每一个卷积核来说，只有一组 $\boldsymbol{a}$ 和 b，这是 CNN 参数共享的体现。如果将卷积核 $\boldsymbol{a}$ 以及对应窗口的输入数据 $\boldsymbol{x}_i$ 矢量化(vec)，则可以写成线性函数的形式。注意到全连接下一层的任意一个元素 y_i 和上一层所有元素 $x_i(i=1,2,\cdots,n)$ 都相连，而卷积层这里只和上一层部分元素(以 x_i 为中心的一个窗口内的元素)相连，这是 CNN 稀疏连接的体现。

在 CNN 中，谈论卷积往往只说卷积核的大小，如图 8-3 中的 3×3，而忽略了深度，因为卷积核必须和输入数据在深度上保持一致，因此只需要说卷积核的大小就可以包含所有需要的信息。这意味着卷积这种稀疏连接的结构只存在于长、宽，而深度依然保持最原始的全连接结构。光学图像本身的通道数太少只有三维，结构化的信息也不多，因此在第三个维度深度上采用全连接的方式是恰当的，但是在非光学图像应用中这种方式是否恰当是值得商榷的，在后面的很多变形方案中，就出现了类似组卷积(group convolution)、三维卷积等方案。在 CNN 中，除了卷积核的大小，还需要确认卷积核的个数，同一个输入经过不同的卷积核得到对应的输出通道，具体过程如图 8-4 所示。

从图 8-4 中可以看出，由于卷积核个数和输出的通道数(深度)数值上是一致的，因此往往也忽略此参数，只需要说明输入的通道数(决定卷积核的深度)和输出的通道数(决定卷积核的个数)即可，最终得到的卷积层如图 8-5 所示，其中只有 4 个参数：输入通道数 C_{in}、输出通道数 C_{out}、卷积核长度 H、卷积核宽度 W。但是它实际代表的意义如图 8-4 所示。

图 8-5 中，输入通道数 C_{in} 由上一层的输出决定，输出通道数 C_{out} 代表了该

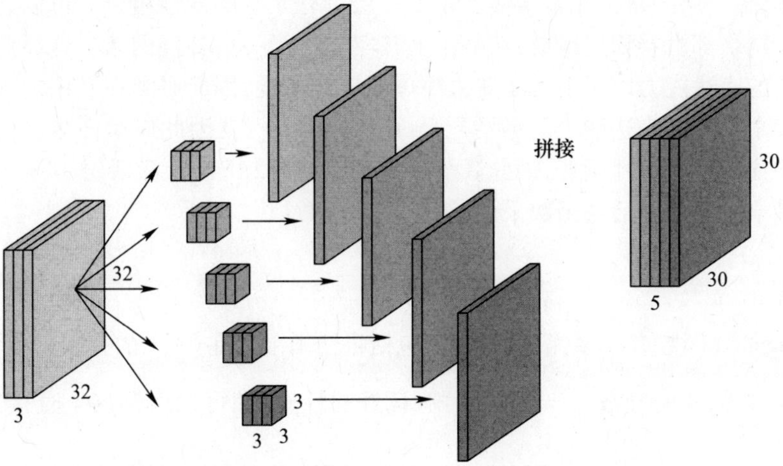

图 8-4　CNN 中 2D 卷积示意图(二)

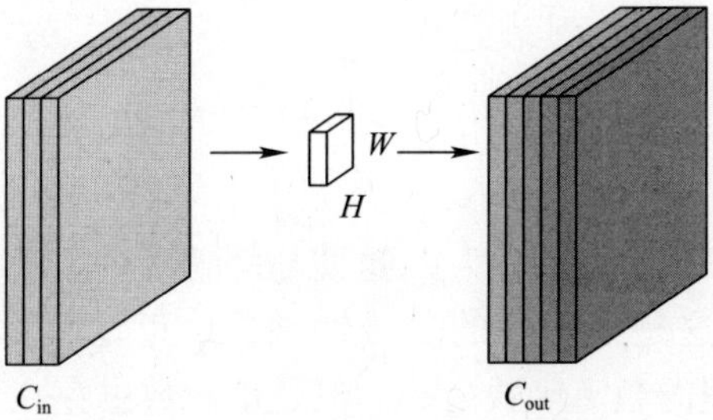

图 8-5　CNN 中卷积层示意图

层的表达能力,输出通道数越多,代表使用的卷积核的个数越多,显然该层的表达能力就强。而卷积核的长度 H 和宽度 W 两个参数组成了 CNN 中非常重要的一个概念——感受野(receptive field)。在设计 CNN 网络的过程中,感受野对于最后的性能影响是很大的,它代表了感兴趣的区域大小,是个很重要的先验信息。大的感受野能够看到全局的情况,对应的特征就比较高级,小的感受野可以看到局部的情况,对应的特征就比较低级,CNN 就是有效地把各种感受野的信息组合起来了。对于一个 $m \times m$ 的卷积核来说,下一层的感受野 r_{n+1} 和上一层的感受野 r_n 之间存在关系:$r_{n+1} = r_n + m - 1$。这样就可以通过设计网络层数和每层网络的卷积核大小来控制最终特征的感受野,得到更理想的结果。

8.4 激　活　层

激活层往往紧跟在卷积层之后,从式(8-1)可以看到,卷积层本身是个线性操作,下一层的每个元素事实上是上一层所有元素的线性组合。可以想象如果整个网络都由卷积层组成,在数学上其实等价于一层神经网络。这显然限制了网络的表达能力以至于无法解决简单的异或问题,因此必须在其中加入非线性元素来提高其表达能力。激活层(activation layer)就因此应运而生。由于激活层往往采用非线性函数,因此激活层一般也被称为非线性激活层。

最早出现的激活层函数采用了 Sigmoid 函数:

$$y = \frac{1}{1 + e^{-x}} \tag{8-2}$$

Sigmoid 函数有许多优良的特点,包括将输出限定在 0 ~ 1 的范围内,平滑并且容易求导,它的导数$\frac{dy}{dx} = y(1-y)$有良好的性质,即可以由输出 y 直接求得。其中 $0 < y < 1, 0 < \frac{dy}{dx} < 1$,因此在神经网络变深的时候,会产生梯度消失现象(vanishing gradient),增加训练难度。因此早在 AlexNet[3] 中,Sigmoid 函数就被一个新的函数 Relu 所替代,其表达式为

$$y = \max(0, x) = \begin{cases} x, & x \geqslant 0 \\ 0, & \text{其他} \end{cases} \tag{8-3}$$

该函数在 $x > 0$ 时,梯度始终为 1,这明显缓解了梯度消失现象,使网络变得更加容易训练,而且这是最简单的非线性函数。正是因为这样,到目前为止,Relu 函数仍然是常用的激活函数之一。但是该函数也存在缺点,其中之一就是当参数进入失活区($x < 0$,因为导数变成 0),对应的网络节点将会无法变化导致失活。因此后面又有学者提出了新的函数,比如 LeakyRelu:

$$y = \max(0, x) + \alpha\min(0, x) = \begin{cases} x, & x \geqslant 0 \\ \alpha x, & \text{其他,其中 } \alpha > 0 \end{cases} \tag{8-4}$$

还有 ELU[4]、PRELU[5]、SELU[6]、CELU[7]、GELU[8] 等,这些函数都在 Relu 的基础上对小于零的部分做了新的操作,使失活的网络节点有重新被激活的可能。

8.5 池 化 层

对一幅 257 × 257 的图像进行分类,如果只采用 3 × 3 的卷积层和激活层,为了将维度降低到 1 × 1(便于分类),需要的卷积层数是 128 层,这样的参数量对于分类来说是巨大的。更重要的是,对于大小不同的图片,需要的卷积层数也会因此有所差别,这对于 CNN 的应用来说是一个很大的限制。因此研究人

员在此基础上发展了池化层来进行快速降采样,如图 8－6 所示。

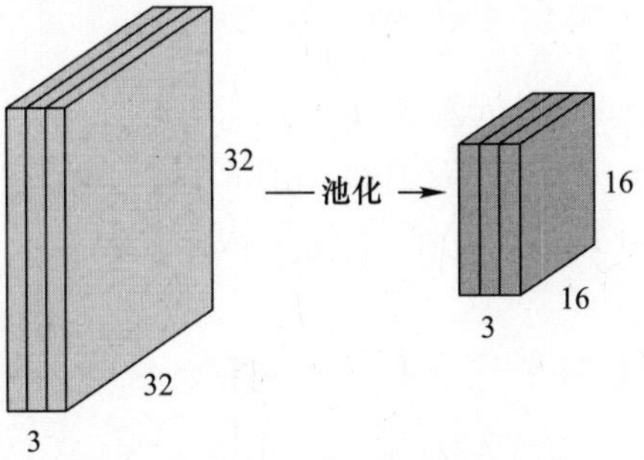

图 8－6　CNN 二倍池化层示意图

池化本质上是一个降采样的过程,最小的降采样倍数是 2。即使是最小倍数的降采样,也会使特征图的大小指数级下降,同时池化操作本身却不带有任何参数,这大幅减少了所需的卷积层数量,网络参数数量随之减少,降低了过拟合的风险。池化的另一个特性是对位置不敏感(微小平移不变性),尤其是 Max Pooling,如图 8－7 所示。

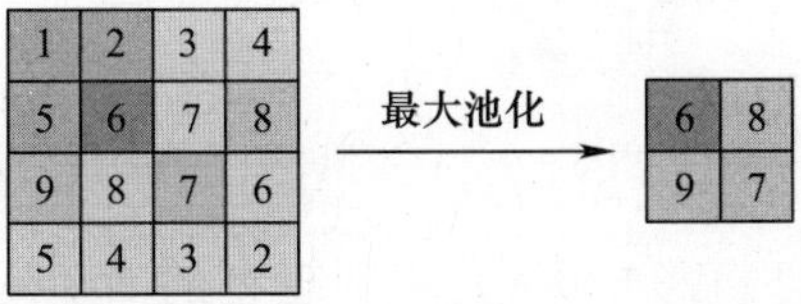

图 8－7　大小为 2 的 Max Pooling 示意图

图 8－7 是 4×4 大小的特征图经过 2×2 大小的 max pooling 得到的结果,可以看到 max pooling 将对应 2×2 范围内的最大值取了出来,这等价于提取对应区域对于某种特征(卷积核)的最大响应,而最终得到的新特征图对于响应在原特征图的具体位置是模糊的。这种模糊具有两面性,在分类问题中,这种模糊对微小位置变化的不敏感,提升了整个架构的鲁棒性,但是在检测问题中,这种不敏感造成了检测位置的不准确,因此 pooling 层的使用与否需要结合具体问题来决定。除了 Max pooling 之外,还有类似的 Average pooling、Adaptive pooling。其中 Adaptive pooling 的自适应性可以消除输入图片大小不一造成特征图大小不同的问题,在分类问题中经常使用。

注意到不管是哪种形式的下采样,都造成了信息丢失,这是下采样本身带来的缺点,并不能通过改变下采样的方式来避免。为了弥补这个缺陷,需要在其他方面,比如在结构上进行巧妙设计。

8.6 经典模型

自从 1998 年,Yann LeCun 发表第一个 CNN 网络 LeNet[9] 以来,不断有研究者研究出更新更好的 CNN 的结构,推动着 CNN 的发展。2012 年,ISVRC2012 图像分类比赛的冠军网络 AlexNet[3],其结构是类似直筒型的网络,如图 8-8 所示。

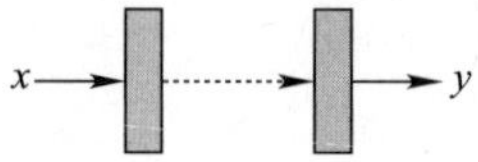

图 8-8 AlexNet 示意图

这里的方框代表了卷积层加上激活层的组合,并且忽略了最后的全连接层和池化层。这种直筒型的网络一直延续到后面的 ZFNet[10]。

2014 年,ISVRC2014 的亚军网络 VGGNet[11] 同样设计了直筒型的网络,采用一个基础模块(block)不断重复的网络结构,如图 8-9 所示。

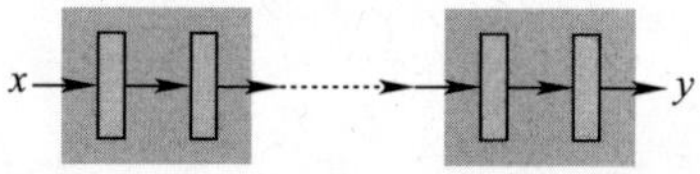

图 8-9 VGGNet 示意图

这种设计网络的思想影响深远,直到现在的 NasNet[12] 都能看到其影子。在 VGGNet 中,还采用了最小的 3×3 卷积核,这种卷积核在保持特征图感受野的同时,减少了网络的参数,降低了过拟合的风险。在此之后,几乎所有网络都将卷积核的尺寸设计成 3×3,只通过调整网络的深度和 pooling 层的数量及位置来调整特征图的感受野。

同年,ISVRC2014 的冠军网络 GoogLeNet[13],在每一个 block 之内分出了拥有不同感受野的分支,然后再进行融合,这种设计的初衷是让网络可以基于内容自动选择最合适的分支,如图 8-10 所示,最后的 © 代表特征拼接(concatation)。

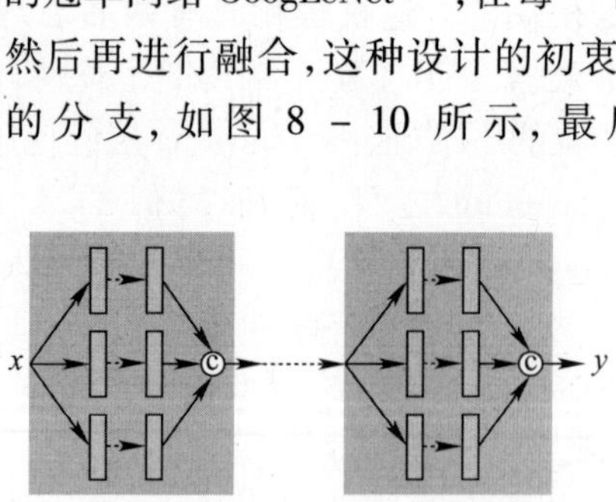

图 8-10 GoogLeNet 示意图

2015 年,张祥雨仔细研究了 GoogLeNet 的结构,发现每个 block 中最重要的是 1×1 那条分支。因此他和何凯明等通过实验,研究提出了一个新的网络 ResNet[14],该网络采用的残差结构成功地将神经网络的层数首次推进到 100 层。ResNet 在 ISVRC2015 中大放异彩,以绝对优势同时获得了分类和检测的冠军。具体结构如图 8-11 所示。

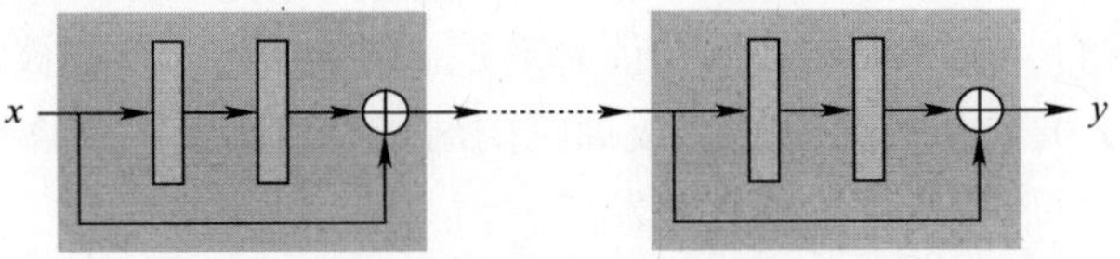

图 8-11　ResNet 示意图

关于 ResNet 如此成功的原因至今仍然没有一个完全让人信服的解释。作者本人提出 ResNet 的初衷是解决网络太深之后出现的退化问题[15],通过 skip 跳线的连接使网络最差可以保持不变,甚至变得更好,同时 skip 跳线也能够避免梯度消失问题。也有学者认为 ResNet 是一张图,通过 skip 跳线这种形式使网络可以依据任务自己选择相应的支路,ResNet 相当于对各支路进行了加权集成[16]。无论基于哪种解释,ResNet 对于成功训练更深 CNN 的贡献是毋庸置疑的。

2016 年,黄高博士研究 ResNet 发现其中有大量的冗余,提出了新的网络架构 DenseNet[17],如图 8-12 所示。

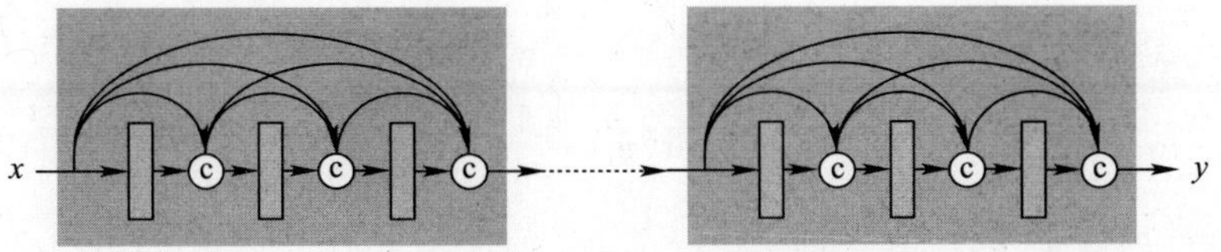

图 8-12　DenseNet 示意图

ResNet 通过卷积不断得到新的特征,而 DenseNet 通过不断复用特征,减少了卷积核的数量,进一步减少了网络的参数,降低了过拟合的风险,同时通过各种跳线连接,保持梯度畅通。

基于以上经典结构,有研究将这些结构进行互相组合[18-19],也有研究在此基础上添加新模块来进行创新,如 SELayer[20]等。上述 CNN 结构都是研究人员根据具体任务设计的,近几年开始流行让计算机自动搜索 CNN 架构,也就是 NasNet[12]。但目前搜索出来的网络只在有限的范围内超过了人类设计的经典网络,对于全面超越经典网络还有很长的路要走。

8.7 初始化

多层 CNN 从数学上来看并不是一个凸函数，因此很容易陷入局部最优值，其最终结果取决于网络的初始值。事实上，多层 CNN 不仅最终结果和初始值相关，其收敛速度、泛化性能也和初始值相关。因此初始值的选取是重要的，但同时也是棘手的。选择太小的初始值容易遗漏掉弱信号，导致被激活函数进入失活区，选择太大的初始值容易造成训练的时候梯度爆炸。很多学者研究了这个问题，推动了 CNN 参数初始化的发展[21-22]。

假设卷积层有 n 个参数，前一层节点为 $x_i, i=1,2,\cdots,n$，后一层的节点 y_j，将式(8-1)变换之后可以得到

$$y_j = \sum_{i=1}^{n} w_i x_i + b \tag{8-5}$$

如果将 b 初始值统一设置成 0，在满足 $E(w_i)=E(x_i)=0$ 并且 x_i 和 w_i 独立的情况下，左右两边求方差得到结果：

$$\mathrm{var}(y_j) = \sum_{i=1}^{n} \mathrm{var}(w_i)\mathrm{var}(x_i) = n\mathrm{var}(w)\mathrm{var}(x) \tag{8-6}$$

这是经过一层卷积层所造成输入输出特征图方差的变动，随着经过层数的增多，特征图数值的方差会以 n 的指数级上涨。方差越大，意味着数据本身的差异越大，很有可能造成溢出使训练失败。一个显然的操作是让卷积核参数的方差和 $\frac{1}{n}$ 在同一个量级，即

$$\mathrm{var}(w) \sim \frac{1}{n} \tag{8-7}$$

因此一般常用的初始化可以是高斯分布 $w \sim N\left(0,\frac{1}{n}\right)$，或者是均匀分布 $w \sim \mathrm{Uniform}\left(-\sqrt{\frac{1}{n}},\sqrt{\frac{1}{n}}\right)$。

前面的推导只是单独考虑了卷积层的影响，而没有考虑激活函数的影响，当考虑激活函数为 Sigmoid 或者 Tanh 时，初始化分布可以为高斯分布 $w \sim N\left(0,\frac{2}{n_i+n_{i+1}}\right)$，或者是均匀分布 $w \sim \mathrm{Uniform}\left(-\sqrt{\frac{6}{n_i+n_{i+1}}},\sqrt{\frac{6}{n_i+n_{i+1}}}\right)$，这种初始化方法被称为 Xavier 初始化[21]。当考虑激活函数为 Relu 及其变种时，初始化分布可以为高斯分布 $w \sim N\left(0,\frac{1}{n_i}\right)$，或者是均匀分布 $w \sim \mathrm{Uniform}$

$\left(-\sqrt{\frac{3}{n_i}},\sqrt{\frac{3}{n_i}}\right)$，这种初始化方法被称为 Kaiming 初始化[22]。其中 n_i 和 n_{i+1} 分别代表当前层和下一层卷积核参数数目。

8.8 优化方法

神经网络主要依靠后向传播算法(back propagating)来更新参数，最直接的做法是每次在整个训练集上进行梯度下降(gradient descent，GD)，步骤如下：

$$w \leftarrow w + \lambda \nabla L(w) = w + \lambda \frac{\sum_{i}^{n} \nabla L_i(w)}{n} \tag{8-8}$$

式中：L 为误差函数；i 为单个样本；n 为整个训练集样本数量；λ 为单次更新步长；w 为网络的参数。这种更新方式每次都是在整个训练数据集上进行的，由于考虑了整体的情况，梯度下降方向是准确的。它的缺点也是明显的，当训练数据集特别大时(比如 TB 量级的数据)，更新一次所需要的时间很长。为了解决这个问题出现了随机梯度下降(stochastic gradient descent，SGD)[23]的方法，该方法从训练集中随机选取一个样本求梯度后进行更新，步骤如下：

$$w \leftarrow w + \lambda \nabla L_i(w) \tag{8-9}$$

这样的做法大大加快了训练速度，相同时间原来的梯度下降只更新了 1 步，而随机梯度下降可以更新 n 步，而且从统计意义上来看和原来的梯度下降更新 n 步效果一样。但是需要注意，这是统计意义上的结论，如果训练样本方差很大，在凸问题上两者严格一致，而对于非凸问题，则很容易导致随机梯度下降偏离梯度下降的方向，到达另一个局部最优解。为了让梯度的方向更加稳定，减小随机下降带来的方差，出现了批量随机梯度下降(mini - batch gradient descent，MBGD)的方法，该方法把训练数据分成一个个批次(batch)，每次更新一个 Batch 里面的梯度，步骤如下：

$$v \leftarrow \frac{\sum_{i}^{b} \nabla L_i(w)}{b} \tag{8-10}$$

$$w \leftarrow w + \lambda v$$

式中：b 为一个批次里面的样本数量，当 $b = n$ 时，就变成了原始的梯度下降，采用所有样本的梯度的均值来更新，当 $b = 1$ 时，就变成了随机梯度下降，采用单个样本来更新。批量梯度下降是两种梯度下降方法的统一和折中,更加灵活,可以根据具体问题来选择 b 的大小,兼顾训练速度和稳定程度。

为了进一步避免振荡,加快收敛速度,开发出了带动量的随机梯度下降(SGD with momentum)[24]方法,它记录了梯度的历史信息,用历史信息对当前更新方向进行了约束,减少振荡,尤其是当目标很接近最优点时。具体步骤如下:

$$
\begin{aligned}
&v' \leftarrow \frac{\sum_{i}^{b} \nabla L_i(w)}{b} \\
&v \leftarrow \beta_1 v + (1 - \beta_1) v' \\
&w \leftarrow w + \lambda v
\end{aligned}
\tag{8-11}
$$

后来有学者在此基础上又多了一步改进,提出了 SGD with nesterov acceleration[25]。这种方法每次需要计算两次梯度,第一次计算梯度使用最原始的MBGD对参数进行更新,用更新后的参数重新计算梯度,再按照 SGD with momentum的方式对参数进行最终的更新。因为更新后的参数相对更精确些,在此基础上计算出来的梯度方向也会更加准确,使收敛速度更快。具体步骤如下:

$$
\begin{aligned}
&v' \leftarrow \frac{\sum_{i}^{b} \nabla L_i(w)}{b} \\
&v' \leftarrow \frac{\sum_{i}^{b} \nabla L_i(w + \lambda v')}{b} \\
&v \leftarrow \beta_1 v + (1 - \beta_1) v' \\
&w \leftarrow w + \lambda v
\end{aligned}
\tag{8-12}
$$

采用 SGD 以及其变种的方法存在一个缺陷就是,所有参数更新步长都是一致的,这显然是不合适的。有些参数因为样本众多,更新充分可以很快进入微调状态,有些参数因为样本稀少,到后期还需要大幅度调整。因此有学者采用了自适应的梯度算法(AdaGrad)[26-27],这种算法对每个参数单独引入了各自的历史梯度平方和去衡量该参数被更新的程度,更新越多的步长越小,更新越少的步长越大,具体步骤如下:

$$
\begin{aligned}
v &\leftarrow \frac{\sum_{i}^{b} \nabla L_i(w)}{b} \\
r &\leftarrow r + v^2 \\
\lambda' &\leftarrow \lambda \frac{1}{\sqrt{r} + \epsilon} \\
w &\leftarrow w + \lambda' v
\end{aligned}
\tag{8-13}
$$

式中:r 为历史梯度的平方和;ϵ 为一个很小的数,避免分母为 0。

AdaGrad 因为引入了每个参数整个历史梯度的平方和,对于那些经常更新梯度的参数,随着迭代次数增多,步长将逐渐趋近于 0,使收敛缓慢。因此有学者提出了 RMSProp 方法[28],引入遗忘参数 $\beta_2(0<\beta_2<1)$,对历史梯度平方和进行了指数级下降的窗函数平均,使平方和只关注过去一段时间之内的历史信息,改变了最后收敛缓慢的现状。具体步骤如下:

$$
\begin{aligned}
v &\leftarrow \frac{\sum_{i}^{b} \nabla L_i(w)}{b} \\
r &\leftarrow \beta_2 r + (1-\beta_2) v^2 \\
\lambda' &\leftarrow \lambda \frac{1}{\sqrt{r} + \epsilon} \\
w &\leftarrow w + \lambda' v
\end{aligned}
\tag{8-14}
$$

最后有学者将动量的概念引入 RMSProp,将 RMSProp 和 SGD with Momentum合成一个新的算法 Adam[29],该算法既利用了历史信息的优势,可以减少训练时候的振荡,加速收敛,又体现了自适应的优势,对于不同参数根据历史情况给予不同程度的步长,是神经网络优化算法的集大成者,其具体更新步骤如下:

$$
\begin{aligned}
v' &\leftarrow \frac{\sum_{i}^{b} \nabla L_i(w)}{b} \\
v &\leftarrow \beta_1 v + (1-\beta_1) v' \\
r &\leftarrow \beta_2 r + (1-\beta_2) v'^2 \\
\lambda' &\leftarrow \lambda \frac{1}{\sqrt{r} + \epsilon} \\
w &\leftarrow w + \lambda' v
\end{aligned}
\tag{8-15}
$$

本小节介绍了卷积神经网络的基本组成部件、经典结构、初始化方法和优化方法,对于其他部分如正则化方法等感兴趣的可以参考相关书籍[30]。

参考文献

[1] Rosenblatt F. The perceptron:a probabilistic model for information storage and organization in the brain [J]. Psychological Review,1958,65(6):386 - 408.

[2] Hinton G E,Salakhutdinov R R. Reducing the dimensionality of data with neural networks[J]. Science, 2006,313(5786):504 - 507.

[3] Krizhevsky A,Sutskever I,Hinton G E. Imagenet classification with deep convolutional neural networks [J]. Advances in Neural Information Processing Systems,2012,25:1097 - 1105.

[4] Clevert D A,Unterthiner T,Hochreiter S. Fast and accurate deep network learning by exponential linear units (elus)[J]. arXiv: 1511. 07289,2016.

[5] He K,Zhang X,Ren S,et al. Delving deep into rectifiers:Surpassing human - level performance on imagenet classification[C]//Proceedings of the IEEE International Conference on Computer Vision. Santiago:IEEE, 2015:1026 - 1034.

[6] Klambauer G,Unterthiner T,Mayr A,et al. Self - normalizing neural networks[C]//Proceedings of the 31st International Conference on Neural Information Processing Systems,NY:CA Inc. ,2017:972 - 981.

[7] Barron J T. Continuously differentiable exponential linear units[J]. arXiv preprint arXiv:1704. 07483,2017.

[8] Hendrycks D,Gimpel K. Gaussian error linear units (gelus)[J]. arXiv preprint arXiv:1606. 08415,2016.

[9] LeCun Y,Bengio Y. Convolutional networks for images,speech,time series[J]. The Handbook of Brain Theory and Neural Networks,1995,3361(10):1995.

[10] Zeiler M D,Fergus R. Visualizing and understanding convolutional networks[C]//Computer Vision - ECCV 2014. Cham:Springer International Publishing,2014:818 - 833.

[11] Simonyan K,Zisserman A. Very deep convolutional networks for large - scale image recognition[J]. arXiv: 1409. 1556,2014.

[12] Zoph B,Vasudevan V,Shlens J,et al. Learning transferable architectures for scalable image recognition [C]//Proceedings of the IEEE Conference on Computer Vision and Pattern Recognition. New York:IEEE, 2018:8697 - 8710.

[13] Szegedy C,Liu W,Jia Y,et al. Going deeper with convolutions[C]//Proceedings of the IEEE Conference on Computer Vision and Pattern Recognition. Boston:IEEE,2015:1 - 9.

[14] He K,Zhang X,Ren S,et al. Deep residual learning for image recognition[C]//Proceedings of the IEEE Conference on Computer Vision and Pattern Recognition. Las Vegas:IEEE,2016:770 - 778.

[15] Orhan A E,Pitkow X. Skip connections eliminate singularities [J] . arXiv preprint ar Xiv:1701. 09175,2017.

[16] Veit A,Wilber M J,Belongie S. Residual networks behave like ensembles of relatively shallow networks [J]. Advances in Neural Information Processing Systems,2016,29:550 - 558.

[17] Huang G,Liu Z,Van Der Maaten L,et al. Densely connected convolutional networks[C]//Proceedings of the IEEE Conference on Computer Vision and Pattern Recognition. Honolulu:IEEE,2017:4700 - 4708.

[18] Ioffe S,Szegedy C. Batch normalization:accelerating deep network training by reducing internal covariate

shift[C]//International Conference on Machine Learning. American:PMLR,2015:448 -456.

[19] Szegedy C, Ioffe S, Vanhoucke V, et al. Inception - v4, inception - resnet and the impact of residual connections on learning[C]//Thirty - First AAAI Conference on Artificialintelligence. San Francisco: AAAI, 2017:4278 -4284.

[20] Hu J, Shen L, Sun G. Squeeze - and - excitation networks[C]//Proceedings of the IEEE Conference on Computer Vision and Pattern Recognition. Salt Lake City:IEEE,2018:7132 -7141.

[21] Glorot X, Bengio Y. Understanding the difficulty of training deep feedforward neural networks[C]// Proceedings of the Thirteenth International Conference on Artificial Intelligence and Statistics. Sardinia: AIStat,2010:249 -256.

[22] He K, Zhang X, Ren S, et al. Delving deep into rectifiers: Surpassing human - level performance on imagenet classification[C]// 2015 IEEE International Conference on Computer Vision (ICCV). Santiago: IEEE, 2015:1026 -1034.

[23] Robbins H, Monro S. A stochastic approximation method[J]. The Annals of Mathematical Statistics, 1951: 400 -407.

[24] Polyak B T. Some methods of speeding up the convergence of iteration methods[J]. Ussr Computational Mathematics and Mathematical Physics, 1964, 4(5):1 -17.

[25] Nesterov Y E. A method for solving the convex programming problem with convergence rate o(1/k2)[J]. Dokl. akad. nauk Sssr, 1983, 269:543 -547.

[26] McMahan H B, Streeter M. Adaptive bound optimization for online convex optimization[J]. arXiv: 1002. 4908, 2010.

[27] Duchi J, Hazan E, Singer Y. Adaptive subgradient methods for online learning and stochastic optimization [J]. Journal of Machine Learning Research, 2011, 12(7):257 -269.

[28] Hinton G, Srivastava N, Swersky K. Neural networks for machine learning lecture 6a overview of mini - batch gradient descent[J]. cited on 2012 - cs. toronto. edu, 2012, 14(8):2.

[29] Kingma D P, Ba J. Adam: a method for stochastic optimization[J]. arXiv:1412. 6980, 2014.

[30] Goodfellow I, Bengio Y, Courville A. 深度学习[M]. 赵申剑,黎彧君,符天凡,等译. 北京:人民邮电出版社,2017.

第9章

基于卷积神经网络的极化SAR舰船检测

9.1 引　言

相对于光学图像来说，大部分 PolSAR 图像的分辨率比较低。舰船目标在 PolSAR 图中相比于光学图像像素更少，几何结构特征更加不明显。像光学中流行的区域卷积神经网络(region - CNN, RCNN)以及其变种，这种更加关注于提取舰船本身目标的几何结构特征的检测架构，对于 PolSAR 图像中这种舰船目标，尤其是小目标可能并不适用。考虑到 PolSAR 带标注的数据集有限，PolSAR 舰船目标本身的几何结构特性也很简单，那种用大网络作为基本网络的检测架构很容易在 PolSAR 训练数据集上造成过拟合。这也是光学 CNN 方法用在 PolSAR上的难点。

在本章中，首先建立检测问题的数学模型，然后分析传统舰船检测方法。基于传统检测方法，提出了一种针对 PolSAR 舰船检测新颖的轻量级网络 P2P - CNN(Patch - to - Pixel CNN)。网络通过加入各层级特征来分析目标以及周围环境语义，通过这种方式辨别和小目标相似的虚警，并且参考光学网络设计的经验，引入密集连接和空洞卷积来减少网络参数。本章将介绍如何准备 PolSAR 数据、建立评价准则并设计误差函数。最后在不同地点的各种海况下，基于不同传感器采集的图像，对 P2P - CNN 的结果和传统方法的结果进行了对比，结果显示 P2P - CNN 在结果上明显优于传统方法，而且不需要进行类似海陆分割等预处理，为 PolSAR 舰船检测提供了一种新的思路。

9.2 模型和方法

目标检测和目标分类不同的地方在于，目标检测需要知道感兴趣目标的具体位置。目标检测的输入可以是图像、语音或者是任何一个含有位置信息的信号。对于 PolSAR 目标检测来说，输入是一张含有极化信息的 PolSAR 图像，其中每个像素都是一个极化矩阵。而输出可以是包含整个目标的框或者是指明每个像素属于哪一类的像素级结果。任何可以清楚表明感兴趣目标位置的方法都是可取的。考虑到像素级方法相比于框的方法可以揭露目标更多的形态学特征和细节,对于进一步分类有着很大的好处,因此本章节中采用第二种像素级标注的方法。

9.2.1 整体框架

PolSAR 每个像素是一个复数矩阵,其中矩阵可以是 $\boldsymbol{S}$ 矩阵、$\boldsymbol{T}$ 矩阵或者是 $\boldsymbol{C}$ 矩阵。如果将复数拆成实部和虚部两个实数,并且将矩阵拉成矢量的形式,那么检测算法的输入图像 $\boldsymbol{X}$ 中的每一个像素 $\boldsymbol{x}_i$ 是一个浮点数组成的矢量(其中 i 代表图像中某个位置)。假设有 K 种不同类别的目标需要区分,那么对应的真值(ground truth,GT) $\boldsymbol{Y}$ 图中的每一个值 y_i 代表了对应位置 $\boldsymbol{x}_i$ 属于的类别,可以取值 $0,1,\cdots,K$,其中0代表背景,$1,2,\cdots,K$ 代表 K 种不同的类别。那么像素级检测算法的目的就是希望从观测到的图像 $\boldsymbol{X}$ 得到真值图 $\boldsymbol{Y}$,整个过程可以用图9－1来表示。

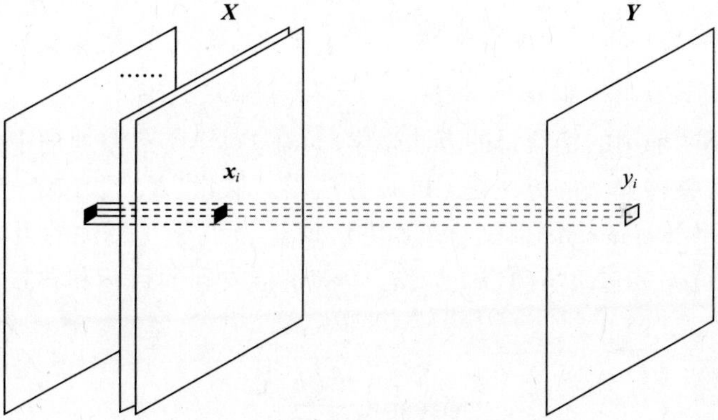

图9－1　像素级检测算法框图

注意到,位置 i 处的像素矢量 $\boldsymbol{x}_i$ 和相对应的真值 y_i 之间有着很强的相互联系,因为矢量 $\boldsymbol{x}_i$ 反映了在位置 i 的目标或者目标的一部分的极化散射特性。而 $\boldsymbol{x}_i$ 的邻域像素 $\boldsymbol{x}_j$ 和 y_i 之间也有着相互联系,这是因为 $\boldsymbol{x}_i$ 和 $\boldsymbol{x}_j$ 共同反映了目标的空间结构特性。如果从统计的观点出发,对像素级检测问题进行建模,可以用长度为 $K+1$ 的矢量 $\boldsymbol{t}_i$ 来表示对应位置属于每个种类的概率,其中 t_{ij} 表示 $\boldsymbol{x}_i$ 为种类 j 的概率,那么可以表达为

$$t_{ij}=p(y_i=j\,|\,\boldsymbol{x}_i,\boldsymbol{x}_{m_1},\cdots,\boldsymbol{x}_{m_n}) \tag{9-1}$$

式中:$m_k,k=1,2,\cdots,n$ 是以 $\boldsymbol{x}_i$ 为中心某个大小合适的窗内的所有位置。显然 t_{ij}

需要满足下面的关系式：

$$\sum_{j=0}^{K} t_{ij} = 1, \quad t_{ij} \in [0,1] \tag{9-2}$$

在理想情况下，检测算法得到的结果 t_{ij} 中只有一个数是 1，而其他数为 0。在得到 $\boldsymbol{t}_i$ 之后，可以依据下面的准则很容易得到对应的 y_i：

$$y_i = \underset{j}{\operatorname{argmax}} t_{ij}, \quad j \in 0,1,\cdots,K \tag{9-3}$$

在经典算法中，学者的主要精力都集中在建立各种模型上，这些模型包括先验 $p(y_i = j)$ 以及条件概率 $p(\boldsymbol{x}_i, \boldsymbol{x}_{m_1}, \cdots, \boldsymbol{x}_{m_n} | y_i = j)$，然后根据贝叶斯定理，式(9-1)就会变为

$$t_{ij} = p(y_i = j | \boldsymbol{x}_i, \boldsymbol{x}_{m_1}, \cdots, \boldsymbol{x}_{m_n}) = \frac{p(\boldsymbol{x}_i, \boldsymbol{x}_{m_1}, \cdots, \boldsymbol{x}_{m_n} | y_i = j) p(y_i = j)}{p(\boldsymbol{x}_i, \boldsymbol{x}_{m_1}, \cdots, \boldsymbol{x}_{m_n})} \tag{9-4}$$

为了得到一个准确的表达式为先验 $p(y_i = j)$ 以及条件概率 $p(\boldsymbol{x}_i, \boldsymbol{x}_{m_1}, \cdots, \boldsymbol{x}_{m_n} | y_i = j)$ 建立一个恰当的模型有时候是很困难的，这种情况当背景杂波非常复杂时尤其明显。正是因为这种困难，考虑到可以用 CNN 去拟合这个函数，其中的参数都是从数据中学习得来的，具体如下：

$$\boldsymbol{t}_i = [t_{i0}, t_{i1}, \cdots, t_{iK}]^{\mathrm{T}} = f(\boldsymbol{x}_i, \boldsymbol{x}_{m_1}, \cdots, \boldsymbol{x}_{m_n}) \tag{9-5}$$

这里 CNN 采用的是监督的方法来学习，在 PolSAR 图形处理中也存在监督的学习方法，一种典型的方法是 OPCE 方法[1]。假设 $\langle \boldsymbol{K}_{\mathrm{A}} \rangle$ 和 $\langle \boldsymbol{K}_{\mathrm{B}} \rangle$ 是目标 A 和背景 B 的平均 Kennaugh 矩阵，OPCE 方法就是为了寻找最优的极化状态矢量 $\boldsymbol{g} = (1, g_1, g_2, g_3)^{\mathrm{T}}$ 和 $\boldsymbol{h} = (1, h_1, h_2, h_3)^{\mathrm{T}}$ 满足接收到的目标和背景的功率之比最大。

$$\begin{aligned} &\text{maximize } \frac{\boldsymbol{h}^{\mathrm{T}} \langle \boldsymbol{K}_{\mathrm{A}} \rangle \boldsymbol{g}}{\boldsymbol{h}^{\mathrm{T}} \langle \boldsymbol{K}_{\mathrm{B}} \rangle \boldsymbol{g}} \\ &\text{s. t.} \begin{cases} h_1^2 + h_2^2 + h_3^2 = 1 \\ g_1^2 + g_2^2 + g_3^2 = 1 \end{cases} \end{aligned} \tag{9-6}$$

通过训练集得到最优适量状态 $\boldsymbol{g}$、$\boldsymbol{h}$ 之后，可以通过下式对全图计算最优功率：

$$P = \boldsymbol{h}^{\mathrm{T}} \langle \boldsymbol{K} \rangle \boldsymbol{g} \tag{9-7}$$

这张最优功率图可以看作是原图像的一张特征图。OPCE 的目标检测，就是在这张图上通过传统的 CFAR 算法完成的。和 CNN 一样，OPCE 也有训练集，因此是监督的方法。

从数学上来看,OPCE 方法其实是对 $\boldsymbol{K}$ 矩阵各个元素进行了线性组合。杨等在此基础上提出了 GOPCE 方法[2],对 OPCE 方法进行了扩展。GOPCE 方法首先按照 OPCE 的方法先通过训练集计算得到 $\boldsymbol{g}$、$\boldsymbol{h}$,然后引入了三个特征 r_1、r_2、r_3,将最优功率 P 扩展到广义最优功率 GP,具体如下:

$$
\begin{aligned}
\text{GP} &= \left(\sum_{i=1}^{3} a_i r_i\right)^2 \boldsymbol{h}^{\text{T}}\langle\boldsymbol{K}\rangle\boldsymbol{g} \\
r_1 &= \frac{|s_{\text{HH}}^0 + s_{\text{VV}}^0|^2}{2\text{Span}} \\
r_2 &= \frac{|s_{\text{HH}}^0 - s_{\text{VV}}^0|^2}{2\text{Span}} \\
r_3 &= H(\text{极化熵})
\end{aligned}
\tag{9-8}
$$

式中:参数 a_1、a_2、a_3 选取最优的归一化结果,用来结合极化特征压制背景杂波的能量,具体为

$$
\begin{aligned}
&\text{minimize} \quad \text{var}\left[\left(\sum_{i=1}^{3} a_i r_i\right)^2 \boldsymbol{h}^{\text{T}}\langle\boldsymbol{K}_{\text{B}}\rangle\boldsymbol{g}\right] \\
&\text{s. t.} \quad a_1^2 + a_2^2 + a_3^2 = 1
\end{aligned}
\tag{9-9}
$$

和 OPCE 不同,GOPCE 从数学上来看构建了一个非线性特征。如果用 $\boldsymbol{Z}$ 来表示得到的特征(也就是前面提到的 P 和 GP),那么两种方法可以统一用下式来表示:

$$
z_i = f(\boldsymbol{x}_i) \tag{9-10}
$$

式中:z_i 为特征图上对应的特征。

受到传统方法的启发,这里用一个小的 CNN 来拟合这个函数,作为预处理加载在整个 CNN 网络的前面,然后整个网络可以端到端训练。目的是希望可以基于误差函数来选择最适于任务的特征图 $\boldsymbol{Z}$,以此来提高检测率,降低虚警率。为了简单起见,这里选择了最简单的 CNN,只包含有限个 1×1 卷积核的一层网络。假设原始数据每个像素 $\boldsymbol{x}_i$ 的长度是 L,那么特征图 $\boldsymbol{Z}$ 的每一个元素 z_i 可以表示成 x_{ij} 的线性组合:

$$
z_i = \boldsymbol{w}\boldsymbol{x}_i = \sum_{j=0}^{L} w_j x_{ij} \tag{9-11}
$$

式中:$\boldsymbol{w}$ 是小 CNN 参数。加入预处理后的整个 CNN 框架可以用下式来表达:

$$
\boldsymbol{t}_i = [t_{i0}, t_{i1}, \cdots, t_{iK}] = f'(z_i, z_{m_1}, \cdots, z_{m_n}) \tag{9-12}
$$

这里用新的特征 z_i 和它的邻域 $z_{m_1}, z_{m_2}, \cdots, z_{m_n}$ 去估计位置 i 属于每个类别

的概率,然后根据式(9 -3)计算得到最终的标签 y_i,整个过程如图 9 -2 所示。

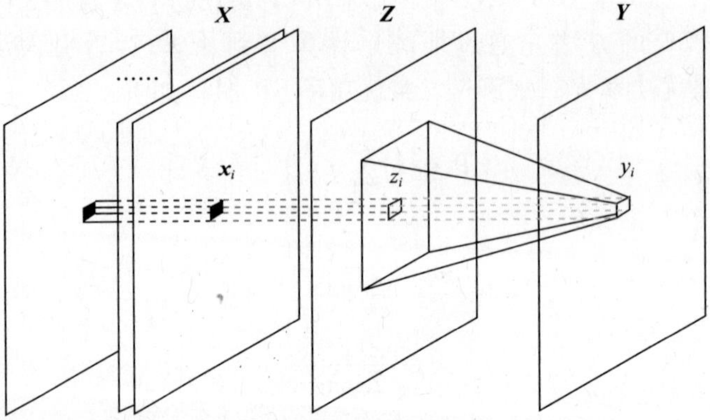

图 9 -2 改进的像素级检测算法框图

9.2.2 数据准备

CNN 需要大量的数据来支持参数的训练。为了舰船检测,这里收集了 23 幅由不同传感器收集的 PolSAR 图像。这些传感器包括 AirSAR/TopSAR、RadarSAT -2 和 TerraSAR。这些图像拍摄于不同地点,并且拥有不同的状态,这些状态包括图像分辨率、目标大小、海况等,具体情况统计在表 9 -1 中。

表 9 -1 PolSAR 舰船检测数据集

位置	传感器	分辨率/m	入射角/(°)	雷达工作模式
SanFrancisco	AirSAR	6.66 × 8.27	20.6	条带式
Galveston	AirSAR	6.66 × 8.24	未知	条带式
Taiwan	AirSAR	3.33 × 9.26	22.8 ~ 60.0	条带式
Singapore	RadarSAT -2	4.73 × 4.79	46.8 ~ 48.0	条带式
Fujian	RadarSAT2	4.73 × 4.81	34.4 ~ 36.0	条带式
Qingdao	RadarSAT2	4.73 × 5.33	20.9 ~ 22.9	条带式
Helgoland	TerraSAR	1.18 × 2.36	33.0 ~ 34.5	条带式
Barcelona	TerraSAR	1.18 × 2.43	33.0 ~ 34.5	条带式
SanFrancisco	TerraSAR	1.18 × 2.40	39.0 ~ 40.4	条带式
Indonesia	TerraSAR	1.18 × 2.19	34.0 ~ 35.5	条带式
Singapore	TerraSAR	1.18 × 2.19	34.0 ~ 35.5	条带式

考虑到不同大小的图片难以训练,因此这里将所有图片分割成 129 个没有重合的 1500 × 1500 大小的子图片,其中 9 个作为训练集,剩余的 120 个作为测试集。根据雷达拍摄图片的日期,找到对应的 AIS 系统,然后根据 Pauli 图对每

个像素进行人工标注。对于没有AIS系统的图像,找到谷歌地图上最接近拍摄日期的地理图,对比进行标注。对于海上目标,这里注意需要将船和海上的人工建筑物区分开来,对于岸边的船,则主要在意周围是否是码头或者船厂来辅助判定。标注软件采用开源软件LabelMe。

测试图片采用三幅不同传感器不同地点的图片。图9-3的三幅图片分别是RadarSAT-2在青岛拍摄的图片、TerraSAR在新加坡拍摄的图片以及AirSAR在加尔维斯顿拍摄的图片。

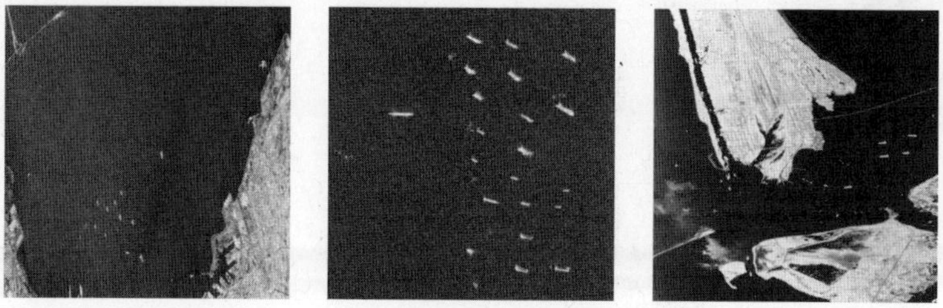

图9-3　测试数据Pauli图

这三张图舰船的大小、海况、分辨率均不相同。尤其是TerraSAR在新加坡拍摄的图片,背景中只有海杂波,而没有陆地杂波等其他干扰。而在青岛和加尔维斯顿包含了陆地部分,甚至还有停靠在岸边的舰船,这对于检测方法来说是一个很大的挑战。为了显示CNN算法的优越性,这里还额外添加了4幅包含明显靠岸舰船目标的PolSAR图像,如图9-4所示。

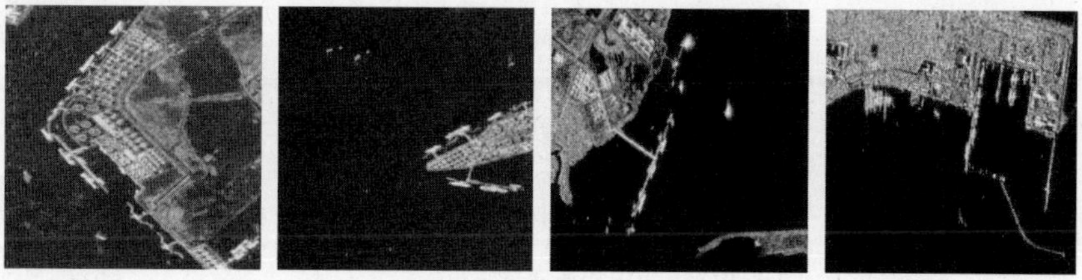

图9-4　新加坡岸边停靠舰船测试数据Pauli图

此处测试图像选自RadarSAT-2和TerraSAR传感器,拥有不同的分辨率、海况。在疑似含有岸边停靠舰船的AirSAR图像中,岸和舰船难以分辨,在没有AIS系统协助下,舰船像素级真值图比较难获得,因此没有选择来自AirSAR的图像作为测试图像。

9.2.3 网络设计

提出的CNN架构如图9-5所示,其输入是一个高×宽×L大小的图像块,

L 为 PolSAR 图像的通道,它是灵活的,如果输入是 $\boldsymbol{S}$ 矩阵,那么 $L=6$,如果输入是 $\boldsymbol{T}$ 或者 $\boldsymbol{C}$ 矩阵,那么 $L=9$,如果输入是 $\boldsymbol{K}$ 矩阵,那么 $L=10$。图像块可以通过对于原图像上进行滑动窗得到,因此对于测试图像的大小并没有要求,但是测试图像使用的矩阵必须和训练图像保持一致。

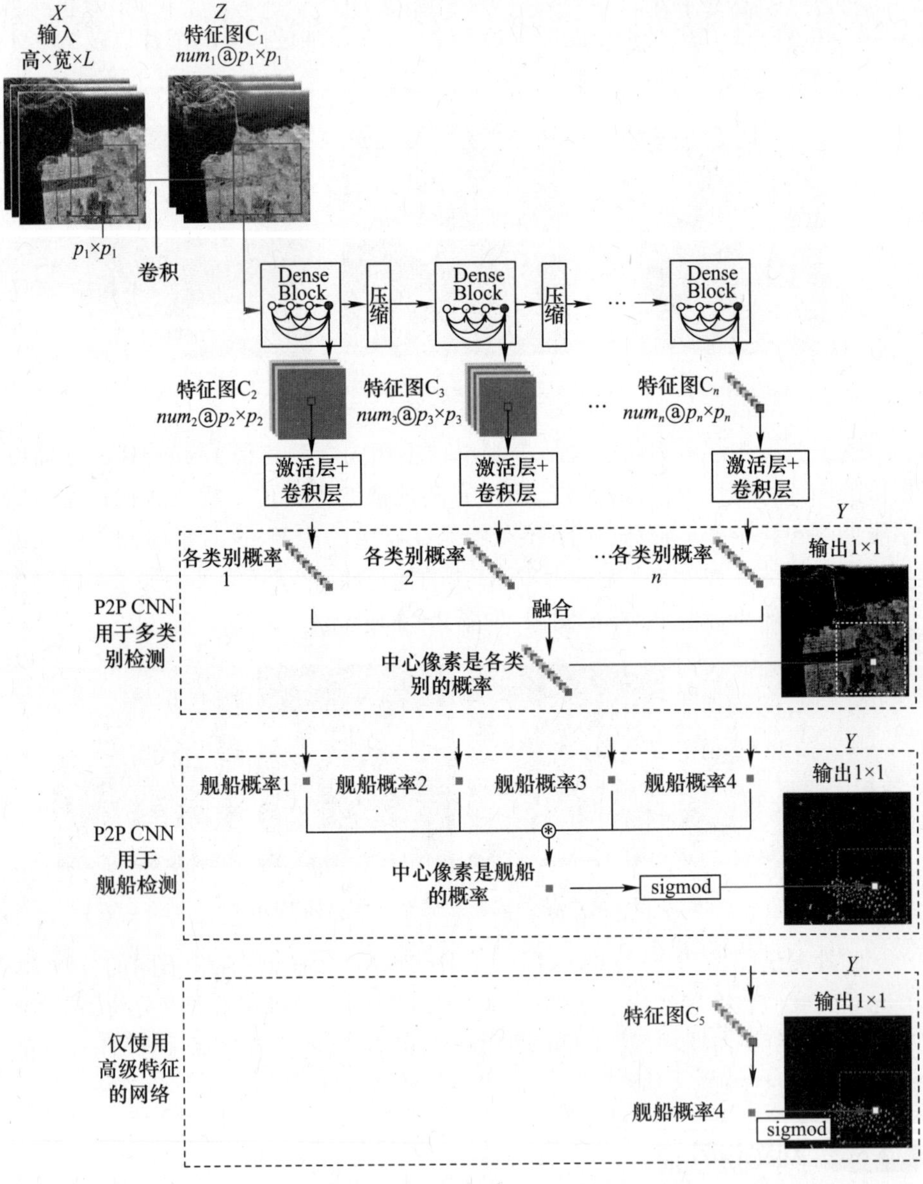

图 9-5 提出的 P2P-CNN 框架

因为整个框架是通过输入一个图像块(patch)来判定中间的像素(pixel)是否是目标,一个高×宽×L图像块通过整个网络之后变成了一个1×1×K大小的像素,因此将提出的网络命名为P2P-CNN。首先通过1×1的卷积得到线性的特征图$\boldsymbol{Z}$。然后通过一系列的卷积得到最终的结果。这里卷积采用的主体结构借鉴了黄高博士在DenseNet[3]中的Dense Block,在其基础上稍做修改,如图9-6所示。

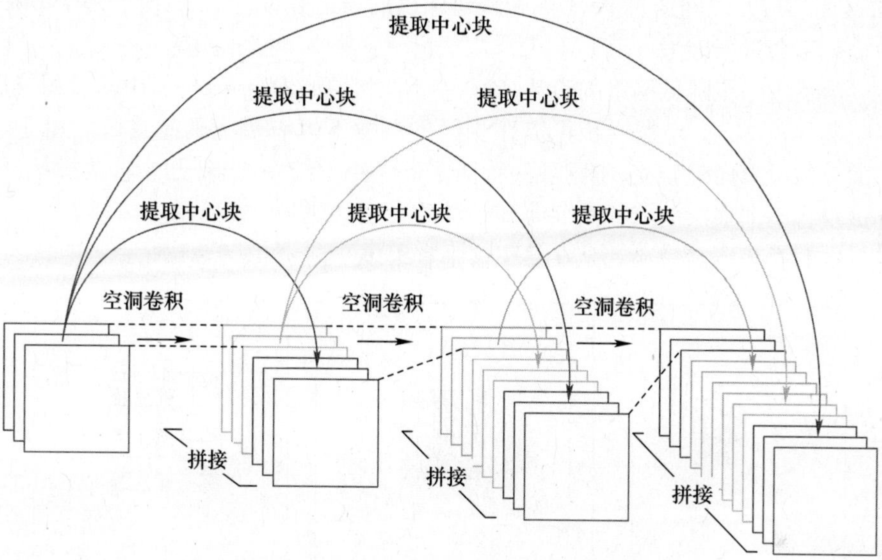

图9-6 带crop的4层Dense Block架构

在PolSAR任务中,采用类Dense Block这样的结构有三个好处。第一,Block里面每层卷积核都和输出相连接,这样直接避免了梯度消失问题。将来一旦拥有了海量的数据,可以通过直接加入更多的Block将网路变得更长而不用重新设计结构。第二,Block后面的卷积层复用了前面卷积层输出的特征,因此网络不用重新学习新的特征,这意味着网络可以拥有更少的参数,这对于有限的带标注的PolSAR数据集来说是很关键的,这大大降低了过拟合的风险,也使在小数据集上从零开始训练成为可能。第三,Dense的设计鼓励特征之间的流通性。在网络前向预测的时候,每一层都受到之前层的影响,在网络后向更新的时候,每一层都受到之后层的影响,这对于检测网络来说是很重要的。

除了上面三点之外,Dense Block还带来了一个很重要的特性,就是最终的输出包含了不同层次的特征。对于SAR和PolSAR目标检测,尤其是小目标检测来说,这是非常关键的。不同层次的特征来自不同的卷积层,有着不同的感受野,因此它们包含的信息也是不同的。前面的卷积层感受野小,包含的特征比较低级,后面的卷积层感受野大,包含的特征比较高级。在小目标检测中,低层次语义特征提取了小目标的结构特征信息,高层次语义特征提取了小目标周围环境的语义特征。高层语义特征利用小目标和周围环境之间的关系将目标和与目标拥有相似低层语义特征的虚警区分开来。从这里可以看出,利用各层次特征可以降低小目标检测的虚警率。卷积层的参数量除了和自身大小成正比以外,还和输入通道数以及输出通道数成正比,为了进一步降低参数,在 Block 和 Block 之间通过 1 ×1 卷积核对输出的通道数进行压缩,使下一个 Block 的输入不会过于庞大。

为了进一步降低网络的参数,P2P - CNN 将原始 Dense Block 中的卷积换成了空洞卷积[4-6]。空洞卷积可以在相同的参数下拥有更大的感受野。由于卷积的时候没有向外填充,不同层次特征图的大小不统一,没有办法直接拼接,因此这里将不同层次的特征图裁剪到一样的大小,如图 9 -6 所示。

空洞卷积顾名思义就是在卷积核中有很多空洞,如图 9 -7 所示。

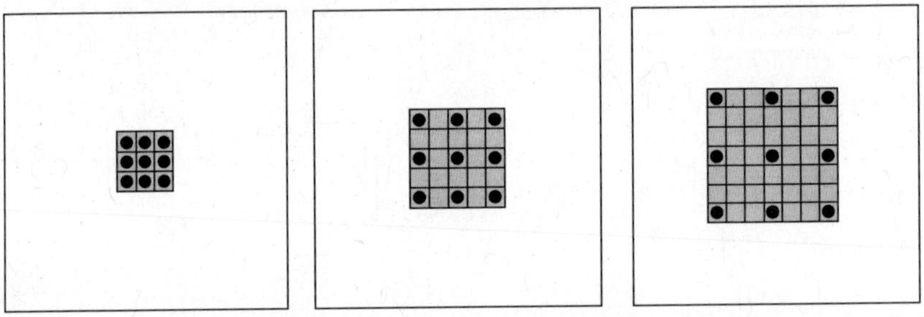

图 9 -7 不同空洞的 3 ×3 空洞卷积

如果有 N 层空洞卷积,每层大小为 $w_i \times w_i, i \in \{1,2,\cdots,N\}$,空洞率为 k_i,那么第 i 层的输出特征拥有输入特征 $1 + k_i(w_i - 1)$ 大小的感受野。由此可以得知,第 n 层特征图的中心像素拥有最初输入的感受野大小为

$$\text{receptive field} = 1 + \sum_{i=1}^{n} k_i(w_i - 1) \tag{9-13}$$

从式(9 -13)中可以看到越深的特征层,中心像素的感受野也越大。不同深度的特征层中心像素拥有输入图像块不同大小的感受野,因此含有输入图像块不同大小的周围语义信息。周围环境语义对于目标检测,尤其是小目标检测是很有帮助的,因为目标经常和特定的环境语义成对出现。对于舰船检测来说,离岸的舰船经常和河流、海洋联系在一起,岸边的舰船经常和港口联系在一起,出现半边陆地、半边水域的情况。

在网络设计中,为了利用各层语义特征,把每个 Block 的最后一层的中心像

素 $\boldsymbol{f}_i$ 拿出来通过一个线性分类器来计算中心像素是某个种类目标的概率 p_i。考虑到 Dense Block 将特征不断拼接的结构,因此 $\boldsymbol{f}_i$ 包含了 Block 中所有层的信息。假设第 k 个 Block 输出特征图的中心像素矢量是 $\boldsymbol{f}_i^{(k)}$。这里用全连接层去计算输入图像 $\boldsymbol{X}$ 位置 i 可能是某一类的概率 $p_{ij}^{(k)}$,这个概率展示了以第 k 个 Block 的感受野中的信息来判断该像素是不是第 j 类目标。在舰船检测任务中,仅有舰船目标和背景两个类别。因此,这里只需要计算目标的概率即可,背景的概率可以通过 1 减去目标的概率来得到。目标的概率通过下式得到

$$p_i^{(k)} = \frac{1}{1 + e^{\boldsymbol{\beta}^{\mathrm{T}}\boldsymbol{f}_i^{(k)} + b}} \tag{9-14}$$

式(9-14)由一个感知机和 sigmoid 激活层组成。对于多类目标情况,可以用全连接层和 softmax 激活层来实现。

最后,将所有 Block 得到的概率值组合起来,得到像素位置 i 最终是舰船目标的概率。在这里采用将所有概率乘积的形式来得到:

$$\boldsymbol{t}_i = [t_{i0}, t_{i1}, \cdots, t_{iK}] t_{ij} = \prod_{k=2}^{n} p_{ij}^{(k)}, \quad j \in 0, 1, \cdots, K \tag{9-15}$$

除了将所有层的特征都组合起来之外,一种很直观的解决方式是只采用最后一层的特征来得到结果。但是这样的做法在检测中会带来很严重的问题,尤其是当采用类似视觉几何群(VGG)这样的网络结构的时候。因为最后一层的特征只含有高层次语义特征,缺少低层次语义特征。而高层次语义特征对于类似小平移这样微弱的局部变化是不敏感的,这种不敏感对于图像级任务比如目标分类是非常重要的,但是对于像素级任务是不合适的。相反地,对微小变化敏感的低层次语义特征,可以使最终的结果拥有锐利的边缘,有助于提升像素级舰船检测结果的质量。因此,多层语义特征需要被融合在最终的决策中。在这里采用相乘的方式来融合,每一层语义特征都和最后的决策之间有简短的通路相连。因此这种相乘的方法,不仅起到了特征融合的作用,还起到了类似 ResNet 跳线连接的作用,避免了梯度消失的现象产生。这样的设计方式,使哪怕基本 Block 是类似 VGG 这样的网络结构,也能够很好地进行训练。相乘并不是这里能采用的唯一方式,需要具体情况具体对待。

9.3 评价准则和误差函数

这里采用检测率和虚警率两个指标来评价算法的有效性。

第一个指标是检测率,检测率一般也被称为召回率(recall),它主要是评价

有多少个真正的舰船确实被检测到了，考虑到这里是像素级的检测，因此所有的评价指标也基于像素。假设 P 是真值图中标记为舰船的像素数量，其中被网络标记成舰船（检测概率 p_i 大于某个阈值）的像素数量记为 T_P，被网络标记成背景（检测概率小于某个阈值）的像素数量记为 F_N。那么检测率可以定义为

$$\text{tpr} = \frac{T_P}{P} = \frac{T_P}{F_N + T_P} \tag{9-16}$$

另一个指标是虚警率，它主要评价有多少个背景像素被检测成舰船了。假设 N 是真值图中标记为背景的像素数量，其中被网络标记成舰船（检测概率 p_i 大于某个阈值）的像素数量记为 F_P，被网络标记成背景（检测概率小于某个阈值）的像素数量记为 T_N。那么虚警率可以定义为

$$\text{fpr} = \frac{F_P}{N} = \frac{F_P}{T_N + F_P} \tag{9-17}$$

在得到两个指标之后，首先用接受者操作特性曲线（receiver operating characteristic curve，ROC）来定性地评价算法。但有时两个算法差别比较小，可能 ROC 会有交叉重叠，此时采用 ROC 和坐标轴围成的面积（Area Under Curve，AUC）来定量地评价好坏，这里认为，AUC 越大，算法效果越好。

一般来说，神经网络算法采用直接评价指标对应的误差函数来训练效果是最好的。但是考虑到大数据量情况下神经网络采用 mini-batch 形式来进行优化，而 AUC 无法在一个 mini-batch 中表达。因此这里可以采用分类问题中常用的交叉熵损失（cross entropy loss）函数作为误差函数，如果像素 i 的真值是 $y_i \in \{0,1\}$，对应位置网络预测的结果概率为 p_i，那么交叉熵损失函数可以表达为

$$\text{CELoss} = -y_i \log(p_i) - (1 - y_i)\log(1 - p_i) \tag{9-18}$$

但是直接使用上面的交叉熵损失函数是有问题的，尤其是遇到样本不均衡问题时，那些小样本的效果不尽如人意。在 PolSAR 舰船检测数据集中，舰船属于小样本，在图中比例小于 1%。图 9-8 是 RadarSAT-2 在新加坡拍摄的图片。子图大小为 1500×1500，共有 2250000 个像素，其中舰船像素为 9792，占比例 0.4324%。

这是数据集中少数的拥有很多舰船的图片，可以预测收集到的数据集是一个样本极度不平衡的数据集。如果采用交叉熵损失函数训练，则将会造成舰船目标检测率偏低。对于这种情况，常用的方法是采用困难样本挖掘（hard example mining，HEM）来解决[7-8]。所谓困难样本挖掘就是按照 loss 函数来进行采样，loss 大的困难样本采样率更高。HEM 是在步长不变的情况下通过多次

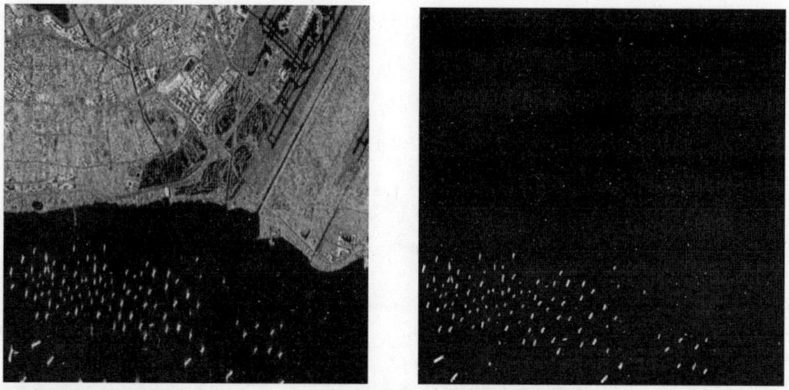

图 9-8 RadarSAT-2 新加坡子图像

训练的方式来实现的，本质上是希望困难样本的更新梯度大一些。其实也可以通过修改 loss 函数的形式来解决。这里准备采用何凯明提出的 Focal Loss[9] 作为误差函数：

$$\text{Focal Loss} = -\alpha(1-p_i)^{\gamma}y_i\log(p_i) - (1-\alpha)p_i^{\gamma}(1-y_i)\log(1-p_i) \tag{9-19}$$

其实 Focal Loss 就是在 CELoss 的基础上增加了一个权重，使简单样本的权重变得比较小，困难样本的权重变得比较大。其中 α 和 γ 是控制参数，控制简单样本和困难样本之间的权重比例大小。

9.4 训练细节和实验结果

网络的整体架构如图 9-8 所示。但在具体应用到 PolSAR 舰船检测中，有很多参数需要仔细推敲。

首先需要考虑的是输入图像块的大小或者说最终特征需要的感受野大小。过小的图片其感受野包含的信息量不足以让网络做出正确的判定，而过大的感受野将导致输入图像块过大，这不仅会加大训练和测试的时间，而且在有限的 GPU 显存下会限制模型的大小。考虑到数据集中舰船大小不超过 200m，如果统一将输入图片的分辨率大小设置成 5m（约等于 RadarSAT-2 图像的分辨率），那么 121×121 大小的图片已经包含足够多的信息，并且能够保证舰船的任何一个部位在中心像素，图像块都能保证含有整个舰船目标。图像块含有整个舰船目标是非常重要的，这里从数据集中挑选了两个不同场景的图像块，其中一个是舰船，另一个是陆地，分别展示它们在不同感受野下的情况，如图 9-9 所示。

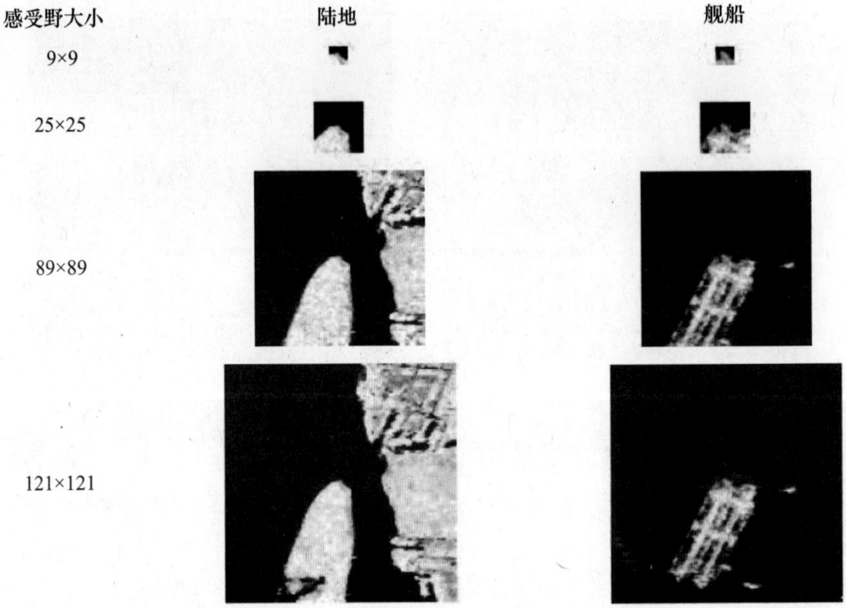

图 9-9 中心像素为陆地和舰船目标的不同大小图像块

从图 9-9 可以看到，只有当图像块足够大时，才能明显区分出舰船目标和陆地。从不同大小的图像块也可以再次验证综合不同大小感受野信息的重要性。

考虑到输入网络的图像来自不同的传感器，而图像块的大小确定为 121×121，是在分辨率 5m 的条件下确定的，对于分辨率大于 5m 的情况，感受野还是足够大的，但是对于分辨率小于 5m 的图像来说（比如 TerraSAR），那么可能出现 121×121 还是不够大的情况。因此这里的滑动窗是根据分辨率来设置的，其大小为最接近“605/分辨率”的奇数，然后将图像块放缩到 121×121。

在 9.3 节中提到了数据集样本极度不均衡的问题。在误差函数选择时采用了 Focal Loss。这里进一步在训练时对舰船目标进行了数据增强，考虑到是对中心像素进行判别，所有会造成中心像素位移的增强手段都不能使用，因此这里只选取了旋转 90°、180°、270°的数据增强手段，将舰船目标数据块扩展到 4 倍。

在确定了输入图像大小之后，这里首先用 16 个 1×1 的卷积核得到 16 张特征图，然后用一系列的空洞卷积密集连接块得到特征。其中密集块特征的增长率是 12。具体的网络结构如表 9-2 所示。

表9-2　P2PCNN细节表

层名称	输出特征图大小	层具体参数
卷积层	121×121×16	1×1conv
密集连接块1	113×113×64	$\begin{bmatrix} 1\times1\text{conv} \\ 3\times3\text{conv, dilation}=1 \end{bmatrix}\times4$
压缩层1	113×113×32	1×1conv
密集连接块2	97×97×80	$\begin{bmatrix} 1\times1\text{conv} \\ 3\times3\text{conv, dilation}=2 \end{bmatrix}\times4$
压缩层2	97×97×40	1×1conv
密集连接块3	33×33×136	$\begin{bmatrix} 1\times1\text{conv} \\ 3\times3\text{conv, dilation}=4 \end{bmatrix}\times8$
压缩层3	33×33×68	1×1conv
密集连接块4	1×1×116	$\begin{bmatrix} 1\times1\text{conv} \\ 3\times3\text{conv, dilation}=4 \end{bmatrix}\times4$
分类器1	1	1×1conv, sigmoid
分类器2	1	1×1conv, sigmoid
分类器3	1	1×1conv, sigmoid
分类器4	1	1×1conv, sigmoid
联合	1	相乘

训练过程中使用的是Adam优化器，Adam参数为默认值，$\beta_1=0.9$，$\beta_2=0.99$，$\epsilon=10^{-8}$。学习率设置成0.001，并且每30个循环下降至1/10，Focal Loss的参数$\alpha=0.5$，$\gamma=2$。整个程序用PyTorch的框架完成，在一块1080Ti上进行训练和测试。训练一共是150个epoch，花费20h，测试一张1500×1500的图片需要的时间是0.078s。

PolSAR的数据有很多表现形式，包括$\boldsymbol{C}$矩阵、$\boldsymbol{T}$矩阵和$\boldsymbol{K}$矩阵。根据前面章节的描述，知道这些矩阵间可以通过线性的关系来表达，而一个简单的1×1卷积核恰好在数学上和线性关系等价。因此前面通过添加1×1的卷积核作为预处理并且端到端训练，正是希望网络可以根据任务自动选择需要的PolSAR通道信息，可以预见这三个矩阵的输入在这样的设计下会得到相似的结果。在本书中选择$\boldsymbol{C}$矩阵的向量化作为输入。考虑到$\boldsymbol{C}$矩阵是一个Hermitian矩阵，用上三角的9个实数就可以完全描述它，最终的矢量化输入为

$$\begin{aligned}\boldsymbol{x}=[&\langle|S_{\mathrm{HH}}|^2\rangle,2\langle|S_{\mathrm{HV}}|^2\rangle,\langle|S_{\mathrm{VV}}|^2\rangle,\\&\mathrm{real}(\sqrt{2}\langle S_{\mathrm{HH}}S_{\mathrm{HV}}^*\rangle),\mathrm{real}(\langle S_{\mathrm{HH}}S_{\mathrm{VV}}^*\rangle),\mathrm{real}(\sqrt{2}\langle S_{\mathrm{HV}}S_{\mathrm{VV}}^*\rangle),\\&\mathrm{imag}(\sqrt{2}\langle S_{\mathrm{HH}}S_{\mathrm{HV}}^*\rangle),\mathrm{imag}(\langle S_{\mathrm{HH}}S_{\mathrm{VV}}^*\rangle),\mathrm{imag}(\sqrt{2}\langle S_{\mathrm{HV}}S_{\mathrm{VV}}^*\rangle)]\end{aligned}\tag{9-20}$$

对于PolSAR舰船检测问题来说，研究人员很关心CNN最终选取的是用何种特征来鉴别舰船目标。这里做了两个相关的实验。第一个实验选取了不同的极化方式作为网络的输入，在三幅测试图像上得到的AUC值如表9-3所示。

表9-3 不同极化方式测试图片的AUC值

数据	传感器	极化方式	AUC
青岛	RadarSAT-2	HH单极化	0.9322
		VV单极化	0.9410
		HV单极化	0.9008
		HH和HV双极化	0.9860
		π/4紧缩极化	0.9822
		全极化	**0.9971**
新加坡	TerraSAR	HH单极化	0.9857
		VV单极化	0.9874
		HV单极化	0.9753
		HH和HV双极化	0.9975
		π/4紧缩极化	**0.9978**
		全极化	**0.9978**
加尔维斯顿	AirSAR	HH单极化	0.9871
		VV单极化	0.9548
		HV单极化	0.8706
		HH和HV双极化	0.9960
		π/4紧缩极化	0.9903
		全极化	**0.9985**

从表9-3中可以看出双极化、紧缩极化和全极化效果明显好于单极化，这说明利用多个通道的检测效果是优于单通道的。而双极化、紧缩极化和全极化似乎并没有明显的差距。这种现象在新加坡这张图像上尤其明显，那是因为新加坡这张测试图像没有陆地杂波的干扰，对于海面和舰船目标来说，任何一个通道都能达到满意的效果。值得注意的是，在加尔维斯顿测试图上，HV通道的效果明显差于其他通道。经过观察发现，这是因为HV通道的能量比较低，它同时削弱了舰船目标、陆地杂波和海杂波。对于只有海面的情况来说，由于HV对于压制海杂波非常有效，使被削弱的舰船和海杂波之间差异依然明显，因此可以很好地区分开。而一旦含有陆地杂波，那舰船目标可能会接近陆地杂波，导致检测失败。图9-10所示为加尔维斯顿测试图的一个局部。

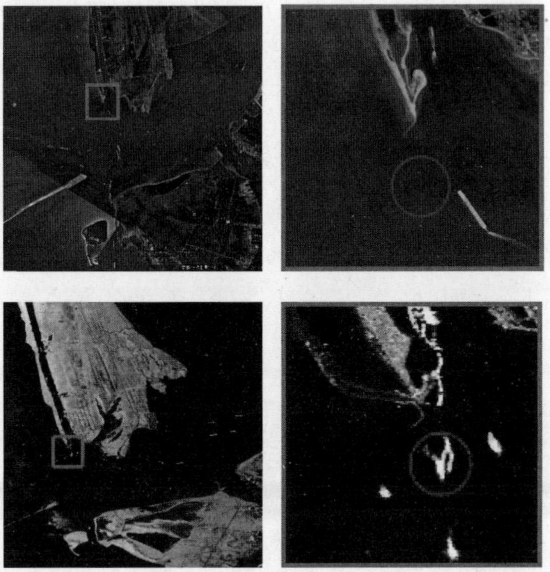

图 9 - 10　加尔维斯顿谷歌地球及 AirSAR 图片(Pauli 图)(见彩图)

在 AirSAR 采集的图 9 - 10 中,靠近岸边的圆圈内,有一个明显的目标,从对应时间的谷歌地球上可以看出该地点并没有任何人工建造物,因此断定这应该是某一种船只。图 9 - 11 是对于该局部不同通道检测的结果。

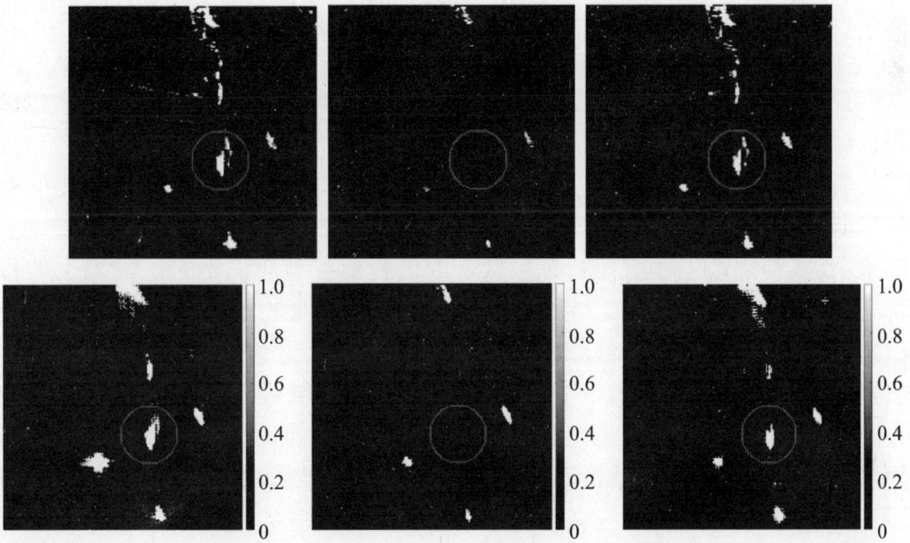

图 9 - 11　HH、HV、VV 三通道强度图以及对应的网络结果图(见彩图)

从图 9 - 11 中可以看到 HV 通道该位置的舰船目标能量相对较弱，几乎和陆地杂波接近，增大了网络判别舰船和陆地的难度，这正是 HV 通道检测率低下导致 AUC 不高的原因。这个现象从一方面反映了网络更加关注于目标的能量信息。

另一个实验采用了 Gradient - weighted Class Activation Mapping（Grad - Cam）[10] 的可视化方法，将输入的 9 个通道对于最终判决贡献大小用热力图的形式展示了出来，如图 9 - 12 所示。其中从左至右的通道分别是 $\langle |S_{HH}|^2\rangle$，$\langle |S_{HV}|^2\rangle$，$\langle |S_{VV}|^2\rangle$，real$\langle S_{HH}S_{HV}^*\rangle$，real$\langle S_{HH}S_{VV}^*\rangle$，real$\langle S_{HV}S_{VV}^*\rangle$，imag$\langle S_{HH}S_{HV}^*\rangle$，imag$\langle S_{HH}S_{VV}^*\rangle$，imag$\langle S_{HV}S_{VV}^*\rangle$。

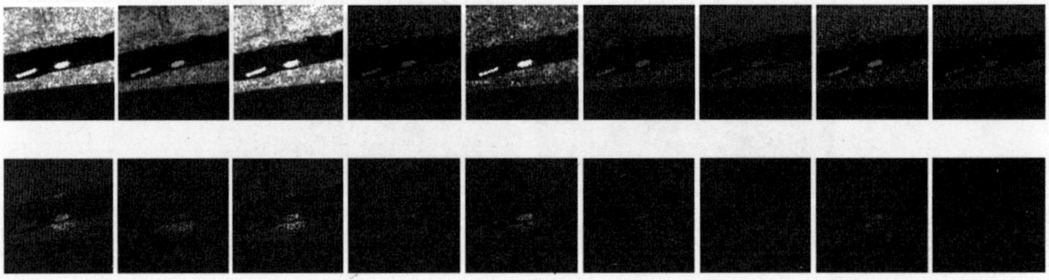

图 9 - 12 舰船图形块输入 9 通道强度图像及其贡献热力图（见彩图）

从图 9 - 12 中可以看到，各个通道的贡献和各个通道的强度呈正相关。这再次表明了采用 CNN 进行舰船检测，强度或者能量是 CNN 关心的特征之一。舰船目标和海面之间的能量差异使 CNN 可以很好地提取舰船形态学特征。从 $\langle |S_{HH}|^2\rangle$（第一列）、$\langle |S_{HV}|^2\rangle$（第二列）、$\langle |S_{VV}|^2\rangle$（第三列）和 real$\langle S_{HH}S_{VV}^*\rangle$（第五列）4 个通道可以看出，除了舰船本身的形态学特征，周围环境语义包括部分岸边，也对最终的决策有所贡献。

通过前面的实验可以看到，舰船和海杂波之间存在着明显的能量上的差异，这种差异使离岸的舰船相对容易被检测出来，而 CNN 的主要任务是压制陆地杂波，使陆地上和舰船目标很接近的虚警能够被压制下去。陆地上的目标之所以和舰船接近是因为在小感受野下形状能量相似，无法区分，人之所以能区分是人知道虚警目标的大环境是陆地，为了让 CNN 也知道这个信息，就需要更大的感受野信息。这也是前面设计不同层语义通过相乘连接的初衷：希望后面这些拥有更大感受野的特征可以帮助前面小感受野的特征做出更加正确的决策。为了验证不同层特征语义对于最后决策的贡献，以及网络设计的合理性，在测试的三幅图像中，将 P2P CNN 中 4 个 Dense Block 判决出来的中心像素点语义逐渐相乘，得到的结果如图 9 - 13 所示。

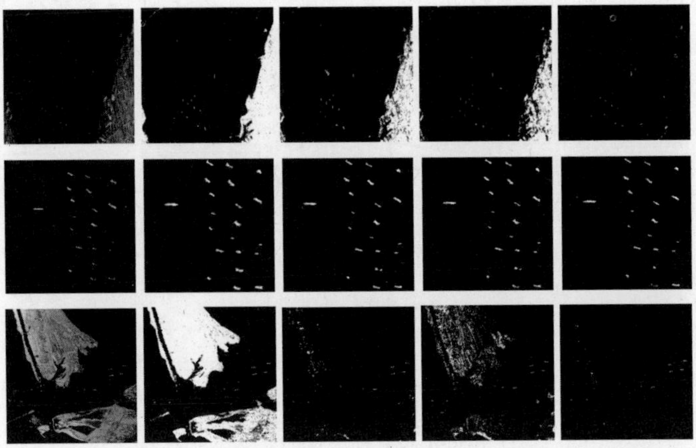

图9-13　不同层密集块语义舰船检测概率图(见彩图)

在图9-13中,从左向右分别是不断融合更高层次语义的结果。从图中可以很明显地看到,当感受野比较小时,舰船目标和陆地上的相似目标很难区分,而随着感受野不断增大,网络收集到了更多的语义信息,使虚警率不断降低。

为了进一步说明采用融合语义可以做到更好的效果,这里将提出的P2P-CNN和只采用最后一个Dense Block输出的特征做判决的对比网络,两者在同样的数据集和参数下进行训练,在测试集上得到的ROC曲线如图9-14所示。

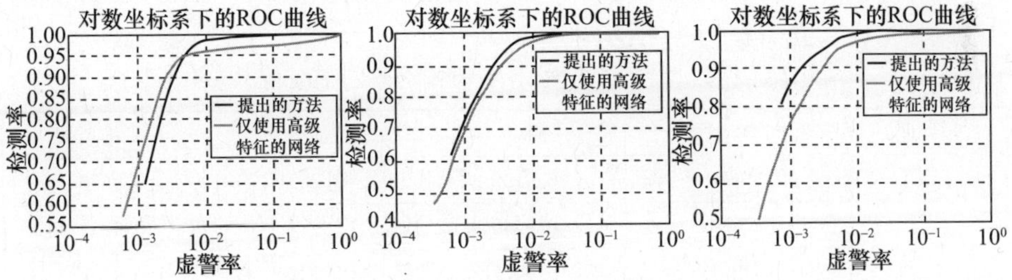

图9-14　P2P CNN和只采用最后输出特征的网络测试图ROC曲线对比(见彩图)

从图9-14中可以看到,提出的网络确实比单独使用最后一个Block的特征要好。但是从ROC曲线中可以看到,P2P-CNN并不能在所有情况下都超越对比网络。这是因为对比网络依然采用了Dense Block这样的结构。Dense Block中复用低层次特征的设计使最后一层特征中依然存在着低层语义特征,因此只采用最后一层特征的结果并没有表现很差,相反这是一个非常难以击败的baseline。

这里将P2P-CNN和传统算法之间进行了对比。这些算法包括PWF[11]、

GΓD[12]、GOPCE[2]、PMF[13]、PNF[14-15]和 RS[16]。考虑到传统算法无法将舰船目标和陆地分割开来，因此这里在进行传统算法之前，首先进行海陆分割预处理。得到最终的 ROC 曲线如图 9-15 所示。

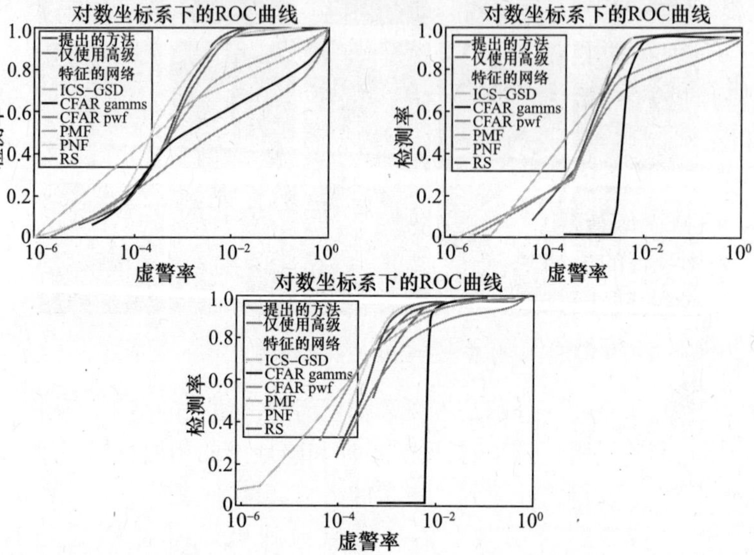

图 9-15　各算法测试图 ROC 曲线对比(见彩图)

从 ROC 曲线中可以看出，各个算法之间的 ROC 互相交叉，使得很难定性地给出一个绝对的优劣，因此通过计算 AUC 进行定量比较，最终在三张测试图像上得到的 AUC 值如表 9-4 所示。

表 9-4　不同算法测试图片的 AUC 值

预处理	算法	青岛	新加坡	加尔维斯顿
海陆分割	PWF	0.9122	0.8263	0.9656
	GΓD	0.9540	0.8644	0.9732
	GOPCE	0.9425	0.9122	0.9752
	PMF	0.9357	0.9471	0.9770
	PNF	0.9710	0.9966	0.9786
	RS	0.9753	0.9905	0.9817
无	CNN（非多层特征融合决策）	0.9849	0.9975	0.9930
	P2P-CNN（提出方法，多层特征融合决策）	0.9971	0.9978	0.9985

由表 9 - 4 中可以看到,采用 CNN 的方法比传统方法要好很多,但是 CNN 方法之间的差距相对较小。CNN 方法比传统方法好的原因在于传统算法拥有有限的特征表达能力,并且没有很好地利用图像的语义特征。PWF 方法是采用了一个滤波器致力于得到一个均匀的区域,以此来压制海杂波。GΓD 方法采用广义的 Gamma 分布来对均匀海杂波建模。PNF 方法中,采用了一种新的度量方式来计算每个矢量和局部海杂波矢量之间的距离。需要注意的是,局部海杂波矢量正是在检测窗口内所有矢量的平均值,因此这是一个统计意义上的特征量。RS 方法是基于反射对称性的假设,这个假设一般成立于各向同性的海杂波场景。这些方法基本上都是基于各向同性的或者局部匀质的海杂波先验假设,然后采用统计的思维来看待问题,并没有几何形状特征被考虑进去。因此它们可以在各向同性的海杂波场景减小虚警率,但是对于非均匀海杂波场景,或者存在类似桥、海港等造目标的时候,就会产生大量的虚警。PMF 和 GOPCE 方法都是和神经网络类似的监督的方法,它们通过对 PolSAR 各个通道进行线性组合或者非线性组合来最大化区分舰船和非舰船目标。因此这样的做法更像是一种浅层的含有 1 ×1 的神经网络,这样的网络表达能力有限,而且只利用了极化信息,而没有利用几何形状特征。因此类似桥梁、港口这种在极化通道方面很难和舰船区分开来的目标(必须依靠几何结构特征)同样会造成大量的虚警。传统方法由于无法区分舰船和陆地杂波,因此需要进行海陆分割预处理,而海陆分割的精度将会严重影响岸边舰船的检测效果。

最后,P2P - CNN 也在靠岸的 4 幅舰船图像中进行了检测,结果如图 9 - 16 所示。

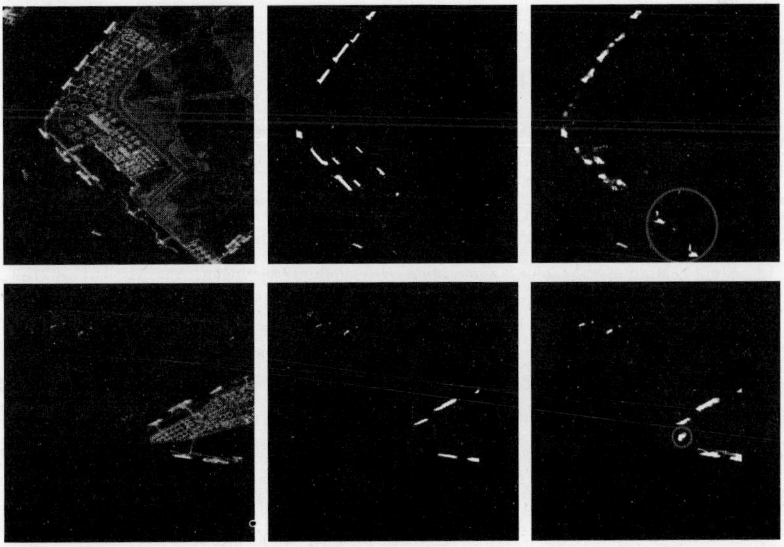

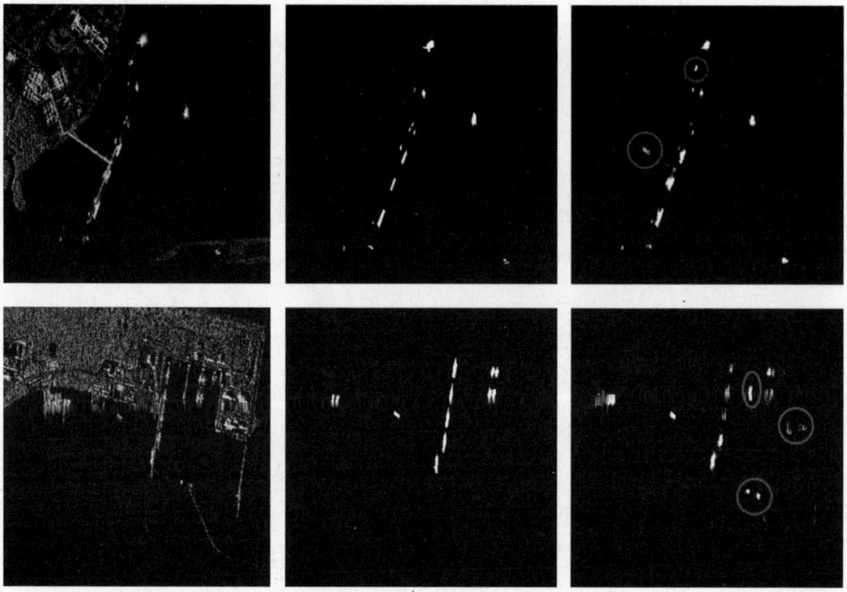

图 9－16　P2P－CNN 新加坡靠岸舰船检测结果(见彩图)

由于没有足够的靠岸舰船数据,因此测试结果中产生大量由港口造成的虚警(圆圈部分),而由海面造成的虚警非常少。如果想要得到更好的结果,需要加入更多的带有停靠港口的舰船数据。

参考文献

[1] Ioannidis G, Hammers D. Optimum antenna polarizations for target discrimination in clutter[J]. IEEE Transactions on Antennas and Propagation, 1979, 27(3): 357－363.

[2] Yang J, Zhang H, Yamaguchi Y. GOPCE－based approach to ship detection[J]. IEEE Geoscience and Remote Sensing Letters, 2012, 9(6): 1089－1093.

[3] Huang G, Liu Z, Der Maaten L V, et al. Densely connected convolutional networks[C]// 2017 IEEE Conference on Computer Vision and Pattern Recognition (CVPR). Honolulu: IEEE, 2017: 2261－2269.

[4] Yu F, Koltun V. Multi－scale context aggregation by dilated convolutions[J]. arXiv: 1511. 07122, 2015.

[5] Chen L C, Papandreou G, Schroff F, et al. Rethinking atrous convolution for semantic image segmentation [J]. arXiv: 1706. 05587, 2017.

[6] Wang P, Chen P, Yuan Y, et al. Understanding convolution for semantic segmentation[C]// 2018 IEEE Winter Conference on Applications of Computer Vision (WACV). Lake Tahoe: IEEE, 2018: 1451－1460.

[7] Li J, Qu C, Shao J. Ship detection in SAR images based on an improved faster R－CNN[C]//2017 SAR in Big Data Era: Models, Methods and Applications (BIGSARDATA). Beijing: IEEE, 2017: 1－6.

[8] Felzenszwalb P F, Girshick R, Mcallester D, et al. Object detection with discriminatively trained partbased

models[J]. IEEE Transactions on Pattern Analysis and Machine Intelligence,2010,32(9):1627 – 1645.

[9] Lin T, Goyal P, Girshick R, et al. Focal loss for dense object detection[J]. IEEE Transactions on Pattern Analysis and Machine Intelligence,2020,42(2):318 – 327.

[10] Selvaraju R R, Cogswell M, Das A, et al. Grad – cam: Visual explanations from deep networks via gradient – based localization[C]// 2017 IEEE International Conference on Computer Vision (ICCV). Venice: IEEE,2017:618 – 626.

[11] Novak L M, Burl M C. Optimal speckle reduction in polarimetric sar imagery[J]. IEEE Transactions on Aerospace and Electronic Systems,1990,26(2):293 – 305.

[12] Qin X, Zhou S, Zou H, et al. A cfar detection algorithm for generalized gamma distributed background in high – resolution sar images[J]. IEEE Geoscience and Remote Sensing Letters,2013,10(4):806 – 810.

[13] Novak L M, Sechtin M B, Cardullo M J. Studies of target detection algorithms that use polarimetric radar data[J]. IEEE Transactions on Aerospace and Electronic Systems,1989,25(2):150 – 165.

[14] Marino A. A notch filter for ship detection with polarimetric sar data[J]. IEEE Journal of Selected Topics in Applied Earth Observations and Remote Sensing,2013,6(3):1219 – 1232.

[15] Ferrentino E, Nunziata F, Marino A, et al. Detection of wind turbines in intertidal areas using sar polarimetry[J]. IEEE Geoscience and Remote Sensing Letters,2019,16(10):1516 – 1520.

[16] Nunziata F, Migliaccio M, Brown C E. Reflection symmetry for polarimetric observation of manmade metallic targets at sea[J]. IEEE Journal of Oceanic Engineering,2012,37(3):384 – 394.

第10章 基于卷积神经网络的极化SAR城市区域地物分类

10.1 引　言

深度卷积神经网络最先在光学图像分类中取得突破，经过多年的发展已经相对稳定和成熟。在 PolSAR 中因为数据缺乏等原因，卷积神经网络主要应用于 PolSAR 地物分类，已经出现了很多相关的研究[1-13]。近几年来，有关用遥感图像进行城市区域地物分类的研究越来越受到各国研究人员的重视。其中一种对于城市建设规划有意义的分类方法是根据排放热量的不同将城市分为 17 个种类，该分类方法被称为局地气候分类(Local Climate Zone，LCZ)[14]。这 17 类中可以分为人造建筑 10 类和自然地物 7 类，具体如图 10－1 所示。

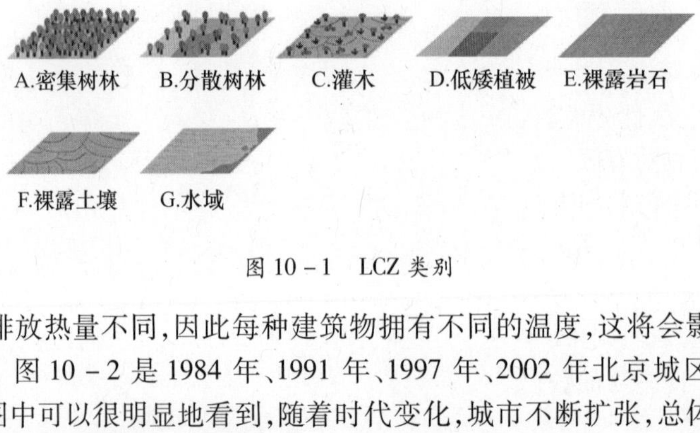

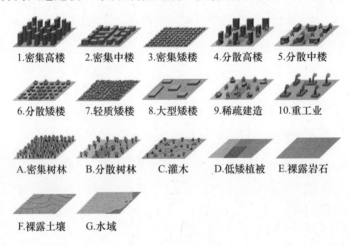

图 10－1　LCZ 类别

由于排放热量不同，因此每种建筑物拥有不同的温度，这将会影响城市的热岛效应。图 10－2 是 1984 年、1991 年、1997 年、2002 年北京城区亮温分布图[15]，从图中可以很明显地看到，随着时代变化，城市不断扩张，总体上越来越多的人造建筑使北京城区的地面气温不断升高，红色区域增多，局部上不同的地方变化不一样，有的地方甚至因为重工业的拆迁温度反而降低。这些因素都影响了地面温度的分布，进一步影响了城市中空气的流动情况和大气污染物的流动分布情况。因此研究 LCZ 分类对于如何通过城市规划和建筑设计来构建城市风道，缓解当前的雾霾现象，有着一定的参考意义。

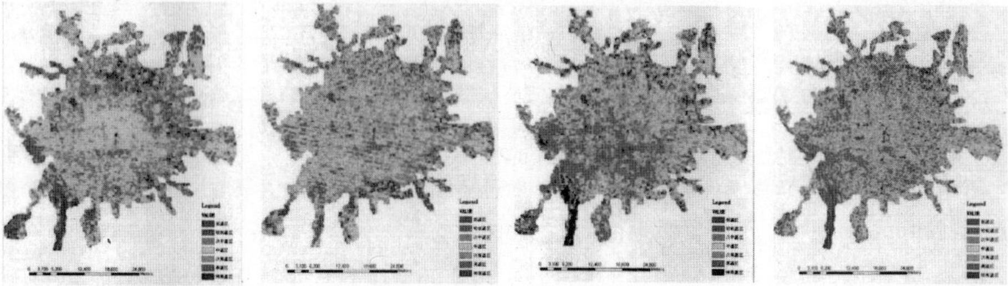

图 10－2　北京城区亮温分布图（见彩图）

考虑到光学遥感观测会受到天气的影响（云雾遮挡等），因此有学者提出了采用全天时全天候的 PolSAR 传感器数据对城市进行 LCZ 分类[16－17]，这也是本章的主要研究工作。

在本章中，首先确定了整体的框架，然后介绍了数据集的情况，根据数据集设计了一种轻量级的卷积神经网络，以及误差函数。在测试集上的结果表明新设计的网络在参数量减少的情况下性能优于传统算法和其他深度学习方法，同时还探究了进一步提高分类正确率的方向，为将来更好地进行城市区域地物分类提供了一种参考思路。

10.2 模型和方法

10.2.1 整体框架

这里采用卷积神经网络来提取 PolSAR 通道间的极化特征和空间结构特征，同时结合线性分类器组合成一个整体，在数据集上进行端到端的训练。考虑到数据集相对有限，为了增强泛化能力，减少过拟合的风险，这里采用数据增强的方式对 PolSAR 训练数据集进行扩充，整体设计框架如图 10－3 所示。

本文的重点是利用 PolSAR 数据对城市进行 LCZ 分类，这属于利用一种传感器进行分类的方法，因此采用一个网络就可以完成任务。将来如果加入了多个传感器的数据，则可以考虑采用多个分支的网络形式单独处理每个传感器，最后将多个传感器的数据进行不同层次的融合，如图 10－4 所示。

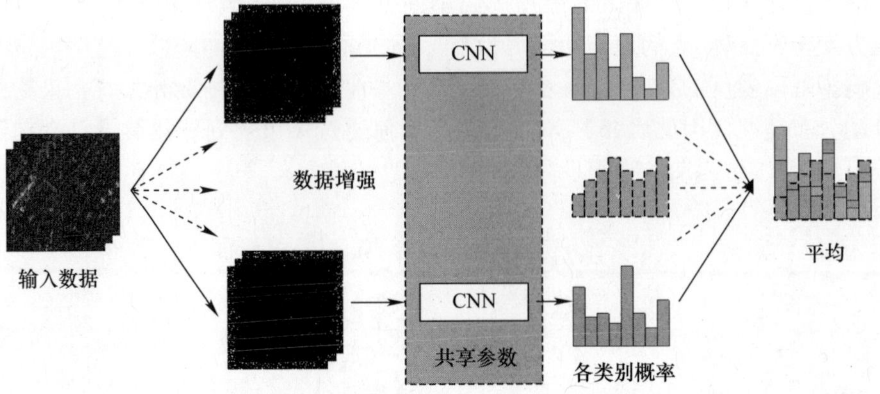

图 10-3 PolSAR 城市区域地物分类算法框图

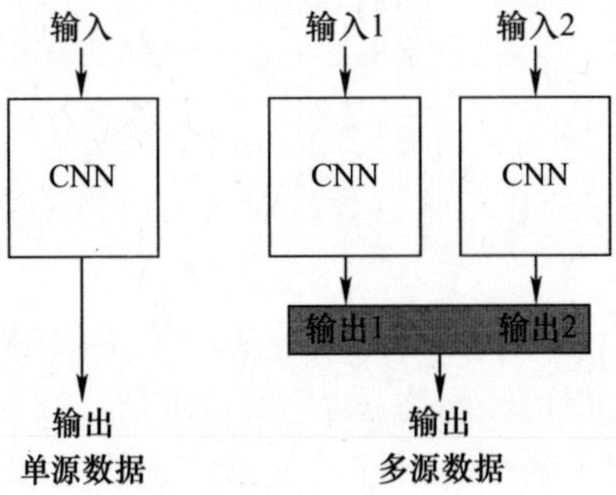

图 10-4 单传感器和多传感器分类算法框图

10.2.2 数据准备

LCZ 概念自从 2012 年被提出以来[14]，就引起了研究人员的重视。有多个组织开始制作世界范围内的 LCZ 地图并且公布在互联网上，其中比较有名的包括 GeoWiki 和 WUDAPT(world urban database and portal)等。2018 年，DLR 的朱晓香老师团队制作了一个用于 LCZ 城市区域地物分类的新数据集 LCZ42[18]，并且用于当年阿里巴巴举办的 Alibaba Cloud German AI Challenge 2018 大赛，这也是本章节使用的数据来源。该数据集采用哨兵 1 号卫星(Sentinel-1)和哨兵 2号卫星(Sentinel-2)对全世界 52 个城市进行观测，并且进行了标注。这 52 个城市包括：阿姆斯特丹、北京、柏林、波哥大(额外添加)、布宜诺斯艾利斯(额外添加)、开罗、开普敦、加拉加斯(额外添加)、长沙、芝加哥(额外添加)、科隆、达卡(额外添加)、东营、香港、伊斯兰堡、伊斯坦布尔、卡拉奇(额外添加)、京都、利马(额外添加)、里斯本、伦敦、洛杉矶、马德里、马尼拉(额外添加)、墨尔本、米兰、南京、纽约、巴黎、费城(额外添加)、青岛、里约热内卢、罗马、萨尔瓦多(额外添加)、圣保罗、上海、深圳、东京、温哥华、华盛顿、武汉、苏黎世、广州、雅加达、莫斯科、孟买、慕尼黑、内罗毕、旧金山、圣地亚哥、悉尼、德黑兰。

LCZ42 数据集中的 52 个城市包含 42 个主要城市以及额外添加的 10 个城市。其中训练集仅包含前 42 个城市，验证集和测试集仅包含后 10 个城市，三者之间没有地理位置上的交集。为了便于处理，该数据集将 52 个城市区域全部切分成了 32×32 大小的图像块，其分辨率为 10m，对应着 320m×320m 实际大小的地图块。其中训练集包含 352366 个图像块，验证集包含 24119 个图像块，测试集包含 24188 个图像块。该数据集收集了两个不同卫星哨兵 1 号和哨兵 2 号的数据，并且完成了标注和配准，其中哨兵 1 号是 PolSAR 卫星，哨兵 2 号是多光谱卫星。

研究人员构建数据集本身的目的是希望通过融合不同传感器的数据对城市进行 LCZ 分类，本章只采用哨兵 1 号的 PolSAR 数据对城市进行 LCZ 分类，将来可以进一步研究如何融合两个不同传感器的数据提高分类正确率。

哨兵 1 号提供的是双极化数据，包含 VV 和 VH 两个通道。LCZ42 对原始数据进行了精细 Lee 滤波预处理，将原始数据和处理后的数据合并在一起，形成了 8 个通道，如表 10－1 所示。

表 10－1　LCZ42 哨兵 1 号数据介绍

传感器	通道	数学表达式	说明
双极化 SAR	1	real(VH)	原始 VH 实部
	2	imag(VH)	原始 VH 虚部
	3	real(VV)	原始 VV 实部
	4	imag(VV)	原始 VV 虚部
	5	$\langle \|S_{VH}\|^2 \rangle$	精细 Lee 滤波后 VH 强度
	6	$\langle \|S_{VV}\|^2 \rangle$	精细 Lee 滤波后 VV 强度
	7	$\mathrm{real}\langle S_{VH}S_{VV}^* \rangle$	精细 Lee 滤波后非对角线元素实部
	8	$\mathrm{imag}\langle S_{VH}S_{VV}^* \rangle$	精细 Lee 滤波后非对角线元素虚部

10.2.3 网络设计

经典的 CNN 架构均用于光学图像分类，或者作为检测的基础网络，同样的 PolSAR 分类问题中 CNN 的设计需要借鉴其中的优秀思路。自从 VGG[19] 网络率先采用先设计 Block，然后不断重复该 Block 的方法，这里采用同样的方式从一个单独的 Block 开始设计，如图 10－5 所示。

在 Block 设计中，一种简单的方式是类似 VGG 结构的直筒型网络，如

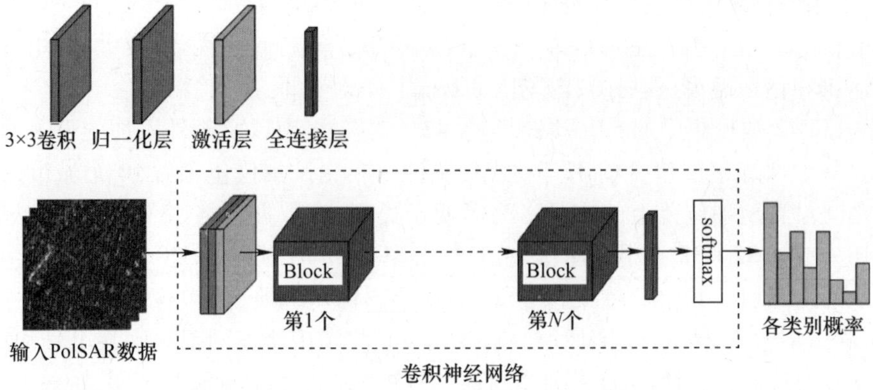

图 10-5 PolSAR 分类重复性网络结构示意图

图 10-6所示。在网络中每个 Block 都只含有简单的卷积层和非线性激活函数 Relu,为了更好地收敛和泛化,向其中添加了 bn 层,bn 层最先由 Google 在 2015 年提出[20],它在图像恢复任务中被诟病会限制特征表达能力而被抛弃[21-22],但是在分类任务中,由于它对输入数据进行了正则化,增强了网络的泛化能力,因此被广泛使用。

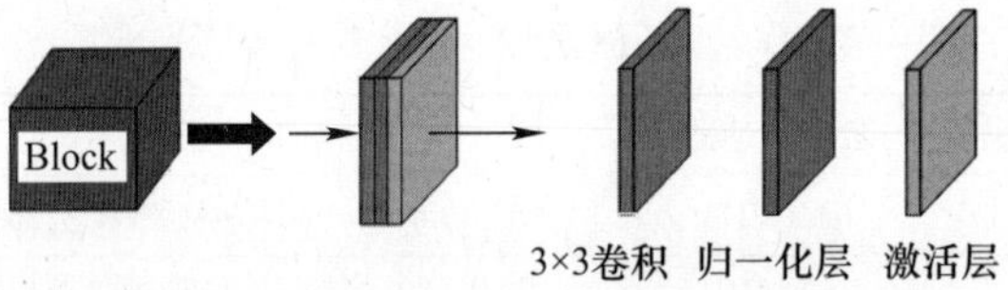

图 10-6 PolSAR 类 VGG 网络结构示意图

这里卷积层的大小采用 3×3,这是因为小卷积核有利于生成更加尖锐的特征[23],相对于 5×5、7×7 等更大的卷积核在同等感受野下,需要的参数少,还能增加网络的层数来增加非线性。为了减少网络层数,在每一层的开始加入了下采样层,使特征图大小以 2 的幂次快速减少,以此降低过拟合的风险。类 VGG 网络在层数加深时会出现梯度消失和退化问题,为此一般采用残差连接的方式来解决[24]。引入残差模块后的网络示意图如图 10-7 所示。

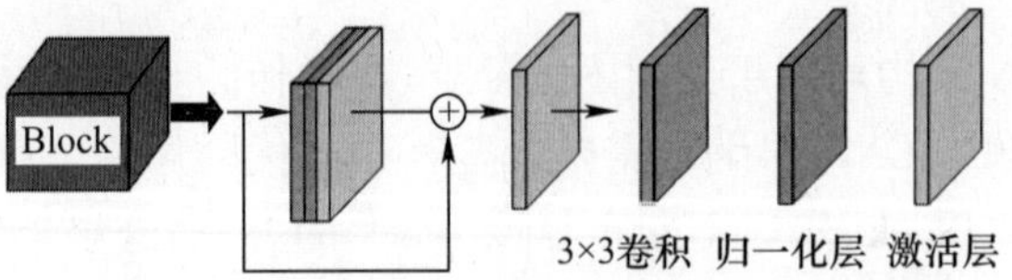

图 10-7 PolSAR 残差连接网络结构示意图

为了减少网络参数，这里参考 DenseNet 网络的思路[25]，引入密集模块，通过复用特征减少各层卷积核的数目，来减少网络的参数，降低过拟合的风险。引入密集模块的网络结构如图 10-8 所示。

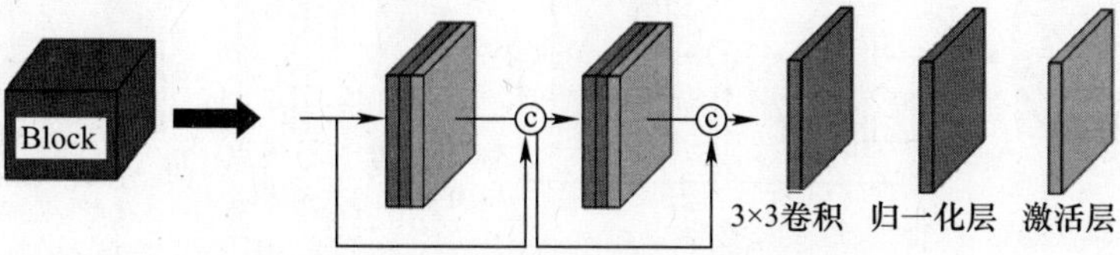

图 10-8　PolSAR 密集连接网络结构示意图

为了进一步减少网络参数，这里将普通卷积替换成深度可分离卷积[26]。普通卷积的示意图具体可见图 8-4 描述一个普通卷积需要 4 个参数，分别是输入通道数 C_{in}、输出通道数 C_{out}、卷积核长度 H、卷积核宽度 W。这 4 个参数在决定卷积核形状的同时，也确定了卷积的参数量，其大小为 $C_{in} \times C_{out} \times H \times W$。而深度可分离卷积将三维卷积过程拆分成了长、宽维度的卷积和通道维度的卷积两部分，大大减少了参数量，其过程如图 10-9 所示。

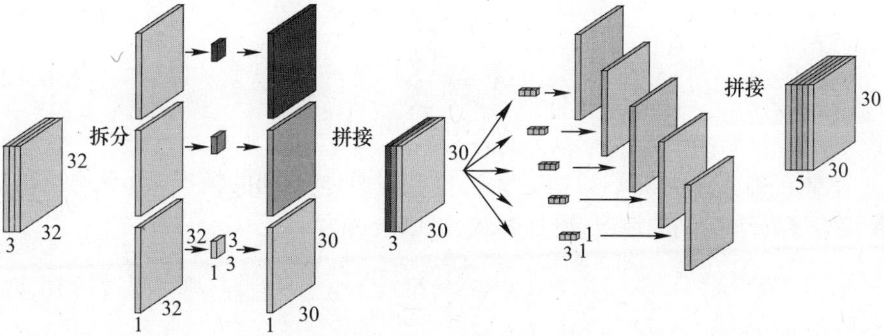

图 10-9　深度可分离卷积示意图

将图 10-10 和图 8-4 对比，可以发现图 10-10 中的深度可分离卷积先用 C_{in} 个大小为 $H \times W \times 1$ 的卷积核在各个通道独立地进行卷积操作，该步骤的参数量为 $C_{in} \times H \times W \times 1$，接着通过 C_{out} 个 $1 \times 1 \times C_{in}$ 卷积核将多个通道的特征进行混合，该步骤需要的参数量为 $C_{out} \times 1 \times 1 \times C_{in}$，因此深度可分离卷积需要的参数量大小为 $C_{in} \times (H \times W + C_{out})$，相对于原始的卷积参数量 $C_{in} \times H \times W \times C_{out}$，参数压缩比为

$$\text{压缩比} = \frac{H \times W \times C_{out}}{H \times W + C_{out}} \tag{10-1}$$

加入了深度可分离卷积之后的网络结构图如图 10-10 所示，因为引入了

密集连接和深度可分离卷积,将新的网络命名成密集深度可分离卷积网络(dense depthwise separable network,DDSN)。

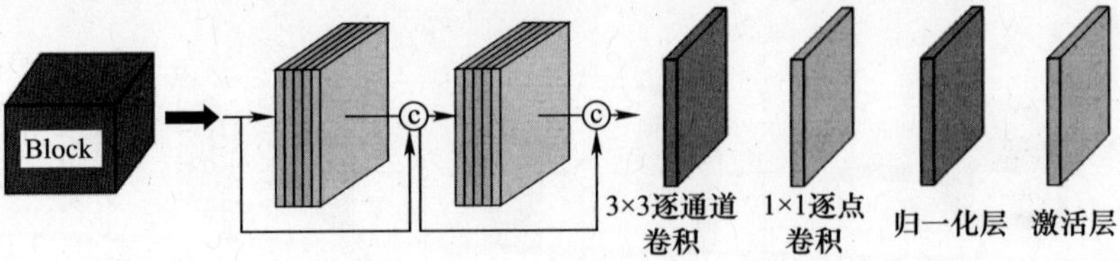

图 10-10 DDSN 网络 Block 示意图

10.3 评价准则和误差函数

LCZ 城市区域地物分类是一个多分类问题,这里采用总体正确率(overall accuracy,OA)、平均正确率(averaged accuracy,AA)和 Kappa 系数三者来进行评价。假设共有 N 个种类,第 i 个种类的总样本数是 n_i,第 i 个种类判断正确的样本数是tp_i,那么总体正确率 OA 为

$$\mathrm{OA} = \frac{\sum_{i=1}^{N} \mathrm{tp}_i}{\sum_{i=1}^{N} n_i} \tag{10-2}$$

总体正确率在类别不均衡时无法反映少样本类别的情况,而平均正确率 AA 综合了每个类别的情况,更加客观,可以表达为

$$\mathrm{AA} = \frac{1}{N}\sum_{i=1}^{N} \frac{\mathrm{tp}_i}{n_i} \tag{10-3}$$

Kappa 系数用来描述分类结果和真值的一致性,刻画了混淆矩阵(confusion matrix)对角线元素的聚集程度,假设所有非 i 类样本被分为 i 类的样本数是fp_i,它的表达式为

$$\mathrm{Kappa} = \frac{\mathrm{OA} - p_e}{1 - p_e}$$

$$p_e = \frac{\sum_{i=1}^{N} (\mathrm{tp}_i + \mathrm{fp}_i) n_i}{\sum_{i=1}^{N} (\mathrm{tp}_i + \mathrm{fp}_i) \sum_{i=1}^{N} n_i} \tag{10-4}$$

误差函数选用交叉熵函数(cross entropy),假设一个批次内样本数目为 b,p_{ic}表示第 i 个样本判断为类别 c 的概率:

$$\text{Loss Function} = -\frac{1}{b}\sum_{i=1}^{b}\sum_{c=1}^{N} 1\{c = \text{label}_i\}\log(p_{ic}) \qquad (10-5)$$

式中：$1\{c=\text{label}_i\}$ 为示性函数，当 c 和第 i 个样本的标签 label_i 一致时选择函数值为 1，否则为 0。

10.4 训练细节和实验结果

光学数据的输入是三通道的 RGB，因为通道数相对较少，所以往往直接把三个通道一起放入网络。而这里的哨兵 1 号双极化数据提供了多达 8 个通道的数据（具体见表 10－1），而且相互之间并非完全独立，因此这里首先对通道进行选择。提供的数据是 32 ×32 的切片，感受野太小，因此没法很明显地比较出各个通道的优劣。为了避免传感器差异对特征选择造成影响，这里下载了和 LCZ42 数据同源的哨兵 1 号美国旧金山双极化图像，如图 10－11 所示。其中局部放大图展示了金门大桥附近的地理图，其中包含了城市、水域、公园、山地等场景，能够比较清楚地反映各个通道区分类别的能力。

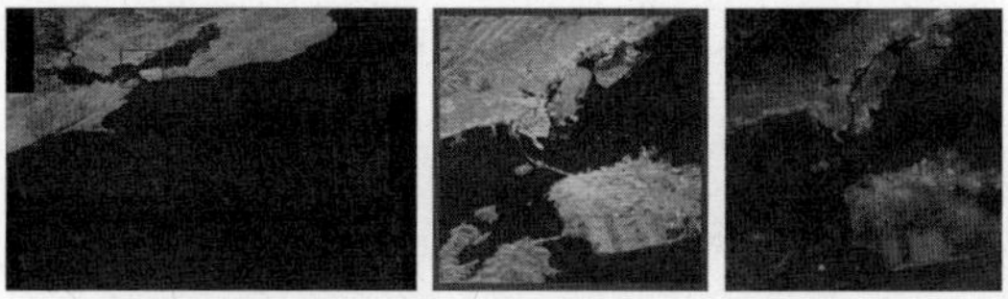

图 10－11　哨兵 1 号旧金山数据及其局部放大图

LCZ42 数据集提供的 8 通道数据总体上可以分为两大类，分别是未滤波的原始双极化数据（1 ~4 通道）和滤波之后的双极化数据（5 ~8 通道）。这里将未滤波和滤波之后的数据进行对比，如图 10－12 所示。

(a) 未滤波图像

(b) 滤波图像

图 10－12　旧金山地区未滤波和滤波部分特征对比

从图 10 - 12 中可以很明显地看到，无论是哪一个通道的数据或者特征，滤波之后的结果都明显好于未滤波的结果。滤波之后的城市、森林、水域等区分度较大，有利于进一步分类，因此这里选取了滤波之后的 4 个通道作为网络的输入数据，而抛弃了前 4 个通道的含有噪声的原始数据。

为了进一步挖掘 PolSAR 的作用，这里考虑是否需要加入 PolSAR 的其他经典特征（均为滤波后的结果），这些特征包括通道强度比 $|\rho|$、通道相关系数 r、α_0 和 α_b[27]：

$$\begin{aligned} \rho &= |\rho| \mathrm{e}^{\mathrm{j}\phi} = \sqrt{\frac{\langle |S_{\mathrm{VH}}|^2 \rangle}{\langle |S_{\mathrm{VV}}|^2 \rangle}} \mathrm{e}^{\mathrm{j} \mathrm{angle}(\langle S_{\mathrm{VH}} S_{\mathrm{VV}}^* \rangle)} \\ r &= \frac{\langle S_{\mathrm{VV}} S_{\mathrm{VH}}^* \rangle}{\sqrt{\langle |S_{\mathrm{VV}}|^2 \rangle} \sqrt{\langle |S_{\mathrm{VH}}|^2 \rangle}} \\ \alpha_0 &= \arctan \frac{|1-\rho|^2}{|1+\rho|^2} \\ \alpha_b &= \arctan \frac{|1-\rho|^2 + 2|\rho| \cos\phi (1-|r|)}{|1+\rho|^2 - 2|\rho| \cos\phi (1-|r|)} \end{aligned} \tag{10-6}$$

这 4 个特征在哨兵 1 号旧金山数据上的效果如图 10 - 13 所示。

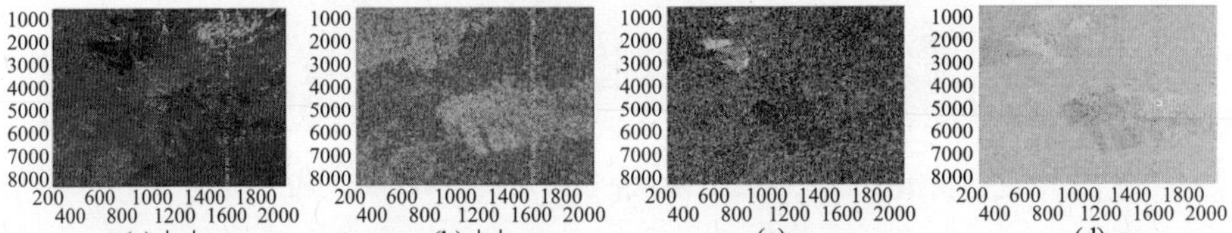

(a) $|\rho|$　(b) $|r|$　(c) α_0　(d) α_b

图 10 - 13　旧金山地区滤波后部分特征

从 4 个特征图中可以看出，左下角山地区域的边缘相对于原图像来说更加模糊，原因在于新特征的水域部分很容易和其他部分混叠，其整体分类情况不如滤波之后的强度图像。因此这里只选用滤波之后的 4 个通道作为输入，并没有向其中添加任何经典的双极化特征。同时考虑到光学数据的取值范围为 0 ~ 255，相对比较规范，容易做归一化等预处理。而 PolSAR 数据理论范围是负无穷到正无穷，实际数值的范围和传感器本身有关。在提供的 LCZ42 数据集中，90% 以上的数据集中在 1 以下，只有少量的数据非常大。为了保证训练的稳定性，这里根据 3σ 法则，首先统计每个通道的均值 μ 和标准差 σ，然后将每个通道的数据限制在 $[\mu-3\sigma, \mu+3\sigma]$ 之中，避免出现特别大的数值影响训练。

网络选择 DDSN，参数采用 Kaiming 初始化方法，初始学习率为 $1\mathrm{e}^{-4}$，batch 大小是 32，所有实验一共训练 20 个 epoch，数据增强操作包括随机旋转和随机翻折，测试时同样采用数据增强，如图 10 - 3 所示。训练测试均在一块 1080Ti

上进行。误差函数选择 10.3 节中的交叉熵误差函数。对比方法采用随机森林(random forest, RF)[28]、支持向量机(SVM)[28]、ResNeXt[29] 和类 VGG(图 10－6)、类 ResNet(图 10－7)、类 DenseNet 网络(图 10－8),最后的结果如表 10－2 所示。

表 10－2　LCZ42 测试集分类结果

方法	参数量	OA	AA	Kappa 系数
RF	—	0.4120	0.2331	0.3603
SVM	—	0.4435	0.2802	0.3872
ResNeXt	34400000	0.5245	0.3702	0.4755
类 VGG	3323681	0.5232	0.3623	0.4742
类 ResNet	3367825	0.5250	**0.3718**	0.4765
类 DenseNet	427809	0.5180	0.3624	0.4652
DDSN	89289	**0.5279**	0.3665	**0.4791**

从表 10－2 中可以看到,提出的 DDSN 网络在减少参数的同时,性能不仅没有下降,反而还略有上升,总体来说和大网络的性能相当。为了进一步提升性能,首先分析 DDSN 得到的结果,图 10－14 展示了 DDSN 分类结果的混淆矩阵。

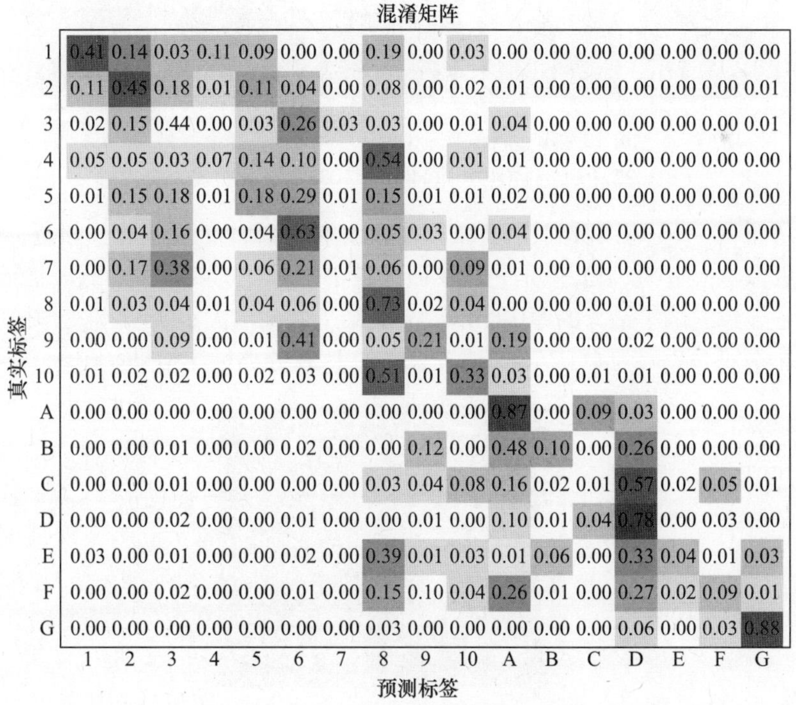

图 10－14　DDSN 网络结果的混淆矩阵

从图 10－14 中可以看到第 7 类(轻质矮楼)和第 C 类(灌木)正确率只有 1%，尤其是第 C 类(灌木)在加入多光谱数据之后正确率依然没有大幅度改善。测试集中 57% 的灌木样本被错分成第 D 类(低矮植被)，从中挑选出了具有代表性的样本展示在图 10－15 中。

图 10－15 测试集第 C 类(灌木)部分错分样本(5、152、208、716、2114)多光谱真彩色图片

图 10－16 中的 5 幅图像分别来自测试集第 5、第 152、第 208、第 716、第 2114 幅图像块，它们都被错分成了第 D 类低矮植被。但是从多光谱真彩色图片(RGB 通道)来看，它们更偏向于裸露的山地、土壤等。为了找到它们被网络分为低矮植被的原因，这里重新审视训练集低矮植被样本，发现一些特殊的图片，将其中一些作为代表展示在图 10－16 中。

图 10－16 训练集第 D 类(低矮植被)部分样本
(103022、103085、104076、104085、110397)多光谱真彩色图片

从图 10－16 可以看到，后 4 张图像和图 10－15 中的图像相当接近，第 1 张图像更像是人造建筑物，但是它们在训练集中被标注为第 D 类(低矮植被)，这可能是导致测试集错分的原因。LCZ 分类结果和地域大小密切相关，图 10－17 是以北京双秀公园为中心，不同地域大小的 LCZ 分类标注结果。

图 10－17 北京双秀公园附近 LCZ 分类

考虑到 LCZ42 是人工标注的，而 32×32 的哨兵 1 号图像对于标注任务来说是困难的。标注人员是在全图感受野下先标注，然后再进行切片操作，因此这里可能需要一个比 32×32 更大的图像块来支持 LCZ 判决。图 10－16 中这些训练集样本之所以被判定成低矮植被，是受到了邻域 8 张图的内容影响，为了验证这个观点，这里尝试着将训练集 32×32 的小图根据边缘相关性拼成 96×96的大图，得到如图 10－18 的结果。

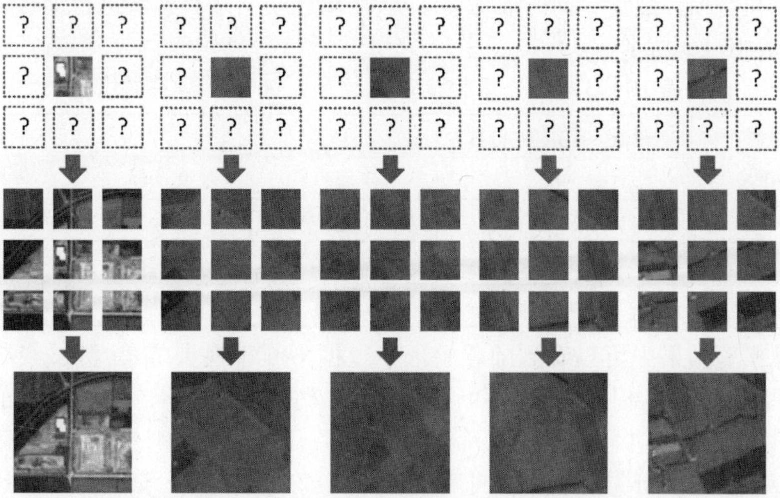

图 10－18　图 10－16 中 5 个低矮植被样本拼图后结果

从 96×96 的大图中可以很清楚地看到这 5 幅训练数据是用于开垦的农业用地，符合第 D 类（低矮植被）的定义。这是通过周围 8 幅图像和中心图像共同组成的语义所判断得到的结果，无法单独通过 32×32 的小图内容得到。第一幅图（训练集第 103022 幅）中心 32×32 图像块确实是人造建筑，但是周围都是开垦的农田。前面提到 LCZ 分类结果受到地域大小的影响，因此第一幅图标注为低矮植被反映了 LCZ42 数据集标注时是在一个比 32×32 更大的地域内进行的，因此用 32×32 的哨兵系列数据来进行分类是欠妥当的。进一步提高 LCZ 分类正确率可以采用非切块的原图来进行，让研究者们自行决定需要的图像块大小。从另一方面来看，人工标注感受野和图像切片大小不一致问题意味着，LCZ42 数据集的标注是拥有噪声的，因此在训练时需要注意避免过拟合，这也是本章采用小网络的出发点。

LCZ42 训练集数据有 352366 个 32×32 的图像块，是光学经典数据集 Cifar10（训练集含有 50000 个 32×32 个图像块，分 10 类）数据量的 7 倍，但是经典网络在 LCZ42 数据集上的表现明显不如 Cifar10 的结果（Cifar10 目前已知最高正确率为0.9653[30])。分析其原因除了前面提到的标注噪声之外,还有一个可能是LCZ42的训练集和测试集取自不同的城市,这些城市因为地域、季节、文化等差异,建筑风格和当地的植物有所区别,导致同一类别的相似性不高,使训练好的网络在测试集上泛化性能变差。这说明想要根据已有城市的LCZ标注数据来对另一个不同的城市进行LCZ分类是困难的。验证集和测试集来自同一个地区,这里将验证集添加到训练集中,为了保证公平,这里的添加过程实际上为随机替换掉数量相同的训练集样本,用同样的网络和参数进行训练得到结果,如表10-3所示。

表10-3 验证集替换不同数量训练样本结果对比

方法	验证集替换样本数目	OA	AA	Kappa系数
DDSN	0	0.5279	0.3665	0.4791
DDSN	6000	0.5333	0.3651	0.4848
DDSN	12000	0.5440	0.3783	0.4967
DDSN	24119(全部)	**0.5554**	**0.3805**	**0.5088**

从实验结果中可以看到随着验证集数据不断替换训练集,测试集结果中OA、AA、Kappa系数三个指标不断变好,分类效果逐渐提升。这验证了前面的观点,即在不同城市间预测是一个困难的任务,而添加和测试集相同城市的数据可以改善最终分类的效果。将来可以研究如何只标注少量甚至极少量测试城市数据样本来提高对剩余未标注样本的预测效果。除此之外,是否可以用半监督的方法,利用大量的没有标签的目标城市数据来提高分类效果,也是一个值得研究的问题。

参考文献

[1] Xie W, Jiao L, Hou B, et al. Polsar image classification via wishart - ae model or wishart - cae model [J]. IEEE Journal of Selected Topics in Applied Earth Observations and Remote Sensing, 2017, 10 (8): 3604 - 3615.

[2] Chen S, Tao C. Multitemporal polsar crops classification using polarimetric feature driven deep convolutional neural network [C] // 2017 International Workshop on Remote Sensing with Intelligent Processing (RSIP). Shanghai: IEEE, 2017: 14.

[3] Chen S, Tao C. Polsar image classification using polarimetric feature driven deep convolutional neural network [J]. IEEE Geoscience and Remote Sensing Letters, 2018, 15(4): 627 - 631.

[4] Chen S, Tao C, Wang X, et al. Polsar target classification using polarimetric feature driven deep convolutional neural network [C] // IGARSS 2018 - 2018 IEEE International Geoscience and Remote Sensing Symposium. Valencia: IEEE, 2018: 4407 - 4410.

[5] Chen S, Tao C, Wang X, et al. Polarimetric sar targets detection and classification with deep convolutional

neural network[C]// 2018 Progress in Electromagnetics Research Symposium (PIERS – Toyama). Toyama:IEEE,2018:2227 – 2234.

[6] Zhang L, Chen Z, Zou B, et al. Polarimetric SAR terrain classification using 3D convolutional neural network [C]// IGARSS 2018 – 2018 IEEE International Geoscience and Remote Sensing Symposium. Valencia: IEEE,2018:4551 – 4554.

[7] Bi H, Sun J, Xu Z. A graph – based semisupervised deep learning model for PolSAR image classification [J]. IEEE Transactions on Geoscience and Remote Sensing,2018,57(4):2116 – 2132.

[8] Bi H, Xu F, Wei Z, et al. An active deep learning approach for minimally supervised polsar image classification[J]. IEEE Transactions on Geoscience and Remote Sensing,2019,57(11):9378 – 9395.

[9] Huang K, Nie W, Luo N. Fully polarized sar imagery classification based on deep reinforcement learning method using multiple polarimetric features[J]. IEEE Journal of Selected Topics in Applied Earth Observations and Remote Sensing,2019,12(10):3719 – 3730.

[10] Guo J, Wang L, Zhu D, et al. Subspace learning network: an efficient convnet for polsar image classification [J]. IEEE Geoscience and Remote Sensing Letters,2019,16(12):1849 – 1853.

[11] Yang C, Hou B, Ren B, et al. Cnn – based polarimetric decomposition feature selection for polsar image classification[J]. IEEE Transactions on Geoscience and Remote Sensing,2019,57(11):8796 – 8812.

[12] Tan X, Li M, Zhang P, et al. Complex valued 3D convolutional neural network for polsar image classification [J]. IEEE Geoscience and Remote Sensing Letters,2020,17(6):1022 – 1026.

[13] Bi H, Xu F, Wei Z, et al. Unsupervised polsar image factorization with deep convolutional networks[C]// IGARSS 2019 – 2019 IEEE International Geoscience and Remote Sensing Symposium. Yokohama: IEEE, 2019:1061 – 1064.

[14] Stewart I D, Oke T R. Local climate zones for urban temperature studies[J]. Bulletin of the American Meteorological Society,2012,93(12):1879 – 1900.

[15] 周亮. 北京城市化过程中的景观格局演变及热岛效应研究[D]. 北京:北京林业大学,2006.

[16] Jing H, Feng Y, Zhang W, et al. Effective classification of local climate zones based on multisource remote sensing data[C]//IGARSS 2019 – 2019 IEEE International Geoscience and Remote Sensing Symposium. Yokohama:IEEE,2019:2666 – 2669.

[17] Feng P, Lin Y, Guan J, et al. Embranchment cnn based local climate zone classification using sar and multispectral remote sensing data[C]// IGARSS 2019 – 2019 IEEE International Geoscience and Remote Sensing Symposium. Yokohama:IEEE,2019:6344 – 6347.

[18] Zhu X X, Hu J, Qiu C, et al. So2sat lcz42: A benchmark dataset for global local climate zones classification [J]. IEEE Geoscience and Remote Sensing Magazine,2020,8(3):76 – 89.

[19] Simonyan K, Zisserman A. Very deep convolutional networks for large – scale image recognition[J]. arXiv preprint arXiv:1409. 1556,2014.

[20] Ioffe S, Szegedy C. Batch normalization: Accelerating deep network training by reducing internal covariate shift[C]//International conference on machine learning. Lille:PMLR,2015:448 – 456.

[21] Zhang Y, Tian Y, Kong Y, et al. Residual dense network for image super – resolution[C]//Proceedings of the IEEE Conference on Computer Vision and Pattern Recognition. Salt Lake City:IEEE,2018:2472 – 2481.

[22] Fan Y, Shi H, Yu J, et al. Balanced two – stage residual networks for image super – resolution[C]// Proceedings of the IEEE Conference on Computer Vision and Pattern Recognition Workshops. Honolulu: IEEE,2017:161 – 168.

[23] Zeiler M D, Fergus R. Visualizing and understanding convolutional networks[C]//European Conference on Computer Vision. Cham: Springer, 2014: 818 - 833.

[24] He K, Zhang X, Ren S, et al. Deep residual learning for image recognition[C]// 2016 IEEE Conference on Computer Vision and Pattern Recognition (CVPR). Lag Vegas: IEEE, 2016: 770 - 778.

[25] Huang G, Liu Z, Der Maaten L V, et al. Densely connected convolutional networks[C]// 2017 IEEE Conference on Computer Vision and Pattern Recognition (CVPR). Honolulu: IEEE, 2017: 2261 - 2269.

[26] Howard A G, Zhu M, Chen B, et al. Mobilenets: Efficient convolutional neural networks for mobile vision applications[J]. arXiv: 1704.04861, 2017.

[27] Yin J, Yang J. Novel formalism and interpretation methods for general compact polarimetric sar[C]// IGARSS 2019 - 2019 IEEE International Geoscience and Remote Sensing Symposium. Yokohama: IEEE, 2019: 3257 - 3260.

[28] Hart P E, Stork D G, Duda R O. Pattern classification[M]. Hoboken: Wiley, 2000

[29] Xie S, Girshick R, Dollar P, et al. Aggregated residual transformations for deep neural networks[C]// 2017 IEEE Conference on Computer Vision and Pattern Recognition (CVPR). Honolulu: IEEE, 2017: 5987 - 5995.

[30] Graham B. Fractional max - pooling[J]. arXiv: 1412.6071, 2014.

第11章

基于混合模型及MRF的极化SAR地物分类

11.1 引　言

地物分类是雷达遥感图像领域的研究热点之一,已经出现了很多较为成熟的算法。极化 SAR 图像的统计特性是根据其数据的统计模型推导出来的,在图像分类中起到很重要的作用。

在众多统计模型中,测量矢量的多元复高斯分布和协方差(或相干)矩阵的复 Wishart 分布是应用最为广泛的模型。基于 Wishart 分布的最大似然(maximum likelihood,ML)分类器的提出是极化 SAR 数据分类研究中里程碑式的成就,Wishart 距离度量也被广泛地用于监督和非监督分类中。1999 年,Lee 等[1]将 H/α 分解和 Wishart 分类器相结合,提出了一种非监督迭代分类算法。之后,Ferro - Famil 等[2]在此基础上引入了极化各向异度性,提出 $H/A/\alpha$ - Wishart 分类。2004 年,Lee 等[3]提出了基于 Freeman 分解和 Wishart 分布的 ML 分类器,实验结果表明该算法是一种性能优良的极化 SAR 分类算法。复高斯分布和复 Wishart 分布是两种经典的用于贝叶斯分类中的统计模型,后来许多算法都直接或间接用到了这两种分布,如复高斯分布和复 Wishart 分布的混合模型[4],基于 Wishart 分布的样本合并算法(sample merging Wishart,SMS)[5]。

基于统计模型的分类算法,分类器的效果仅依赖于统计模型的准确性,但没有利用图像的空间信息,对于地物类别区域不连续、区域形状不规则等难以完全用统计模型拟合的复杂区域,很容易出现误分现象。马尔可夫随机场(Markov random field,MRF)[6]是一种能够充分考虑空间上下文信息的算法框架,MRF 理论框架很长时间以来被用于光学和 SAR 图像分类。1995 年,Yamazaki 等[7]针对遥感图像和纹理图像,建立了一个由观测强度和隐标记过程组成的分层 MRF 模型。Deng 等[8]提出了一种各向异性圆高斯 MRF(anisotropic circular Gaussian MRF,ACGMRF)图像分类模型。Dong 等[9]早些年将 MRF 应用于极化 SAR 图像分类;然后,Wu 等[10]将基于区域的过分割算法与 MRF 相结合,实现了对极化 SAR 图像的有效分类。此外,还发展了三重马尔可夫场及其改进模型[11],基于极化示意图的自适应 MRF 框架[12]等。2015 年,Masjedi 等[13]将 MRF 能量差分函数与支持向量机分类器相关联。实验表明,在分类器中隐喻上下文信息,能够使相干斑对分类结果的影响大大降低。在基于混合模型的研究中,Li 等[14]提出了一种高斯混合模型(Gauss mixture model,GMM) - MRF 方法。Song 等[15]提出了一种混合 WGΓ - MRF(MWGΓ - MRF)的极化 SAR 图像分类模型。

本章针对极化 SAR 数据的混合统计建模及 MRF 模型[16-17],以复杂地形区域中的地物分类为背景,介绍如下内容:首先介绍 2 种混合 Wishart 模型。其次分别将 MRF 与 Wishart、K - Wishart 和混合 Wishart 分布结合,构建 3 个分类模型。其中,为提高算法的鲁棒性和有效性,在 MRF 模型中引入了自适应邻域系统,并利用边缘惩罚项来精确定位图像边缘。最后,将 3 个模型分别用于基于像素和基于区域的分类策略中,进行复杂场景的地物分类。

11.2 极化 SAR 数据的统计模型

极化 SAR 数据的统计建模一直是研究热点之一,由统计模型推导出来的统计特性在图像分类中起到很重要的作用。最经典的统计模型是散射矢量的复多元高斯分布和协方差(或相干)矩阵的复 Wishart 分布,但这两种模型比较适用于均匀区域的建模。针对不均匀区域,许多学者提出了乘积模型和混合模型,其中应用较为广泛的是 K - Wishart 分布与混合复 Wishart 分布。

11.2.1 复高斯分布

对于满足互异性的散射体,散射矢量 $\boldsymbol{k}$ 可以表示为式(2 - 29)的形式。对于均匀区域,$\boldsymbol{k}$ 服从均值为 0 的复高斯分布,其概率密度函数为

$$p^{G}(\boldsymbol{k}) = \frac{1}{\pi^{q}|\boldsymbol{\Sigma}|}\exp(-\boldsymbol{k}^{\mathrm{H}}\Sigma^{-1}\boldsymbol{k}) \tag{11-1}$$

式中:q 为通道数,对于互易散射体的单站极化 SAR 数据,$q=3$;协方差矩阵 $\boldsymbol{\Sigma}=E(\boldsymbol{k}\boldsymbol{k}^{\mathrm{H}})$,$|\boldsymbol{\Sigma}|$表示 $\boldsymbol{\Sigma}$ 的行列式;$\boldsymbol{\Sigma}$ 是 Hermitian 矩阵,即 $\boldsymbol{\Sigma}=\boldsymbol{\Sigma}^{\mathrm{H}}$。

11.2.2 复 Wishart 分布

Lee 等对复高斯分布进行了扩展,将其推广到了多视情况,提出了复 Wishart 分布。极化 SAR 多视处理是通过对若干独立的单视协方差矩阵进行平均来实现的,多视处理后的协方差矩阵为

$$C = \frac{1}{L}\sum_{i=1}^{L} \boldsymbol{k}\boldsymbol{k}^{\mathrm{H}} \tag{11-2}$$

式中：L 表示视数。令矩阵 $\boldsymbol{A}=L\boldsymbol{C}$，则 $\boldsymbol{A}$ 服从复 Wishart 分布。

$$p(\boldsymbol{A}) = \frac{|\boldsymbol{A}|^{L-q}\exp[-\mathrm{tr}(\boldsymbol{\Sigma}^{-1}\boldsymbol{A})]}{R(L,q)\ |\boldsymbol{\Sigma}|^{L}} \tag{11-3}$$

式中：tr(·)表示矩阵的迹；$R(L,q)=\pi^{\frac{1}{2}q(q-1)}\Gamma(n)\cdots\Gamma(L-q+1)$，$\Gamma(\cdot)$为伽马函数。由式(11-3)和 $\boldsymbol{A}=L\boldsymbol{C}$，可得出多视协方差矩阵 $\boldsymbol{C}$ 的复 Wishart 分布为

$$p^{W}(\boldsymbol{C}) = \frac{L^{Lq}\ |\boldsymbol{C}|^{L-q}\exp[-L\mathrm{tr}(\boldsymbol{\Sigma}^{-1}\boldsymbol{C})]}{R(L,q)\ |\boldsymbol{\Sigma}|^{L}} \tag{11-4}$$

11.2.3 K–Wishart 分布

对于不均匀区域，经常使用乘积模型来建模。乘积模型采用具有单位均值的正随机变量来描述介质的纹理特性，协方差矩阵 $\boldsymbol{C}$ 通过纹理分量 μ 和服从 Wishart 分布的矩阵 $\boldsymbol{C}_h$ 的乘积来建模：

$$\boldsymbol{C} = \mu\, \boldsymbol{C}_h \tag{11-5}$$

矩阵 C 的概率密度函数可以通过式(11-4)积分得到

$$p(\boldsymbol{C}) = \int_0^{\infty} p(\mu)p(C_h \mid \mu)\,\mathrm{d}\mu \tag{11-6}$$

式中：$p(\mu)$为纹理分量 μ 的分布。

若纹理分量服从 Gamma 分布，则矩阵 $\boldsymbol{C}$ 服从 K–Wishart 分布，概率密度函数为

$$P^{K}(\boldsymbol{C}) = \frac{2\ |\boldsymbol{C}|^{L-q}}{R(L,q)\Gamma(\sigma)\ |\boldsymbol{\Sigma}|^{L}}(L\sigma)^{\frac{q+Lq}{2}}\cdot(\mathrm{tr}(\boldsymbol{\Sigma}^{-1}\boldsymbol{C}))^{\frac{\sigma-Lq}{2}}K_{\sigma-Lq}(2\sqrt{L\sigma\mathrm{tr}(\boldsymbol{\Sigma}^{-1}\boldsymbol{C})}) \tag{11-7}$$

式中：$K_m(\cdot)$为 m 阶的第二类修正贝塞尔函数；σ 为形状参数。当 σ 趋近于无穷时，μ 为常数，K–Wishart 分布退化为 Wishart 分布。

形状参数 σ 能够表征数据的分布特性[18]。当统计区域数据呈高斯分布时，$\sigma\geqslant 15$，对应比较平滑的区域，如海洋及大多数的农田等；当统计区域的数据呈高度非高斯分布时，σ 数值较小(如小于 2)，对应图像中城区、村庄及田地的边界等；对于一般非匀质区域，σ 数值在两者之间，如图像中的森林等区域。

在本章中，我们将一个像素的 8 邻域当作一个区域，该区域的分布特征参数值作为该像素点的参数值。首先，根据协方差矩阵的对角线元素计算每个像

素点划定区域的相对峰值 RK：

$$\mathrm{RK}=\frac{1}{3}\left(\frac{E\{|S_{\mathrm{HH}}|^2\}}{E\{|S_{\mathrm{HH}}|\}^2}+\frac{E\{|S_{\mathrm{HV}}|^2\}}{E\{|S_{\mathrm{HV}}|\}^2}+\frac{E\{|S_{\mathrm{VV}}|^2\}}{E\{|S_{\mathrm{VV}}|\}^2}\right) \tag{11-8}$$

之后，根据相对峰值计算分布特征参数 σ。相对峰值与区域分布特征参数存在如下关系：

$$\sigma=\frac{\dfrac{Lq+1}{q+1}}{(\mathrm{RK}-1)} \tag{11-9}$$

11.2.4 混合复 Wishart 分布

复 Wishart 分布广泛应用于极化 SAR 图像各种应用中。然而，对于非匀质区域，如城市区域，并不适用于复 Wishart 分布来建模[4]。因此，为适应区域的不均匀性，本小节介绍混合 Wishart 统计模型。

假设一个区域由 K 个 Wishart 分量混合建模，每个 Wishart 分量的中心由 $\Sigma_k k=1,2,\cdots,K$ 来表示，每个分量所占的比重由 π_k 表示。参数 π_k 满足：

$$\sum_{k=1}^{K}\pi_k=1,\quad \pi_k\geqslant 0 \tag{11-10}$$

从统计学的角度来看，Wishart 混合分布中的每个样本都是由 K 个 Wishart 分量中的一个产生的，π_k 则表示该样本由第 k 个分量产生的概率。基于此思想，混合复 Wishart 分布的概率密度函数可以写为

$$P_M^W(\boldsymbol{C})=\sum_{k=1}^{K}\pi_k p^W(\boldsymbol{C})=\sum_{k=1}^{K}\pi_k\frac{L^{Lq}\ |\boldsymbol{C}|^{L-q}\exp\{-L\mathrm{tr}(\boldsymbol{\Sigma}_k^{-1}\boldsymbol{C})\}}{R(L,q)\ |\boldsymbol{\Sigma}_k|^L} \tag{11-11}$$

11.3 混合 Wishart 模型的建模方法

混合模型通过考虑区域的不均匀性来保持空间相关性，从而可更好地描述极化 SAR 图像中的非均匀区域。对于 Wishart 混合模型，目前主要有两种建模方法[17-19]：一种是使用 Wishart 混合模型对整个图像进行建模（mixture Wishart for a whole image，MWW）；另一种则是使用 Wishart 混合模型对图像中的一类数据进行建模（mixture Wishart for a class，MWC）。本节将介绍这两种建模方法，并用实测极化 SAR 数据比较它们的分类性能。

11.3.1 基于整幅图像的混合 Wishart 模型

若基于整幅图像进行混合建模，则每一个分量对应于图像中一个类别的数

据,因此混合模型中 Wishart 分量的个数与图像中包含目标类别数相同。下面将此模型简称为 MWW 模型。假设图像共包含 K 类目标,则其概率密度函数为

$$P_M^W(\boldsymbol{C}) = \sum_{k=1}^{K} \pi_k p^W(\boldsymbol{C}) = \sum_{k=1}^{K} \pi_k \frac{L^{Lq} \ |\boldsymbol{C}|^{L-q} \exp\{-L\mathrm{tr}(\boldsymbol{\Sigma}_k^{-1}\boldsymbol{C})\}}{R(L,q)\ |\boldsymbol{\Sigma}_k|^L} \tag{11-12}$$

式中:$\Sigma_k, k=1,2,\cdots K$ 为每一类数据的类中心;π_k 为每一个分量所占的比重。这两个参数用期望最大化算法(expectation maximization,EM)进行更新,并通过对数似然函数最大进行估计,具体计算公式如下:

$$\Sigma_k = \frac{\sum_{i=1}^{N} \dfrac{\pi_k p^W(\boldsymbol{C}_i)}{\sum_{k=1}^{K} \pi_k p^W(\boldsymbol{C}_i)} \boldsymbol{C}_i}{\sum_{i=1}^{N} \dfrac{\pi_k p^W(\boldsymbol{C}_i)}{\sum_{k=1}^{K} \pi_k p^W(\boldsymbol{C}_i)}} \tag{11-13}$$

$$\pi_k = \frac{1}{N} \sum_{n=1}^{N} \frac{\pi_k p^W(\boldsymbol{C}_i)}{\sum_{k=1}^{K} \pi_k p^W(\boldsymbol{C}_i)} \tag{11-14}$$

式中:N 为图像中全部像素的个数。

基于 MWW 模型的分类流程如图 11-1 所示,具体如下:

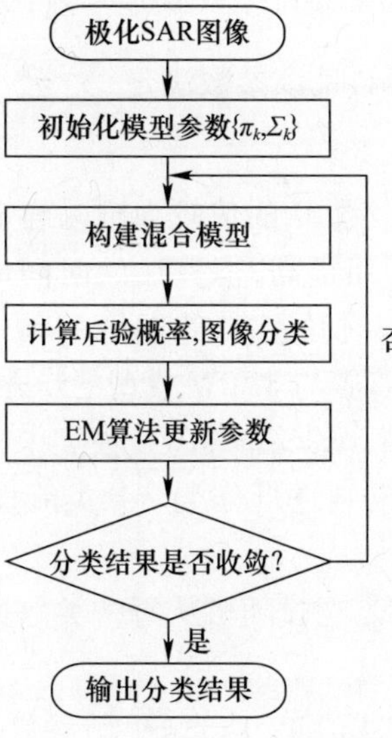

图 11-1　基于 MWW 模型的分类流程

(1) 初始化模型参数。通过从图像每一类数据中随机选择一个像素对参数Σ_k 进行初始化,π_k 初始化为 $1/K$。

(2) 根据Σ_k、π_k 计算像素的后验概率,基于最大后验概率准则(maximum a posteriori,MAP)实现图像分类。

(3) 利用式(11-13)与式(11-14)更新参数。

(4) 返回第(2)步更新分类结果,直到结果收敛。收敛的条件可为本次分类结果与上一次分类结果相比,标签变化像素的数量占总像素数量的比例小于1%。

11.3.2 基于单一地物类型的混合 Wishart 模型

11.3.1 节介绍的混合 Wishart 模型是基于整幅图像进行建模,因此,每一类数据仅由一个 Wishart 分量来描述。Gao 等[4] 提出了另一种基于单一数据类型建模的混合 Wishart 模型,即用多个 Wishart 分量来描述一类目标的数据,将此模型简称为 MWC 模型。对于第 k 类目标,若用 M 个 Wishart 分布来构建混合模型,则其概率密度函数为

$$\begin{aligned} P_M^W(\boldsymbol{C}) &= \sum_{m=1}^{M} \pi_m^k p^W(\boldsymbol{C}) \\ &= \sum_{m=1}^{M} \pi_m^k \frac{L^{Lq} \ |\boldsymbol{C}|^{L-q} \exp\{-n\mathrm{tr}(\boldsymbol{\Sigma}_m^k \backslash \boldsymbol{C})\}}{R(L,q) \ |\boldsymbol{\Sigma}_m^k|^n} \end{aligned} \tag{11-15}$$

式中:$\boldsymbol{\Sigma}_m^k, m=1,2,\cdots,M$ 为第 k 类目标数据的每一个 Wishart 分量的中心。每一个分量的占比由参数 π_m^k 表示,且该参数满足 $\sum_{m=1}^{M} \pi_m^k = 1$,$\pi_m^k \geqslant 0$。$\boldsymbol{\Sigma}_m^k$、$\pi_m^k$ 依然基于 EM 算法进行更新。

该模型中,混合分量的个数 M 的值较为难以确定。理论上,分类的总精度会随着混合分量的数量增加而提高,但算法的时间成本也会增加。在 11.3.3 节实验中,为权衡分类精度与时间成本,我们将 M 的值设为 6。

基于 MWC 模型的分类步骤与 MWW 模型的步骤不同。基于 MWW 模型的分类算法是利用 EM 算法进行分类;而 MWC 模型中,仅将 EM 算法用于更新模型参数,然后基于极大似然准则进行分类。分类流程如图 11-2 所示,具体步骤如下:

(1) 初始化模型参数。$\boldsymbol{\Sigma}_m^k$ 通过随机从每一类数据的训练集中选取 M 个像素来初始化,π_m^k 初始化为 $1/M$。

(2) 通过式(11-13)和式(11-14)来更新参数,需要注意的是,式中参数 N 代表每类数据训练集的样本数量。参数更新的迭代停止条件如式(11-16)

和式(11-17)所示，其中$(\boldsymbol{C}_m^k)^{(i)}$和$(\boldsymbol{\pi}_m^k)^{(i)}$表示本次计算所得的类中心与比重，$(\boldsymbol{C}_m^k)^{(i-1)}$和$(\boldsymbol{\pi}_m^k)^{(i-1)}$是上次迭代计算所得的类中心与比重。

$$\frac{1}{2}\mathrm{tr}((C_m^k)^{(i)}/(C_m^k)^{(i-1)}+(C_m^k)^{(i-1)}/(C_m^k)^{(i)})-q<\delta_C \quad (11-16)$$

$$|(\boldsymbol{\pi}_m^k)^{(i)}-(\boldsymbol{\pi}_m^k)^{(i-1)}|<\delta_\pi \quad (11-17)$$

(3) 为每一类数据构建混合模型。

(4) 基于 ML 准则进行图像分类。

实验中，我们将 δ_C 与 δ_π 的值设为10^{-3}。通常情况下，参数的计算能够在 50 次迭代内收敛。

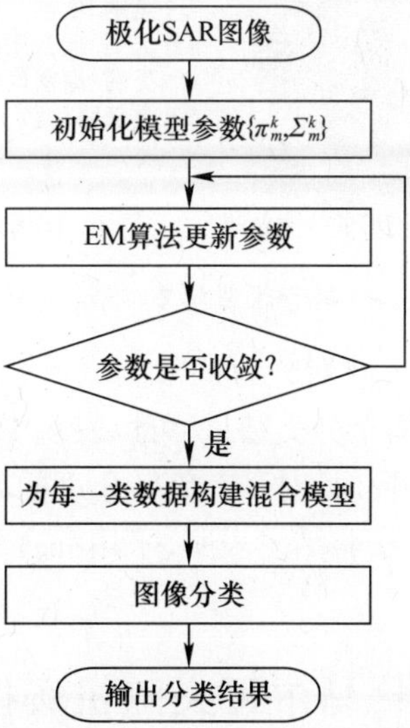

图 11-2　基于 MWC 模型的分类流程

11.3.3 混合建模方法比较

我们用一幅实测极化 SAR 数据来比较两种混合建模方法的分类性能。实验使用 Radarsat-2 卫星获取的美国旧金山港湾 C 波段全极化数据，入射角度为 28.02°~29.82°，该图像获取于 2008 年 4 月 9 日，图像大小为 1453×1387。该数据利用 7×7 窗口的 Lee 滤波进行降噪，图 11-3(a)显示了该地区的 Pauli 伪彩色图，图中有明显的海洋、森林、城市 3 类主要区域。

从图 11-3 的分类结果中，我们可以看出与 MWW 模型相比，MWC 方法的分类效果更好，尤其在海洋和城市区域。观察图 11-3(b)和图 11-3(c)的图像右侧，海洋边缘建筑物的强后向散射对 MWW 模型影响很大，导致了误分类。

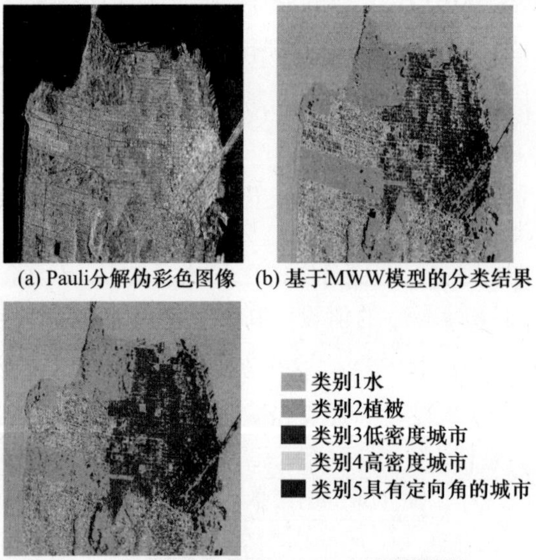

(a) Pauli分解伪彩色图像　(b) 基于MWW模型的分类结果

(c) 基于MWC模型的分类结果　(d) 图例说明

图 11－3　混合模型分类结果(见彩图)

根据已有文献,我们将城市区域划分为低密度城市、高密度城市和具有明显定向角的旋转城市三类,对比两个分类结果,可以发现 MWC 模型比 MWW 模型能更好地区分三类城市区域。同时,对于有旋转角度的城区,基于 MWC 模型的分类结果中区域完整度更高。实验结果表明,采用混合分布对单一地物类型数据的建模精度较高。

11.4 马尔可夫随机场模型

11.4.1 马尔可夫随机场

马尔可夫随机场(MRF)理论提供了一种对图像上下文信息进行建模的简便方法,被广泛用于图像处理中。

假设图像由一个二维网格 S 表示:

$$S = \{s_{xy}, 1 \leqslant x \leqslant m, 1 \leqslant y \leqslant n\} \tag{11-18}$$

式中:s_{xy} 为坐标为 (x, y) 的像素值;m 与 n 为图像的行数与列数。假设 $X = \{x_i, i \in S\}$ 是一个定义在 S 上的随机场,若 X 满足以下两个条件,则称 X 是一个马尔可夫随机场:

$$\begin{aligned} &p(x_i) > 0 \\ &p(x_i \mid x_{S \backslash i}) = p(x_i \mid x_{\eta_i}) \end{aligned} \tag{11-19}$$

式中：$S\backslash i$ 为图像中除去像素 i 之外的所有像素；η_i 为像素 i 的邻域。根据 Hammersley－Clifford 定理[20]，MRF 联合概率密度函数可由 Gibbs 分布给出。Gibbs 分布的形式为

$$P(x)=\frac{1}{Z}\exp\left(-\frac{1}{T}U(x)\right) \tag{11-20}$$

式中：T 为形状参数，在实际中一般取 1；$Z=\sum_{i=1}^{K}\exp\{U(x_i)\}$ 是归一化系数；$U(x)=\sum_{C\in\xi}V_C(x)$ 是能量函数，C 表示一个基团，ξ 代表邻域 η 中所有基团的集合，$V_C(x)$ 是势函数。MRF 的能量函数定义为

$$U(x_i)=-\beta\sum_{j\in\eta_i}\delta(x_i-x_j) \tag{11-21}$$

式中：β 为空间平滑参数，$\beta>0$，该参数起到让相邻的像素具有相同标签的作用[21]。

11.4.2 自适应邻域系统

MRF 通过利用图像的空间信息来减轻噪声对分类结果的影响，但是固定的邻域容易导致分类过程中忽略图像的细小结构。为解决这一问题，提出了自适应邻域[22]来保持图像的细节。自适应邻域系统共包含 5 个候选对象 $\boldsymbol{\eta}=\{\eta_1,\eta_2,\cdots,\eta_5\}$，如图 11－4 所示。5 个候选对象分别对应了 5 种不同的基本形状，根据式(11－22)来选择最合适的邻域系统。

$$\boldsymbol{\eta}=\arg\min_{i\in\{1,2,\cdots,5\}}\operatorname{std}(\operatorname{Span}(\boldsymbol{\eta}_i)) \tag{11-22}$$

式中：Span(·)表示邻域系统 $\boldsymbol{\eta}_i$ 中像素的 Span 值；std(·)表示标准差。通过引入自适应邻域系统，MRF 模型能够更好地拟合真实地形。

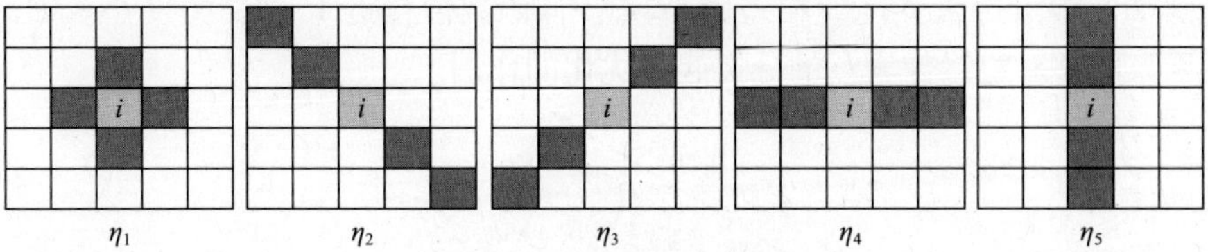

图 11－4　自适应邻域系统

11.4.3 边缘惩罚参数

通过将自适应邻域系统引入 MRF 模型中，起到保持图像细小结构的作用，但在 SAR 图像中依然不能准确识别边缘位置。对于弱边缘区域，依然容易将区

域边缘的像素误分。为提高分类模型的鲁棒性，我们将一个边缘惩罚参数引入 MRF 模型。

Schou J 等提出的 CFAR 边缘检测算子[23]是一种像素级的边缘检测算子，该算法能够很好地计算像素的边缘强度。对每一个像素用一组不同方向的检测器组进行边缘检测，每个检测器利用长度 l_f、宽度 w_f、检测器间距 d_f 和两个方向间的角增量 Δv_f 来描述，如图 11-5 所示。计算窗口中像素的平均协方差矩阵，用基于复 Wishart 分布的似然比来评价两个矩阵的等价关系：

$$Q = \frac{(L_x + L_y)^{q(L_x+L_y)}}{L_x^{qL_x} L_y^{qL_y}} \frac{|\boldsymbol{Z}_x|^{L_x} |\boldsymbol{Z}_y|^{L_y}}{|\boldsymbol{Z}_x + \boldsymbol{Z}_y|^{L_x+L_y}} \tag{11-23}$$

式中：$\boldsymbol{Z}_x$ 和 $\boldsymbol{Z}_y$ 为中心像素两边的平均协方差矩阵；L_x 和 L_y 为视数。对每个像素用 n 个不同方向的检测器，如 $n=4$ 时，则检测器分别对应 0°、45°、90°和 135°方向倾角。用 $Q_{\min}$ 表示所有方向中计算得到的最小 Q 值，则像素的边缘强度定义为 $-2\rho\log Q_{\min}$。若 $-2\rho\log Q_{\min}$ 大于给定阈值，则判定该像素为边缘点。参数 ρ 定义为

$$\rho = 1 - \frac{2q^2-1}{6q}\left(\frac{1}{L_x} + \frac{1}{L} - \frac{1}{L_x + L_y}\right) \tag{11-24}$$

提取边缘信息后，采用文献[15]中的方法来定义边缘惩罚函数：

$$g(e_i, e_j) = \exp\left(\frac{-(e_i - e_j)^2}{\text{edge\_}c^2}\right) \tag{11-25}$$

式中：e_i 代表像素 i 的边缘强度；$\text{edge\_}c^2$ 是一个常数，用来平衡边缘强度与上下文信息。将边缘惩罚项加入 MRF 能量函数式(11-21)，我们可以得到

$$U_{edge}(x_i) = -\beta \sum_{j \in \eta_i} \delta(x_i - x_j) \cdot g(e_i, e_j) \tag{11-26}$$

当两个像素点的边缘强度值相差较大，$g(\cdot)$ 函数值接近 0，惩罚力度大；当两个像素点边缘强度值相差较小，$g(\cdot)$ 函数值接近 1，惩罚力度小。因此，该函数能够对边缘像素点的分类起到优化的作用。

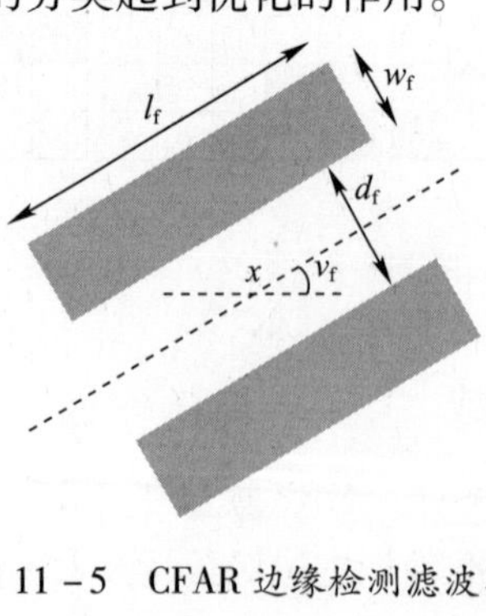

图 11-5 CFAR 边缘检测滤波器

11.5 基于 MRF 的极化 SAR 图像分类

本节将介绍 MRF 模型在基于像素以及基于区域的极化 SAR 图像分类中的用法。

11.5.1 基于像素的极化 SAR 图像分类

基于像素的图像分类任务是以单个像素为单位估计图像中像素的类别标签。定义 $Y=\{y_i,i\in S\}$ 为待观测数据，$X=\{x_i,i\in S\}$ 为 Y 的类标签，利用 MAP 准则进行分类。根据贝叶斯公式，可以得到

$$P(x_i|y_i)=\frac{p(y_i|x_i)P(x_i)}{P(y_i)} \tag{11-27}$$

$P(y_i)$ 的取值与 x_i 无关。因此，当先验概率与似然概率均已知时，x_i 的取值由 MAP 准则决定：

$$\begin{aligned}\hat{x}_i &= \arg\max_{x_i\in\{1,\cdots,K\}}\{P(x_i|y_i)\}\\ &= \arg\max_{x_i\in\{1,\cdots,K\}}\{p(y_i|x_i)P(x_i)\}\end{aligned} \tag{11-28}$$

式中：$P(x_i)$ 为类标签的先验概率；$p(y_i|x_i)$ 为待观测数据的条件概率。将式(11-4)、式(11-7)与式(11-28)相结合，我们能够得到 Wishart-MRF (WMRF)与 K-Wishart-MRF(KMRF)两个模型，即

$$p^{\mathrm{WMRF}}(x_i|\boldsymbol{C}_i)=\frac{L^{qL}|\boldsymbol{C}_i|^{L-q}\exp\{U_{\mathrm{edge}}(x_i)-L\mathrm{tr}(\boldsymbol{\Sigma}_k^{-1}\boldsymbol{C}_i)\}}{R(L,q)|\boldsymbol{\Sigma}_k|^L\sum\limits_{x_i=1}^{K}\exp\{U_{\mathrm{edge}}(x_i)\}} \tag{11-29}$$

$$p^{\mathrm{KMRF}}(x_i|\boldsymbol{C}_i)=\frac{2|\boldsymbol{C}_i|^{L-q}\exp\{U_{\mathrm{edge}}(x_i)\}}{R(L,q)\Gamma(\sigma)|\boldsymbol{\Sigma}_k|^L\sum\limits_{x_i=1}^{K}\exp\{U_{\mathrm{edge}}(x_i)\}}(L\sigma)^{\frac{\sigma+Lq}{2}}\cdot (\mathrm{tr}(\boldsymbol{\Sigma}_k^{-1}\boldsymbol{C}_i))^{\frac{\sigma-Lq}{2}}K_{\sigma-Lq}\left(2\sqrt{L\sigma\mathrm{tr}(\boldsymbol{\Sigma}_k^{-1}\boldsymbol{C}_i)}\right) \tag{11-30}$$

对于 MWC 模型，通过将 MRF 模型嵌入 MWC 模型的每一个分量中，从而构建了混合 Wishart-MRF(MWMRF)模型。

$$p_M^{\mathrm{WMRF}}(x_i|\boldsymbol{C}_i)=\sum_{m=1}^{M}\pi_m^k\frac{L^{Lq}|\boldsymbol{C}_i|^{L-q}\exp\{-n\mathrm{tr}(\boldsymbol{\Sigma}_m^k\backslash\boldsymbol{C}_i)\}}{R(L,q)|\boldsymbol{\Sigma}_m^k|^L}\cdot\frac{\exp\{U_{\mathrm{edge}}(x_i)\}}{\sum\limits_{x_i=1}^{K}\exp\{U_{\mathrm{edge}}(x_i)\}} \tag{11-31}$$

11.5.2 基于区域的极化 SAR 图像分类

MRF 模型也可用于图像过分割中的边界调整[24]，在得到最终的分割区域后，再进行基于区域的图像分类。首先图像被分割为大量大小相等的方格区域，然后用 WMRF 模型去调节分割边界，最后用 Wishart - ML 分类器以区域为单位进行地物分类。本小节中，我们介绍一种快速分割边界调整算法。

首先，图像被划分为边长为 r 的方格区域，并且互不重叠。在构建 MRF 模型前，利用自适应邻域选择出最合适的邻域系统。由于基于区域的分类算法每个区域像素点较少，MWMRF 模型需要进行较多的参数估计，不适合用于区域的边界调整，因此本小节仅考虑 WMRF 和 KMRF 这两个模型。假设 $\boldsymbol{\Sigma}_a = \left(\sum_{n=1}^{N_a} \boldsymbol{C}_{a,n}\right) / N_a$ 为区域 a 的平均协方差矩阵，N_a 表示区域 a 中像素个数，$\boldsymbol{C}_{a,n}$ 表示区域 a 中第 n 个像素的协方差矩阵。基于区域的 WMRF 和 KMRF 模型定义为

$$
\begin{aligned}
p^{\mathrm{WMRF}}(x_i \mid \boldsymbol{C}_i) &= \frac{L^{qL} \ |\boldsymbol{C}_i|^{L-q} \exp\{U_{\mathrm{edge}}(x_i) - L\mathrm{tr}(\boldsymbol{\Sigma}_a^{-1} \boldsymbol{C}_i)\}}{R(L,q) \ |\boldsymbol{\Sigma}_a|^L \sum_{x_i=1}^{K} \exp\{U_{\mathrm{edge}}(x_i)\}} \\
p^{\mathrm{KMRF}}(x_i \mid \boldsymbol{C}_i) &= \frac{2|\boldsymbol{C}_i|^{L-q} \exp\{U_{\mathrm{edge}}(x_i)\}}{R(L,q)\Gamma(\sigma) \ |\boldsymbol{\Sigma}_a|^L \sum_{x_i=1}^{K} \exp\{U_{\mathrm{edge}}(x_i)\}} (n\sigma)^{\frac{\sigma+Lq}{2}} \cdot \\
&\quad (\mathrm{tr}(\boldsymbol{\Sigma}_a^{-1} \boldsymbol{C}_i))^{\frac{\sigma-Lq}{2}} K_{\sigma-Lq}(2\sqrt{L\sigma \mathrm{tr}(\boldsymbol{\Sigma}_a^{-1} \boldsymbol{C}_i)})
\end{aligned}
\tag{11-32}
$$

利用 MAP 准则和 ICM(iterative conditional mode)[25-26]算法来调整分割边界，这一过程称为软分割。在这一步骤的每一次迭代中，像素 i 的后验概率只需要与该像素所在区域的邻域 $\boldsymbol{\eta}_a$ 进行比较。区域邻域的概念与像素邻域不同，图 11 - 6 展示了区域邻域的示意图。在每次迭代结束时，检查分割结果，并将太小的区域分配到相邻区域中，这一操作可以减少计算成本并避免孤立像素点。根据式(11 - 28)和式(11 - 32)，像素 i 的标签可由式(11 - 33)估计：

$$
\begin{aligned}
\hat{x}_i &= \arg\max_{x_i \in \eta_a} \left\{ \frac{L^{qL} \ |\boldsymbol{C}_i|^{L-q} \exp\{U_{\mathrm{edge}}(x_i) - L\mathrm{tr}(\boldsymbol{\Sigma}_a^{-1} \boldsymbol{C}_i)\}}{R(L,q) \ |\boldsymbol{\Sigma}_a|^L \sum_{x_i=1}^{K} \exp\{U_{\mathrm{edge}}(x_i)\}} \right\} \\
\hat{x}_i &= \arg\max_{x_i \in \eta_a} \left\{ \begin{aligned} &\frac{2|\boldsymbol{C}_i|^{L-q} \exp\{U_{\mathrm{edge}}(x_i)\}}{R(L,q)\Gamma(\sigma) \ |\boldsymbol{\Sigma}_a|^L \sum_{x_i=1}^{K} \exp\{U_{\mathrm{edge}}(x_i)\}} (L\sigma)^{\frac{\sigma+Lq}{2}} \cdot \\ &(\mathrm{tr}(\boldsymbol{\Sigma}_a^{-1} \boldsymbol{C}_i))^{\frac{\sigma-Lq}{2}} K_{\sigma-Lq}(2\sqrt{L\sigma \mathrm{tr}(\boldsymbol{\Sigma}_a^{-1} \boldsymbol{C}_i)}) \end{aligned} \right\}
\end{aligned}
\tag{11-33}
$$

需要注意的是,式(11－33)是用来调整边界的,而不是用来得到最终的分类结果,x_i 表示分割区域的编号。经过软分割后,将每一个区域作为图像的基本单元,采用 Wishart－ML 算法得到最终的分类结果。

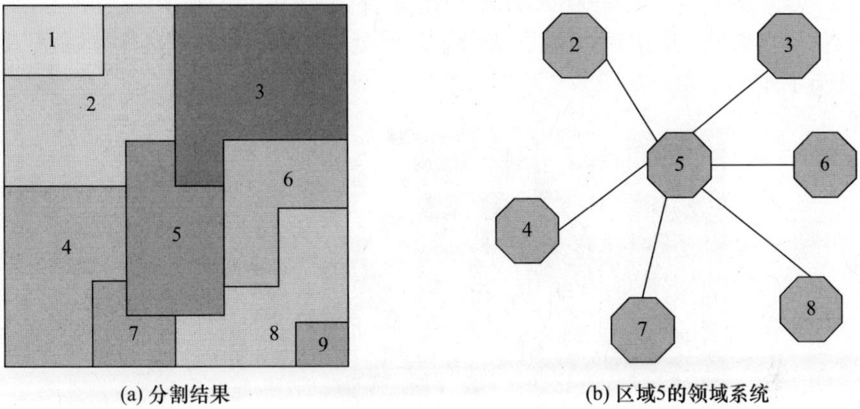

图 11－6　区域邻域示意图

基于区域的分类算法具体步骤如下:

(1) 将图像分割成 $I=\lceil m/r\rceil\times\lceil n/r\rceil$ 个大小相同的方格区域,且互不重叠。定义 $X=\{x_a,a=1,2,\cdots,I\}$ 表示区域的标签。

(2) 计算每一个区域的平均协方差矩阵 Σ_a。

(3) 利用式(11－33)调整分割区域边界。

(4) 检查分割结果。若区域面积小于阈值 p,则将该区域与其相邻区域合并,参数 p 定义了区域的最小面积。

(5) 检查分割结果是否收敛。若未收敛,返回步骤(2);若已收敛,则结束迭代,得到分割结果。

(6) 计算每个区域的平均协方差矩阵 Σ_a,以区域为单位,用 Wishart－ML 算法得到最终分类结果。

11.6 实验与分析

11.6.1 数据介绍

本章选用三幅极化 SAR 图像进行实验验证,其中两幅是农田区域数据,一幅是城市区域数据,Pauli 伪彩色图和地面真值图如图 11－7 所示。第一幅数据是 1989 年 NASA/JPL AIRSAR 在荷兰 Flevoland 地区收集的 L 波段农田数据,实验中采用 400×280 像素的子图。该区域共包含 8 类地物,分别是裸地、大麦、紫苜蓿、豌豆、土豆、油菜、甜菜和小麦。第二幅数据是 C 波段 Radarsat - 2 在德国 Wallerfing 区域获取的农田数据，获取时间是 2014 年 5 月 28 日。第三幅数据是 Radarsat - 2 于中国福建省长乐区域获取的数据，获取时间为 2013 年 11 月 13 日，实验截取了 520×500 大小的子图，主要包含 3 类地物，分别是城市、水域和森林。实验数据均用 Lee 滤波进行了降噪处理，MRF 中的空间平滑参数 β 值设置为 1.4[21]。

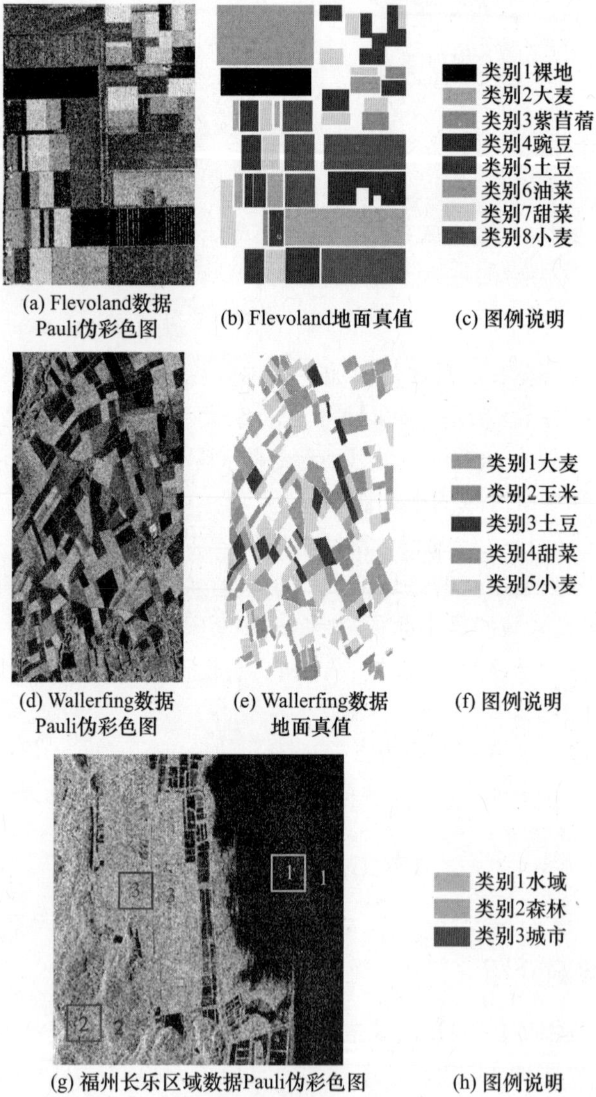

图 11-7　极化 SAR 数据 Pauli 伪彩色图及真值(见彩图)

11.6.2 基于像素的分类

1. Flevoland 数据分类结果与分析

本小节展示了基于 WMRF、KMRF 与 MWMRF 三个模型的基于像素的分类结果,MWMRF/e 表示没有边缘惩罚函数的 MWMRF 模型。三个模型的分类结果如图 11 - 8 至图 11 - 10 所示。Flevoland 数据与 Wallerfing 数据的分类结果总准确率(overall accuracy,OA)与 Kappa 系数值如表 11 - 1 和表 11 - 2 所示。

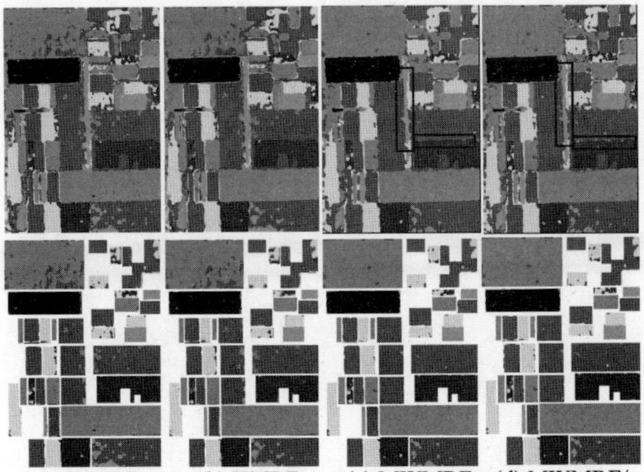

(a) WMRF　(b) KMRF　(c) MWMRF　(d) MWMRF/e

图 11 - 8　Flevoland 数据基于像素的分类结果(见彩图)

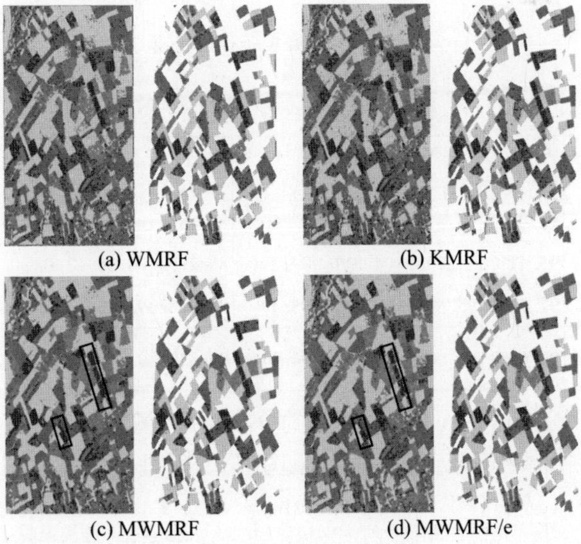

(a) WMRF　(b) KMRF

(c) MWMRF　(d) MWMRF/e

图 11 - 9　Wallerfing 数据基于像素的分类结果(见彩图)

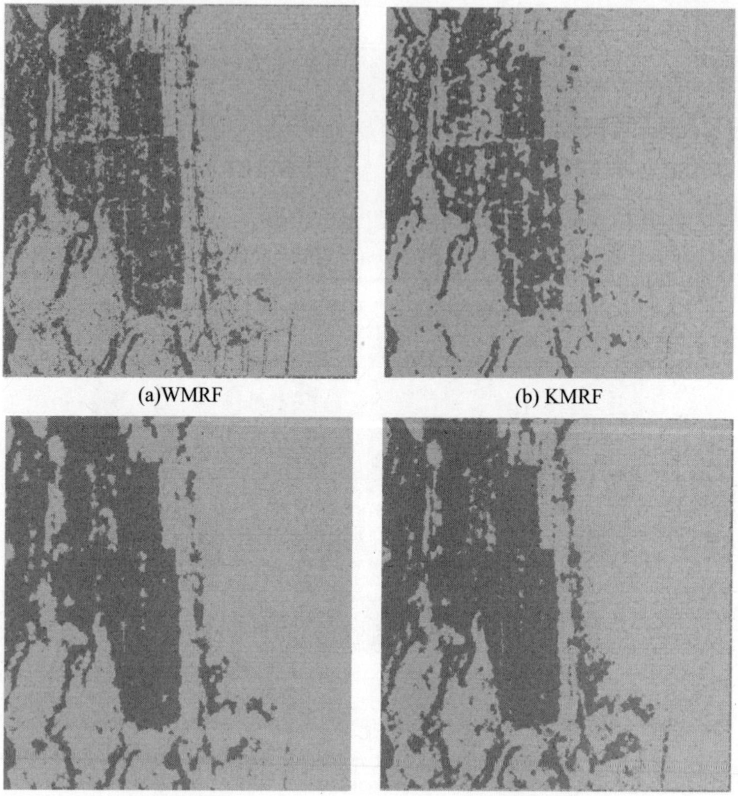

(a)WMRF (b) KMRF

(c) MWMRF (d) MWMRF/e

图 11-10 福建数据基于像素的分类结果

表 11-1 基于像素的 Flevoland 数据分类结果及评价

模型	Class 1 裸地	Class 2 大麦	Class 3 紫苜蓿	Class 4 豌豆	Class 5 土豆	Class 6 油菜	Class 7 甜菜	Class 8 小麦	OA	Kappa
WMRF	97.56%	95.49%	93.83%	94.37%	92.51%	87.88%	86.75%	90.30%	91.56%	0.9005
KMRF	97.58%	95.41%	94.10%	94.51%	92.39%	89.29%	88.35%	90.94%	92.12%	0.9071
MWMRF	**97.59%**	**97.74%**	**95.64%**	**95.71%**	**95.49%**	**98.03%**	**93.25%**	**96.74%**	**96.44%**	**0.9580**
MWMRF/e	97.37%	97.62%	95.00%	95.47%	94.97%	97.33%	92.65%	96.35%	96.02%	0.9530

图 11-8 展示了 Flevoland 数据集的分类结果，场景中包含不同农作物和裸地共 8 类地物。第一行展示了分类结果图，第二行是对应真值图区域的分类结果，以便对主要区域的分类情况进行分析。

通过对比图 11-8 的分类结果，可以看出基于 MWMRF 模型的分类结果最好，误分的像素点数量明显降低。尤其是油菜（绿色）区域和小麦（紫红色）区域，MWMRF 模型对这两类目标的区分度明显高于另外两个模型，区域的完整性保持更好。对比图 11－8(c)和图 11－8(d)中用黑色方框圈出的部分，可以看出使用了边缘惩罚函数的模型分类结果的边缘更加完整平滑。此外，根据表 11－1展示的数据可以看出，MWMRF 模型的 OA 值和 Kappa 系数值是最高的，分别是 96.44% 和 0.9580，且每一类数据的分类准确率均为最优。

根据以上对分类结果的分析可知，与其他两个模型相比，MWMRF 模型对农田场景的极化 SAR 数据分类效果较好，并且能够通过利用空间信息减少噪声的影响。

2. Wallerfing 数据分类结果与分析

表 11－2　基于像素的 Wallerfing 数据分类结果评价

模型	Class1 大麦	Class 2 玉米	Class 3 土豆	Class 4 甜菜	Class 5 小麦	OA	Kappa
WMRF	88.31%	73.44%	58.81%	79.95%	92.38%	82.25%	0.7563
KMRF	88.24%	74.27%	61.59%	79.76%	92.19%	82.47%	0.7609
MWMRF	**90.47%**	**79.15%**	**63.30%**	**83.79%**	**92.72%**	**84.40%**	**0.7854**
MWMRF/e	86.13%	79.12%	48.98%	84.24%	95.13%	84.04%	0.7783

为进一步验证模型对农田场景的分类有效性，我们将分类模型用于德国 Wallerfing 农田数据的分类。虽然同样是农田数据，但与 Flevoland 农田数据相比，Wallerfing 地区的农田数据区域面积较小，形状非常不规则，且区域之间的边缘较弱，分类难度更大。图 11－9 展示了该数据的分类结果，其中第一列是分类结果图，第二列是对应地面真值数据的分类结果。

通过对比图 11－9 的结果，可以看出基于 MWMRF 模型的分类结果在视觉效果上是最好的，不仅区域完整性优于另外两个模型，而且对土豆(红色)和甜菜(绿色)这两类数据的区分度也更高。从表 11－2 中的数据也可以看出，MWMRF 模型对这两类数据的分类准确率要明显高于另外两个模型。同样，对比图 11－9(c)和图 11－9(d)中用黑色方框圈出的部分，可以看出使用边缘惩罚函数的模型分类结果受到噪声干扰更小，分类结果的区域完整性更高，边缘更加完整。MWMRF 模型的 OA 值和 Kappa 系数值是最高的，别是 84.4% 和 0.7854。

MWMRF 模型能够对极化 SAR 农田场景进行有效的分类，加入自适应邻域与边缘惩罚函数的 MRF 模型能够充分利用空间信息，优化分类结果。

3. 福建长乐区域分类结果与分析

前述两幅数据均为农田场景，为验证模型对其他自然地物场景的分类效果，我们将分类模型用于福建长乐地区数据的分类。用于实验的图像主要包含了森林、城市和水域三种地物类型。其中，城市区域属于不均匀区域，且图像中城市区域与森林区域的边界极不清晰，分类难度较大。

由于缺少该区域的地面真值图,我们仅对分类效果进行定性分析。根据图 11－10展示的结果,依然是 MWMRF 模型的分类结果最优,尤其是城市区域。该模型的分类结果具有较好的区域完整性和较低的噪点。对比图 11－10(c)和图 11－10(d)可以看出,使用边缘惩罚函数的分类结果在海岸线和森林与城市之间的边缘定位更加准确。

11.6.3 基于区域的分类

基于区域的分类算法结果如图 11－11 至图 11－13 所示。实验中,我们设置参数 $r=10$,$p=25$,则图像首先被分割成若干 10×10 的方格,然后用基于 MRF 的统计模型调整分割边界,每一个分割区域的面积不得小于 25 个像素点。分割的结果如图 11－11(a)～图 11－11(b)、图 11－12(a)～图 11－12(b)与图 11－13(a)～图 11－13(b)所示,最终的分类结果利用 Wishart－ML 分类器对分割区域进行分类得到。表 11－3 与表 11－4 给出了两幅农田数据的分类准确率与 Kappa 值。

1. Flevoland 数据分类结果与分析

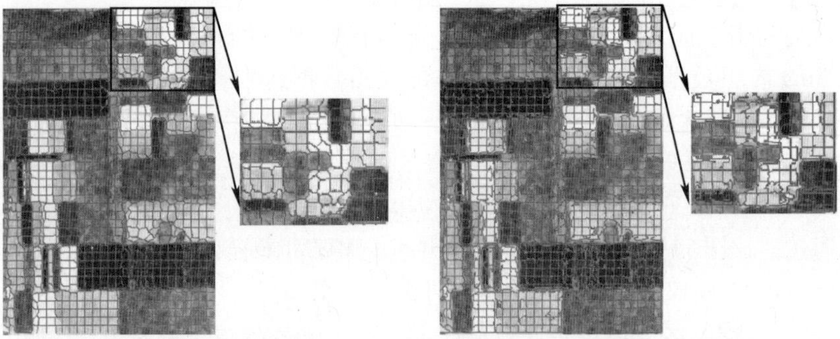

(a) 基于WMRF模型的分割结果　(b) 基于KMRF模型的分割结果

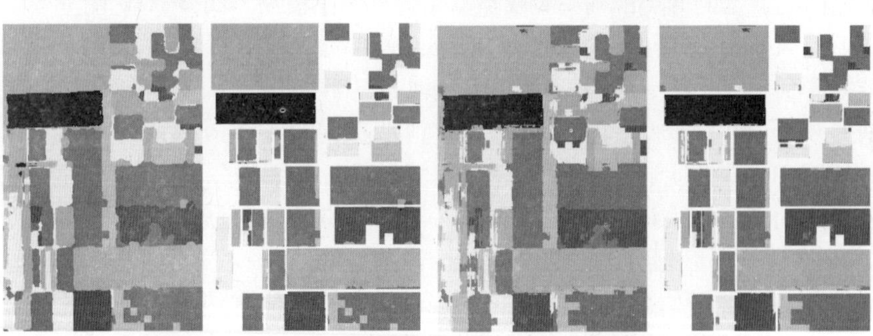

(c) WMRF分类结果　(d) KMR分类结果

图 11－11　基于区域的 Flevoland 数据分割与分类结果

表 11-3　基于区域的 Flevoland 数据分类结果评价

模型	Class1 裸地	Class2 大麦	Class3 紫苜蓿	Class4 豌豆	Class5 土豆	Class6 油菜	Class7 甜菜	Class8 小麦	OA	Kappa
WMRF	**99.64%**	**95.35%**	**91.87%**	**90.77%**	**99.95%**	**93.00%**	**93.00%**	**88.59%**	**93.46%**	**0.9231**
KMRF	97.01%	87.37%	84.69%	89.58%	89.41%	98.24%	87.63%	87.93%	90.45%	0.8879

从图 11-11(a)~图 11-11(b)中的分割结果中可以看出,两种模型均能实现对 Flevoland 数据的分割,其中基于 KMRF 模型的分割结果区域边缘更加精确。但是,通过仔细对比分割区域的边界线,可以看出基于 WMRF 模型的分割结果更加均匀,区域边缘完整性更高。相比之下,基于 KMRF 模型的分割结果不够平滑,对图像的纹理比较敏感。从图 11-11(c)~图 11-11(d)的分类结果中可以看出,由于基于区域算法的分类结果在很大程度上依赖于分割结果,因此 WMRF 模型的分类结果区域完整性更好,尤其对于图像右上角的小区域农田部分,误分的区域数量明显小于 KMRF 模型。表 11-3 中的数据显示,WMRF模型的总体分类精度为 93.46%,Kappa 系数为 0.9231,均高于 KMRF 模型的结果,分类效果更优。

2. Wallerfing 数据分类结果与分析

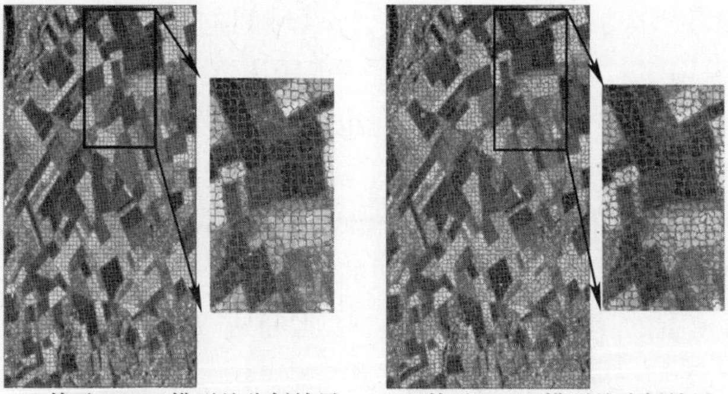

(a) 基于WMRF模型的分割结果　(b) 基于KMRF模型的分割结果

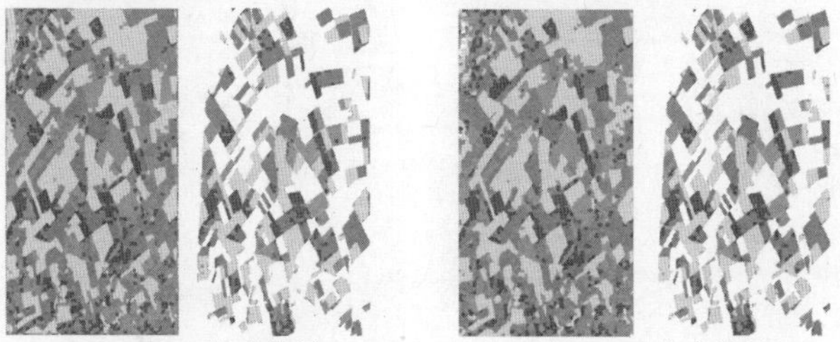

(c) WMRF分类结果　(d) KMRF分类结果

图 11-12　基于区域的 Wallerfing 数据分割与分类结果

表 11－4　基于区域的 Wallerfing 数据分类结果评价

模型	Class1 大麦	Class 2 玉米	Class 3 土豆	Class 4 甜菜	Class 5 小麦	OA	Kappa
WMRF	**86.41%**	**75.40%**	**70.91%**	**84.20%**	**89.29%**	**83.62%**	**0.7763**
KMRF	86.03%	75.07%	70.10%	82.10%	89.57%	83.20%	0.7706

Wallerfing 数据集的农田区域形状不规则且边缘较弱，这给图像分割带来了很大难度。在图 11－12(a)～图 11－12(b)中，两种模型的分割结果较为相似，但分割结果的边缘贴合度不够高，尤其是对于细小的结构与形状非常不规则的区域，没有完整地保留图像细节信息。但若仔细对比分割结果，依然能够发现基于 WMRF 模型的分割区域更加完整。对于图像中较大的农田区域，基于先分割后分类算法的结果区域完整度较好，但对于图像下方细小的几何结构，无法保持图像细节，且出现较多误分类现象，这主要是受到分割结果的影响。从表 11－4可以看出，WMRF 模型的总分类准确率和 Kappa 系数略高于 KMRF 模型，但差距较小，每一类目标的分类准确率相差不大，优势不明显。

3. 福建长乐区域数据分类结果与分析

该数据中各个区域形状极不规则，且区域间的边缘不清晰。从图 11－13 中可以看出，WMRF 模型的分割结果优于 KMRF 模型，不仅分割区域的边缘更加平滑，且对海岸线的分割边缘贴合度也更高，受噪声影响小。从分类结果中可以看出，基于 WMRF 模型的分类结果在区域完整性和边缘保持上的效果更好。此外，K－Wishart 模型比 Wishart 模型复杂，它的参数估计比 Wishart 模型需要更大的计算量。实验中，基于相同的硬件配置，WMRF 模型的算法时间为 18min，KMRF 模型的算法时间为 5.3h。由此可见，WMRF 模型更具有实际应用价值。

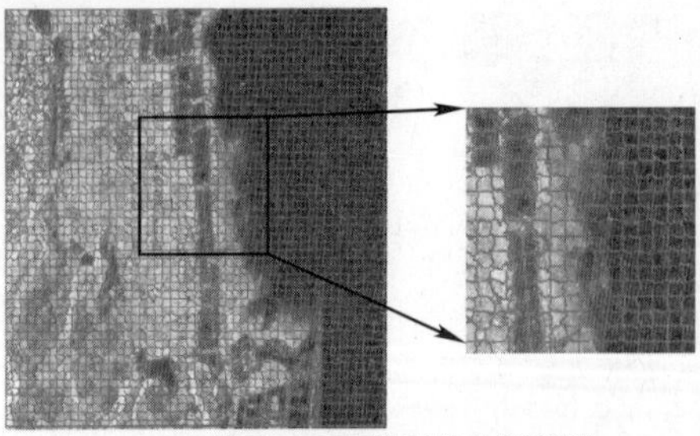

(a) 基于WMRF模型的分割结果

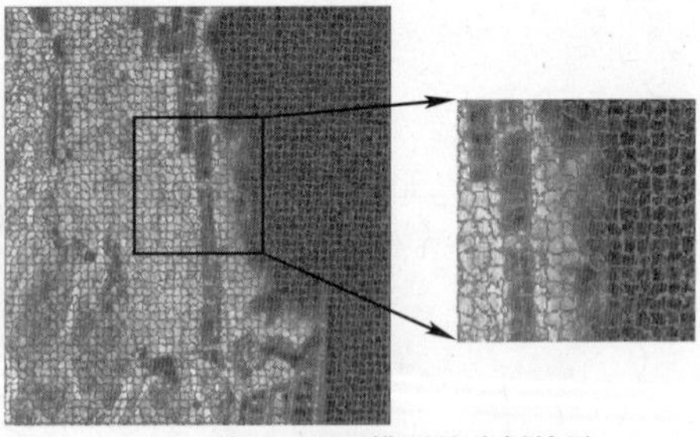

(b) 基于KMRF模型的分割结果

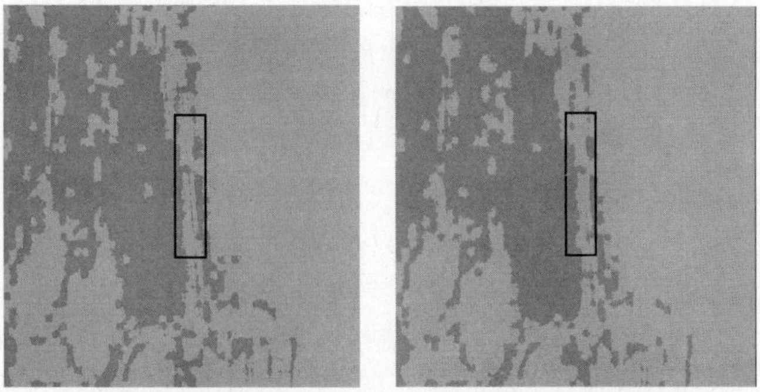

(c) WMRF分类结果　　(d) KMRF分类结果

图11－13　基于区域的福建数据分割与分类结果

将基于像素与基于区域的分类算法结果进行比较,从分类结果图的视觉效果上看,基于区域的分类算法对Flevoland数据的分类效果更好,由图像纹理和斑点噪声引起的误分类现象得到了明显的改善。对于Wallerfing数据,结果则相反。从表11－2与表11－4可以看出,基于像素的分类算法的OA与Kappa系数值更高一些。Wallerfing数据中农田区域的面积较小、形状不规则,边缘较弱,给图像分割带来了困难。基于区域的分类方法以区域为基本图像单元,因此分割不准确会导致一个区域内出现多类目标,从而导致整个区域误分类。福建长乐地区数据包含了大量具有不规则边缘与非均匀的区域,区域间的弱边缘增加了图像分割的难度,但区域的面积比较大,所以图像分割比Wallerfing数据更容易,基于区域的分类结果也比基于像素的分类结果具有更高的区域完整性。在时间消耗方面,基于区域的算法比基于像素的算法消耗更多的时间。

11.7 小　　结

本章介绍了基于MRF的极化SAR图像分类算法。将Wishart、K－Wishart和混合Wishart三种统计分布模型与MRF相结合,实现了基于像素和基于区域的分类。针对复Wishart模型介绍了一种新的建模方法,相比于对整幅图像使用混合模型建模,对一类目标进行统计建模的效果优于对整体图像进行建模的效果。在MRF能量函数中还采用了自适应邻域和边缘惩罚项来更好地定位边缘。实验结果表明,MWMRF模型在基于像素的分类方法中表现出了最好的分类效果。在基于区域的方法中,WMRF模型的整体分类精度和Kappa系数高于KMRF模型,且具有较低的时间成本。

基于像素的分类方法能更好地保持图像边界位置等细节信息,但是分类结果中会存在噪声如孤立点等。基于区域的分类方法以区域为分类单元,其分类结果中一般具有较低的噪声，然而最终的分类结果很大程度上依赖于分割结果。大量实验表明，基于像素的 MWMRF 模型适用于小面积、形状不规则的农田区域分类，基于区域的 WMRF 模型适用于区域块分布均匀的农田和城市区域分类。

参考文献

[1] Lee J S, Grunes M R, Ainsworth T L, et al. Unsupervised classification using polarimetric decomposition and the complex Wishart classifier[J]. IEEE Transactions on Geoscience and Remote Sensing, 1999, 37(9): 2249 - 2258.

[2] Ferro F L, Pottier E, Lee J S. Unsupervised classification of multifrequency and fully polarimetric SAR images based on the H/A/Alpha - Wishart classifier[J]. IEEE Transactions on Geoscience and Remote Sensing, 2001, 39(11): 2332 - 2342.

[3] Lee J S, Grunes M R, Pottier E, et al. Unsupervised terrain classification preserving polarimetric scattering characteristics[J]. IEEE Transactions on Geoscience and Remote Sensing, 2004, 42(4): 722 - 731.

[4] Gao W, Yang J, Ma W. Land cover classification for polarimetric SAR images based on mixture models [J]. Remote Sensing, 2014, 6(5): 3770 - 3790.

[5] Sun W, Li P, Yang J, et al. Polarimetric SAR image classification using a Wishart test statistic and a Wishart dissimilarity measure[J]. IEEE Geoscience and Remote Sensing Letters, 2017, 14(11): 2022 - 2026.

[6] Li S Z. Markov random field modeling in image analysis [M]. London: Springer Science & Business Media, 2009.

[7] Yamazaki T, Gingras D. Image classification using spectral and spatial information based on MRF models [J]. IEEE Transactions on Image Processing, 1995, 4(9): 1333 - 1339.

[8] Deng H, Clausi D A. Gaussian MRF rotation - invariant features for image classification[J]. IEEE Transactions on Pattern Analysis and Machine Intelligence, 2004, 26(7): 951 - 955.

[9] Dong Y, Milne A K, Forster B C. Segmentation and classification of vegetated areas using polarimetric SAR image data[J]. IEEE Transactions on Geoscience and Remote Sensing, 2001, 39(2): 321 - 329.

[10] Wu Y, Ji K, Yu W, et al. Region - based classification of polarimetric SAR images using Wishart MRF [J]. IEEE Geoscience and Remote Sensing Letters, 2008, 5(4): 668 - 672.

[11] Liu G, Li M, Wu Y, et al. POLSAR image classification based on Wishart TMF with specific auxiliary field [J]. IEEE Geoscience and Remote Sensing Letters, 2013, 11(7): 1230 - 1234.

[12] Shi J, Li L, Liu F, et al. Unsupervised polarimetric synthetic aperture radar image classification based on sketch map and adaptive Markov random field [J]. Journal of Applied Remote Sensing, 2016, 10 (2): 025008.

[13] Masjedi A, Zoej M J V, Maghsoudi Y. Classification of polarimetric SAR images based on modeling contextual information and using texture features [J]. IEEE Transactions on Geoscience and Remote Sensing, 2015, 54(2): 932 - 943.

[14] Li W, Prasad S, Fowler J E. Hyperspectral image classification using Gaussian mixture models and Markov random fields[J]. IEEE Geoscience and Remote Sensing Letters, 2013, 11(1): 153 - 157.

[15] Song W, Li M, Zhang P, et al. Mixture WGΓ - MRF model for POLSAR image classification[J]. IEEE

Transactions on Geoscience and Remote Sensing,2017,56(2):905 - 920.

[16] 刘希韫. 基于统计模型的极化 SAR 图像分类[D]. 北京:北京科技大学,2021.

[17] Yin J,Liu X,Yang J,et al. POLSAR image classification based on statistical distribution and MRF [J]. Remote Sensing,2020,12(6):1027.

[18] Lee J S,Schuler D L,Lang R H,et al. K - distribution for multi - look processed polarimetric SAR imagery [C]// IEEE International Geoscience and Remote Sensing Symposium 1994. Pasadena:IEEE,1994:2179 - 2181.

[19] Liu X,Yin J,Wang T. Local competitive Wishart classifier for polarimetric SAR images[C]//IEEE International Geoscience and Remote Sensing Symposium. Yokohama:IEEE,2019:2591 - 2594.

[20] Sherman S. Markov random fields and Gibbs random fields[J]. Israel Journal of Mathematics,1973,14(1):92 - 103.

[21] Rignot E,Chellappa R. Segmentation of polarimetric synthetic aperture radar data[J]. IEEE Transactions on Image Processing:A Publication of the IEEE Signal Processing Society,1992,1(3):281 - 300.

[22] Smits P C,Dellepiane S G. Synthetic aperture radar image segmentation by a detail preserving Markov random field approach[J]. IEEE Transactions on Geoscience and Remote Sensing,1997,35(4):844 - 857.

[23] Schou J,Skriver H,Nielsen A A,et al. CFAR edge detector for polarimetric SAR images[J]. IEEE Transactions on Geoscience and Remote Sensing,2003,41(1):20 - 32.

[24] Wu Y,Ji K,Yu W,et al. Region - based classification of polarimetric SAR images using Wishart MRF [J]. IEEE Geoscience and Remote Sensing Letters,2008,5(4):668 - 672.

[25] Kottke D P,Fiore P D,Brown K L,et al. Design for HMM - based SAR ATR[C]//Algorithms for Synthetic Aperture Radar Imagery V. Orlando:International Society for Optics and Photonics,1998:541 - 551.

[26] Besag J. On the statistical analysis of dirty pictures[J]. Journal of the Royal Statistical Society:Series B (Methodological),1986,48(3):259 - 279.

第12章

基于SLIC的极化SAR图像超像素分割

12.1 引　　言

随着极化 SAR 图像分辨率的提高,逐渐发展出了基于过分割的图像处理方法。采用超像素代替像素作为图像处理的基本单元,可以有效地减少图像信息的冗余,提高后续图像处理算法的效率。简单线性迭代聚类方法(simple linear iterative clustering,SLIC)因其简单、有效、计算效率高,生成的超像素具有良好的边界附着性而得到了广泛的应用。但是,当应用于多通道 SAR 图像时,由于相干斑噪声的影响,SLIC 产生超像素的性能较差。本章从距离度量和分割流程两个层面出发,介绍 SLIC 方法在极化 SAR 图像中的应用。首先,介绍 4 种常用于极化 SAR 图像的经典检验统计量;其次,为使 4 种检验统计量能统一在同一分割框架中,本章改进了作为 SLIC 聚类测度的统计距离和空间距离的组合形式;最后,介绍了 3 种 SLIC 分割流程,并讨论初始化对 SLIC 超像素分割结果的影响。

12.2 SLIC 超像素分割及评价准则

12.2.1 超像素分割理论及评价准则

1. 超像素分割理论

超像素分割,就是按照某种相似性准则,将图像划分为若干个不相交的均匀图像块,所有的图像块组成了整幅图像。超像素分割必须满足一定条件:在超像素内部满足一致性,在超像素之间满足相异性。超像素分割的原理简述如下:

令集合 R 表示待处理的图像,分割后各个图像块用 R 的子集 $R_1, R_2, R_3, \cdots, R_n$ 表示,这些子集是非空集合,并且需要满足以下几个条件:

(1) $\bigcup_{i=1} R_i = R$，即分割必须是完全的，图像中的每个像素点都属于一个超像素。

(2) 对于所有的 i 和 j，且 $i \neq j$，满足 $R_i \cap R_j = \varnothing$。所有的子集是互不相交的，即图像中每个像素点只能属于一个超像素，不能同时属于多个超像素。

(3) 对 $i = 1, 2, \cdots, N$，有 $P(R_i) = \text{TRUE}$，子集内部的元素是相关的，超像素内部的像素点之间是相似的。

(4) 对 $i \neq j$，有 $P(R_i \cup R_j) = \text{FALSE}$，不同子集中的元素是不相关的，不同超像素之间是相异的。

(5) 对 $i = 1, 2, \cdots, N$，R_i 是连通的区域。每个超像素都是一个完整的连通域。

2. 超像素评价准则

超像素分割结果的评价分为主观评价和客观评价。主观评价主要是进行定性分析，分析超像素的边界保持效果、超像素的形状和尺寸规则程度、超像素的紧凑程度等，但是这种评价方法容易受主观因素影响，不同人分析的结果不同。客观评价也就是定量评价，采用数值计算结果进行直观比较，这种评价方法比较准确。超像素分割常用的评价准则有紧密度（compactness，CO）、轮廓召回率（boundary recall，BR）、欠分割误差（under - segmentation error，USE）、可解释变差（explained variation，EV）和运行时间（run time）等。

1）紧密度

超像素分割的紧密度评估方法由 Schick 等[1]提出，它衡量了一张图像分割所得的超像素轮廓的密实程度。一般认为，超像素分割的紧密度越高越好。

对于一个超像素区域，我们可以用它的面积和与它同周长的圆的面积之比来描述它与圆形的接近程度（简称圆度），并以此为区域紧密程度的评价标准。定义单个超像素 S_i 的紧密度为

$$C(S_i) = \frac{4\pi A(S_i)}{P(S_i)^2} \tag{12-1}$$

式中：$A(S_i)$ 和 $P(S_i)$ 分别为超像素 S_i 的面积和周长。

在以上基础上，定义整幅图像 I 的超像素分割 S 对应的紧密度为所有超像素紧密度对超像素面积的加权平均：

$$\text{CO}(S) = \frac{1}{N}\sum_{S_i \in S} |S_i| C(S_i) \tag{12-2}$$

式中：N 为图像的像素总数；$|S_i|$ 为超像素 S_i 中的像素个数。

在 SLIC 算法及其改进算法中，预设的超像素数目 K 和空间距离度量的权

重参数 m 都会对超像素分割的紧密度产生影响。一般而言,超像素数目越多、空间距离度量权重越大,则所得超像素的紧密度就越高。K 与 m 将在 12.2.2 节介绍。

2) 轮廓召回率

轮廓召回率[2]是用于评估图像分割的轮廓与真实轮廓之间贴合程度的最常用评价标准之一。对于一幅轮廓真实值(ground truth)为 G 的图像 I,超像素分割 S 对应的轮廓召回率为

$$\mathrm{BR}(G,S)=\frac{\mathrm{TP}(G,S)}{\mathrm{TP}(G,S)+\mathrm{FN}(G,S)} \tag{12-3}$$

式中:$\mathrm{TP}(G,S)$ 为超像素分割 S 击中的真实轮廓点的数目;$\mathrm{FN}(G,S)$ 为 S 未击中的真实轮廓点的数目。此处的"击中"通常只需真实轮廓点在分割所得轮廓点的一定邻域内即可。

计算轮廓召回率需要有真实轮廓数据,对于一次超像素分割,轮廓召回率的值越大表明超像素块越符合图像边界。

3) 欠分割误差

根据超像素评价标准,一个超像素块内只能包含一种地物。扣除区域的定义是占据一个以上地面真值段的超像素块。欠分割误差[3]的计算方法是对整个图像的扣除区域进行平均:

$$\mathrm{USE}=\frac{1}{N}\left[\sum_{i=1}^{M}\left(\sum_{[s_j \mid s_j\cap g_i>B]}|s_j|\right)-N\right] \tag{12-4}$$

式中:N 为整幅图像像素个数;g_i 为地面真值的分割;s_j 为生成的超像素。$s_j\cap g_i$ 为在 s_j 与 g_i 重叠区域中的像素个数;B 为判定 s_j 与 g_i 是否重叠的最小像素个数;$|\cdot|$表示一个超像素中包含的像素个数。欠分割误差值越低,表明超像素分割的结果越接近地面真值。

4) 可解释变差

可解释变差[4]量化地描述了图像中的颜色/强度差异信息被分割的超像素所提取和表达的程度,定义为

$$\mathrm{EV}(S)=\frac{\sum_{S_i\in S}|S_i|(\mu(S_i)-\mu(I))^2}{\sum_{x_n\in I}(I(x_n)-\mu(I))^2} \tag{12-5}$$

式中:$|S_i|$为超像素 S_i 中的像素个数;$\mu(I)$ 为图像 I 的均值;$\mu(S_i)$ 为超像素 S_i 中像素点的均值;x_n 为图像 I 中的像素点。

由于图像中所包含的信息主要蕴含在其颜色或强度的变化中,当可解释变

差越大,即它的分子越大时,表示超像素内的像素强度越统一且与全图平均值相差越远,这意味着超像素分割所提取的区域越有意义。可解释变差对图像纹理强度变化较大的区域有较大的惩罚,因此它并非衡量超像素可解释性区域提取性能的最佳标准。但由于它无须人为提供真值和设置参数,对不同方法性能的比较是一个有意义且实用的评价量。对于一次超像素分割,可解释变差的值越大越好。

12.2.2 SLIC 超像素分割

1. SLIC 基本算法

SLIC 的基本思想采用局部 K－means 聚类方法,算法原理与 K－means 聚类算法相同,K－means 算法是一种基于划分的聚类方法,以距离作为数据对象间相似性度量标准,即数据对象间的距离越小,则它们的相似性越高,它们越有可能在同一个类簇。数据对象间距离的计算有很多种,K－means 算法通常采用 RGB 空间上的欧几里得距离来计算数据对象间的距离。

SLIC 方法的分割包含三个步骤:①聚类中心初始化。②局部迭代聚类。在初始聚类中心的邻域内为像素分配标签,计算每个类颜色特征和空间坐标的平均值作为新的聚类中心。迭代上述过程直至聚类中心不再发生变化。③后处理。具体描述如下:

聚类中心初始化:假设输入图像 I 拥有 N 个像素点,预期通过分割得到的超像素个数为 K,相邻超像素之间的距离可表示为 $S=\sqrt{N/K}$,即相邻聚类中心之间的距离,也被称为步长。将图像 I 划分为 K 个均匀的网格,则每个网格区域内有 N/K 个像素点,初始面积为 S^2。对于每个初始区域,选择网格中心的像素点作为 K 个聚类中心的采样。为了避免采样点落在图像的边缘位置或者噪声点,在采样点的 3×3 邻域内,选择梯度值最小的像素点作为初始的聚类中心 C_k,k 表示聚类中心的标签。

局部迭代聚类:设置每个区域的初始范围为 $S\times S$,由此假设此聚类中心对应的像素点都位于 $2S\times2S$ 的矩形区域内。对于以聚类中心 C_k 为中心点的 $2S\times2S$的矩形区域内的像素点 p,依次计算它们与聚类中心 C_k 的距离 $D(C_k,p)$,若本次计算的距离 $D(C_k,p)$ 小于当前最小距离 $D_{\min}(p)$,则像素点 p 的特征更接近于第 k 个超像素,因此为像素点 P 重新分配标签 k,并记录当前最小距离 $D_{\min}(p)=D(C_k,p)$。当对每个区域都如此操作之后,为每个像素点归类至与其距离最近的类中心,并将该像素点对应的标签值更改。之后对每个区域更新聚类中心,统计属于同一标签的像素点,求这些像素点的均值得到新的超像素聚类中心。重复上述过程,直到误差收敛或每个像素点聚类中心不再发生变化,迭代聚类结束。

后处理:对局部纹理比较复杂的图像,有可能在迭代一定次数之后出现一些极小的区域,或是同一标签对应的像素点没有在同一连通域。因此,需要将这些离散的小区域和它们最邻近的超像素合并,增强区域连通性。

2. SLIC 距离度量

对于 RGB 空间图像 I,首先将其色彩空间转换到 CIELAB 色彩空间,CIELAB 空间的色彩变化具有感知均匀性。从而,图像中每一个像素点的色彩可以用三维矢量 $[l,a,b]^{\mathrm{T}}$ 来表示。除色彩距离外,为了保证分割所得超像素区域的紧凑性,SLIC 算法还需要考虑像素的空间位置,即像素点在图像中的坐标 $[x,y]^{\mathrm{T}}$,于是图像中每个像素点可以由五维矢量 $[l,a,b,x,y]^{\mathrm{T}}$ 表示。

SLIC 方法将颜色信息与空间位置信息相结合,把五维信息统一成单一的距离度量。随着超像素尺度的不同,像素点的空间距离在数值上的动态范围差异较大,而色彩距离则一般在一个较小的范围内波动,如果将五维矢量 $[l,a,b,x,y]^{\mathrm{T}}$ 的欧几里得距离作为距离度量,若预期的超像素尺寸不同,则最终的分割结果会有较大的差异。如果预期生成尺寸较大的超像素,类中心与边缘像素的空间欧式距离会远大于色彩空间的欧式距离,此时空间距离几乎决定了最终距离度量结果,由此产生的超像素十分紧凑,但几乎不会贴近图像的边缘,这种分割结果也叫欠分割;相反,若超像素依附于图像边界生成,则出现过分割现象,因此,需要控制色彩和空间距离的权重。SLIC 方法中增加了一个距离权重参数 m(或称为紧致因数,compactness factor),并对空间距离除以 S 做了归一化。m 值越大,空间距离比重越大,分割所得的超像素越紧致,形状接近矩形或正六边形;m 值越小,则色彩距离占比越大,超像素的轮廓会更加贴合图像的边缘。

第 i 个像素与第 j 个像素的距离定义如下:

$$d_{\mathrm{s}}(i,j)=\sqrt{(x_i-x_j)^2+(y_i-y_j)^2} \tag{12-6}$$

$$d_{\mathrm{c}}(i,j)=\sqrt{(l_i-l_j)^2+(a_i-a_j)^2+(b_i-b_j)^2} \tag{12-7}$$

$$d_{\mathrm{SLIC}}=\sqrt{\left(\frac{d_{\mathrm{c}}}{m}\right)^2+\left(\frac{d_{\mathrm{s}}}{S}\right)^2} \tag{12-8}$$

式中:d_{s} 为几何空间距离;d_{c} 为色彩空间距离,这里采用 CIELAB 色彩空间,m 和 S 是控制色彩和几何空间在形成单一维度度量时的权重参数。通常将式(12-8)写为

$$d_{\mathrm{SLIC}} = \sqrt{d_{\mathrm{c}}^2 + m^2 \left(\frac{d_{\mathrm{s}}}{S}\right)^2} \tag{12-9}$$

若输入的图像是灰度图像,可以写为

$$d_{\mathrm{c}}(i,j) = \sqrt{(l_j - l_i)^2} \tag{12-10}$$

12.3　极化 SAR 数据的统计距离

12.3.1　Wishart 距离

Wishart 距离是极化 SAR 数据中应用最广泛的统计距离[5]。基于该距离度量,提出了多种分类方法,包括基于迭代的分类方法。在 SLIC 分割中,可以利用复 Wishart 距离直接替代式(12-7)中的色彩空间距离 d_{c}[6-7],表示一个像素 i 属于给定图像模型 j 的可能性。复 Wishart 距离定义为

$$\begin{aligned} D_{\mathrm{W}}(i,j) &= -\frac{1}{L}\ln p(\boldsymbol{T}_i | L, \hat{\Sigma}_j) - c \\ &= \ln(|\hat{\Sigma}_j|) + \mathrm{tr}(\hat{\Sigma}_j^{-1}\boldsymbol{T}_i) \end{aligned} \tag{12-11}$$

式中:$\hat{\Sigma}_j$ 为第 j 个聚类中心的散射相干矩阵;$\boldsymbol{T}_i$ 为第 i 个像素点的散射相干矩阵;c 是一个常数。

然而,复 Wishart 距离并非标准的距离度量,其数值可为负值。理论上,距离度量(不相似度)应该满足非负性、自反性、对称性以及三角不等式。Wishart 距离不满足距离测量的 4 个标准,一旦直接代入式(12-9),原本数值更小的负值距离在平方运算之后会变得更大,从而计算出不正确的距离关系,使超像素分割结果不理想。

12.3.2　修正的 Wishart 距离

Conradsen 等[8]基于复 Wishart 分布构造了一个似然比函数用来检验极化 SAR 图像中两个散射相干/相关矩阵是否相等,并以此来测量两个区域之间的不相似度。考虑如下两个假设:

$$\begin{cases} H_0 : \Sigma_i = \Sigma_j \\ H_1 : \Sigma_i \neq \Sigma_j \end{cases} \tag{12-12}$$

式中:Σ_i 和 Σ_j 分别为区域 i 和区域 j 的平均散射相干矩阵。令 $\boldsymbol{R}_i$ 和 $\boldsymbol{R}_j$ 分别表

示区域 i 和区域 j 相干矩阵的样本数据集,假设极化相干矩阵的样本空间独立,$\boldsymbol{R}_i$ 和 $\boldsymbol{R}_j$ 的条件概率分布函数为

$$\begin{cases} p(R_i \mid \Sigma_i) = \prod_{n=1}^{N_i} p(\boldsymbol{T}_n \mid L, \Sigma_i) \\ p(R_j \mid \Sigma_j) = \prod_{n=1}^{N_j} p(\boldsymbol{T}_n \mid L, \Sigma_j) \end{cases} \tag{12-13}$$

式中:N_i 和 N_j 分别为区域 $\boldsymbol{R}_i$ 和区域 $\boldsymbol{R}_j$ 中的样本个数。

原假设 H_0 认为第 i 个区域和第 j 个区域是相同的。显然,H_0 假设下的似然函数为

$$L_{H_0}(\Sigma \mid R_i, R_j) = \prod_{n=1}^{N_i+N_j} p(\boldsymbol{T}_n \mid L, \Sigma) \tag{12-14}$$

式中:$\Sigma = \Sigma_i = \Sigma_j$,$\Sigma$ 的极大似然估计为 $\hat{\Sigma} = \frac{1}{N_i + N_j} \sum_{n=1}^{N_i+N_j} \boldsymbol{T}_n$,$\boldsymbol{T}_n$ 为区域内第 n 个像素点的极化相干矩阵。

H_1 假设下的似然函数为

$$L_{H_1}(\Sigma_i, \Sigma_i \mid R_i, R_j) = \prod_{n-1}^{N_i} p(\boldsymbol{T}_n \mid L, \Sigma_i) \prod_{n=1}^{N_j} p(\boldsymbol{T}_n \mid L, \Sigma_j) \tag{12-15}$$

式中:$\boldsymbol{\Sigma}_i$ 的极大似然估计为 $\hat{\Sigma}_i = \frac{1}{N_i} \sum_{n=1}^{N_i} \boldsymbol{T}_n$,$\Sigma_j$ 的极大似然估计为 $\hat{\Sigma}_j = \frac{1}{N_j} \sum_{n=1}^{N_j} \boldsymbol{T}_n$。通过似然比检验可以得到第 i 个和第 j 个区域之间的差异测度,似然比检验统计量 Q 为

$$\begin{aligned} Q &= \frac{L_{H_0}(\hat{\Sigma} \mid R_i, R_j)}{L_{H_1}(\hat{\Sigma}_i, \hat{\Sigma}_j \mid R_i, R_j)} \\ &= \frac{\prod_{n=1}^{N_i+N_j} p(\boldsymbol{T}_n \mid L, \hat{\Sigma})}{\prod_{n=1}^{N_i} p(\boldsymbol{T}_n \mid L, \hat{\Sigma}_i) \prod_{n=1}^{N_j} p(\boldsymbol{T}_n \mid L, \hat{\Sigma}_j)} \\ &= \frac{|\hat{\Sigma}_i|^{LN_i} \ |\hat{\Sigma}_j|^{LN_j}}{|\hat{\Sigma}|^{L(N_i+N_j)}} \end{aligned} \tag{12-16}$$

式中:$Q \in [0\ 1]$,它的数值接近 0 时拒绝 H_0 假设,接近 1 时接受 H_0 假设。由此定义第 i 和第 j 个区域之间的距离:

$$D_{\mathrm{w}}(R_i,R_j) = -\frac{1}{L}\ln Q$$

$$= (N_i + N_j)\ln|\hat{\Sigma}| - N_i\ln|\hat{\Sigma}_i| - N_j\ln|\hat{\Sigma}_j| \tag{12-17}$$

详细推导过程见文献[8]。距离度量 D_{w} 是对称的,当 $i=j$ 时,D_{w} 达到它的最小值 0;当第 i 个区域和第 j 个区域的差异增大,D_{w} 的值变大。

当 H_0 和 H_1 假设中的 Σ_j 已知时,假设检验变为对给定类别 j 的一般二元假设检验,似然比检验统计量 Q' 为[9]

$$Q' = \frac{L_{H_0}(\hat{\Sigma}_j|R_i)}{L_{H_1}(\hat{\Sigma}_i|R_i)} = \frac{\prod_{n=1}^{N_i} p(\boldsymbol{T}_n|L,\hat{\Sigma}_j)}{\prod_{n=1}^{N_i} p(\boldsymbol{T}_n|L,\hat{\Sigma}_i)} = \frac{|\hat{\Sigma}_i|^{LN_i}}{|\hat{\Sigma}_j|^{LN_i}}\exp\{-LN_i(\mathrm{tr}[\hat{\Sigma}_j^{-1}\hat{\Sigma}_i]-q)\} \tag{12-18}$$

如果 Q' 的值较小,则拒绝 H_0 假设。此时,第 i 个和第 j 个区域之间的距离就是修正的复 Wishart 距离,定义为

$$D_{\mathrm{rw}}(R_i,R_j) = -\frac{1}{LN_i}\ln Q'$$

$$= \ln\left(\left|\frac{\hat{\Sigma}_j}{\hat{\Sigma}_i}\right|\right) + \mathrm{tr}(\hat{\Sigma}_j^{-1}\hat{\Sigma}_i) - q \tag{12-19}$$

式中:q 为 Pauli 矢量的维度。如果第 i 个区域只有一个像素,则该距离可用于超像素分割

$$D_{\mathrm{rw}}(i,j) = \ln\left(\frac{|\hat{\Sigma}_j|}{|\boldsymbol{T}_i|}\right) + \mathrm{tr}(\hat{\Sigma}_j^{-1}\boldsymbol{T}_i) - q \tag{12-20}$$

修正的 Wishart 距离只有在 $i=j$ 的情况下,D_{rw} 的值为零;其他情况下,D_{rw} 的值大于零。修正的 Wishart 距离保证了数值的非负性,然而,对称性不满足。

12.3.3 SNLL 距离

为满足距离度量的对称性要求,Anfinsen 等[10] 提出了 SNLL(symmetrized normalized log-likelihood)距离,它由修正的 Wishart 距离得到,因此通常被称为修正 Wishart 距离的对称版本,即 SRW(symmetric version of the revised Wishart)距离:

$$
\begin{aligned}
D'_{\mathrm{RW}}(i,j) &= \frac{1}{2}(D_{\mathrm{RW}}(i,j) + D_{\mathrm{RW}}(j,i)) \\
&= \frac{1}{2}(\mathrm{tr}(\hat{\Sigma}_j^{-1}\hat{\Sigma}_i) + \mathrm{tr}(\hat{\Sigma}_i^{-1}\hat{\Sigma}_j)) - q
\end{aligned}
\tag{12-21}
$$

假设第 i 个区域只有一个像素，那么 SNLL 距离可用于超像素分割，定义如下：

$$
\begin{aligned}
D_{\mathrm{SNLL}}(i,j) &= \frac{1}{2}(D_{\mathrm{RW}}(i,j) + D_{\mathrm{RW}}(j,i)) \\
&= \frac{1}{2}(\mathrm{tr}(\hat{\Sigma}_j^{-1}\boldsymbol{T}_i) + \mathrm{tr}(\boldsymbol{T}_i^{-1}\hat{\Sigma}_j)) - q
\end{aligned}
\tag{12-22}
$$

当$\boldsymbol{T}_i = \Sigma_j$ 时，$D_{\mathrm{SNLL}}(i,j)$有最小值零；当$\boldsymbol{T}_i \neq \hat{\Sigma}_j$ 时，$D_{\mathrm{SNLL}}(i,j)$的值大于 $D_{\mathrm{RW}}(i,j)$。该距离满足距离度量的非负性、自反性和对称性准则。

12.3.4 HLT 检测算子

Akbari 等[11]提出了复数的 HLT(hotelling – lawley trace)检验统计量，用于无监督变化检测。该检验统计量衡量了两个服从复 Wishart 分布的协方差矩阵的相似度。HLT 检验统计量定义为

$$
\tau_{\mathrm{HLT}}(\boldsymbol{A},\boldsymbol{B}) = \mathrm{tr}(\boldsymbol{A}^{-1}\boldsymbol{B}) \tag{12-23}
$$

当$\boldsymbol{A}$与$\boldsymbol{B}$相等时，检验统计量的值等于极化维数。从$\boldsymbol{A}$到$\boldsymbol{B}$的变化会导致$\tau_{\mathrm{HLT}}(\boldsymbol{A},\boldsymbol{B})$的值增加或减少。因此，如果$\tau_{\mathrm{HLT}}(\boldsymbol{A},\boldsymbol{B})$的值远离极化维度(例如，散射互异情况下极化维度为 3)，则$\boldsymbol{A}$和$\boldsymbol{B}$不太可能来自同一类目标。为了利用单边检测，将反向的统计量 $\tau'_{\mathrm{HLT}}(\boldsymbol{A},\boldsymbol{B}) = \mathrm{tr}(\boldsymbol{B}^{-1}\boldsymbol{A})$与$\tau_{\mathrm{HLT}}(\boldsymbol{A},\boldsymbol{B})$结合避免双边检测。对称 HLT 距离定义为

$$
D_{\mathrm{HLT}}(i,j) = \max(\mathrm{tr}(\hat{\Sigma}_j^{-1}\boldsymbol{T}_i), \mathrm{tr}(\boldsymbol{T}_i^{-1}\hat{\Sigma}_j)) \tag{12-24}
$$

与 SNLL 距离一样，该距离度量具有非负性、自反性和对称性。

12.4 极化 SAR 图像的 SLIC 函数

12.4.1 改进的 SLIC 函数形式

在光学图像中，SLIC 聚类距离是定义在 5 维空间中的组合距离，使用 CIELAB 颜色空间的 L、a、b 表示特征，使用像素坐标来度量空间邻近度。同时考虑特征距离的分布范围和期望的超像素大小，分别对特征相似度和空间邻近度进行归一化。在光学图像中，采用的欧式距离满足距离特性的非负性、自反

性和对称性。然而,在极化 SAR 图像中,SLIC 函数中的特征距离需要进行相应调整。经典的极化复 Wishart 距离是一种伪距离,其数值在很多情况下为负值,若直接代入式(12-9),则原本数值更小的负值距离在平方运算之后变得更大,由此计算出不正确的距离关系。因此,组合极化统计距离与空间距离的 SLIC 函数需要考虑 Wishart 距离可能为负数值的情况;同时,为将 12.3 节中提到的几种统计距离统一到一个度量标准内,我们将特征与空间距离的组合形式进行简单修改:

$$
\begin{aligned}
D_{\mathrm{SLIC}} &= \frac{d_{\mathrm{p}}}{m} + \frac{d_{xy}}{S} \\
d_{xy}(i,j) &= \sqrt{(x_i - x_j)^2 + (y_i - y_j)^2}
\end{aligned}
\tag{12-25}
$$

式中:$d_{xy}(i,j)$ 为第 i 个像素与第 j 个像素的空间距离;d_{p} 表示极化统计距离;m 为紧致系数(或者权重系数),通过 m 调节这两个距离的比例。m 越大,空间距离所占比例越大,超像素越紧凑,可能为矩形或正六边形;m 越小,统计距离所占比例越大,超像素轮廓对图像边界的附着性越好。在该 SLIC 距离度量下,可对比 12.3 节中极化 SAR 检验统计量在超像素分割中的性能。

12.4.2 距离计算的快速实现

在每次迭代中,需要对每个聚类中心与其 $2S \times 2S$ 邻域内的像素计算一次距离,因此每次迭代需要计算 $K \cdot (2S)^2$ 次距离。由于距离公式中包含 $\mathrm{tr}(\hat{\boldsymbol{\Sigma}}_j^{-1} \boldsymbol{T}_i)$ 这一计算,需要先得到极化相干矩阵 $\hat{\boldsymbol{\Sigma}}_j$ 的逆矩阵,再计算 $\hat{\boldsymbol{\Sigma}}_j^{-1}\boldsymbol{T}$ 的迹,所以计算量较大。

可以对 $\mathrm{tr}(\hat{\boldsymbol{\Sigma}}_j^{-1} \boldsymbol{T}_i)$ 的运算做出优化,降低算法复杂度,提高程序可运行性。假设 $\Lambda = \mathrm{tr}(\hat{\boldsymbol{\Sigma}}_j^{-1} \boldsymbol{T}_i)$,$\Lambda$ 是为 3×3 的复矩阵。我们的目的是得到 $\boldsymbol{\Lambda}$ 的迹,也就是 $\boldsymbol{\Lambda}$ 矩阵对角元素的和。考虑 3×3 的矩阵 $\boldsymbol{A}$,假设函数 $f(\boldsymbol{A}) = [a_{11}, a_{12}, a_{13}, a_{21}, a_{22}, a_{23}, a_{31}, a_{32}, a_{33}]^{\mathrm{T}}$,$f(\boldsymbol{A})$ 将矩阵 $\boldsymbol{A}$ 的所有元素重新排列为一个矢量。因此可以设 $\boldsymbol{\sigma}_j = f((\hat{\boldsymbol{\Sigma}}_j^{-1})^{\mathrm{T}})$,$t_i = f(\boldsymbol{T}_i)$,则 $\mathrm{tr}(\hat{\boldsymbol{\Sigma}}_j^{-1} \boldsymbol{T}_i) = (\boldsymbol{\sigma}_j)^{\mathrm{T}} t_i$,该方式能够极大提高计算效率。因此,计算 Wishart 距离的公式可以写为

$$
D_{\mathrm{W}}(i,j) = \ln(|\hat{\boldsymbol{\Sigma}}_j|) + f^{\mathrm{T}}(\hat{\boldsymbol{\Sigma}}_j^{-1}) f(\boldsymbol{T}_i^{\mathrm{T}}) \tag{12-26}
$$

计算修正 Wishart 距离的公式可以写为

$$
D_{\mathrm{RW}}(i,j) = \ln\left(\left|\frac{\hat{\boldsymbol{\Sigma}}_j}{\boldsymbol{T}_i}\right|\right) + f^{\mathrm{T}}(\hat{\boldsymbol{\Sigma}}_j^{-1}) f(\boldsymbol{T}_i^{\mathrm{T}}) \tag{12-27}
$$

计算 SNLL 距离的公式可以写为

$$D_{\mathrm{SNLL}}(i,j) = \frac{1}{2}(f^{\mathrm{T}}(\hat{\boldsymbol{\Sigma}}_j^{-1})f(\boldsymbol{T}_i^{\mathrm{T}}) + f^{\mathrm{T}}(\boldsymbol{T}_i^{-1})f(\hat{\boldsymbol{\Sigma}}_j^{\mathrm{T}})) \tag{12-28}$$

计算 HLT 距离的公式可以写为

$$D_{\mathrm{HLT}}(i,j) = \max(f^{\mathrm{T}}(\hat{\boldsymbol{\Sigma}}_j^{-1})f(\boldsymbol{T}_i^{\mathrm{T}}), f^{\mathrm{T}}(\boldsymbol{T}_i^{-1})f(\hat{\boldsymbol{\Sigma}}_j^{\mathrm{T}})) \tag{12-29}$$

12.5 极化 SAR 图像的 SLIC 分割流程

SLIC 分割算法包含初始化、局部迭代、后处理三个步骤。Qin 等[12]提出了一种初始化和后处理方法，并基于修正的 Wishart 距离改进了 SLIC 算法，这种方法被称为基于网络的聚类方法(GC - SLIC)。Zhang 等[13-14]将迭代边缘精炼(iterative edge refinement, IER)算法应用到极化 SAR 图像中，显著提高了分割速度。

12.5.1 基于网格的聚类方法

为减少相干斑噪声对极化 SAR 图像分割的影响，在 SLIC 基础上，Qin 等[12]提出了一种初始化步骤。该步骤在原有规则划分的基础上，额外添加一个聚类步骤来初始化每个像素的标签以及最小距离，采用一种以网格为中心的聚类策略来代替 SLIC 中以初始种子点为中心的聚类策略，该初始化步骤如图 12 - 1 所示。

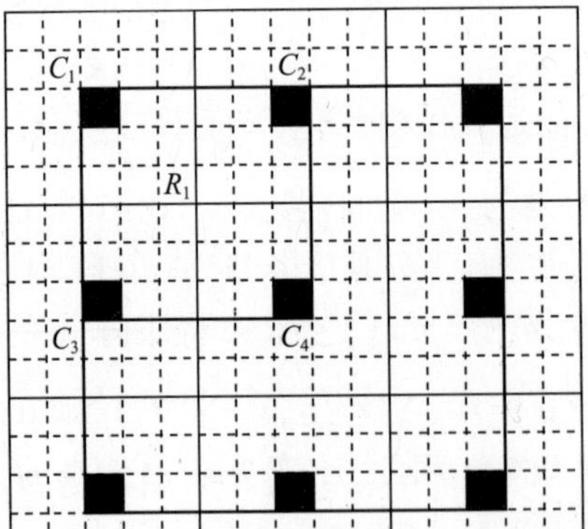

图 12 - 1 以网格为中心的聚类方法

在 SLIC 框架中，将图像均匀划分为 K 个网格，选择初始的种子点(即聚类中心)，设 C_1、C_2、C_3 和 C_4 为 4 个初始的种子点，那么 R_1 是 $(S+1)\times(S+1)$ 区域。对于 R_1 中的每个像素 p，计算 p 与 C_1、C_2、C_3、C_4 的距离，并将 p 分配给距离最小的类，并记录这个最小距离。当图像中所有像素点都被重新标记后，更新聚类中心，之后执行 SLIC 分割中的局部迭代聚类步骤。

在距离度量方面，GC－SLIC 方法用修正 Wishart 距离替代光学图像中的颜色空间欧式距离，距离的组合形式不变，如下所示：

$$\begin{aligned} D_{\mathrm{RW}}(i,j) &= \ln\left(\frac{|\hat{\boldsymbol{\Sigma}}_j|}{|\boldsymbol{T}_i|}\right) + \mathrm{tr}(\hat{\boldsymbol{\Sigma}}_j^{-1}\boldsymbol{T}_i) - q \\ d_{xy}(i,j) &= \sqrt{(x_i - x_j)^2 + (y_i - y_j)^2} \\ D_{\mathrm{GC-SLIC}} &= \left(\frac{D_{\mathrm{RW}}(i,j)}{m}\right)^2 + \left(\frac{d_{\mathrm{s}}(i,j)}{S}\right)^2 \end{aligned} \tag{12-30}$$

12.5.2　迭代边缘精炼

迭代边缘精炼（IER）方法是在光学领域中被提出的一种方法，是一种对 SLIC 方法提速的超像素生成算法。该算法对 SLIC 的局部迭代步骤进行了改进，在每次迭代聚类中只计算聚类中心与不稳定点的距离，而不更新其他像素点的标签。对于一幅图像，IER 方法在每次迭代中只计算标签有可能改变的点，并将这些点定义为不稳定点[13]：

$$\mathrm{UP} = \{p \mid \mathrm{nt}(p) \neq \mathrm{nt}(q),\quad \mathrm{nt}(q) \neq t(q), q \in \mathrm{Nb}(p)\} \tag{12-31}$$

式中：p 和 q 为任意两个像素点；$\mathrm{Nb}(i)$ 为作用于像素点 i 的邻域函数，表示像素点 i 邻域内的所有点，邻域可自行定义；$t(i)$ 为像素 i 此时所属的聚类中心；$\mathrm{nt}(i)$ 为一次迭代后 i 所属的聚类中心，$i=p$ 或 q。

IER 算法与 SLIC 方法的初始步骤一样，将图像 I 划分成规则的网格，取网格的中心作为初始聚类中心，如图 12－2 中所示黑色的像素点。图中 C_i 为第 i 类聚类中心，S 表示初始的网格步长。IER 算法将网格边缘处的像素点当作不稳定点，只对这些点进行标签更改，也就是图中的网格边缘区域，而白色区域的像素点就默认归类到其邻近的聚类中心，在之后的迭代聚类中不再更改。

该初始化方法应用于光学图像时能够取得较高的边缘贴合度，然而，极化 SAR 图像与光学图像不同，不仅受到相干斑噪声的影响，还包含有重要目标的小区域，这些目标是极化 SAR 目标检测、变化检测以及地物分类等应用中所需处理的重要信息。这些区域不仅面积小，有时甚至为细长状，很难做到准确分割。当这些小区域位于白色区域内时，很难得到正确的分割结果。此外，当预期分割的超像素个数较少时,理应得到边缘贴合度较高、同质区域形状规则的分割结果。但该初始化方法会使很多位于图像边缘的像素点落在网格中间的位置,且初始化网格的边长越长,这种情况发生的概率越大,即越多的边缘被包含在网格中央,由此影响分割的准确率。为避免上述情况的发生,文献[14]中将不稳定点集初始化为所有的像素点,也就是图 12-2 中所有的像素点。极化 SAR 图像的 IER 算法采用的距离度量与 GC-SLIC 相同,即式(12-30)。

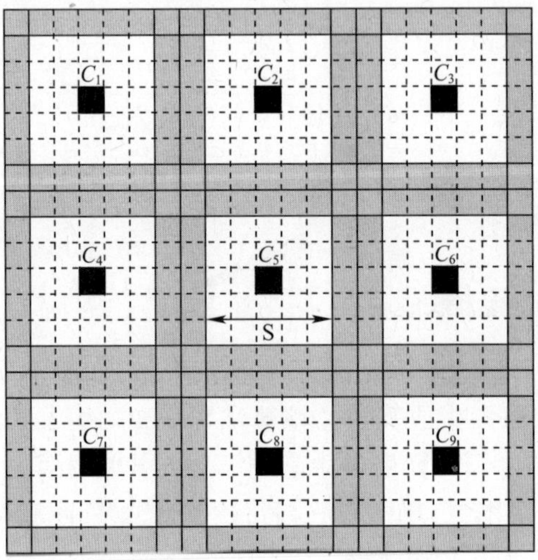

图 12-2 IER 算法与 SLIC 方法的初始化步骤示意图

12.5.3 超像素分割后处理

由于受到斑点噪声的影响,极化 SAR 图像超像素分割结果会产生孤立的超像素块(通常只包含几个像素),可以采用文献[15]中的后处理算法。在局部聚类后,将像素个数小于 $N_{\max}$ 的区域合并到离它们最近的超像素块中。为保护强散射的点目标,通常的做法是手动设置阈值 $N_{\min}$,并决定是否需要合并。选取区域的大小在 $[N_{\min}, N_{\max}]$ 间的超像素块,计算该区域与其八邻域超像素块的不相似度 G。如果不相似度 G 大于阈值 G_{th}(一般设置为 0.3),则保留该区域;否则,将这两个区域合并。不相似度 G 定义如下[16]:

$$G(R_i, R_j) = \frac{1}{q} \left\| \frac{\boldsymbol{T}_i^{\text{diag}} - \boldsymbol{T}_j^{\text{diag}}}{\boldsymbol{T}_i^{\text{diag}} + \boldsymbol{T}_j^{\text{diag}}} \right\| \tag{12-32}$$

式中:$\|\cdot\|$ 表示矩阵的 1-范数;$\boldsymbol{T}^{\text{diag}}$ 为区域平均的极化相干矩阵对角线元素构成的矢量;q 为矢量 $\boldsymbol{T}^{\text{diag}}$ 的维数,例如全极化散射互异情况下,$q=3$。

12.6 基于梯度初始化的 SLIC 分割方法

基于梯度的边缘检测是图像分割中的一种经典方法,其目的是寻找相关的分割边界,图像梯度有助于定量评价图像区域的异质性。分水岭算法依赖于梯度大小,根据地形最小值将像素分割为前景和背景,但分割的区域通常在大小和形状上非常不规则。在文献[17]中,Hu 等提出了空间约束分水岭(spatial constrained watershed,SCoW)方法,通过添加空间约束来保证生成结果的均匀性和紧凑性,与经典分水岭方法相比,具有更强的鲁棒性和计算效率。原始的 SLIC 方法中的初始化步骤比较简单,不能准确定位类中心,需要在后续多次迭代聚类过程中纠正聚类中心的偏差,而有些过大的偏差是不可纠正的。因此,预处理步骤对算法的分割效率和性能有很大的影响。为提高算法分割精度,本节介绍一种将 SCoW 与 SLIC 方法结合的分割方法[18-19],将梯度分割作为 SLIC 方法的初始化过程,为 SLIC 分割提供高质量的种子点,以得到更加符合图像纹理、贴合图像边界的分割结果,并减少算法的迭代次数。

12.6.1 极化 SAR 图像梯度提取

极化 SAR 图像边缘提取是极化 SAR 图像解译的重要方式之一。光学图像中,边缘通过寻找像素梯度或二阶导极值点确定,像素的梯度使用以像素为中心相邻像素的差值近似。极化 SAR 图像中,固有相干斑噪声的存在使单像素点散射强度变化剧烈,相邻像素差值无法确定出边缘像素点。因此,在极化 SAR 图像中通过统计以像素为中心一定窗口内相邻两区域平均散射强度或平均散射相干矩阵实现边缘像素的确定。Schou 等[20]在 SAR 图像基于比值边缘检测方法的基础上,提出了一种用于极化 SAR 数据的 CFAR 边缘检测方法,该方法使用复 Wishart 分布对两个协方差矩阵是否相等进行统计检验。

1. CFAR 边缘检测器

边缘检测是通过连续访问图像中的每个像素,并对每个像素应用一组具有不同方向的滤波器来实现的。CFAR 边缘检测器对中心像素两边区域的均值协方差矩阵进行估计,并计算这两个均值协方差矩阵的统计距离,将其作为该像素的梯度值。

CFAR 边缘检测器的形状如图 12-3 所示,可控参数有滤波器的长度、宽度、间隔以及两个方向之间的角增量。像素 p 的两侧有两个形状、大小相同的矩形滤波器,它们到点 p 的距离相等,以这两个矩形为边界有区域 R_i 和区域 R_j。l 和 w 分别控制矩形的长度和宽度,d 控制矩形到像素点 p 的垂直距离,θ_f 是角度的集合,控制矩形检测器与点 p 水平线的角度,$N_f = \pi/\theta_f$ 是具有不同角度的滤波器个数。通常,用 $\{l, w, d, \theta_f\}$ 4 个参数来控制检测区域。本章中令 $\theta_f = \left\{\frac{\pi}{8}, \frac{2\pi}{8}, \cdots, \frac{8\pi}{8}\right\}$。

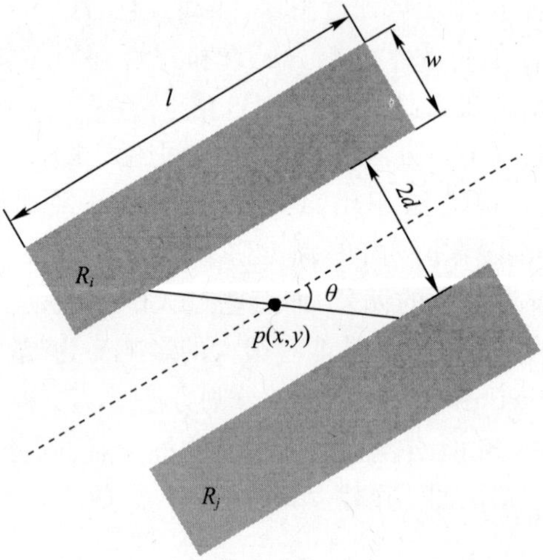

图 12－3　CFAR 边缘检测器模型示意图

CFAR 检测器计算边缘图的过程如下:遍历整幅图像,对每个像素点 p 都有 N_f 个具有不同角度的滤波器组。在每一个角度下,计算两个区域 R_i 和 R_j 各自的平均相干矩阵 $\hat{\Sigma}_i$ 和 $\hat{\Sigma}_j$,以及 R_i 和 R_j 的平均相干矩阵 $\hat{\Sigma}$。利用式(12－17)计算 R_i 和 R_j 之间的距离,即可得到 N_f 个角度的距离值集合 $\{d(\theta_f) \mid f=1,2,3,\cdots,8\}$,选择集合中的最大值 $\max(d)$,并保留其对应的角度 θ。

2. 梯度提取后处理

由于极化 SAR 图像中相干斑噪声的存在,边缘图需要进一步细化。传统上,可以使用图像锐化滤波器,如索贝尔算子和拉普拉斯算子。本章采用性能更好的定向非最大抑制算法来完成极化 SAR 图像梯度提取的后处理。算法流程如下:对图像中的像素点 p,其包含 2 个值 $\{\max(d), \theta\}$,在与 θ 垂直的方向上,比较 p 与其两端最近的像素点的梯度值。如果像素点 p 的 $\max(d)$ 最大,则保留 $\max(d)$;否则,将 p 的 $\max(d)$ 设为 0。经过上述处理,像素点 p 处的梯度值得到修正。

12.6.2 基于分水岭的初始化方法

1. SCoW 方法

在光学图像中,经典分水岭分割算法只依赖梯度值进行分割,产生的超像素可保持图像的边界信息，但是超像素的形状和大小非常不规则。Hu 等[17] 提出了针对光学图像的改进分水岭（SCoW）算法，该算法通过引入边缘预处理来改善分水岭分割结果不规则的弱点，基于图像的梯度和空间距离，通过计算优先级来逐个标记像素以达到分割目的，无任何复杂计算，比经典算法所产生的超像素图像质量好且运行效率高。

分水岭算法将梯度图像看作地形表面，梯度值高的地方对应的地形高，梯度低的地方对应的地形低。如果向一片区域注水，水会先流向地势低的地方，然后慢慢上涨，最终淹没整个地面，因此，梯度值低的地方具有较高的优先级。标记分水岭算法通过设立一组不同优先级的有序队列，用 $w \times w$ 窗口均匀进行标记，为避免定位在图像边缘，在最低梯度位置将 $w \times w$ 的相邻标记点打乱。在每个窗口里先取出优先级高的点并标记它们，然后寻找被标记点的相邻像素，将相邻像素中未被标记的点放入队列中，根据优先级继续标记，直到队列为空时，窗口中的每个像素都被标记。坐标 (x,y) 处的像素优先级 $p(x,y)$ 定义为

$$p(x,y) = p_g(x,y) + \lambda p_s(x,y) \tag{12-33}$$

式中：$p_g(x,y)$ 为像素的梯度优先级；$p_s(x,y)$ 为像素的空间约束；λ 为两个维度的平衡参数。

$$p_g(x,y) = g_{\max} - g(x,y) \tag{12-34}$$

式中：$g(x,y)$ 为像素梯度值；$g_{\max}$ 为图像中梯度的最大值。

$$p_s(x,y) = -d_{x,y} \cdot E(x,y) \tag{12-35}$$

式中：$d_{x,y}$ 为 (x,y) 处的像素到相应标记点的欧几里得距离；$E(x,y)$ 为边缘保护函数，用来平衡图像边缘的空间约束，定义如下：

$$E(x,y) = \exp\left(\frac{-g(x,y)}{\alpha}\right) \tag{12-36}$$

式中：α 为函数的衰减系数，可以平衡梯度值的空间约束。

显然，未被标记的像素点与标记像素点越远，则优先级越低。此外，边缘保护函数随着梯度值单调递减，在降低图像边缘的空间约束性同时，提高了超像素边界的定位准确性。

2. 基于 SCoW 方法的初始化分割

SCoW 方法可以推广到极化 SAR 图像中。定义图像的三维空间 $[G,X,Y]$，其中 G 为图像梯度，由 CFAR 边缘检测器[20] 获得，X 和 Y 为图像平面坐标。距离度量的形式与 SCoW 优先级定义相似，定义像素 p 与聚类中心 u 的距离为

$$D_g(u,p) = d_{\text{polg}}(u,p) + \lambda d_{\text{pols}}(u,p) \tag{12-37}$$

式中：λ 为梯度与空间这两个维度的平衡参数。梯度距离 $d_{\text{polg}}(u,p)$ 定义为

$$d_{\text{polg}}(u,p) = \left| g_{\text{CFAR}}(u) - g_{\text{CFAR}}(p) \right| \tag{12-38}$$

式中:$g_{\mathrm{CFAR}}(u)$为中心种子点 u 的梯度值;$g_{\mathrm{CFAR}}(p)$为像素点 p 的梯度值。空间距离 $d_{\mathrm{polg}}(u,p)$定义为

$$d_{\mathrm{pols}}(u,p)=d_{xy}(u,p)E_{\mathrm{pol}}(p) \tag{12-39}$$

其中

$$E_{\mathrm{pol}}(p)=\exp\left(\frac{g_{\mathrm{CFAR}}(p)}{\alpha}\right)$$

式中:$d_{xy}(u,p)$为图像坐标平面上聚类中心 u 与像素点 p 的空间欧几里得距离;$E_{\mathrm{pol}}(p)$为边缘保护函数,其中 α 为梯度平衡参数。

显然,$d_{xy}(u,p)$的值越大,则 p 越不可能属于中心种子点 u 的集群。位于图像边缘的像素梯度值比位于光滑地区的像素梯度值大,边缘保护函数 $E_{\mathrm{pol}}(p)$呈指数增长。像素点 p 与聚类中心种子点 u 的距离越远,p 就越不容易被归到种子点 u 的类别中。参数 α 可以控制 $E_{\mathrm{pol}}(p)$的增长速度,将 $E_{\mathrm{pol}}(p)$的值控制在适当的数量级。式(12-39)中,$E_{\mathrm{pol}}(p)$与空间欧几里得距离相乘,间接充当了空间欧几里得距离的自适应权重参数,放大了边缘区域到中心点的距离,保护了处于边界的像素点,使分割边界趋于平滑。

SCoW 方法是通过标记控制分割[21]实现的。然而,由于极化 SAR 图像斑点噪声的影响,标记控制分水岭分割不能表现出良好的边界附着性。本小节介绍一种简单的分割方法,其过程如图 12-4 所示。首先,在规则网格上采样获得中心种子点,间隔为 $S=\sqrt{N/K}$,N 为图像中像素的总数,K 为预期超像素的个数。为了避免纹理和噪声的影响,将中心种子点移动到 3×3 邻域中的最低梯度位置。图 12-4 中的黑色像素点就是初始获得的中心种子点。其次,为每个中心种子点分配 S^2 个像素。以图 12-4 中的中心种子点 C_1 为例,在 $2S\times2S$ 方框中选择 S^2 个像素点,这些像素点在坐标空间与 C_1 邻近且在特征空间上也与 C_1 相似,这些像素构成一个集合,标记为 C_1 类,在图 12-4 中第二个图表示为黑色区域网格。在遍历所有的聚类中心之后,记录每次标记的内容,我们会发现有些像素点会被多个中心种子点标记。例如,图 12-4 中最后一个图的黑色网格同时被 C_1 和 C_2 标记过。这些像素点形成了超像素块间的重叠区域,不符合超像素的区分标准,因此我们需要再次划分重叠区域。假设 p'是重叠区域中的一个像素,在它的邻域内选择距离它最近的中心种子点,并将 p'分配给该中心种子点的类别。当重叠区域中的所有像素都被重新分配后,初始化分割完成。

基于 SCoW 的 SLIC 分割初始化具体阐述如下:

(1) 设置参数 K、λ 以及 α。

(2) 在间隔为 S 的均匀网格中采样作为初始的中心种子点,得到中心种子

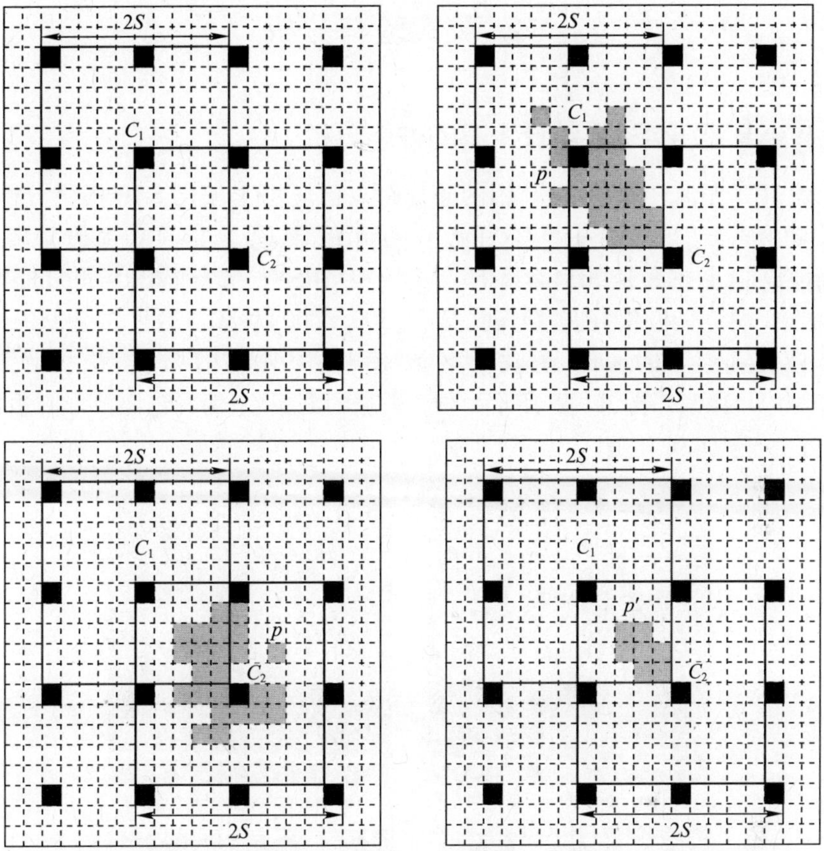

图 12-4　SCoW 分割方法示意图

点集合 $U_i=[G_i,x_i,y_i]^{\mathrm{T}}$。

(3) 将中心种子点移动到 3×3 邻域中的最低梯度位置。

(4) 依次遍历初始的中心种子点。对于中心种子点 u，根据式(12-37)计算 u 与它 $2S\times 2S$ 邻域内的像素点 p 的距离 $D_g(u,p)$，得到距离集合 $D_g(u)=[D_g(u,p_1),D_g(u,p_2),\cdots,D_g(u,p_{2S\times 2S})]$。

(5) 对距离集合 $D_g(u)$ 进行正序排序，选择前 1/4 的像素点，也就是 $2S\times 2S$ 邻域内与中心点 u 最接近的 $S\times S$ 个像素点，把它们全部标记给中心种子点 u。

(6) 对于重叠区域的像素点 p'，根据式(12-37)计算 p' 与它 $2S\times 2S$ 邻域内各个中心种子点的距离 $D_g(u_i,p')$。设 c 是邻域内种子点的个数，得到集合 $D_g(p')=[D_g(u_1,p'),D_g(u_2,p'),\cdots,D_g(u_c,p')]$。

(7) 选取集合 $D_g(p')$ 中的最小值，将 p' 标记到对应的中心种子点。

12.7 实验与分析

12.7.1 极化 SAR 统计距离的性能分析

除 HLT 距离之外，本章介绍的其他距离已应用于极化 SAR 图像分割，在 SLIC 超像素分割的研究中，仅应用过 Wishart 距离以及修正的 Wishart 距离。选用两种数据，数据一是 2014 年 5 月 28 日 RADARSAT－2 于德国 Wallerfing 地区获取的 C 波段全极化数据，该图像具有(500×500)像素。数据二是 1991 年 7 月 3 日在荷兰 Flevoland 的农田区域 AIRSAR 采集的数据，该图像具有(700×500)像素。图 12－5 所示为测试数据的 Pauli 基伪彩色图及分割边界真值图。

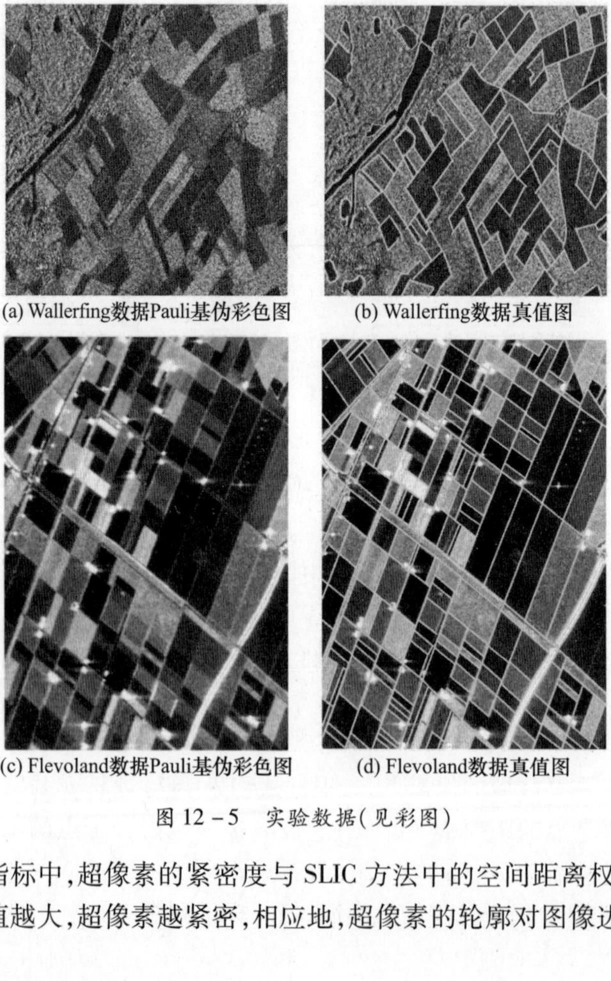

(a) Wallerfing数据Pauli基伪彩色图　(b) Wallerfing数据真值图

(c) Flevoland数据Pauli基伪彩色图　(d) Flevoland数据真值图

图 12－5　实验数据(见彩图)

在评价指标中，超像素的紧密度与 SLIC 方法中的空间距离权重参数 m 值相关。m 的值越大，超像素越紧密，相应地，超像素的轮廓对图像边缘的贴合程度会降低，导致轮廓召回率（BR）、可解释变差（EV）、平方和误差（SSE）等性能指标都变差。为公平比较 12.3 节中的 4 种统计距离的性能，避免参数 m 的影响，对于每一个超像素数目 K 值，我们固定 4 种距离的紧密度，在此基础上比较其他几个评价指标。对于 Wallerfing 数据，修正的 Wishart 距离的紧致系数 m_1 设为 0.3；Wishart 距离、SNLL 距离以及 HLT 距离的紧致系数 m_2 设为 2；参数 K 设置为 500 ~ 3000；固定步长为 500。对于 Flevoland 数据，Wishart 和修正的 Wishar 距离的紧致系数设置为 0.2；SNLL 距离和 HLT 距离的紧致系数设为 0.7；参数 K 设置为 500 ~ 5000；固定步长为 500。两种数据的边缘惩罚函数α 为 100。

1. 基于 Wallerfing 数据的实验分析

图 12 – 6 所示为 4 种统计距离度量应用在 SLIC 方法中的分割结果，图中展示的超像素数目 $K = 500$。

图 12 – 6（a）和图 12 – 6（b）中的结果在视觉上较为相似，超像素紧密整齐排列，大小形状规则。在图 12 – 6（c）和图 12 – 6（d）中，超像素块依附于图像边界，形状和大小不够规则。图 12 – 6 （c）和图 12 – 6（d）中许多包含匀质区域的超像素块的面积明显大于图 12 – 6 （a）和图 12 – 6（b）中处于同一位置的超像素块。为便于观察细节，我们用矩形框圈出了一些区域。观察图 12 – 6 （a）~图 12 – 6（b）中蓝色矩形圈出的混色亮斑区域，Wishart 距离以及修正 Wishart 距离对这块狭长的耕地分割不正确，绿色和黄色矩形中对农田边界的定位不准确。相比之下，图 12 – 6（c）~ 图 12 – 6（d）的结果更贴合图像边缘，并且能较好地保留细小区域。

图 12 – 7 所示为分割结果中每个像素到其类中心的统计距离，本节用F – D（Final distance）表示。图 12 – 8 给出了 4 种统计距离的性能定量评价。Wishart 距离的 F – D 图像满足类内均匀性，每个块边缘整齐，颜色一致，说明同一地物中的像素到类中心的距离相同。在图 12 – 8（b）中，Wishart 距离的欠分割误差的最小值为 0.1。在图 12 – 7（b）~ 图 12 – 7（d）中，F – D 图像的地物边界的最终距离值要大于平坦区域的最终距离值，说明在修正 Wishart 距离、SNLL 距离及 HLT 距离中，边缘信息在迭代分割中起着重要作用。然而，图 12 – 7（b）图像中的大部分区域中修正 Wishart 距离的 F – D 值变化较小，且分布在一个很小的有限范围内；F – D 图中的边缘不够明显，视觉上难以观察到。因此，图 12 – 8 中修正 Wishart 距离的边界召回率最低、欠分割误差最高，综合性能表现最差。图 12 – 7（c）~ 图 12 – 7（d）中 SNLL 距离和 HLT 距离的 F – D 图像边界部分都比较清晰，HLT 距离的边缘更加明显。在图 12 – 8 中，HLT 距离的边界召回率最高，欠分割误差值与 Wishart 距离非常相似。HLT 距离和 SNLL 距离都需要更

多的收敛时间,但 SNLL 距离的最大 BR 值比 HLT 距离的最大 BR 值低 0.04,最小 USE 值比 HLT 距离的最小 USE 值高 0.05。一般来说,HLT 距离能够生成最好的分割结果,略优于 Wishart 距离,但 Wishart 距离所需迭代时间更短,计算效率更高。

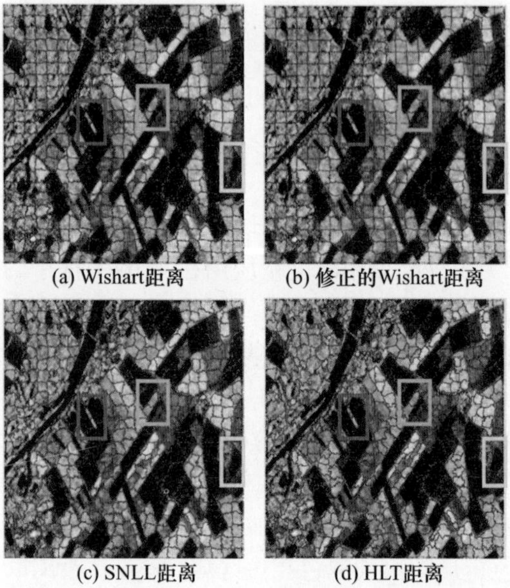

图 12-6 Wallerfing 数据的超像素分割结果(见彩图)

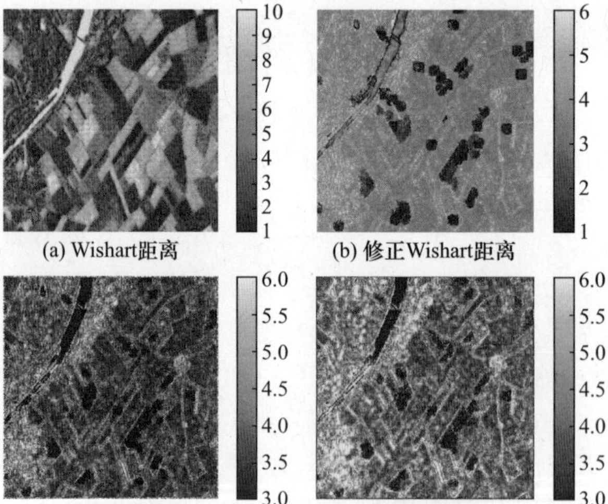

图 12-7 像素与其聚类中心间的距离

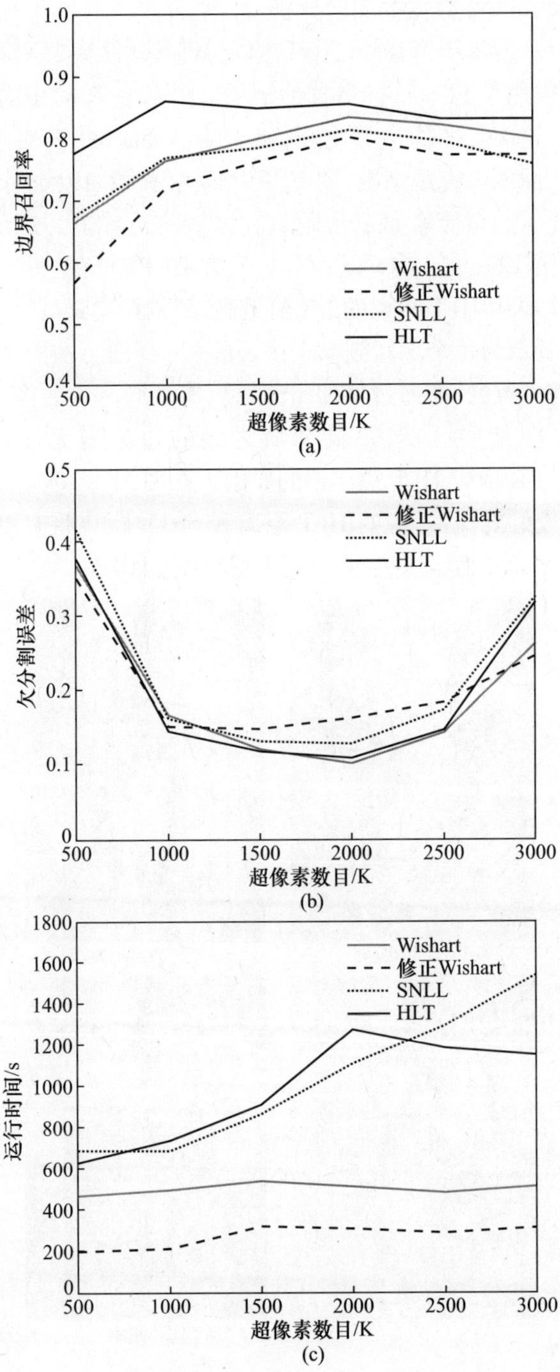

图 12-8　4 种统计距离的性能指标评价(基于 Wallerfing 数据)

2. 基于 Flevoland 数据的实验分析

图 12-9 所示为基于 Wishart 距离、修正 Wishart 距离、SNLL 距离和 HLT 距离的 SLIC 分割应用于 Flevoland 数据的结果。图 12-9(b)中的分割结果不好，只有少数超像素轮廓与图像边界吻合，修正的 Wishart 距离对于该数据集并没有表现出有效的性能。直观来看，图 12-9(a)~图 12-9(d)中的超像素更好，由这 3 种距离产生的超像素紧密地附着在区域的边界上。矩形圈出的区域中有两块农田，从图 12-9(d)中可以看出，只有 HLT 距离能正确定位区域边界，因此图 12-11 (a)中 HLT 距离的 BR 值最高，分割精度最好。

图 12-10 所示为每个像素到其类中心的 F-D 图。在图 12-10(a)中，每个区域的颜色是一致的，即通过 Wishart 距离，属于同一类的像素具有相似的统计特征。然而，在某些区域，不同邻域之间的边界是无法区分的，这也是图 12-11(a)中 BR 值较 HLT 距离差的原因。在图 12-10(c)和图 12-10(d)中，边缘得到了较好的保留，说明 HLT 距离和 SNLL 距离将有更好的 BR 指标。对于这幅数据，Wishart 距离产生的超像素更紧凑、更均匀。

(a) Wisahrt距离　(b) 修正Wishart距离

(c) SNLL距离　(d) HLT距离

图 12-9　Flevoland 数据的超像素分割结果(见彩图)

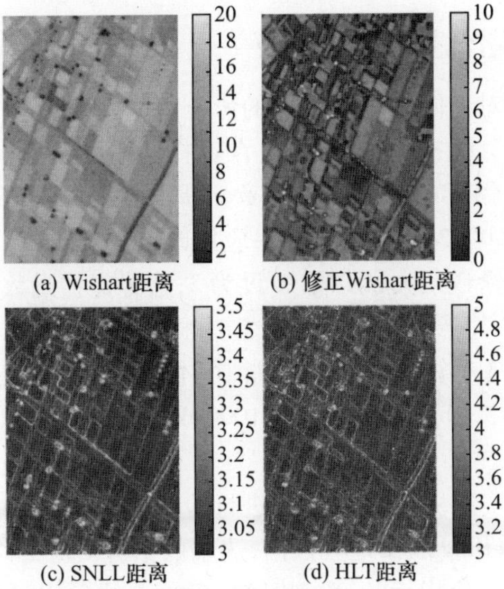

图 12-10　像素与其聚类中心间的距离

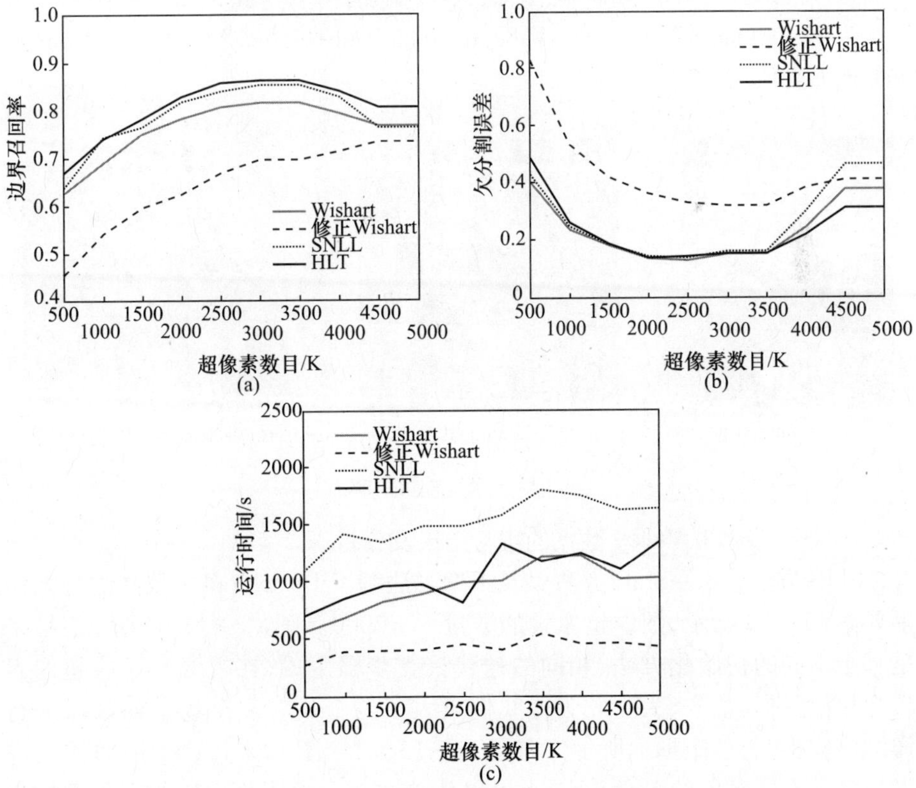

图 12-11　4 种统计距离的性能指标评价(基于 Flevoland 数据)

12.7.2 初始化分割的性能验证

为对比初始化对超像素分割结果的影响，比较 SLIC 方法、GC－SLIC 方法和本章所提的方法。标准的 SLIC 方法在选择初始种子点后便进行聚类迭代，没有初步分割的步骤；GC－SLIC 与本章所提方法有不同的初始化分割步骤。为公平地对比，我们在 3 种算法中统一应用改进的 SLIC 函数，并用 Wishart 距离构建距离度量。紧致系数 m 以及 λ 设为 2，边缘保护函数 α 设为 100。

在实际应用中，超像素的数量 K 通常是根据图像的复杂度结合经验来设置的。为了全面对比 3 种算法的分割性能，在本节实验中将遍历 K 的取值，K 的取值设为 $K=\{100,200,300,400,500,1000,1500,2000,2500,3000,3500,4000,4500,5000\}$。

我们基于两幅实测极化 SAR 图像进行验证。第一幅图中数据是 12.7.1 节中用到的德国 Wallerfing 农田地区数据，这幅数据有对应的地面真值图，因此可以计算分割结果的评价指标。第二幅图中数据是由 AIRSAR 获取的 L 波段美国加州沙漠地区 Death Valley 的图像，该图像具有 1279×1024 像素。图 12－12 所示为 Wallerfing 数据与 Death Valley 数据的 Pauli 基伪彩图以及 Wallerfing 数据的地面真值图。

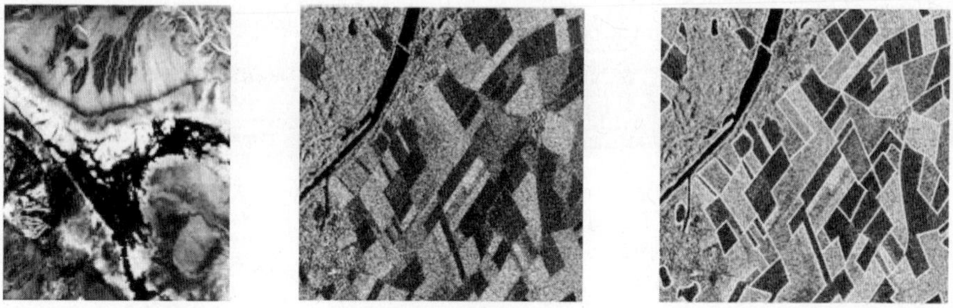

(a) Death Valley数据　(b) Wallerfing数据　(c) Wallerfing数据的真值图

图 12－12　实验数据

1. 基于 Death Valley 数据的实验结果及分析

SLIC 方法、GC－SLIC 方法以及本章方法基于 Death Valley 数据的分割结果如图 12－13 所示，图中超像素的数量 $K=2000$。图 12－13 中的分割结果是基于不同的初始化方法、相同的迭代聚类步骤生成，在视觉上这些超像素较为相似，排列整齐、大小相近。我们放大了两个具有复杂场景的区域进行详细比较，如灰色矩形框所示。在图 12－13(a)～图 12－13(b) 中，许多超像素是多个不同对象的混合，这一点可以从单个超像素所呈现出的颜色不均匀中看出。山脊区域在 Pauli 伪彩图中为白色条带状，图 12 – 13(a) ~ 图 12 – 13(b) 中的超像素边界没有与山脊边缘对齐，边界附着度低、分割不准确。图 12 – 13(c) 展示的是本章所提方法的分割结果，图中超像素边缘与真实地物边界吻合度较高；图像细节如点目标、具有线条状特征的区域以及形状不规则的小区域等都得到了较好的保留。分割结果表明，初始种子点的准确选择对后续迭代聚类的影响很大。在 SLIC 方法中，一些初始类中心可能位于区域的边缘，因此在后续的迭代聚类中，类中心可能会在相邻的范围内振荡，导致算法对复杂区域的适应性差。GC – SLIC方法的表现优于标准 SLIC 方法，但其生成的超像素边界仍不能很好地附着在形状不规则的小区域上，一些图像细节(如线性结构特征)没有保留。实验证明利用本章所提的初始化方法，局部聚类后能够产生较好的分割结果。

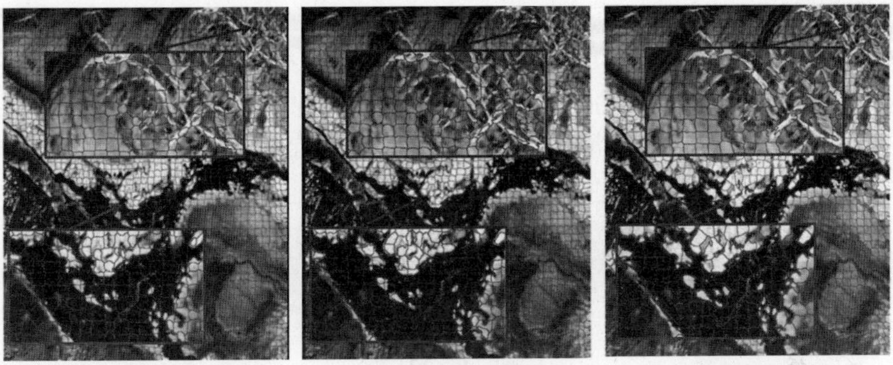

(a) SLIC方法　(b) GC–SLIC方法　(c) 本章所提方法

图 12 – 13　Death Valley 数据的分割结果(见彩图)

2. 基于 Wallerfing 数据的实验结果及分析

Wallerfing 数据的分割结果如图 12 – 14 所示，图中超像素的数目 $K = 500$。该数据覆盖了 Wallering 地区的农田区域，因此具有大量的块状同质区域，左上角弯曲的黑色部分为河流区域，该农田区域的主要农作物有小麦、玉米、大麦、土豆以及甜菜等。Wishart 分布适用于均匀分布的区域，尤其适用于农田区域，因此 Wishart 距离在此类地物上的相似性度量能够呈现出很好的结果。观察图 12 – 14，3 种方法的分割结果在视觉上都符合预期，边缘大致贴合图像边界，对差异明显的区域划分准确。但在细节保持上，本章所提方法更具有优势，边缘处光滑无褶皱，更符合图像的真实情况。依据地面真值，计算 3 种分割方法在不同 K 值下的轮廓召回率(BR)、欠分割误差(USE)以及运行时间(RT)，如图 12 – 15 所示。

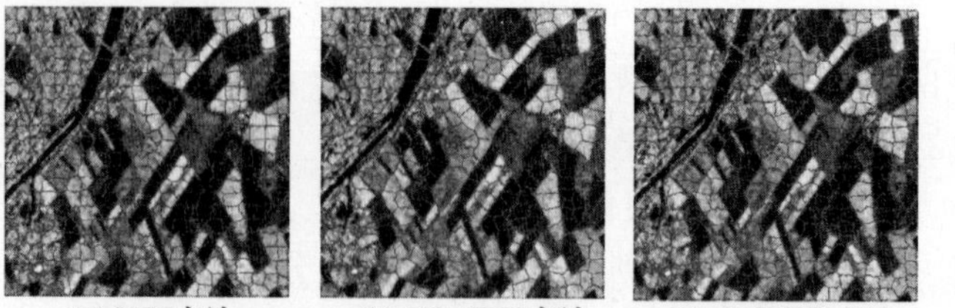

(a) SLIC方法　　(b) GC-SLIC方法　　(c) 本章所提方法

图 12－14　Wallerfing 数据的分割结果

观察图 12－15 中的 BR 折线图,随着分割数 K 的增加,3 种方法的轮廓召回率都有很大的提升,增长趋势在达到合适的分割数目时停止。这是由于随着要产生的超像素数量的增加,单个超像素块会变得越来越小,所包含的像素点数减少,因此图像边界处的超像素更加容易被划分到同质区域内,从而构造出贴近图像真值的分割边界。对于此数据,超像素数目大于 500 时能够产生有意义的分割;当超像素数目大于 2000 时,BR 几乎没有改善甚至会出现回落。本章所提方法的 BR 值始终高于标准 SLIC 方法和 GC－SLIC 方法。当 K 为 2000 时,本章方法的 BR 值可以达到 0.83,比 GC－SLIC 方法高约 0.06,比标准 SLIC 方法高 0.08。

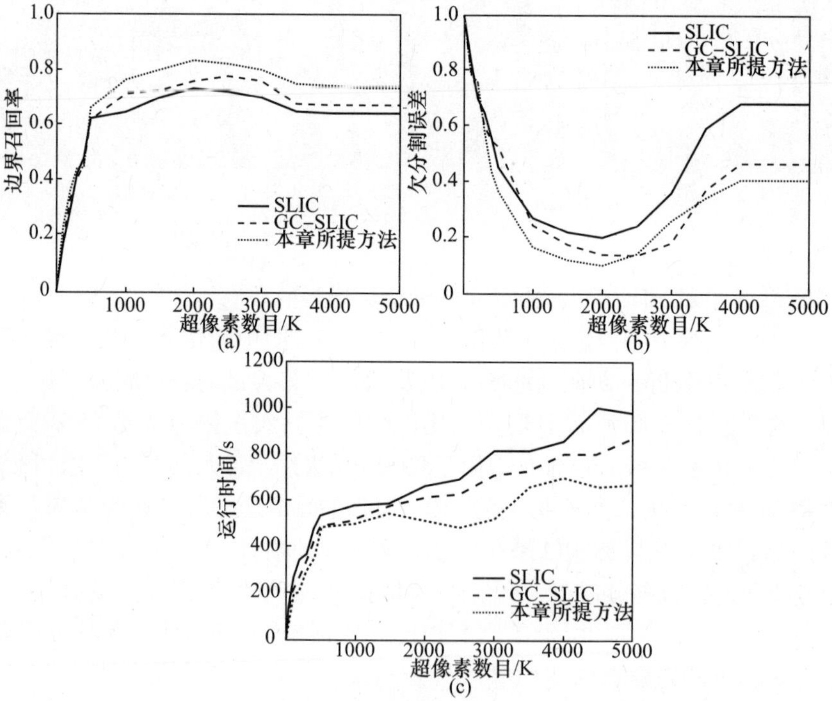

图 12－15　3 种方法的指标评价

观察图 12－15 中的 USE 折线图，随着分割数 K 的增加，欠分割误差值先减小后增大，并且具有极小值，这表明分割准确率先增大后减小，并且在合适的 K 值处有最高准确度，因此在实际应用中可以参照 USE 折线图来选取 K 的值，以得到最优的聚类结果。当 K 大于一定值时，欠分割误差快速增长，说明超像素并不是越小越好。当超像素过小时，其包含的像素个数少，有用信息减少，不能很好地利用上下文信息，因此超像素的大小需要控制在合适范围内以产生高质量的分割结果。对于此数据，当 K 在[1000，3000]区间内，欠分割误差较小，此时的结果更具有参考价值。本章所提方法的最低欠分割误差为 0.10，而 GC－SLIC方法和标准 SLIC 方法的最低欠分割误差分别为 0.14 和 0.20。本章所提方法的欠分割误差相对较小，具有较大的 BR 值，展现出了良好的性能，并且拥有较好的视觉效果。3 种算法的运行时间随着 K 的增加而增大。由于本章所提算法能够提供稳定的初始分割，可减少后续的迭代次数，因此具有较低的 RT 值。

12.7.3 不同 SLIC 算法的超像素分割性能评价

1. 实验设计

在本节中，GC－SLIC 方法与 IER 方法将与本章所提方法进行性能对比，并结合 12.3 节的极化 SAR 统计距离，分析不同分割流程对不同统计距离的适用性。需要注意的是，原 GC－SLIC 方法和 IER 方法均采用修正的 Wishart 距离以及原始的 SLIC 距离函数作为距离度量。在本节实验中，我们将改进的 SLIC 函数[式(12－25)]统一应用到各种方法中，在相同情况下进行性能指标评价。此外，在 12.7.1 节 4 种极化 SAR 统计距离的性能对比实验中，Wishart 距离和 HLT 距离表现的性能优于修正 Wishart 距离以及 SNLL 距离。考虑到修正 Wishart 距离在极化 SAR 超像素分割中的应用，本节选用 Wishart 距离、修正 Wishart 距离以及 HLT 距离，将其分别嵌入不同分割方法中进行实验。

实验数据为 Wallerfing 数据，当应用 Wishart 距离时，紧致系数 m 以及 λ 均设为 2；当应用修正 Wishart 距离时，紧致系数 m 以及 λ 均设为 0.2；当应用 HLT 距离时，紧致系数 m 以及 λ 均设为 2。边缘保护函数的参数 α 设为 100，超像素数量 K 的取值为 $K=\{500,1000,1500,2000,2500,3000\}$。

2. 实验结果及分析

实验结果如图 12－16 所示。由于 GC－SLIC 方法、IER 方法以及本章所提方法都是通过迭代聚类生成超像素，因此距离度量对最终分割结果的影响更大。由 Wishart 距离、修正 Wishart 距离生成的超像素在视觉上比 HLT 距离生成的超像素更规则、更紧致。修正 Wishart 距离的结果虽然与 Wishart 距离相似，但在细节保持上，Wishart 距离的结果边缘保持度更高。HLT 生成的超像素的尺寸和形状具有不均匀性，其大小和形状随地物的大小、边缘以及同质性的变化而变化。在应用 HLT 距离时，GC - SLIC 方法和 IER 方法的分割结果与真值图存在较大偏差。

图 12 - 16 中圈出了两个区域用于分割结果的细节比较。在黄色方框中，仅图 12 - 16（c）和图 12 - 16（i）中的分割结果能够完整地描绘出白色区域的边界，将该块农田准确地与周边地物区分开。本章所提方法在与 Wishart 距离、HLT 距离结合时都能得到更加细致准确的分割。在绿色方框中，对于该区域，图 12 - 16（i）中生成的超像素对图像边界的贴合度最好，能准确地找到深绿色和浅绿色区域的边界。

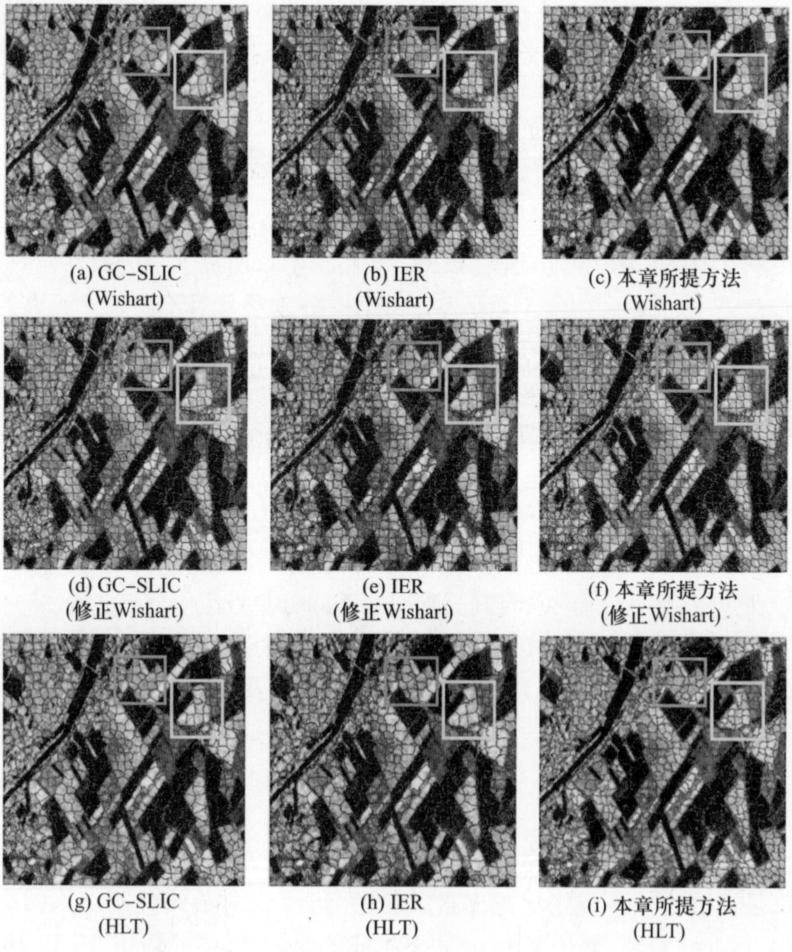

图 12 - 16　SLIC 改进方法的分割结果（见彩图）

图12－17所示为3种SLIC改进方法在不同距离下的BR以及USE折线图。从中显示本章所提方法的BR值显著高于GC－SLIC以及IER方法。对于Wishart距离和HLT距离,改善初始类中心可以显著提高超像素分割精度。

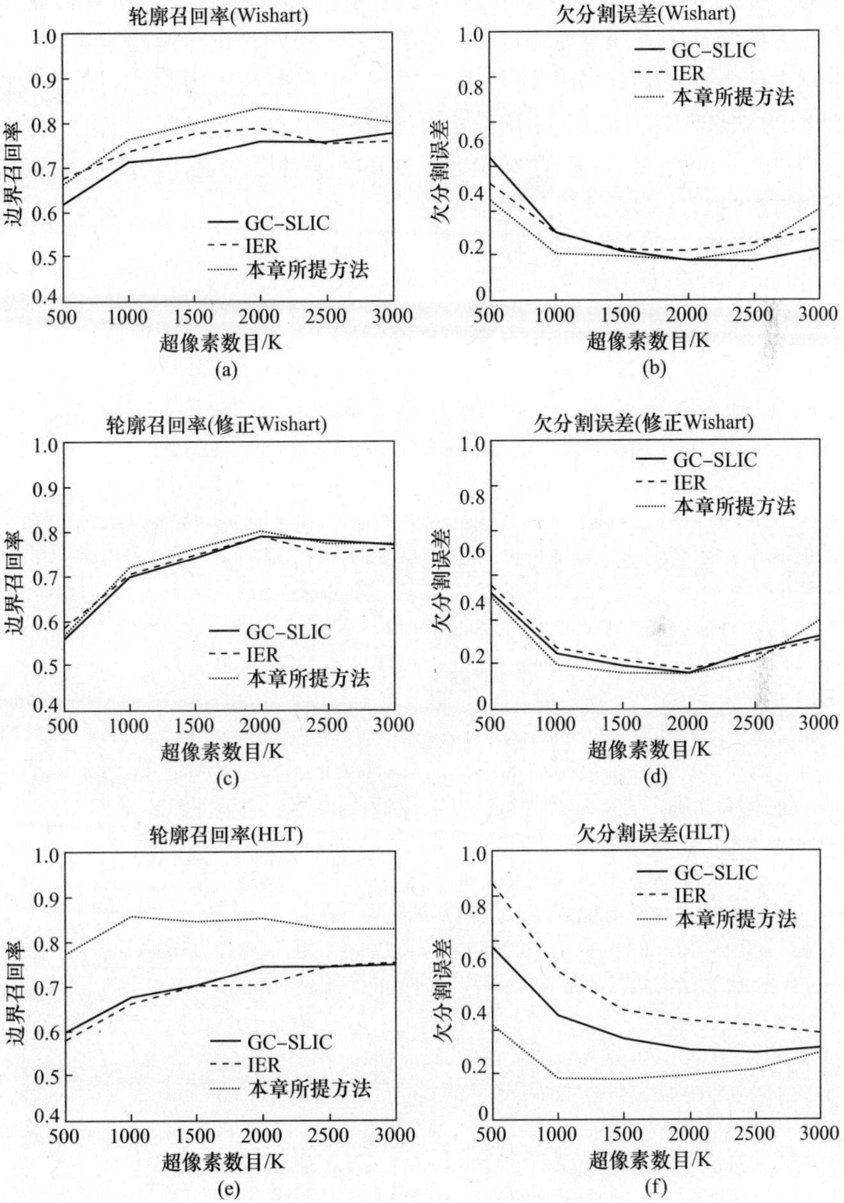

图12－17　不同SLIC方法的性能评价

12.8 小　结

在本章中,我们详细介绍了 SLIC 算法的原理与步骤,分析了 4 种常用的统计距离在极化 SAR 图像超像素分割中的应用性能。介绍了一种新的作为 SLIC 聚类测度的统计距离和空间邻近度的组合形式,使 4 种统计测度能够统一在同一分割框架中。在 SLIC 分割流程中,首先介绍了两种用于极化 SAR 图像的改进 SLIC 方法,即 GC - SLIC 与 IER 方法;其次介绍了基于梯度信息的一种改进 SCoW 初始化方法;最后,基于多幅极化 SAR 数据对极化统计距离及 SLIC 超像素分割算法进行了客观评价。结果表明,基于梯度初始化的方法能产生较高的分割精度,增强 SLIC 算法的鲁棒性。

参考文献

[1] Schick A, Fischer M, Stiefelhagen R. Measuring and evaluating the compactness of superpixels[C]//Proceedings of the 21st International Conference on Pattern Recognition. Tsukuba: IEEE, 2012: 930 - 934.

[2] Martin D R, Fowlkes C C, Malik J. Learning to detect natural image boundaries using local brightness, color, texture cues[J]. IEEE Transactions on Pattern Analysis and Machine Intelligence, 2004, 26(5): 530 - 549.

[3] Achanta R, Shaji A, Smith K, et al. SLIC superpixels compared to state - of - the - art superpixel methods [J]. IEEE Transactions on Pattern Analysis & Machine Intelligence, 2012, 34(11): 2274 - 2282.

[4] Moore A P, Prince S J D, Warrell J, et al. Superpixel lattices[C]//IEEE Conference on Computer Vision and Pattern Recognition 2008. Anchorage: IEEE, 2008: 1 - 8.

[5] Lee J S, Grunes M R. Classification of multi - look polarimetric SAR data based on complex Wishart distribution[C]// NTC - 92: National Telesystems Conference. Washington: IEEE, 1992: 7 - 21.

[6] Feng J, Cao Z, Pi Y. Polarimetric contextual classification of POLSAR images using sparse representation and superpixels[J]. Remote Sensing, 2014, 6(8): 7158 - 7181.

[7] Zhang L, Han C, Cheng Y. Improved SLIC superpixel generation algorithm and its application in polarimetric SAR images classification[C]//IEEE International Geoscience and Remote Sensing Symposium 2017. Fort Worth: IEEE, 2017: 4578 - 4581.

[8] Conradsen K, Nielsen A A, Schou J, et al. A test statistic in the complex Wishart distribution and its application to change detection in polarimetric SAR data[J]. IEEE Transactions on Geoscience and Remote Sensing, 2003, 41(1): 4 - 19.

[9] Wang Y, Liu H. POLSAR ship detection based on superpixel - level scattering mechanism distribution features[J]. IEEE Geoscience and Remote Sensing Letters, 2015, 12(8), 1780 - 1784.

[10] Anfinsen S N, Jenssen R, Eltoft T. Spectral clustering of polarimetric SAR data with Wishart - derived distance measures[C]//Proc. POLinSAR. Netherlands: European Space Agency, 2007: 1 - 9.

[11] Akbari V, Anfinsen S N, Doulgeris A P, et al. The Hotelling - Lawley trace statistic for change detection in polarimetric SAR data under the complex Wishart distribution[C]//IEEE International Geoscience and

Remote Sensing Symposium 2013. Melbourne: IEEE, 2013: 4162 - 4165.

[12] Qin F, Guo J, Lang F. Superpixel segmentation for polarimetric SAR imagery using local iterative clustering [J]. IEEE Geoscience and Remote Sensing Letters, 2014, 12(1): 13 - 17.

[13] 张月, 邹焕新, 邵宁远, 等. 一种用于极化 SAR 图像的快速超像素分割算法[J]. 雷达学报, 2017, 6(05): 564 - 573.

[14] Zhang Y, Zou H, Luo T, et al. A fast superpixel segmentation algorithm for POLSAR images based on edge refinement and revised Wishart distance[J]. Sensors, 2016, 16(10): 1687.

[15] Cao F, Hong W, Wu Y, et al. An unsupervised segmentation with an adaptive number of clusters using the SPAN/H/alpha/A space and the complex Wishart clustering for fully polarimetric SAR data analysis [J]. IEEE Transactions on Geoscience and Remote Sensing, 2007, 45(11): 3454 - 3467.

[16] Lang F, Yang J, Li D, et al. Polarimetric SAR image segmentation using statistical region merging[J]. IEEE Geoscience and Remote Sensing Letters, 2013, 11(2): 509 - 513.

[17] Hu Z, Zou Q, Li Q. Watershed superpixel [C]//IEEE International Conference on Image Processing 2015. Quebec City: IEEE, 2015: 349 - 353.

[18] 王涛. 基于 SLIC 方法的极化 SAR 图像超像素分割[D]. 北京: 北京科技大学, 2021.

[19] Yin J, Wang T, Du Y, et al. SLIC superpixel segmentation for polarimetric SAR images [J]. IEEE Transactions on Geoscience and Remote Sensing, 2022, 60: 1 - 17.

[20] Schou J, Skriver H, Nielsen A A, et al. CFAR edge detector for polarimetric SAR images[J]. IEEE Transactions on Geoscience and Remote Sensing, 2003, 41(1): 20 - 32.

[21] Meyer F. Color image segmentation[C]//International Conference on Image Processing and its Applications 1992. Maastricht: IET, 1992: 303 - 306.

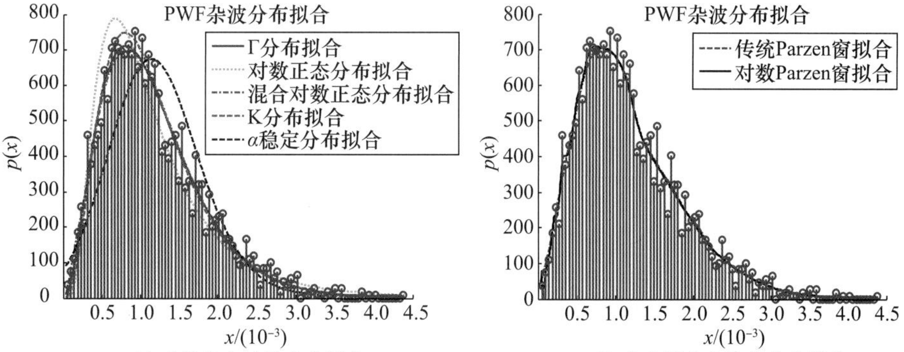

(a) 参数化方法的分布拟合　　(b) 非参数化方法的分布拟合

图 4－6　C 波段低海况 PWF 杂波建模结果

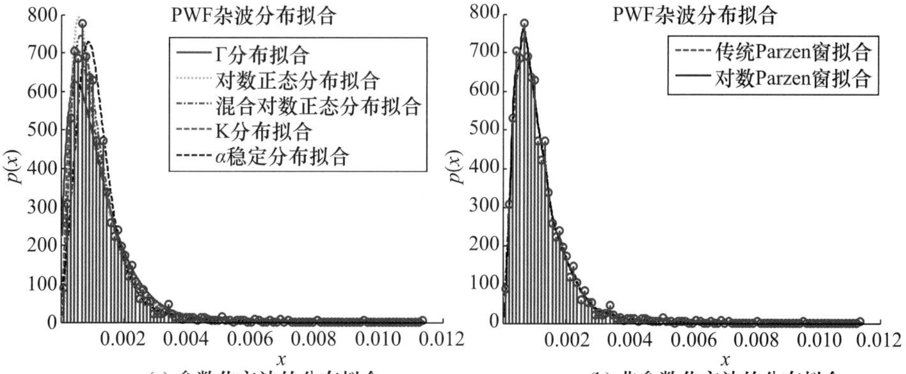

(a) 参数化方法的分布拟合　　(b) 非参数化方法的分布拟合

图 4－7　C 波段中高海况 PWF 杂波建模结果

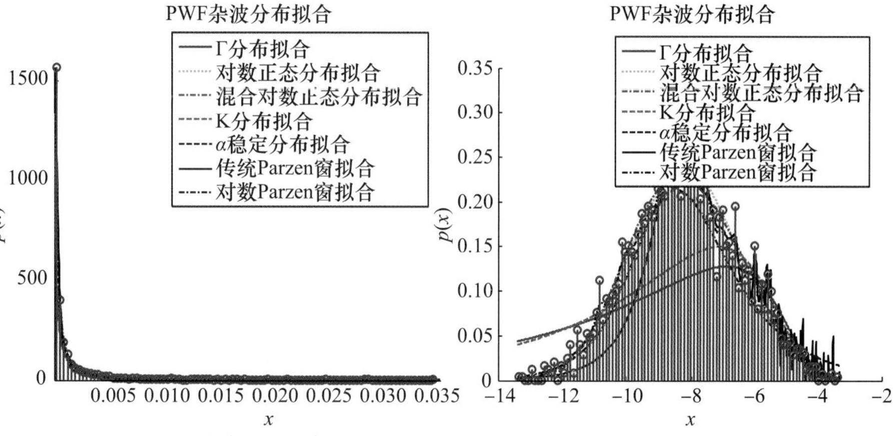

(a) 各方法的分布拟合　　(b) 对数域各方法的分布拟合

图 4－8　C 波段高海况 PWF 杂波建模结果

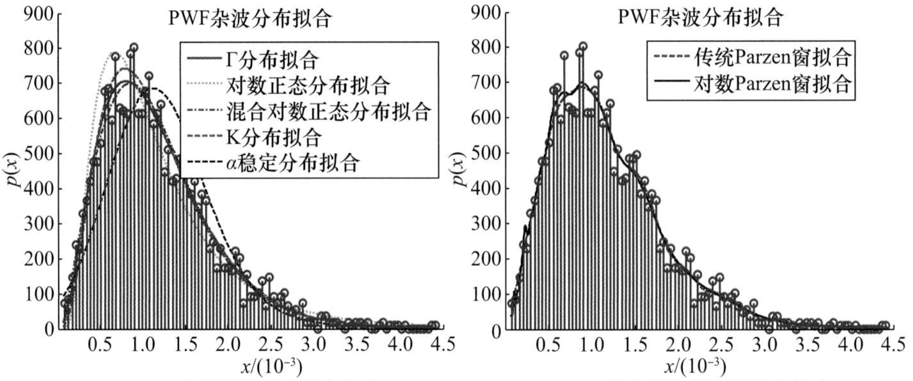

(a) 参数化方法的分布拟合　(b) 非参数化方法的分布拟合

图 4 – 9　X 波段低海况 PWF 杂波建模结果

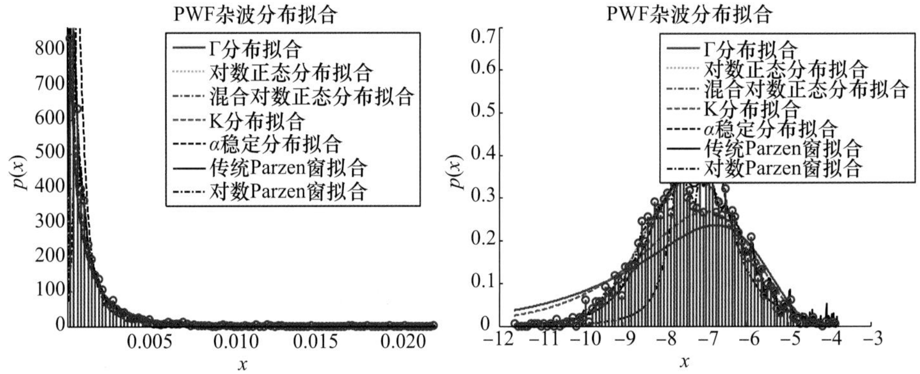

(a) 各方法的分布拟合　(b) 对数域各方法的分布拟合

图 4 – 10　X 波段中高海况 PWF 杂波建模结果

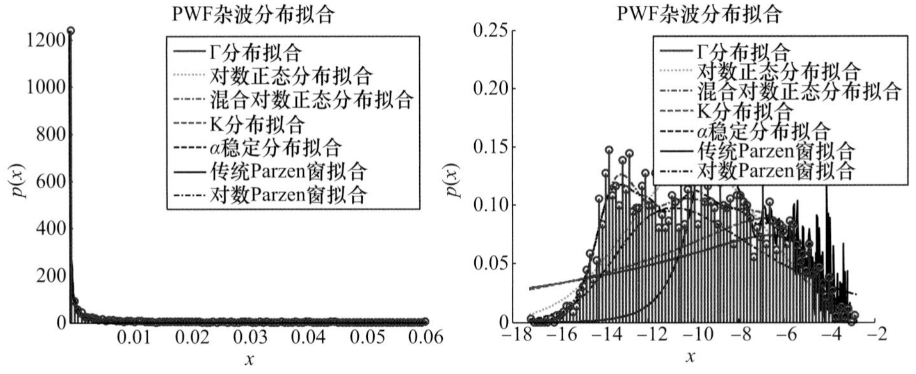

(a) 各方法的分布拟合　(b) 对数域各方法的分布拟合

图 4 – 11　X 波段高海况 PWF 杂波建模结果

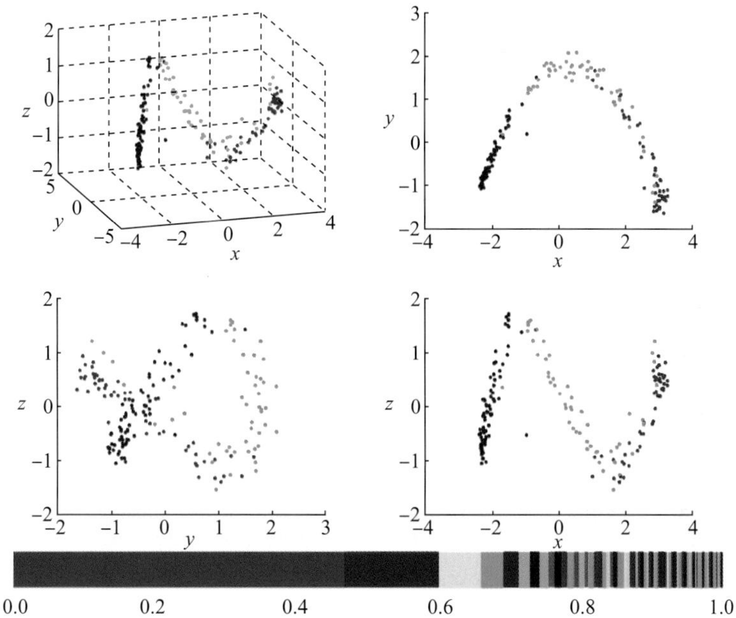

(a) PCA

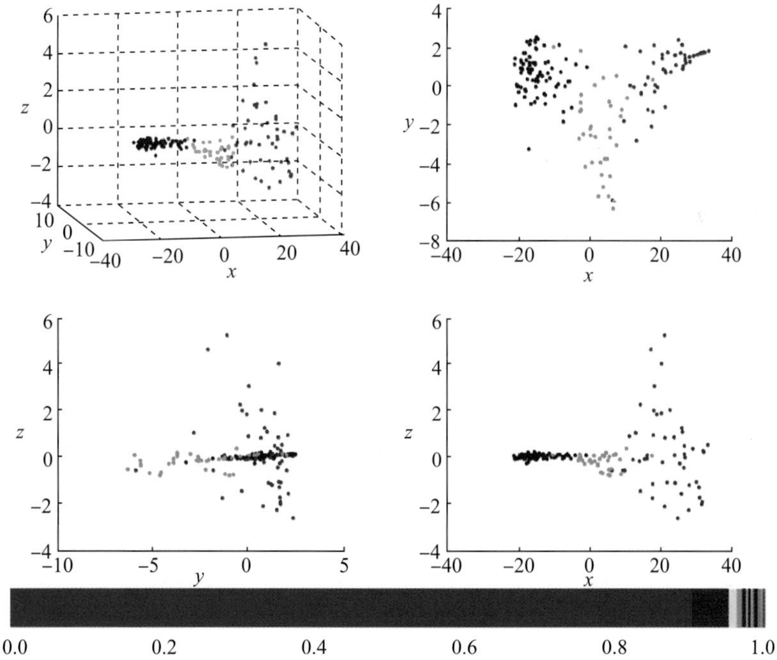

(b) MVU

图 7－7　PCA 与 MVU 降维结果可视化比较

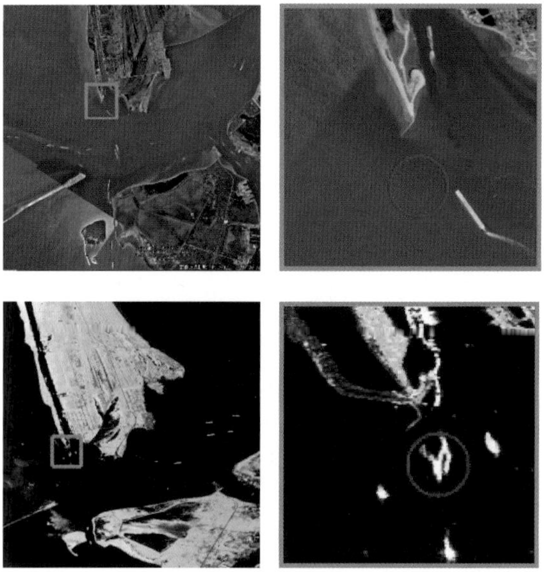

图 9－10　加尔维斯顿谷歌地球及 AirSAR 图片(Pauli 图)

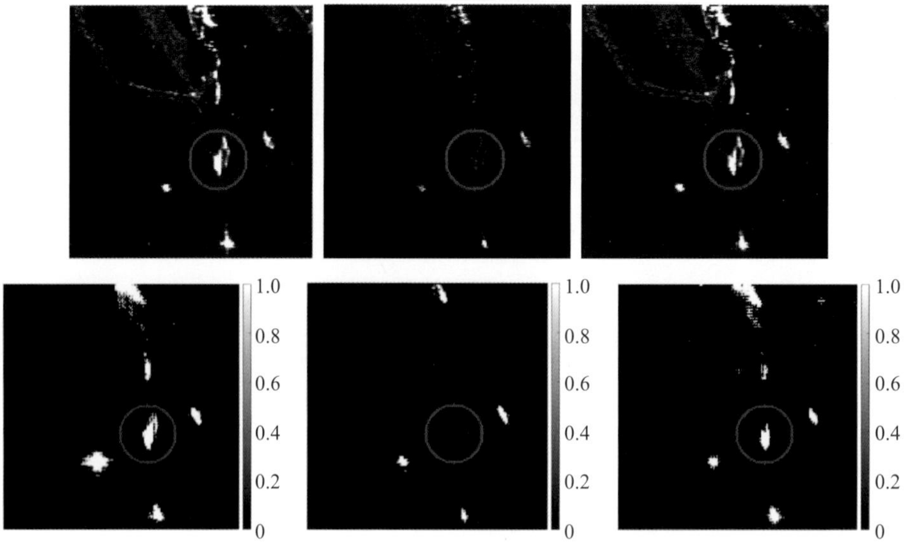

图 9－11　HH、HV、VV 三通道强度图以及对应的网络结果图

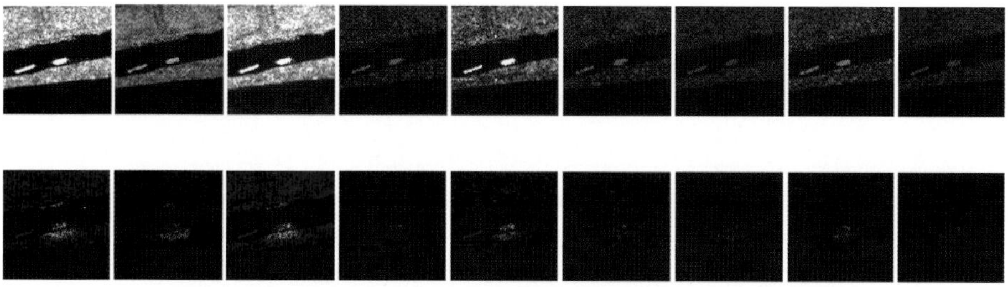

图 9－12　舰船图形块输入 9 通道强度图像及其贡献热力图

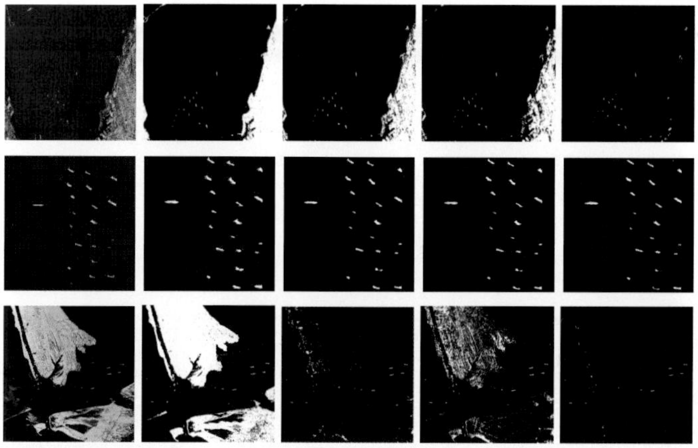

图 9－13　不同层密集块语义舰船检测概率图

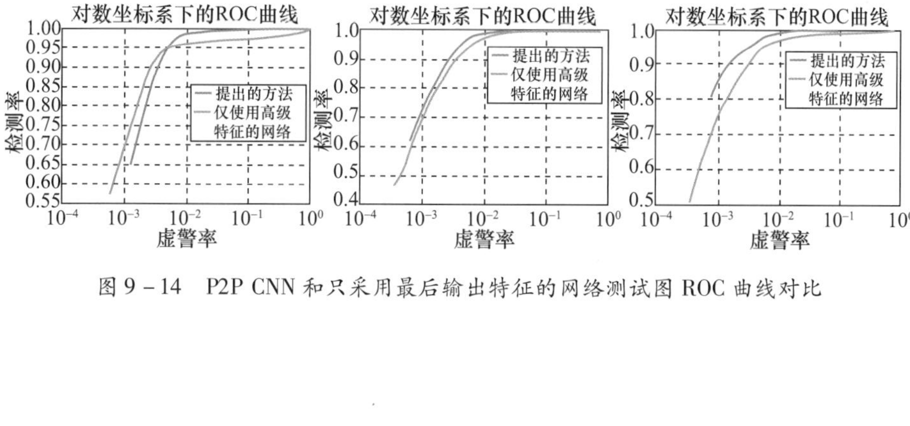

图 9－14　P2P CNN 和只采用最后输出特征的网络测试图 ROC 曲线对比

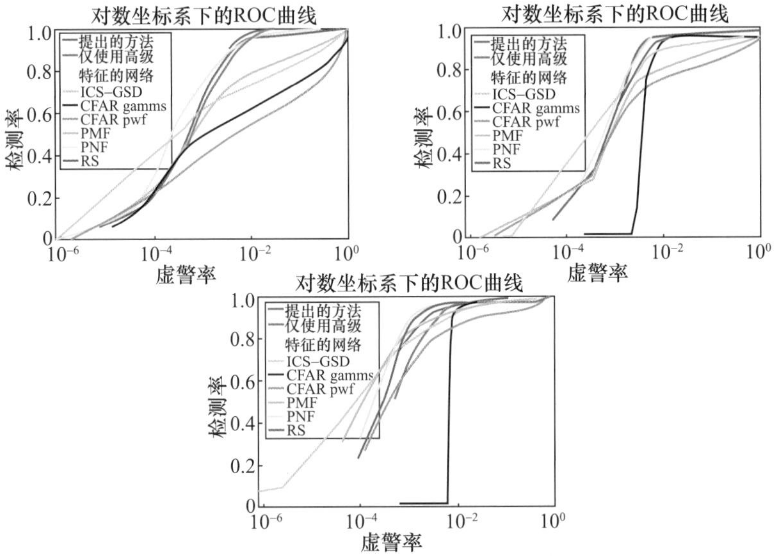

图 9-15　各算法测试图 ROC 曲线对比

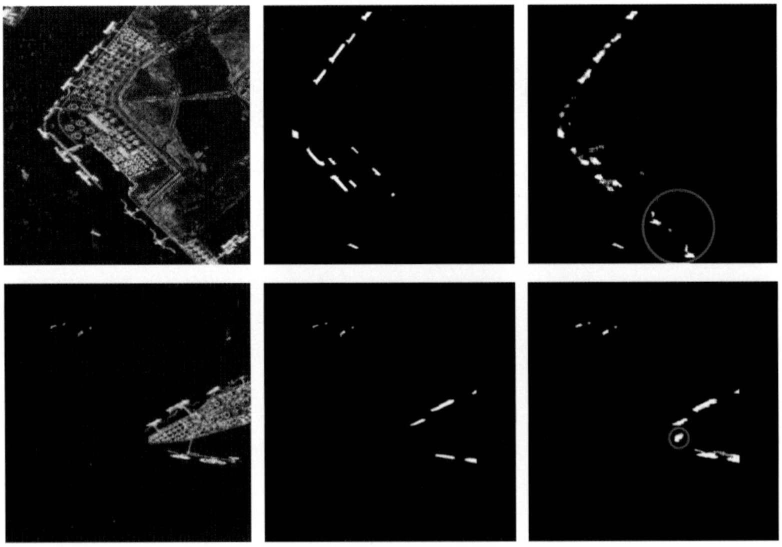

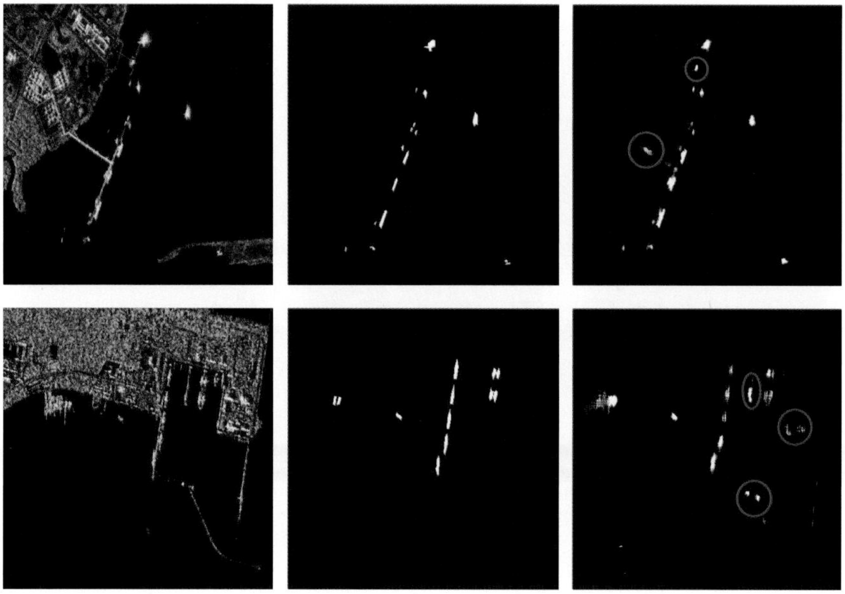

图 9－16　P2P－CNN 新加坡靠岸舰船检测结果

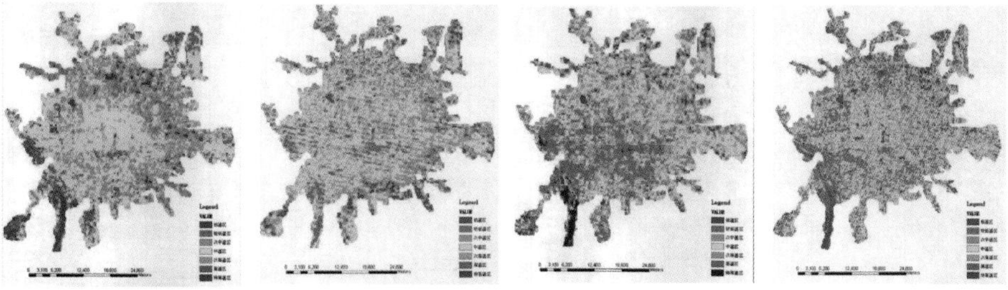

图 10－2　北京城区亮温分布图

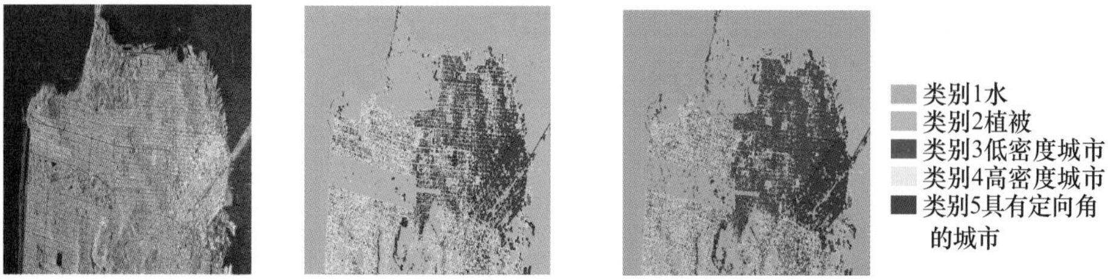

(a) Pauli分解伪彩色图像　(b) 基于MWW模型的分类结果　(c) 基于MWC模型的分类结果　(d) 图例说明

图 11－3　混合模型分类结果

(a) Flevoland数据
Pauli伪彩色图

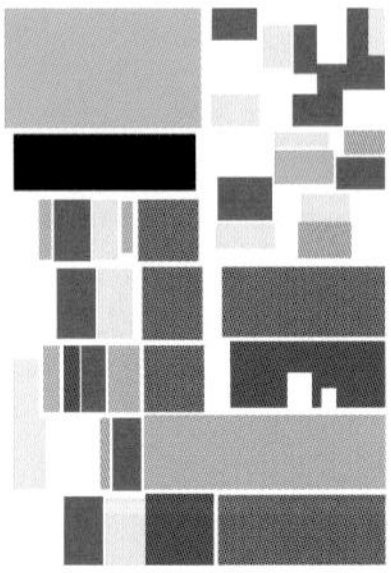

(b) Flevoland地面真值

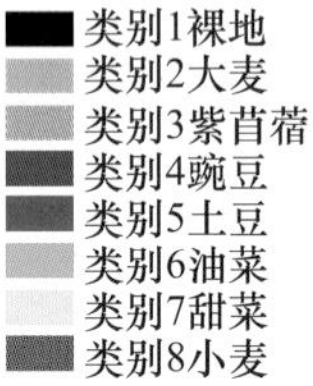

(c) 图例说明

(d) Wallerfing数据
Pauli伪彩色图

(e) Wallerfing数据
地面真值

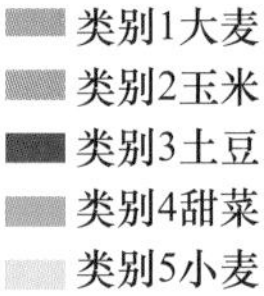

(f) 图例说明

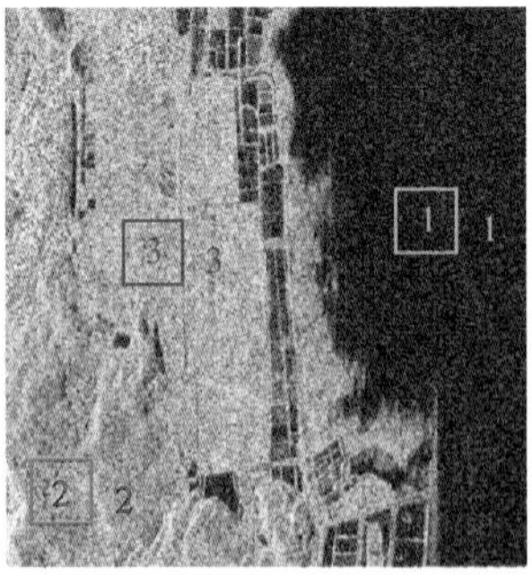

(g) 福州长乐区域数据Pauli伪彩色图

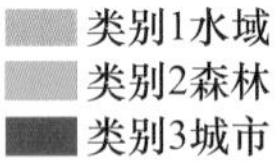

(h) 图例说明

图 11－7　极化 SAR 数据 Pauli 伪彩色图及真值

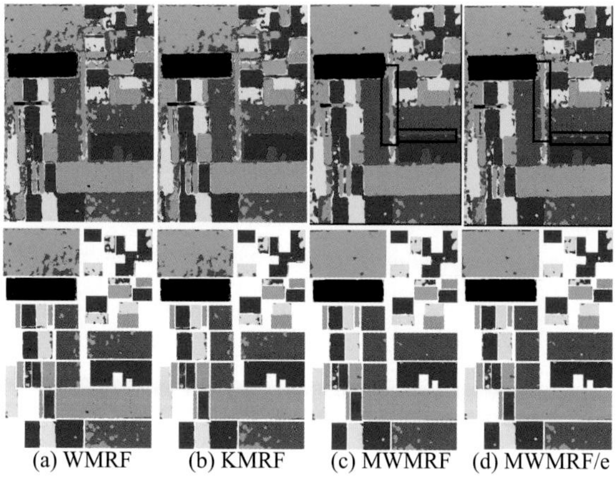

图 11－8　Flevoland 数据基于像素的分类结果

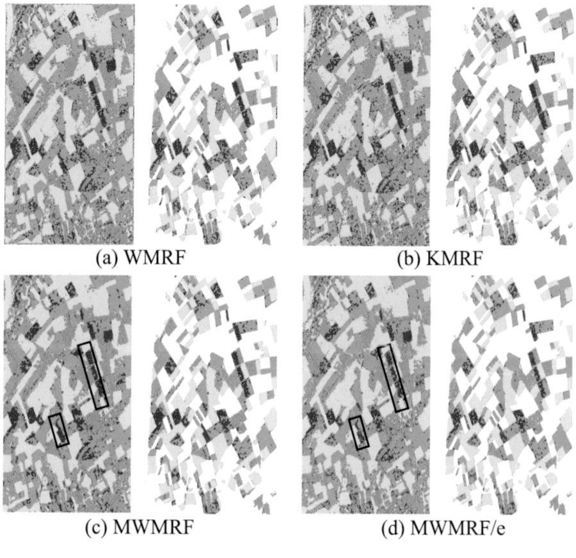

图 11－9　Wallerfing 数据基于像素的分类结果

(a) Wallerfing数据Pauli基伪彩色图

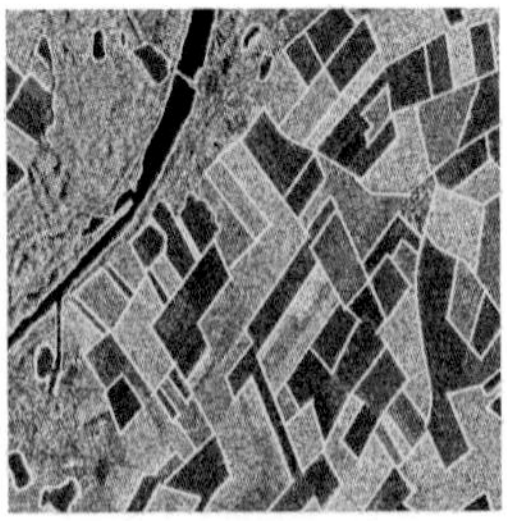

(b) Wallerfing数据真值图

(c) Flevoland数据Pauli基伪彩色图

(d) Flevoland数据真值图

图 12－5　实验数据

(a) Wishart距离

(b) 修正的Wishart距离

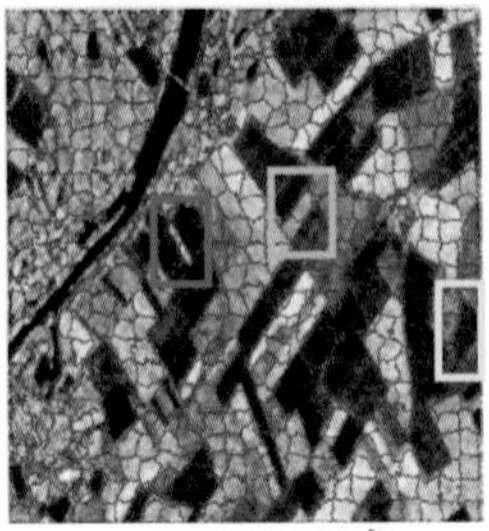

(c) SNLL距离

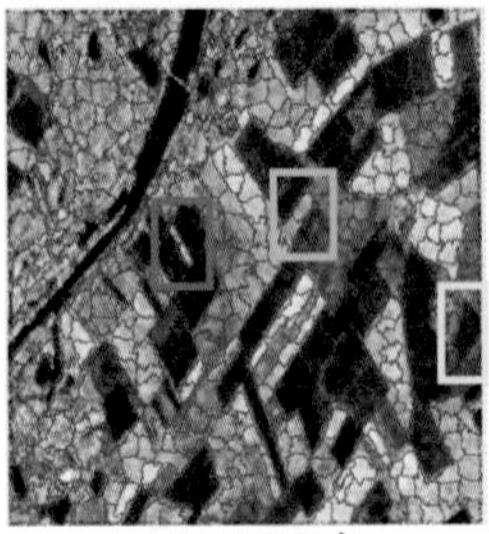

(d) HLT距离

图 12－6　Wallerfing 数据的超像素分割结果

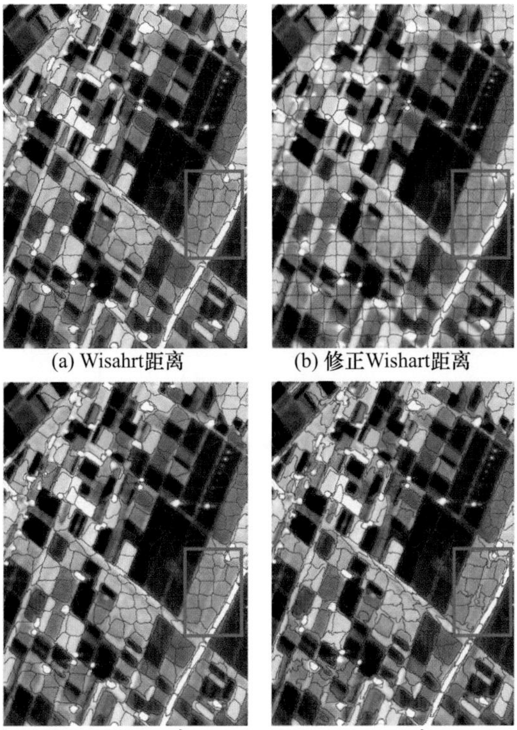

(a) Wisahrt距离 (b) 修正Wishart距离

(c) SNLL距离 (d) HLT距离

图 12 - 9 Flevoland 数据的超像素分割结果

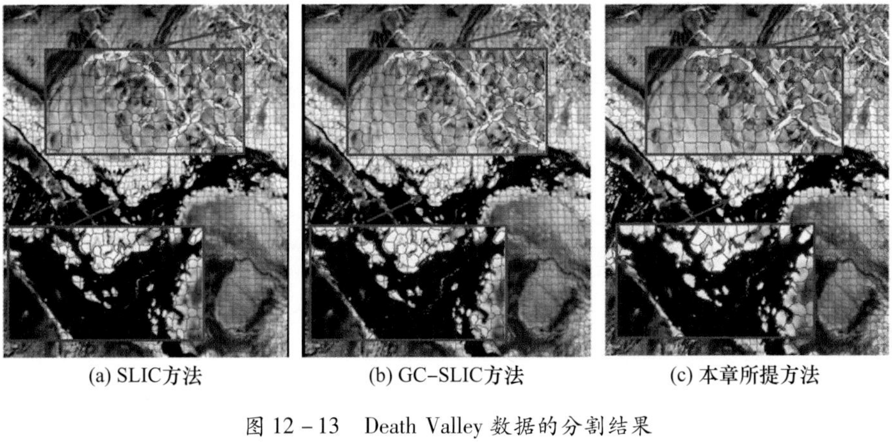

(a) SLIC方法 (b) GC-SLIC方法 (c) 本章所提方法

图 12 - 13 Death Valley 数据的分割结果

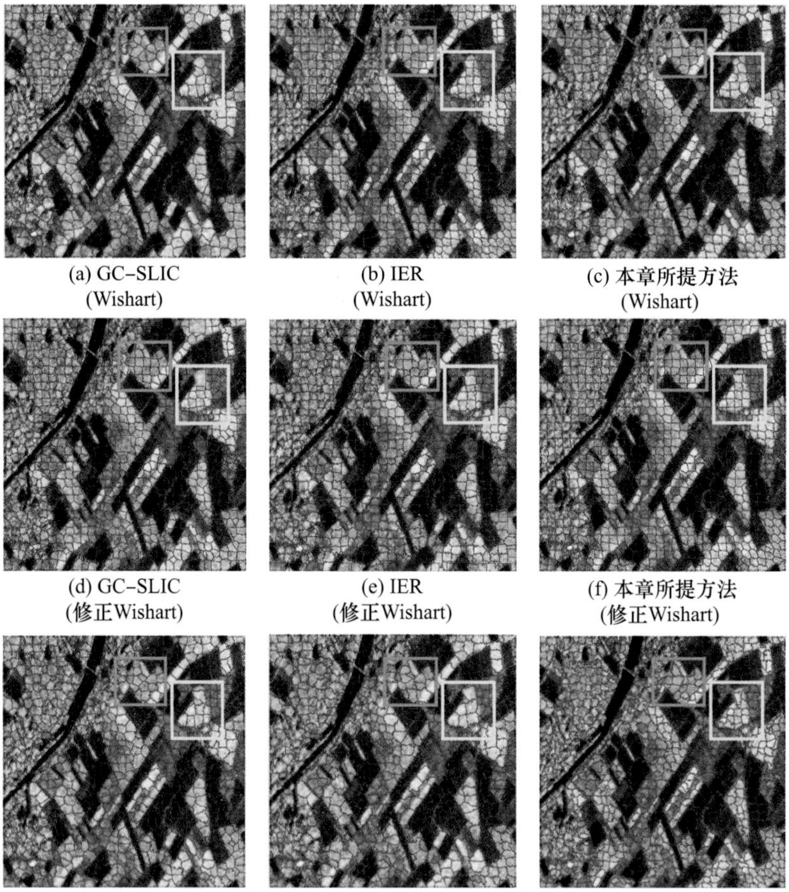

(a) GC-SLIC (Wishart)　(b) IER (Wishart)　(c) 本章所提方法 (Wishart)

(d) GC-SLIC (修正Wishart)　(e) IER (修正Wishart)　(f) 本章所提方法 (修正Wishart)

(g) GC-SLIC (HLT)　(h) IER (HLT)　(i) 本章所提方法 (HLT)

图 12－16　SLIC 改进方法的分割结果